3D-Druck

Der praktische Einstieg

Stefan Nitz

3D-Druck

Der praktische Einstieg

Galileo Press

Liebe Leserin, lieber Leser,

das Thema »Drucken« erhält im wahrsten Sinne des Wortes mit 3D-Druckern eine neue Dimension. Und vermutlich stimmen Sie mir zu: Mit den schier unerschöpflichen neuen Möglichkeiten, die sich jetzt beispielsweise für die Herstellung von Kleinstserien oder Prototypen auftun, stehen natürlich auch viele neue Fragen im Raum. Zum Beispiel, ob sich die Anschaffung eines solchen Druckers für Sie als Einsteiger bereits lohnt. Oder wie Sie bestmögliche Ergebnisse im Druck erzielen und wie Sie reale Dinge mithilfe eines 3D-Scanners scannen und für den Druck aufbereiten ...

Die Liste der Fragen ließe sich fast beliebig erweitern. Und wer wäre besser geeignet, sie zu beantworten, als Stefan Nitz, ein in der Community sehr gefragter und bekannter 3D-Enthusiast, der sich seit Jahren intensiv mit allen Fragen rund um den 3D-Druck befasst.

Er hat dieses Buch gezielt für Sie als Einsteiger in diese spannende Technologie geschrieben. Er geht dabei auf alle wichtigen Grundlagen der Technologie ein, bevor er Ihnen die Nutzung vorhandener und die Erstellung eigener Druckvorlagen erläutert. Und selbstverständlich beschreibt er den Druckprozess selbst und die abschließende Oberflächenbehandlung der gedruckten Objekte – alles garniert mit vielen Schritt-für-Schritt-Anleitungen und zahlreichen Praxistipps!

Übrigens: Im Zusammenhang mit dem 3D-Druck gibt es wichtige rechtliche Aspekte zu beachten. Deshalb finden Sie im Anhang die Antworten auf häufige Fragen und ein eigenständiges Rechtskapitel des bekannten Rechtsanwalts und Autors Christian Solmecke. Im Zweifelsfall schlagen Sie rechtliche Fragen einfach nach – und sind so auf der sicheren Seite!

Abschließend noch ein Hinweis in eigener Sache: Dieses Buch wurde mit großer Sorgfalt geschrieben, geprüft und produziert. Sollte dennoch einmal etwas nicht so funktionieren, wie Sie es erwarten, freue ich mich, wenn Sie sich direkt mit mir in Verbindung setzen. Ihre Anregungen und Fragen sind uns jederzeit herzlich willkommen!

Ihr Sebastian Kestel
Lektorat Galileo Computing

sebastian.kestel@galileo-press.de
www.galileocomputing.de
Galileo Press · Rheinwerkallee 4 · 53227 Bonn

Auf einen Blick

Wir hoffen sehr, dass Ihnen dieses Buch gefallen hat. Bitte teilen Sie uns doch Ihre Meinung mit. Eine E-Mail mit Ihrem Lob oder Tadel senden Sie direkt an den Lektor des Buches: *sebastian.kestel@galileo-press.de*. Im Falle einer Reklamation steht Ihnen gerne unser Leserservice zur Verfügung: *service@galileo-press.de*. Informationen über Rezensions- und Schulungsexemplare erhalten Sie von: *britta.behrens@galileo-press.de*.

Informationen zum Verlag und weitere Kontaktmöglichkeiten finden Sie auf unserer Verlagswebsite *www.galileo-press.de*. Dort können Sie sich auch umfassend und aus erster Hand über unser aktuelles Verlagsprogramm informieren und alle unsere Bücher versandkostenfrei bestellen.

An diesem Buch haben viele mitgewirkt, insbesondere:

Lektorat Sebastian Kestel, Erik Lipperts
Fachgutachten Tobias Redlin, Michael Sorkin
Korrektorat Annette Lennartz
Herstellung Denis Schaal
Typografie und Layout Vera Brauner
Einbandgestaltung Nadine Kohl
Satz III-satz, Husby
Druck Himmer, Augsburg

Dieses Buch wurde gesetzt aus der TheAntiquaB (9,35/13,7 pt) in FrameMaker.
Gedruckt wurde es auf chlorfrei gebleichtem Offsetpapier (90 g/m²).

Der Name Galileo Press geht auf den italienischen Mathematiker und Philosophen Galileo Galilei (1564–1642) zurück. Er gilt als Gründungsfigur der neuzeitlichen Wissenschaft und wurde berühmt als Verfechter des modernen, heliozentrischen Weltbilds. Legendär ist sein Ausspruch *Eppur si muove* (Und sie bewegt sich doch). Das Emblem von Galileo Press ist der Jupiter, umkreist von den vier Galileischen Monden. Galilei entdeckte die nach ihm benannten Monde 1610.

Bibliografische Information der Deutschen Nationalbibliothek:
Die Deutsche Nationalbibliothek verzeichnet diese Publikation in der Deutschen Nationalbibliografie; detaillierte bibliografische Daten sind im Internet über *http://dnb.d-nb.de* abrufbar.

ISBN 978-3-8362-2875-6
1. Auflage 2015

Inhalt

Geleitwort der Fachgutachter

Die 3D-Reise von Stefan Nitz begann in etwa zeitgleich mit dem Start unserer eigenen Reise in die Abenteuerwelt »3D-Druck«. Kennengelernt haben wir uns auf unserer und Stefans erster Messe, und seitdem hat sich die Beziehung zu Stefan stetig erweitert. Wir waren als junge Unternehmer besonders von seinem Engagement begeistert, das er in dieses noch junge Thema in Form seines Blogs eingebracht hat. Obwohl Stefan stets viele Projekte durchführt, ist die Energie, mit der er diese Projekte zum Ziel bringt, enorm. Er hat in kürzester Zeit den wohl bekanntesten Blog für 3D-Druckanwender aus dem Nichts erschaffen.

Als wir den Anruf des Verlags erhielten, in dem wir nach einem möglichen Autor für ein Buch über 3D-Druck gefragt wurden, mussten wir daher nicht lange nachdenken. Stefan erschien uns für die Aufgabe wie geschaffen. Der Weg bis zur Veröffentlichung war gewiss nicht einfach, die meisten Menschen hätten beim ein oder anderen Rückschlag wohl aufgegeben. Stefan hat jedoch trotz seiner zahlreichen beruflichen sowie privaten Projekte einen langen Atem bewiesen und dieses Buch nach ca. einem Jahr Arbeit fertiggestellt.

Wir sind daher heute umso glücklicher, dieses Buch in den Händen halten zu dürfen. Es wird das Thema 3D-Druck sicherlich ein weiteres Stück nach vorne bringen und vielen Menschen die Vorteile dieser noch dynamischen Technologie vor Augen führen.

Dieses Buch ist jedoch nur ein Etappenziel auf Stefans 3D-Reise. Wir sind glücklich, Stefan bei dieser Reise ein wenig begleiten zu können, und freuen uns, dass auch Sie sich dafür entschieden haben, diesen spannenden Weg gemeinsam mit Stefan und diesem, von uns begutachteten Werk einzuschlagen.

»iGo3D – Let's go together!«

Tobias Redlin & Michael Sorkin

Vorwort

Mit diesem Buch erhalten Sie Einblick in die sehr komplexe Welt der 3D-Drucker und auch der 3D-Scanner. Nun ist es wahrlich kein leichtes Unterfangen, eine komplett neue Technik von Grund auf zu erklären. Ich selbst konnte mir bei meiner ersten Begegnung mit dieser Technik überhaupt nicht erklären, wie teilweise sehr filigrane und detailreiche Objekte aus so einem »Drucker« herauskommen. Eins wusste ich allerdings, dass diese Technik in den nächsten Jahren unseren Alltag prägen wird.

So eine Technik gab es für den Heimbereich noch nicht, genauso wenig wie es zum Beispiel damals die ersten Computer für den privaten Heimanwender gab. Nun, wo ist diese Entwicklung der »Heimcomputer« bislang angekommen? Dass Sie und ich heutzutage einen Rechner zu Hause haben, der die zigfache Rechenleistung der ersten Industriecomputer hat und mit dem die unglaublichsten Sachen zu realisieren sind, hätte damals auch kaum einer für möglich gehalten. Ich könnte jetzt noch mehrere Beispiele nennen, denen damals keine großartige Zukunft vorausgesagt wurde, wie zum Beispiel dem Internet oder etwas aktueller Handys und Smartphones. »Brauch ich nicht«, »Wozu, ich hab einen Festnetzanschluss, und Telefonzellen gibt es auch an jeder Ecke« waren nur einige der immer wieder vorgebrachten Argumente, die gegen diese neue Technik sprachen. Und wo stehen wir heute? Wir brauchen die Computer, wir sind quasi abhängig vom Internet in vielerlei Hinsicht, und wir besitzen zwar noch einen Festnetzanschluss, jedoch zu 90 %, um damit eine stabile Internetleitung zu nutzen. Aber auch das wird sich in den nächsten Jahren ändern mit der Ausweitung und Erweiterung der Handynetze.

Und jetzt heißt es also: »3D-Druck, wofür?« oder »Ist doch alles Spielkram, um sich vielleicht kleine Figuren oder Halterungen zu drucken.« Der Sparte »Spielkram« ist der 3D-Druck schon einige Monate entwachsen. Längst haben sich die ersten Unternehmen für 3D-Druckdienstleistungen oder für den reinen Verkauf von 3D-Druckern (iGo3D) gebildet und wachsen/expandieren stetig. Ein Stillstand ist derzeit noch lange nicht zu verzeichnen, im Gegenteil.

Bemerken Sie die Parallelen zu den heute allgegenwärtigen Techniken, die damals auch keiner wollte oder brauchte? Das Spannende daran ist, wir befinden uns gerade jetzt wieder in einer Zeit, in der sich eine höchst vielversprechende Technik ihren Weg in die Geschichte bahnt. Was daran spannend ist, fragen Sie sich jetzt vielleicht. Ganz einfach, sofern wir daran glauben und uns nicht dagegenstellen, haben wir die Möglichkeit, diese technische Revolution mitzugestalten. Sie können genauso ein »Maker« werden und in der ersten Phase dieser technischen Revolution dabei sein. Nutzen Sie die vorhandenen und imposanten Möglichkeiten, die diese Technik Ihnen schon jetzt bietet.

Die 3D-Revoultion bringt nicht nur neue Hardware, sondern auch neue Berufsgruppen, neue Geschäftszweige für Unternehmen, neue Dienstleistungsangebote etc. mit sich.

Im Winter 2012 habe ich die ersten Infos und Bilder dieser 3D-Drucker gesehen und fand diese Technik damals schon überaus interessant. So interessant, dass ich im Frühjahr 2014 ein Blog (*www.3d-drucker-world.de*) über diese Technik eröffnete, um das gesammelte Wissen anderen Interessierten mitzuteilen. Ein wahrlich folgenschwerer Tag war meine erste Maker Faire (Messe unter anderem für 3D-Druck), die ich zusammen mit meiner Frau Jennifer in Hannover besuchte. Nach dieser Messe, bei der ich auch erstmals auf die iGo3D GmbH traf, war für mich klar, dass ich dieses Thema nicht nur in meinem Blog weiter ausbauen muss.

Selbst im Herbst 2013 schien die 3D-Drucktechnik bei privaten Haushalten noch nicht richtig angekommen zu sein, so dass ich mein Konzept, ein Grundlagenbuch über jene Technik zu schreiben, in die Tat umsetzen wollte. Ich schrieb also eine Anfrage an Galileo Press, ob der Verlag ein solches Buch verlegen würde. Auch Galileo Press war sich sicher, dass sich in diesem Bereich etwas Großes entwickelt, und unterstützte mein Buchkonzept deshalb von Anfang an. Das Ergebnis halten Sie nun rund neun Monate nach der Konzeptvorstellung in der Hand.

Danke!

Ohne Übertreibung kann ich heute behaupten, dass das Schreiben eines solchen Fachbuches richtig harte Arbeit ist und eine Menge an (Frei-)Zeit verschlingt.

Ein herzliches und aufrichtiges Dankeschön gebührt meiner gesamten Familie, die mich in den letzten Monaten so sehr in den unterschiedlichsten Bereichen unterstützt hat und vor allem an mich geglaubt hat. Natürlich danke ich auch dem Verlag und meinen Lektor Sebastian Kestel, der mir während der Arbeit immer mit Rat und Tat zur Seite stand. Und was wäre ein technisches Fachbuch ohne einen starken Partner in diesem Bereich? Ein großes Danke an Michael Sorkin, Tobias Redlin und das gesamte Team der iGo3D GmbH für die Unterstützung.

So, und jetzt denke ich, dass Sie endlich mehr von dieser aufregenden Technologie erfahren und lesen wollen. Von daher wünsche ich Ihnen jetzt ganz viel Spaß mit diesem Buch!

Stefan Nitz

Kapitel 1

Einführung

Ist die Zeit reif, die 3D-Drucktechnologie der »breiten Masse« vorzustellen und vor allem zu empfehlen? Dieser Frage gehe ich schon seit längerer Zeit nach und bin zu der festen Überzeugung gelangt, dass sich der Hype etwas gelegt hat und sich der 3D-Druck tatsächlich zu einem Bestandteil unseres täglichen Lebens gemausert hat. Voraussetzung war hierfür ein recht einfach zu bedienender 3D-Drucker, der im Prinzip auf Knopfdruck und ohne lange Bastelarbeiten das gewünschte Objekt druckt.

Ich will Ihnen mit diesem Buch die Grundlagen der vielleicht noch gänzlich unbekannten Geräte näherbringen, werde mit Ihnen einen 3D-Drucker out of the box auspacken, anschließen und einrichten und Ihnen auch die Möglichkeiten aufzeigen, mit denen Sie ein 3D-Objekt herstellen können. Dazu reicht ein 3D-Scanner oder eine sehr leistungsfähige und doch kostenfreie 3D-Software.

1.1 Was bisher geschah – die Entwicklung des 3D-Drucks

Kühnste Visionen aus der Vergangenheit treffen die Realität. Wer in den 1960er Jahren gerne etwas in die Zukunft schweifen wollte, der schaute sich jede Woche eine neue Folge der Science-Fiction-Serie »Raumschiff Enterprise« an. Und auch heute noch gibt es viele Fans des Nachfolgers »Star Trek: The Next Generation« und der anderen Serien aus dem Star-Trek-Universum.

Vielleicht gehören Sie ja auch zu den Personen, die sich durch die dort verwendete Technik in den Bann gezogen fühlen? Tatsache ist: Neben eher (noch) unrealistischen Antrieben mit Lichtgeschwindigkeit oder einem Beamer, der Menschen an einen anderen Ort beamen konnte, gab es in der Serie auch Geräte, bei denen es damals schon einigermaßen vorstellbar war, dass es sie einige Jahre später in der Realität geben könnte. Ich spreche von dem sogenannten Kommunikator – ein Tastendruck auf den Kommunikator genügte, um sich mit anderen Besatzungsmitgliedern in Verbindung zu setzen, sozusagen ein drahtloses Hightech-Telefon.

Höchste Beachtung fand bei den Fans mit Sicherheit auch der sogenannte *Replikator*, eine Maschine, die Gegenstände und selbst Essen herstellen beziehungsweise reproduzieren konnte. Im Gegensatz zum Kommunikator, den man noch entfernt mit dem damaligen Telefon in Verbindung bringen konnte, war der Replikator ein gänzlich unbekanntes Gerät.

Seit dem ersten Erscheinen dieser Science-Fiction-Geräte in TV und Kino ist mittlerweile fast ein halbes Jahrhundert vergangen, und der damalige Kommunikator ist Ihnen heute sicher bestens bekannt als Handy oder Smartphone. Was wäre ein Leben ohne diese Technik?

Nur, was ist mit dem Replikator? Ja, auch ihn gibt es mittlerweile. Aus dem Replikator wurde der 3D-Drucker, der mittlerweile fast die gleichen Eigenschaften und Fähigkeiten mit sich bringt. Mit ihm ist es möglich, die unterschiedlichsten Objekte aus den verschiedensten Materialien herzustellen. Selbst Lebensmittel können, wenn auch noch eingeschränkt, »gedruckt« werden. Und auch der 3D-Drucker wird seinen Platz in der Gesellschaft finden und genauso wie der Kommunikator zu einer unverzichtbaren Maschine werden.

Abbildung 1.1 Aston Martin (Quelle: Propshop Modelsmakers)

So ganz plötzlich und steil begann der Aufstieg der 3D-Drucker natürlich nicht. Vergleichbar mit den Handys hat er bereits eine stetige und jahrzehntelange Entwicklung hinter sich. Auch wenn die Begriffe »3D-Druck« oder »3D-Drucker« erst in den letzten

Jahren entstanden sind, gibt es die Technik schon sehr viel länger. Die Filmindustrie zum Beispiel verwendet 3D-Drucker schon seit mehreren Jahren erfolgreich, um besonders wertvolle oder seltene Gegenstände naturgetreu in einem Kinofilm darzustellen.

Nicht alle Actionszenen werden bei aufwendigen Filmen aus dem Rechner gezaubert, und genau hier werden dann teilweise ausgedruckte Objekte verwendet. Ein Paradebeispiel ist sicherlich der Druck von insgesamt drei Modellen des Sportwagens Aston Martin DB 5, die in dem Kinofilm »James Bond – Skyfall« zerstört wurden (siehe Abbildung 1.1 und Abbildung 1.2). Kein Regisseur käme heute auf die Idee, die mittlerweile unbezahlbaren Oldtimer aus den 1960ern zu zerstören.

Natürlich kämen hier auch sogenannte computergenerierte Szenen infrage, kurz CGI (Computer Generated Imagery). Aber sicher stimmen Sie mir zu: Die Realität sieht dann doch immer noch am eindrucksvollsten aus.

Abbildung 1.2 Aston Martin – Vorstufe (Quelle: Propshop Modelsmakers)

Was liegt also näher, als die nostalgischen Sportwagen einfach als Modell – und wenn man davon bei Autos überhaupt sprechen darf – naturgetreu auszudrucken und für den Film zu verwenden? Ich schätze, nicht ein einziger Kinobesucher hatte den Verdacht, dass jene Autos aus einem 3D-Drucker stammen.

Aber nicht nur die Filmindustrie macht sich seit Jahren die Technik der 3D-Drucker zunutze, selbst die Luftfahrtindustrie druckt teilweise ganze Teile für spezielle Flugzeuge aus. Die Firma Boeing nutzt beispielsweise die sogenannte *Laser-Sintern-Methode*, um ganze 86 Flugzeugteile für den Kampfjet F 18 Hornet auszudrucken.

Speziell für Konstruktionsteile, die nur in kleinen Stückzahlen benötigt werden, ist der Einsatz von 3D-Druckern mittlerweile zum Standard geworden. Hier werden immense Entwicklungs- und Herstellungskosten gespart.

1.2 Der 3D-Druck erobert die Welt

Rechtlich geschützte Patente auf den unterschiedlichen 3D-Druckverfahren waren (und sind es auch teilweise noch) unter anderem für die immensen Kosten eines 3D-Druckers verantwortlich. Mit dem jüngsten Ablauf einiger wichtiger Patente begann ein regelrechter Preisverfall in dem Bereich.

Seit ein paar Jahren konnten nun wichtige Elemente eines 3D-Druckers frei gebaut und vor allem auch vertrieben werden. Wo damals noch rund 10.000 € und wesentlich mehr für einen Drucker investiert werden mussten, sind schon jetzt Modelle für deutlich unter 1.000 € im Handel erhältlich.

Mit dem Ablauf der Patente gab es einen regelrechten Boom in der Open-Source-Gemeinde. Viele Maker, also handwerklich interessierte und geschickte Menschen, trafen sich in sogenannten *Hackerspaces*, um die unterschiedlichsten 3D-Drucker zu entwickeln. Natürlich witterten auch Unternehmen die Chance, einen bezahlbaren 3D-Drucker in den Handel zu bringen, und so sind einige 3D-Drucker schon für ca. 400 € zu bekommen. In dieser Preisklasse dürfen allerdings keine hohen Qualitätsansprüche gestellt werden, die ausgedruckten Objekte sehen mehr schlecht als recht aus, und die Verarbeitung dieser Geräte lässt auch sehr zu wünschen übrig.

Hackerspace

Eine meist von Vereinen getragene Werkstatt für technisch Interessierte. Viele Bereiche wie Wissenschaft, digitale Kunst oder allgemeine Technologie werden hier abgedeckt und behandelt.

Der Preisverfall betrifft allerdings zurzeit nur die Drucker, die mit der sogenannten FDM-(Fused-Deposition-Modeling-)Methode, also einem *Schmelzschichtungsverfahren*, Objekte herstellen. 3D-Drucker, die mit metallischen oder keramischen Werkstoffen arbeiten, sind weiterhin für den Heimanwender preislich nicht sonderlich interessant und bewegen sich im mittleren vierstelligen Bereich.

Schmelzschichtung

Hier wird flüssiger Kunststoff schichtweise auf das Druckbett aufgetragen, um so das Objekt Schicht für Schicht zu erstellen. Die Vorgehensweise und die einzelnen Bauteile eines 3D-Druckers beschreibe ich in Kapitel 4, »Aufbau und Funktionen des 3D-Druckers kennenlernen«.

Aber auch hier laufen einige wichtige Patente im Jahr 2014 aus und könnten einen ähnlichen Boom bewirken, wie seinerzeit für die herkömmlichen 3D-Drucker, die mit Kunststoff drucken. Bis es allerdings soweit ist, sind die »normalen« 3D-Drucker, die mit dem Schmelzschichtungsverfahren arbeiten, für den Hausgebrauch und teilweise auch für gewerbliche Zwecke völlig ausreichend.

Wir erleben zurzeit ja erst die Anfänge des 3D-Druck-Zeitalters und können schon jetzt auf eine Vielzahl an qualitativ hochwertigen Druckern zurückgreifen. Die Auflösung eines Ultimaker 2-Druckers zum Beispiel beträgt sagenhafte 0,05 mm. Das ist vergleichbar mit der Dicke eines menschlichen Haares. Diese sehr feine Auflösung ist für das sehr gleichmäßige Druckbild verantwortlich. Sie können sich vorstellen, dass mit solch genauen Druckern schon überaus optimale Druckergebnisse erzielt werden, die ruhigen Gewissens auch gewerblich vertrieben werden können.

Nicht nur, dass der 3D-Drucker im privaten Haushalt viel Zeit, Ärger und Kosten sparen kann; mit ihm lassen sich auch Ideen für Produkte günstig und schnell in kleinen Stückzahlen herstellen. In diesem Zusammenhang fällt häufig der Begriff des *Rapid Prototypings*, also der schnellen Prototypentwicklung. Der große Vorteil der 3D-Drucker: Es ist ab sofort nicht mehr notwendig, eine kleine Produktauflage an eine große Fabrik zur Herstellung zu übergeben. Ab sofort können Sie sich Ihre Ideen und Vorstellungen selbst erstellen und vor allem ausdrucken. Noch vor einigen Jahren war das schon aus finanziellen Gründen undenkbar.

1.3 Die Zukunftsaussichten – hochauflösend und farbig

Die Vorteile der Arbeit mit unterschiedlichen Werkstoffen wie Metall, Gips oder Keramik liegen auf der Hand. Eignen sich Druckobjekte aus Metall beispielsweise besonders für die Herstellung von Ersatzteilen im KFZ-Bereich, so bieten Objekte aus Keramik ungeahnte Möglichkeiten im kreativen Bereich. Schmuckstücke, Skulpturen oder auch Tassen lassen sich mit diesem Material natürlich ideal erstellen. Ähnlich sieht es bei der Verwendung von Gips aus. Dieses Verfahren mit Gips wird auch als *3DP-Druckverfahren* bezeichnet und vorrangig im Bereich der Modellierung von kleinen Statuen oder für

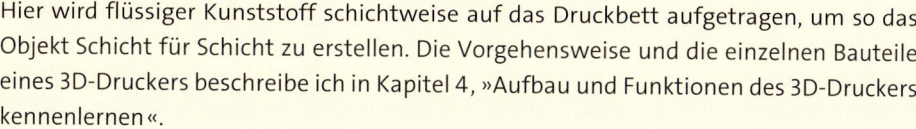

Prototypen von speziellen Objekten eingesetzt. Der große Vorteil gegenüber dem normalen Schmelzschichtungsverfahren mit Kunststoff ist die Möglichkeit eines vollfarbigen Drucks.

Zwar sind diese Möglichkeiten technisch schon jetzt gegeben, doch sind sie für den Heimanwender unter finanziellen Aspekten noch völlig uninteressant.

Auf der CES in Las Vegas, einer der bedeutendsten Technologiemessen überhaupt, konnte der Hersteller 3d-systems mit einigen hochinteressanten Produkten überraschen. So wurde ein 3D-Drucker, der Objekte aus Keramik herstellen kann, schon für unter 10.000 US$ vorgestellt. Ein weiteres Modell, das mit dem Gipsverfahren arbeiten wird, soll sogar schon für unter 5.000 US$ erhältlich sein. Natürlich erstellen beide Drucker die gewünschten Objekte in Farbe. Diese beiden Drucker werden ca. in der zweiten Jahreshälfte 2014 im (US-)Handel erhältlich sein.

Ganz nebenbei hat 3d-systems auch zwei interessante 3D-Drucker für den Lebensmittelbereich vorgestellt. Auch dieser Bereich wird unsere Zukunft bedeutsam prägen. Beispiele für die Anwendung lassen sich unzählige finden. Wie finden Sie diese?

- das vorher eingescannte und essbare Abbild des Hochzeitspaares auf der Hochzeitstorte
- digitalisierte Verzierungen aller Art auf Kuchen und Gebäck
- Kekse oder Zuckerwürfel in Regenbogenfarben und in den unterschiedlichsten Formen

Sie sehen schon, 3D-Druck ist ein überaus komplexes Thema mit ungeahnten Möglichkeiten, aber der 3D-Druck im Lebensmittelsektor wird noch einmal einen ganz zentralen Bereich unseres Lebens verändern. Aber auch das digitalisierte Hochzeitspaar, hochauflösend und in Farbe natürlich, ist keine waghalsige Zukunftsprognose. Schon im zweiten Halbjahr 2014 werden diese 3D-Drucker im Handel verfügbar sein. Ganz so preiswert wie herkömmliche 3D-Drucker werden sie zwar nicht sein, aber mit angepeilten 5.000 US$ für das einfarbige Modell liegt der Preis noch in einem erträglichen Rahmen. Zumal so ein spezieller Drucker wohl nur für wirklich eingefleischte Hobbyköche/-bäcker, oder für gewerbliche Kunden interessant sein dürfte. Das Modell für den vollfarbigen Ausdruck bewegt sich preislich unter 10.000 US$.

Lassen Sie uns aber einmal von der nahen Zukunft in die etwas entferntere blicken. Wer kennt nicht die Science-Fiction-Filme, in denen sich ganze Menschen oder Gliedmaßen reproduzieren lassen? Vielleicht haben ja auch Sie sich die Filme angeschaut und sich womöglich gefragt, ob und wann so etwas möglich sein wird?

Die Antwort steht zwar noch nicht ganz fest, aber die ersten Schritte sind bereits getan! Wissenschaftler konnten schon ganze Hautzellen reproduzieren und »drucken«. Der Begriff »Drucken« ist hier vielleicht etwas befremdlich, aber im Prinzip ist dieser Vorgang nichts anderes als das, was Sie höchstwahrscheinlich mit Ihrem herkömmlichen 2D-Laser- oder Tintenstrahldrucker zu Hause tun.

Aber nicht nur Hautzellen wurden erfolgreich hergestellt, sondern auch ganze Organe. Aktuell haben Wissenschaftler eine voll funktionsfähige Mini-Leber »gedruckt«. Diese Leber war zwar deutlich kleiner als eine herkömmliche menschliche Leber, aber sie funktionierte einwandfrei. Fünf Tage lang verrichtete diese künstlich erschaffene Leber ihre Arbeit und produzierte in dieser Zeit die wichtigen Entgiftungs-Enzyme und Proteine. Das gesamte Gewebe dieser Leber blieb sogar 40 Tage lang stabil, ein wahrer Durchbruch in der Medizintechnik! Das US-Unternehmen erwähnte in einem Artikel, dass bereits im Jahr 2015 das kommerzielle Produkt verfügbar sein soll.

Abgesehen von wirklich komplizierten Organen wie einer Leber werden natürlich auch andere Forschungen angestellt. So wird es zum Beispiel in naher Zukunft möglich sein, ein Ohr herzustellen. Speziell gedacht als Ohrprothese für Kinder, die mit einer Fehlbildung der Ohrmuschel oder des Ohrläppchens auf die Welt gekommen sind. Für die Herstellung wird grob gesagt »Bio-Tinte« verwendet, zugegeben ein etwas seltsamer Ausdruck. In der Bio-Tinte sind lebendige Zellen enthalten, die unter anderem aus Rattenschwänzen und Knorpelzellen von Kühen gewonnen werden. Klingt natürlich etwas sonderbar, ist aber durchaus nachvollziehbar: Die »Rohstoffe« für die Herstellung von Körperteilen müssen natürlich auch etwas Biologisches enthalten.

Allerdings dürfte diese Tatsache den späteren Besitzern der Körperteile wenig stören. So wird zum Beispiel die Ohrprothese kaum bis gar nicht von einem »richtigen« Ohr zu unterscheiden sein. Zum Vergleich: Für eine Ohrmuschel wurde bislang Knorpel aus dem Brustkorb entnommen und daraus eine Ohrmuschel nachgebildet, die vom optischen Aspekt der »gedruckten« Ohrmuschel deutlich unterlegen ist. Die Technik zur Herstellung solcher Prothesen ist zwar ein wenig fortschrittlicher und aktueller als die Züchtung von Körperorganen, dennoch dürften die ersten Prothesen aus dem 3D-Drucker erst in ca. fünf Jahren im freien Handel erscheinen.

Die Zukunftsaussichten für den 3D-Druck sind also rosig, spannend oder für den ein oder anderen sogar beängstigend. Der 3D-Druck wird uns definitiv das Leben vereinfachen und kann später sogar lebensrettend sein. Aber so wunderbar diese Entwicklung ist, so darf man auch nicht die negativen Aspekte vergessen. Ein brisantes und zu gern in den Medien verwendetes Thema ist der 3D-Druck von Waffen und sonstiger krimineller Hilfsmittel. Wenn es zurzeit schon möglich ist, eine funktionsfähige Waffe zu drucken, was ist dann in fünf Jahren möglich? Zugegeben, die aktuell gedruckte Waffe aus Plastik ist vielleicht genauso gefährlich für den Täter wie für das mögliche Opfer. Aber ein Schuss ist bereits möglich, aus einer Pistole aus Kunststoff wohlgemerkt! Diese Neuigkeit findet sich nicht nur in den einschlägigen Boulevardmedien wieder, mit Sicherheit auch bei Terroristen. Unvorstellbar, welche Möglichkeiten auch diese Menschen haben werden.

Der Ausdruck »die neue industrielle Revolution« für den gesamten 3D-Druck findet nicht bei jedem Anklang. Mit Fug und Recht darf man aber behaupten, dass diese Technik schon einer Revolution gleichkommt. Vielleicht nicht unbedingt einer industriellen, da es diese Drucktechnik, wenn auch in anderer Form, in der Industrie schon gegeben hat. Aber es ist eine Revolution für den Heimanwender, für den Tüftler, der seine Ideen auf dem Reißbrett, im CAD-Programm oder einfach vom Papier weg ausdrucken kann! Für den Bäcker, der seine Kreationen mit digitalisierten Formen und veredeln kann. Für die Schmuckdesignerin, die ihre Ideen mit den unterschiedlichsten Materialien auf Knopfdruck verwirklichen kann. Die 3D-Druck-Revolution hat jetzt und hier begonnen! Die Renaissance der (3D-)Copyshops – alles eine Frage der Zeit und Ihres Budgets, um die richtige Wahl zwischen dem eigenen 3D-Drucker und einem 3D-Druckservice zu treffen.

Kapitel 2

Druckerkauf oder externe Druckdienste? Was Sie vorab wissen sollten

Ein 3D-Drucker ist eine tolle Sache – aber in der Anschaffung mit nicht unerheblichen Kosten verbunden. Und nicht jedes 3D-Drucker-Modell kann jede Aufgabe erfüllen. Dieses Kapitel gibt Ihnen Auskunft darüber, welche Modelle es gibt, für welche Aufgabe sie sich eignen, welche Kosten damit verbunden sind und wann es sich lohnen kann, Druckaufträge an 3D-Druck-Dienstleister zu vergeben.

Mögen Sie es gerne bunt, und wollen Sie Ihre Objekte in Gips, Plastik oder sogar mit Keramik drucken? Oder brauchen Sie nur eine, vielleicht maximal zwei Farben für Ihre Objekte, die zu 99 % aus Kunststoff entstehen? Die verfügbaren Möglichkeiten sind enorm! Lassen Sie uns gemeinsam die für Sie beste Lösung finden.

2.1 3D-Objekte selbst drucken oder besser in Auftrag geben?

Lassen Sie uns für das folgende Kapitel ein wenig in der Vergangenheit schweifen. Vor ca. 15 Jahren kamen die ersten Laserdrucker in den Handel, die ein nahezu perfektes Druckbild abgaben. Mit diesen Druckern war es möglich, eine ganz saubere und exakte Schrift auszudrucken. Dieses exakte Druckbild war natürlich ideal für alle wichtigeren Dokumente wie Briefe oder Bewerbungen. Leider waren die damaligen Laserdrucker noch immens teuer und so für den normalen Privathaushalt eigentlich nicht sonderlich interessant.

In meiner Heimatstadt Bad Harzburg, einem kleinen Kurort im schönen Harz, gab es allerdings zu dieser Zeit ganze drei Copyshops, was für diesen kleinen Ort wirklich enorm war. Es war interessant zu sehen, wie diese Copyshops nach und nach mit Laserdruckern ausgestattet wurden. Natürlich nicht nur um damit den eigenen Schriftverkehr abzudecken, sondern vielmehr um das Repertoire der angebotenen Dienstleistungen zu erhöhen. Ab sofort war es dort nicht nur möglich, Kopien anfertigen zu lassen, der Kunde konnte, ausgestattet mit der Textdatei auf einer Diskette (!), somit seine Bewerbungen,

Briefe oder sonstigen Schriftstücke in der Qualität eines teuren Laserdruckers in einem der Copyshops ausdrucken lassen. Es war über Jahre eine gern und viel genutzte Alternative zum Tintenstrahldrucker, der ewig verklebte, oder zu einem eigenen Laserdrucker, der preislich noch völlig unattraktiv war.

Mit dem Preisverfall der Laserdrucker und des zugehörigen Verbrauchsmaterials sind mittlerweile auch die regionalen Copyshops gänzlich verschwunden. Allerdings konnten die Shops mit dem späteren Erwerb eines Farblaserdruckers noch einmal einen kleinen Höhepunkt in der Geschichte der Copyshops einläuten, aber auch in diesem Bereich gab es in jüngster Zeit einen drastischen Preisverfall, so dass Farblaserdrucker mittlerweile für den privaten Haushalt erschwinglich sind.

Sie merken wahrscheinlich, auf welches Thema ich lenken will. Sofern Sie nicht allzu viele Objekte zum Drucken haben oder einfach noch nicht so viel Geld in einen eigenen 3D-Drucker investieren wollen, gibt es für Sie schon heute die Möglichkeit, einen »Copyshop 2.0«, oder besser gesagt einen 3D-Druckservice in Anspruch zu nehmen. Vielleicht ist diese Lösung für Sie persönlich sogar die bessere? Nämlich dann, wenn Sie vielleicht nicht so viel Zeit haben oder nicht relativ viel Geld investieren wollen, um sich mit der gesamten Materie der 3D-Drucker, des 3D-Drucks, Filaments (also des Füllmaterials) und der Erstellung der 3D-Objekte ernsthaft auseinanderzusetzen.

Die beiden Faktoren Zeit und Geld spielen in dieser Branche leider immer noch gewichtige Rollen. Ich wäre nicht ehrlich zu Ihnen, wenn ich schreiben würde, dass die Anschaffung eines 3D-Druckers relativ preiswert ist. Für einen guten 3D-Drucker, der in einer ausreichend hohen Qualität drucken kann, zuverlässig arbeitet und benutzerfreundlich ist, bezahlen Sie noch gut und gerne ca. 1.500 €, eher etwas mehr. Dazu kommt noch in regelmäßigen Abständen das Filament, also das Verbrauchsmaterial. Und Sie brauchen etwas Zeit, um den Drucker einzurichten, ihn zu justieren und zu kalibrieren. Auch die Verarbeitung der 3D-Objekte nimmt einiges an Zeit in Anspruch und darf nicht vernachlässigt werden.

Sofern Ihnen diese Technik vielleicht noch zu teuer ist oder Sie ihre wertvolle Zeit nicht mit der Kalibrierung von 3D-Druckern zubringen wollen, ist die Inanspruchnahme eines 3D-Druckservices für Sie möglicherweise die ideale Wahl. Sie haben somit praktischerweise auch einen Vorteil gegenüber dem Besitzer eines 3D-Druckers, der vielleicht nur einfarbig und auch nur in Kunststoff drucken kann. Sie können über Ihren 3D-Druckservice sogar mehrfarbig und in vielen verschiedenen Materialen drucken lassen.

Die Palette der aktuell verfügbaren Materialien erstreckt sich von herkömmlichem Kunststoff über Gips und Keramik bis hin zu Metall und sogar Schokolade oder Zucker! Diese Komplexität werden Sie in absehbarer Zeit natürlich nicht mit einem 3D-Drucker zu Hause erreichen.

Selbstverständlich sind die 3D-Druckdienste nicht unbedingt als alternatives Schnäppchen im Vergleich mit der Anschaffung eines 3D-Druckers anzusehen. Auch diese Branche der »Copyshops 2.0« ist relativ neu und entwickelt sich hier in Deutschland erst langsam weiter. Von daher sind die Preise für die gedruckten Objekte teilweise noch recht hoch, aber immerhin um ein Vielfaches geringer als ein gekaufter 3D-Drucker.

Auf den ersten Blick kommt Ihnen der Onlinebestellvorgang eines 3D-Copyshops vielleicht etwas verwirrend und komplex vor. Anhand des Beispiels der trinckle 3D GmbH möchte ich Ihnen daher gerne den üblichen Weg eines Bestellvorgangs für ein 3D-Objekt zeigen. Zwar bietet Ihnen die trinckle 3D GmbH eine breite Palette für den 3D-Bereich, bestehend aus einem eigenen Marktplatz für 3D-Objekte, einer Community und einem Designer-Portal, jedoch wollen wir uns hier auf den 3D-Druckservice beschränken.

Rufen Sie jetzt bitte Ihren Browser auf, und geben Sie die Adresse *http://www.trinckle.com* ein. Auf der Startseite finden Sie neben dem Menüpunkt MARKTPLATZ den für uns wichtigen Punkt 3D-DRUCKSERVICE, den Sie jetzt bitte mit einem Mausklick aufrufen (siehe Abbildung 2.1).

Abbildung 2.1 Den 3D-Druckservice von trinkle.com erreichen Sie über das Hauptmenü. (Quelle: Screenshot www.trinckle.com)

Auf der nachfolgenden Seite befinden wir uns schon in dem Bereich, in dem Sie ihre eigenen Objekte auf den firmeneigenen Server hochladen können oder sich über die unterschiedlichen Materialien, Farben, Dateiformate und Bestellbedingungen informieren (siehe Abbildung 2.2).

Abbildung 2.2 Der Startbildschirm vom 3D-Druckservice (Quelle: Screenshot www.trinckle.com)

Was ich Ihnen wirklich ans Herz lege, ist die rechte Spalte mit den verschiedenen Unterpunkten. Wie der Name schon sagt, erfahren Sie hier alles über die unterschiedlichen Bestelloptionen, und das hilft Ihnen ungemein im weiteren Verlauf. Die einzelnen Unterpunkte hier jetzt durchzugehen, würde den Rahmen sprengen, so dass ich mit Ihnen gleich zum Upload einer Datei gehen will.

Um Ihnen den weiteren Verlauf besser darstellen zu können, lassen Sie uns ein gemeinsames Modell aus einer frei verfügbaren Datenbank runterladen. Da ich im weiteren Verlauf dieses Buches immer wieder auf ein spezielles Modell zurückgreifen werde, rate ich Ihnen schon jetzt, dieses Objekt aus der Datenbank zu laden und damit zu arbeiten. Sie finden es in der Thingiverse-Datenbank unter *http://www.thingiverse.com/thing:202774*. Speichern Sie nun bitte dieses frei erhältliche und kostenfreie Objekt auf Ihrem Rechner ab.

Lassen Sie uns jetzt beginnen, das geladene Objekt probeweise auf den Server von trinckle zu laden, um die weiteren Schritte durchzugehen.

Hierfür wählen Sie als QUELL-DATEI unser gemeinsames Objekt aus und wählen die entsprechende Maßeinheit. In unserem Fall sind Millimeter genau richtig. Wurde die Datei nun ausgewählt, können Sie den Vorgang mit dem Button HOCHLADEN UND FORTSETZEN weiterführen (siehe Abbildung 2.3).

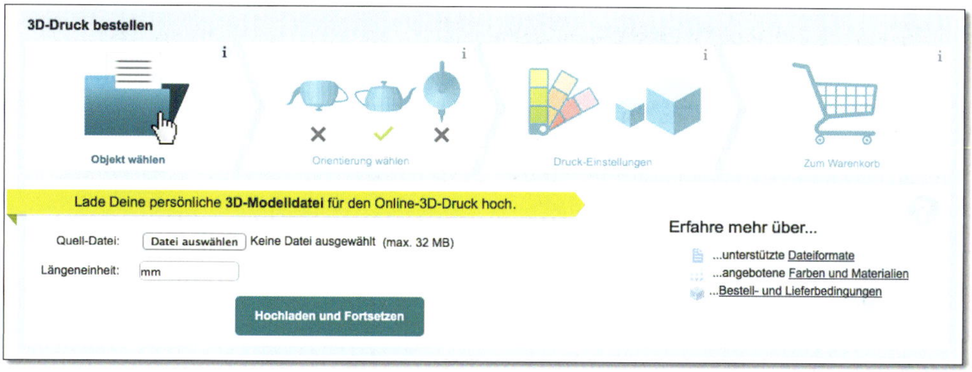

Abbildung 2.3 Die Quell-Datei auswählen und die Maßeinheit festlegen (Quelle: Screenshot www.trinckle.com)

Im nächsten Schritt legen Sie die Front vom Objekt fest, um dem Drucker eine genaue Position des Objekts zu geben. Nun folgt der wohl wichtigste Schritt bei Ihrem Bestellvorgang, die Auswahl der Farben, des Materials und natürlich der endgültigen Größe.

Wie Sie auf Abbildung 2.4 durch den gelben Hinweistext schon erkennen können, ist die ursprüngliche Größe unseres Objekts für den Drucker zu klein, um alle Details zu drucken. In diesem Fall justieren Sie den Schieberegler unter der Skalierung ein wenig nach rechts, um die Größe anzupassen. Als kleine Hilfe wird Ihnen auf der rechten Seite jeweils ein kleines Symbol eingeblendet, das Ihnen das Verhältnis zum Objekt aufzeigt, um nicht unbedingt immer gleich ein Maßband oder einen Zollstock ziehen und nachmessen zu müssen. Links sehen Sie außerdem eine Größenangabe, die sich mit dem Skalieren automatisch verändert.

In dem Beispielbild wird eine Büroklammer angezeigt, die wesentlich kleiner als das zu druckende Objekt ist. Skalieren Sie jetzt weiter nach rechts, kommt als nächstgrößeres Vergleichsobjekt ein Kugelschreiber, danach sogar ein Regenschirm, wobei Sie höchstwahrscheinlich kaum Objekte drucken lassen wollen, die 15 × größer als ein Regenschirm sind.

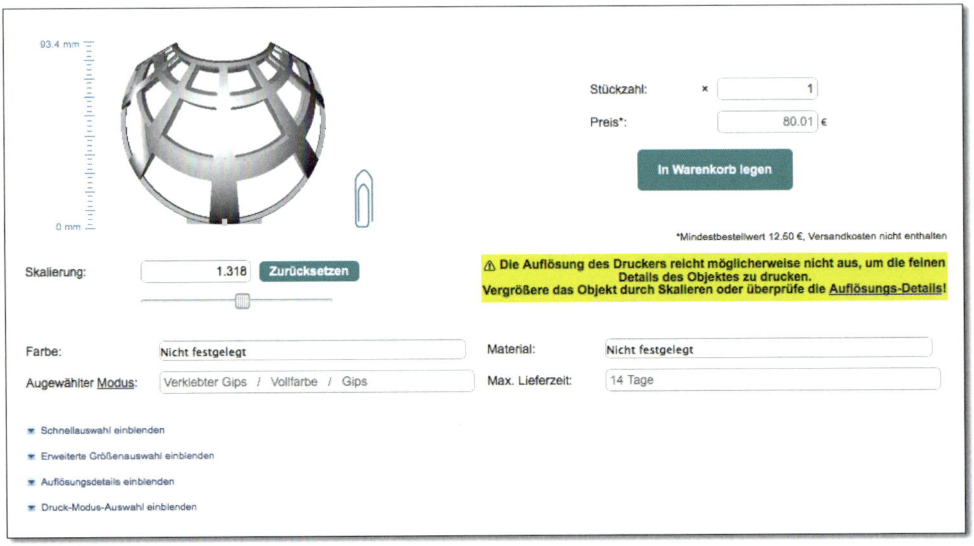

Abbildung 2.4 Die Details bei der Bestellung sind ungemein wichtig. Hier werden die Eigenschaften des Objekts festgelegt. (Quelle: Screenshot www.trinckle.com)

Achten Sie in dem Fall auch bitte auf den angezeigten Preis, der Ihnen ganz rechts auf der Seite angezeigt wird. Dieser verändert sich komfortabel entsprechend der Skalierung. So haben Sie jederzeit den Überblick, wie teuer Ihr Objekt denn überhaupt wird. Diese einfache Skalierung und die automatische Preisanpassung wurden auf der Seite wirklich gut gelöst und sind auch für Anfänger in diesem Bereich sehr gut und leicht nachzuvollziehen. Natürlich bezieht sich der angegebene Preis dort nur auf das jeweils ausgewählte Material.

Preislich unterscheiden sich die Materialien teilweise enorm. Wollten Sie das hier beschriebene Beispielobjekt in Polyamid ausdrucken lassen, würde es Sie bei einer Größe von 49 mm ca. 12,90 € kosten. Bei dem gleichen Objekt und der gleichen Größe kostet Sie das Objekt aus Acryl schon ca. 100 €, mit ABS-Kunststoff gedruckt noch immerhin ca. 30 €, und am preiswertesten wird es mit Kunstsandsteinmaterial, auf das nur ca. 11,50 € entfallen würden.

Sie merken also, dass es teilweise gravierende Preisunterschiede zwischen den hier angebotenen Materialien gibt. Aber sie unterscheiden sich ja nicht nur im Preis, auch Farbgebung und Stabilität sind enorm wichtige Faktoren (siehe Abbildung 2.5). Um hier die richtige Entscheidung treffen zu können, sollten Sie sich zunächst fragen, für welchen Zweck Sie das Objekt einsetzen wollen, das Sie einem 3D-Druckservice in Auftrag geben.

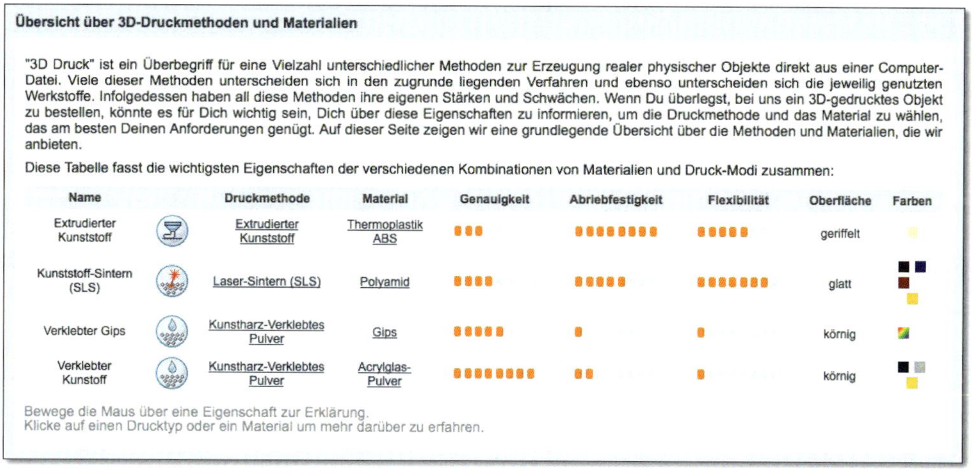

Übersicht über 3D-Druckmethoden und Materialien

"3D Druck" ist ein Überbegriff für eine Vielzahl unterschiedlicher Methoden zur Erzeugung realer physischer Objekte direkt aus einer Computer-Datei. Viele dieser Methoden unterscheiden sich in den zugrunde liegenden Verfahren und ebenso unterscheiden sich die jeweilig genutzten Werkstoffe. Infolgedessen haben all diese Methoden ihre eigenen Stärken und Schwächen. Wenn Du überlegst, bei uns ein 3D-gedrucktes Objekt zu bestellen, könnte es für Dich wichtig sein, Dich über diese Eigenschaften zu informieren, um die Druckmethode und das Material zu wählen, das am besten Deinen Anforderungen genügt. Auf dieser Seite zeigen wir eine grundlegende Übersicht über die Methoden und Materialien, die wir anbieten.

Diese Tabelle fasst die wichtigsten Eigenschaften der verschiedenen Kombinationen von Materialien und Druck-Modi zusammen:

Name	Druckmethode	Material	Genauigkeit	Abriebfestigkeit	Flexibilität	Oberfläche	Farben
Extrudierter Kunststoff	Extrudierter Kunststoff	Thermoplastik ABS				geriffelt	
Kunststoff-Sintern (SLS)	Laser-Sintern (SLS)	Polyamid				glatt	
Verklebter Gips	Kunstharz-Verklebtes Pulver	Gips				körnig	
Verklebter Kunstoff	Kunstharz-Verklebtes Pulver	Acrylglas-Pulver				körnig	

Bewege die Maus über eine Eigenschaft zur Erklärung.
Klicke auf einen Drucktyp oder ein Material um mehr darüber zu erfahren.

Abbildung 2.5 Trinckle.com bietet Ihnen eine detailreiche und aufschlussreiche Übersicht der Materialeigenschaften. (Quelle: Screenshot www.trinckle.com)

Wollen Sie ein Ersatzteil für ein beliebiges Gerät ausdrucken lassen, wäre es ratsam, das sogenannte ABS-Thermoplastik zu wählen. Dieser Kunststoff wird in der Regel für die gebräuchlichsten Gegenstände, wie zum Beispiel für die bekannten LEGO-Bausteine, verwendet. Er ist sehr robust und hält auch höheren Temperaturen, wie zum Beispiel der Sonneneinstrahlung im Sommer, stand.

Allerdings können Sie mit diesem Kunststoff immer nur in ein oder maximal zwei Farben drucken lassen. Farbverläufe sind hiermit (noch) nicht möglich. Bei dem hier vorgestellten Unternehmen trinckle werden Objekte aus ABS sogar nur einfarbig, elfenbeinfarben, gedruckt (siehe Abbildung 2.6).

Alternativ zum ABS-Kunststoff können Sie auch Acrylglas-Pulver wählen, wobei Sie hier zwischen den Farben Gelb, Schwarz und Grau wählen können. Dieser Kunststoff wird Ihnen unter dem Namen *Acryl* vielleicht besser bekannt sein und ist bekanntermaßen auch sehr robust, kann jedoch unter Spannung schnell springen und brechen. Die stark begrenzte Farbauswahl und der im Vergleich zu den anderen Materialien hohe Preis machen Acryl also nicht unbedingt zur ersten Wahl.

Andere Farben wie Rot, Blau, Weiß, Schwarz oder Gelb werden Ihnen bei dem Polyamid-Kunststoff zur Verfügung gestellt. Dieser Kunststoff ist ähnlich robust, aber dabei ein wenig flexibler als ABS und bietet Ihnen die wohl beste Alternative dazu, jedoch mit der Option, aus fünf Farben zu wählen.

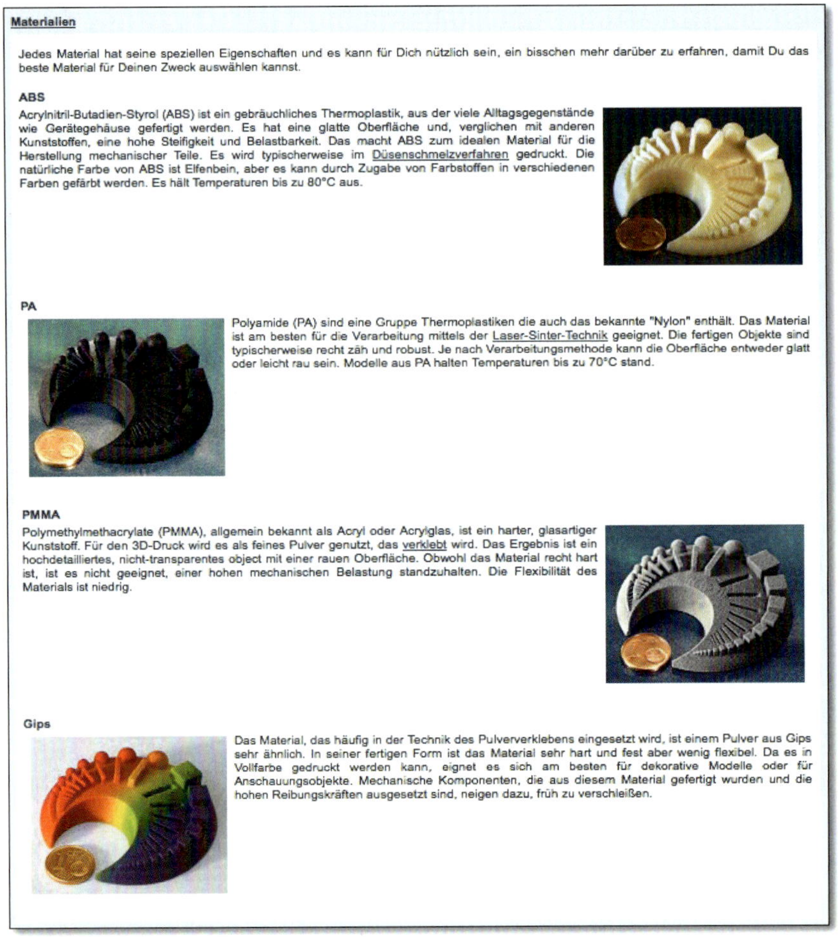
Materialien

Jedes Material hat seine speziellen Eigenschaften und es kann für Dich nützlich sein, ein bisschen mehr darüber zu erfahren, damit Du das beste Material für Deinen Zweck auswählen kannst.

ABS

Acrylnitril-Butadien-Styrol (ABS) ist ein gebräuchliches Thermoplastik, aus der viele Alltagsgegenstände wie Gerätegehäuse gefertigt werden. Es hat eine glatte Oberfläche und, verglichen mit anderen Kunststoffen, eine hohe Steifigkeit und Belastbarkeit. Das macht ABS zum idealen Material für die Herstellung mechanischer Teile. Es wird typischerweise im Düsenschmelzverfahren gedruckt. Die natürliche Farbe von ABS ist Elfenbein, aber es kann durch Zugabe von Farbstoffen in verschiedenen Farben gefärbt werden. Es hält Temperaturen bis zu 80°C aus.

PA

Polyamide (PA) sind eine Gruppe Thermoplastiken die auch das bekannte "Nylon" enthält. Das Material ist am besten für die Verarbeitung mittels der Laser-Sinter-Technik geeignet. Die fertigen Objekte sind typischerweise recht zäh und robust. Je nach Verarbeitungsmethode kann die Oberfläche entweder glatt oder leicht rau sein. Modelle aus PA halten Temperaturen bis zu 70°C stand.

PMMA

Polymethylmethacrylate (PMMA), allgemein bekannt als Acryl oder Acrylglas, ist ein harter, glasartiger Kunststoff. Für den 3D-Druck wird es als feines Pulver genutzt, das verklebt wird. Das Ergebnis ist ein hochdetailliertes, nicht-transparentes object mit einer rauen Oberfläche. Obwohl das Material recht hart ist, ist es nicht geeignet, einer hohen mechanischen Belastung standzuhalten. Die Flexibilität des Materials ist niedrig.

Gips

Das Material, das häufig in der Technik des Pulververklebens eingesetzt wird, ist einem Pulver aus Gips sehr ähnlich. In seiner fertigen Form ist das Material sehr hart und fest aber wenig flexibel. Da es in Vollfarbe gedruckt werden kann, eignet es sich am besten für dekorative Modelle oder für Anschauungsobjekte. Mechanische Komponenten, die aus diesem Material gefertigt wurden und die hohen Reibungskräften ausgesetzt sind, neigen dazu, früh zu verschleißen.

Abbildung 2.6 Die verschiedenen Materialien in der Übersicht (Quelle: Screenshot www.trinckle.com)

Für komplett vollfarbige Objekte, wie zum Beispiel Figuren oder Gesichter mit feinen Farbverläufen, wird Kunstsandstein verwendet. Mit diesem gipsähnlichen Material ist es möglich, naturgetreue Farbverläufe zu drucken, und es eignet sich so natürlich hervorragend für dekorative Objekte. Allerdings ist das Material nicht annähernd so robust wie die zuvor beschriebenen Kunststoffe.

Sie sehen also, dass es im Grunde genommen für die gebräuchlichsten Objekte nur zwei wirklich gute Materialien gibt. Das wäre einmal der Polyamid-Kunststoff mit einer etwas besseren Farbauswahl gegenüber ABS und Acryl und andererseits der Kunstsandstein (Gips) mit der Fähigkeit, die komplette Farbpalette wiederzugegeben. Welches

Material nun für Sie das richtige ist, sollten Sie immer individuell vom gewünschten Druckobjekt abhängig machen.

In unserem Beispiel mit dem Objekt *Stereographic Projection* würde ich persönlich das Polyamid-Material wählen, einfach aus dem Grund, da ich hier das Objekt in Weiß drucken lassen könnte.

Natürlich gibt es neben dem von mir als Beispiel gewählten Unternehmen noch eine Vielzahl anderer 3D-Druckdienste. Der weltweit größte 3D-Druckdienst ist Shapeways, zu erreichen unter *http://www.shapeways.com*. Das US-Unternehmen bietet neben einem sehr komplexen Druckservice auch die Möglichkeit, selbst 3D-Objekte zu erstellen und diese dann ausdrucken zu lassen. Shapeways bietet dem User eine sehr breite Palette an kleinen webbasierten Apps an, mit denen sich zum Beispiel Ausstechformen für Kekse, kleine Ohrringe, oder individuelle Ringe gestalten lassen (siehe Abbildung 2.7).

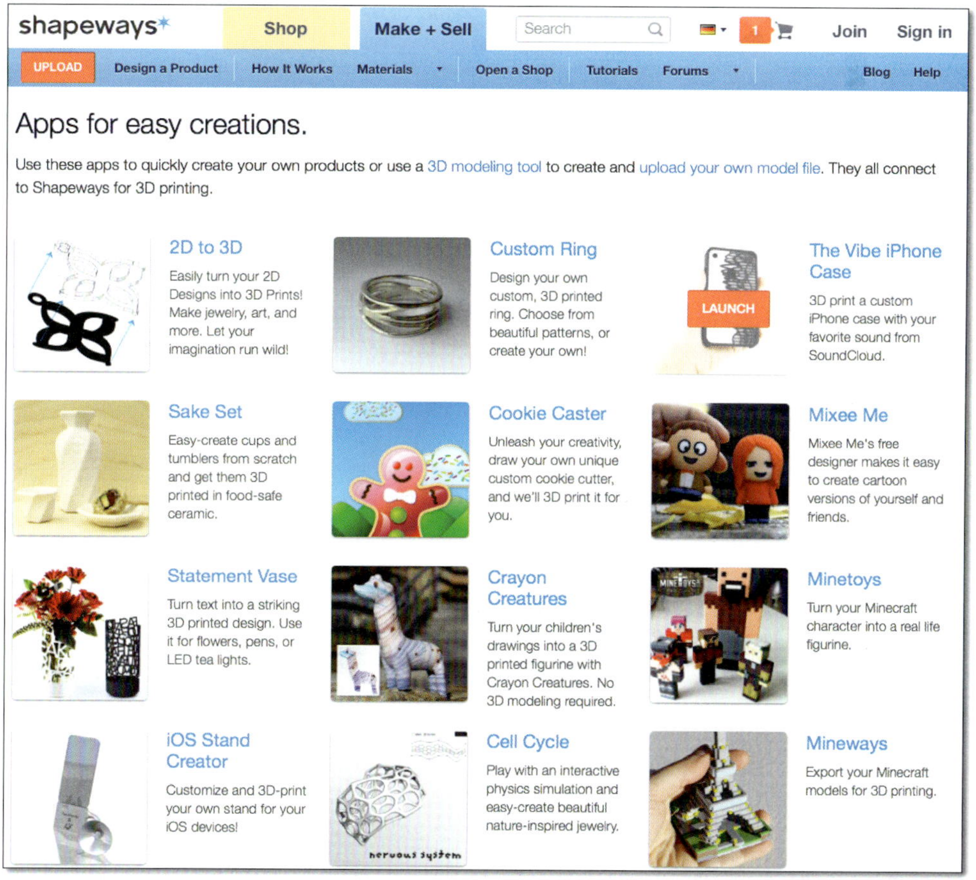

Abbildung 2.7 Apps für die Erstellung eigener 3D-Objekte bei Shapeways (Quelle: Screenshot www.shapeways.com)

Auch die Palette an verfügbaren Druckmaterialien ist bei diesem 3D-Druckdienst wohl unangefochten. Neben den herkömmlichen Materialien wie Kunststoff oder Gips gibt es noch zahlreiche andere aufregende Varianten. Schmuck können Sie sich zum Beispiel ganz stilecht aus vergoldetem Metall ausdrucken lassen oder Ihre individuelle Kaffeetasse aus Keramik (siehe Abbildung 2.8). Sie sollten bei den hochwertigeren Materialien allerdings den Preis beachten. Teilweise entpuppt sich Ihr individuelles Design im Wunschmaterial als unverhältnismäßig teuer.

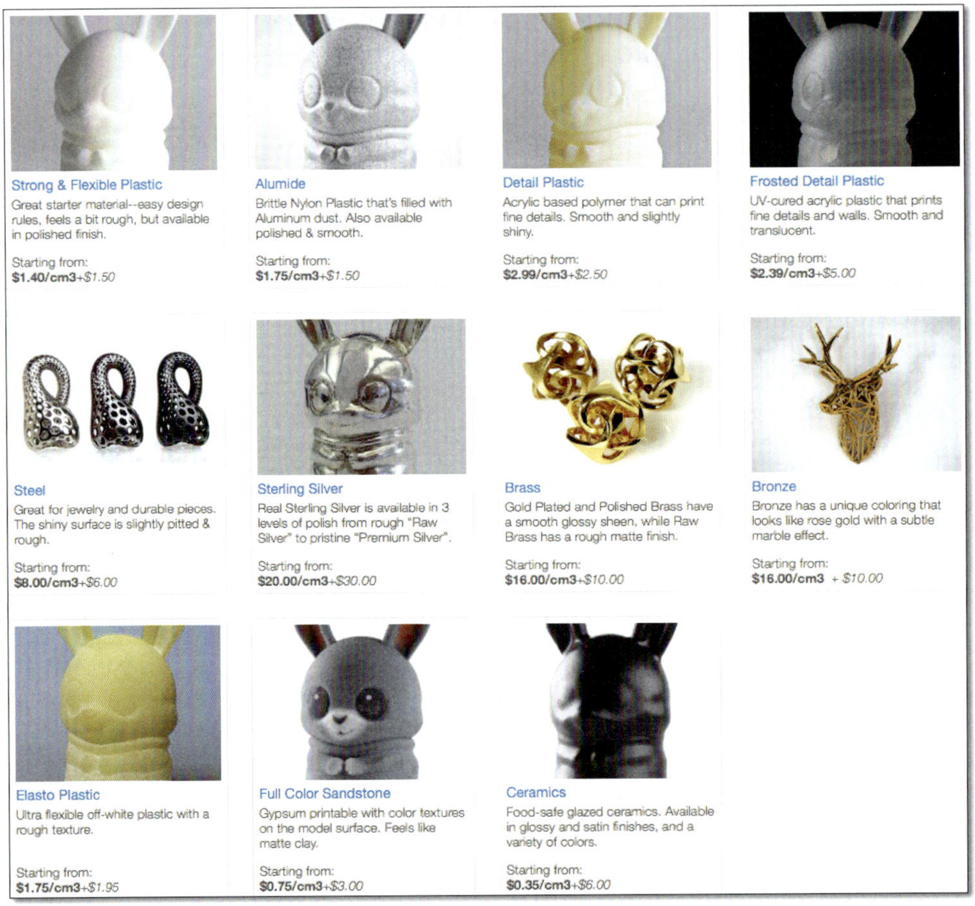

Abbildung 2.8 Die Palette an Materialien von Shapeways ist breit gefächert. Selbst Metall steht dem Kunden zur Verfügung. (Quelle: Screenshot www.shapeways.com)

Shapeways ist zwar ein amerikanisches Unternehmen, bietet jedoch auch eine deutsche Seite an, die Sie über das Flaggensymbol im oberen Menü erreichen können. Bestellt wird allerdings ausschließlich in den USA und in den Niederlanden. Aufgrund des längeren Postweges wird die aufgegebene Bestellung auch erst sehr spät bei Ihnen eintreffen. Die Bearbeitungszeit für einen Druck wird auf der Seite zwischen ein bis drei Wochen angegeben, dazu kommt dann noch der längere Versandweg. Also müssen Sie sich schon einen guten Monat bis zum Eintreffen Ihres gewünschten Produkts gedulden.

Neben den noch akzeptablen Versandkosten nach Deutschland für 9,50 US$, kämen allerdings eventuelle Gebühren durch den Zoll hinzu. Wie bei quasi jedem Produkt, das aus den USA bestellt wird, ist auch hier eine Abholung bei der heimischen Zollbehörde durchaus wahrscheinlich. Dann kommen natürlich noch weitere Gebühren hinzu. Der 3D-Druckdienstleister Shapeways bietet zwar weltweit den größten und ausführlichsten Service an, ist jedoch speziell für deutsche Bestellungen aus diesem Grund noch nicht sonderlich interessant.

Neben den weltweit im Internet agierenden Druckdiensten schauen Sie sich ruhig auch mal in Ihrer Region um. Vielleicht gibt es ja sogar in Ihrem Ort ein Unternehmen, das den Part des früheren Copyshops übernommen hat, der nun statt Schriftstücken Ihre 3D-Objekte ausdrucken kann. Und falls Sie einmal in der Harzregion, genauer gesagt in Goslar, sind, besuchen Sie mich doch einfach in meinem 3D-Druck- und 3D-Scan-Studio. Sie sind herzlich willkommen!

2.2 Nutzen und Vorteile eines eigenen 3D-Druckers

Als ich mich persönlich mit dem Thema 3D-Druck auseinandergesetzt habe, war das ganze Thema noch ein wenig befremdlich. 3D-Druck – was genau sollte das sein, und wann käme diese Technik denn bei mir im Haushalt zum Einsatz? Ich muss gestehen, dass ich diese Technik in den ersten Tagen eher als eine Art Nischenprodukt angesehen habe. Was sollte man denn schon mit einem 3D-Drucker herstellen können?

Sie werden jetzt höchstwahrscheinlich schmunzeln, aber mein erster Gedanke war ein selbst erstellter Kugelschreiberhalter fürs Auto. Hintergrund ist meine Funktion als Inhaber des Unternehmens MiniCar Goslar, eines Mietwagenunternehmens. Hier bin ich täglich mit dem Problem wild umherfliegender Kugelschreiber in den PKWs konfrontiert und hatte schon immer nach einer idealen und vor allem individuellen Lösung geschaut, aber nichts gefunden.

Im Nachhinein war diese Überlegung aber eigentlich gar nicht mal so dumm, so lässt sich mit diesem Gedanken eine ideale Verbindung zur Grundidee der *Maker* ziehen. Erstellen Sie einfach das Objekt, das Ihnen vorschwebt, individualisieren Sie es nach Ihren speziellen Wünschen, und stellen Sie es selbst her. Machen Sie es einfach! Und glauben Sie mir, von diesem Tag an war der virtuelle Notizblock in meinem Smartphone mein bester Freund. Jede noch so abstrakte Idee wurde von mir notiert, um Sie dann mehr oder weniger in die Tat umzusetzen.

Aus dem Stegreif werden Sie vielleicht auch nicht unbedingt gleich wissen, was Sie mit einem 3D-Drucker so Wichtiges herstellen können. Lassen Sie uns einen kleinen Rundgang durch Ihre Wohnung oder Ihr Haus machen. Schnappen Sie sich einen Notizblock und einen Stift, und gehen Sie von Raum zu Raum. Denken Sie über die kleinsten Helferlein nach, die Sie in Zukunft selbst erstellen könnten. Sie werden mit Sicherheit einiges zu notieren haben, und wenn es nur ein simpler Haken ist, an dem Sie zum Beispiel ein Handtuch aufhängen könnten. Sie müssen in Zukunft nicht mehr in den Einzelhandel fahren, um einen Haken zu finden und zu kaufen, der Ihren Vorstellungen am nächsten kommt. Sie müssen lediglich Ihren 3D-Drucker anstellen und die Datei auswählen. Innerhalb von ca. 15 Minuten haben Sie Ihren gewünschten Haken – in der Größe und im Aussehen individuell, einzigartig und vor allem selbst erstellt. Ein Haken ist jetzt wohl das simpelste Beispiel, das ich wählen konnte, drückt aber hoffentlich die außerordentliche Zweckmäßigkeit eines 3D-Druckers aus.

Wie Sie an diesem Beispiel sehen können, stehen Ihnen mit einem eigenen 3D-Drucker zahlreiche Türen offen. Von dem simplen Ausdruck eines alltäglichen Haushaltsgegenstandes bis hin zum Prototyp eines neuen Werkzeugs ist hier im Prinzip alles möglich. Um jetzt einmal vom einfachen Beispiel eines Hakens wegzukommen, will ich Ihnen gerne eine interessante Geschichte erzählen, die sich genau so zugetragen hat und die für mich das beste praktische Beispiel darstellt. Meine Nachbarin wusste von meinem 3D-Drucker und fragte mich, ob ich ihr eine Lampenhalterung erstellen könnte. Hintergrund war, dass sie eine recht teure Lampe besaß, an der leider die Halterung abgebrochen war (siehe Abbildung 2.9). Obwohl diese Lampe ein hochwertiges Markenprodukt war, gab es dieses kaputte Teil natürlich nicht nachzukaufen. Folglich stand diese Lampe über Monate auf dem Dachboden, da sie zum Wegschmeißen auch zu teuer war. Sie kennen dieses Phänomen vermutlich.

Abbildung 2.9 Links die zerbrochene Halterung, rechts die Nachbildung

Anhand der alten, kaputten Fassung habe ich nun also mit dem CAD-Programm *SketchUp* (*http://www.sketchup.com*) auf den Millimeter genau eine Nachbildung angefertigt. Aufgrund der Bruchstellen der alten Fassung konnten sogar einige Schwachstellen im Aufbau korrigiert werden. Die erstellte Fassung wurde dann ganz einfach ausgedruckt, und die Lampe hatte wieder einen passgenauen Sockel (siehe Abbildung 2.10).

Abbildung 2.10 Der neue Sockel auf dem Verbindungsrohr – passgenau und optimiert

Sie können sich vorstellen wie glücklich meine Nachbarin über diese doch relativ kleine Arbeit war. Die Lampe konnte seitdem wieder aufgestellt werden. Ein praxisnäheres Beispiel hätte ich selbst nicht besser beschreiben können. Aber das war die Realität! Ein simples Kunststoffteil eines teuren Produkts war kaputt und konnte mit Hilfe einer frei erhältlichen CAD-Software und des 3D-Druckers wieder hergestellt werden. Noch vor ca. zwei Jahren wäre dieser Vorgang für den Privathaushalt absolut undenkbar gewesen.

Ein weiterer großer Vorteil besteht auch darin, dass Sie ihre Objekte für eine weitere Benutzung abspeichern können. Sollte der Lampensockel meiner Nachbarin doch noch einmal kaputtgehen, stellt das überhaupt kein Problem dar. Einmal die Datei aufrufen, die Daten zum 3D-Drucker senden, ausdrucken, fertig! Anhand dieses Beispiels können Sie auch gut sehen, wie sehr sich unsere Welt in dieser Hinsicht verändern wird. Würde ich diesen Lampensockel mit der genauen Modellbezeichnung der Lampe in einer Objekt-Datenbank abspeichern, könnten in Zukunft alle Besitzer dieser Lampe bei einem gleichen Problem diesen Sockel ausdrucken und ihn selber verwenden. Und ich schreibe hier nur über einen kleinen Lampensockel! Überlegen Sie mal, was Sie in Zukunft für Möglichkeiten haben, auch bares Geld zu sparen. Mittlerweile finden sich in den frei verfügbaren Datenbanken sogar Kunststoffteile für gängige PKWs wieder. Schon jetzt also würde Ihnen ein 3D-Drucker unzählige Vorteile bringen.

Ein weiteres Beispiel kommt aus der kreativen Ecke. Meine Mutter ist in Ihrer Freizeit sehr kreativ und stellt aus den unterschiedlichsten Materialien zum Beispiel kleine Türschilder her (siehe Abbildung 2.11).

Abbildung 2.11 Ein 3D-Schild – die Buchstaben noch auf Styropor geklebt, mittlerweile auf gedruckten PLA-Buchstaben

Die Herstellung dieser 3D-Buchstaben ist allerdings relativ mühselig, da sie aus einem dünnen Styropor bestehen, die mit Hilfe einer Schablone und eines Skalpells ausgeschnitten werden. Das heißt also für jedes Schild, sobald eine andere Schriftart verwendet wird, muss erst mal eine Schablone auf Papier ausgedruckt und dann zurechtgeschnitten werden. Mittlerweile übernimmt ihr 3D-Drucker diesen Part für sie. Mit Hilfe der Software übernimmt sie einfach die jeweilige Schriftart und lässt die Buchstaben oder Zahlen in zwei unterschiedlichen Größen ausdrucken. Diese werden dann einfach übereinandergeklebt und mit dem Papiermuster bezogen.

Interessant sind die Reaktionen, wenn es um Fragen zur Herstellung geht. Es können sich gefühlte 95 % der Kunden nicht vorstellen, wie sich solche Objekte mit einem 3D-Drucker »drucken« lassen. Nach einer kurzen Erklärung der Vorgehensweise der 3D-Drucker und einem kurzen Anriss der vielfältigen Möglichkeiten, sind die meisten jedoch Feuer und Flamme. Es ist wirklich bemerkenswert, wie diese Entwicklung so langsam bei den Menschen ankommt und die Kreativität aufkeimen lässt. Ich hoffe sehr, dass ich mit diesem Buch auch bei Ihnen ein wenig dazu beitragen kann, dass der Funke während dieser Zeilen überspringt und Begeisterung für das noch unbekannte Gerät des 3D-Druckers wachruft.

Einen eigenen 3D-Drucker können Sie selbstverständlich auch für Ihre Arbeit verwenden. Blenden wir die Aspekte im Freizeitbereich einmal aus und schauen auf Tischler oder Architekten. In unzähligen Berufen wird Ihnen ein 3D-Drucker immense Vorteile verschaffen, so könnten Sie zum Beispiel ein Fertigungsstück probeweise mit einem 3D-Drucker erstellen, bevor Sie es als Tischler aus Holz anfertigen. Aufgrund der millimetergenauen Arbeitsweise des Druckers bekommen Sie so mit erheblich weniger Arbeit ein ansehnliches Objekt, das Sie gegebenenfalls noch verbessern oder verändern können. Was würden Sie für Zeit sparen, wenn die Arbeitsschritte für die Herstellung eines Prototyps Ihr 3D-Drucker übernehmen könnte? Ein gern genommenes Beispiel auch für Architekten: In der Vergangenheit wurde für die Bauherren das Modell eines Eigenheims mühsam mit der Hand gefertigt. Da vergingen durchaus einige Tage bis Wochen, vom finanziellen Aspekt einmal abgesehen.

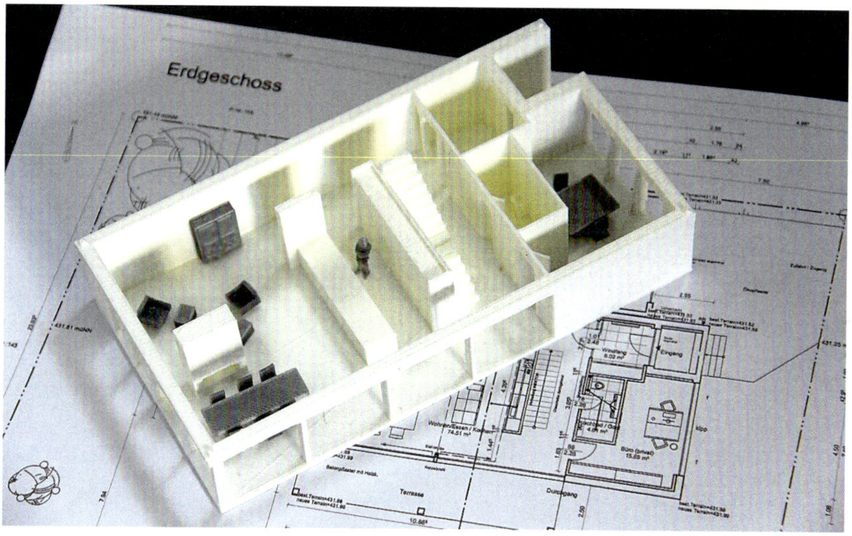

Abbildung 2.12 Der 3D-Drucker kann auch Häuser drucken. Das bedeutet eine erhebliche Arbeitserleichterung. (Quelle: www.blickwinkel-3d.de)

Heutzutage könnte das in der CAD-Software erstellte Modell des Hauses in ein paar Stunden ausgedruckt werden (siehe Abbildung 2.12). Allerdings muss ich hier fairerweise dazuschreiben, dass die Erstellung eines Hauses nicht leicht von der Hand geht. Es sollten hier wesentliche Merkmale des 3D-Druckers zwingend beachtet und jedes Stockwerk einzeln ausgedruckt werden. Für den völlig ungeübten 3D-Druck-Anfänger würde der Druck eines Hauses relativ frustrierend sein. Auch ich selbst bin bei meinen ersten Versuchen, ein Modell des eigenen Hauses zu drucken, wirklich kläglich gescheitert.

Diesen Aspekt des Lernens und der Problembewältigung sollten Sie natürlich bei aller Euphorie über diese neue Technik tunlichst beachten. Zwar machen Ihnen die Software und der logische Aufbau eines 3D-Druckers das »Druckerleben« relativ leicht, gewisse Probleme und Hürden müssen Sie im Laufe der Zeit aber dennoch bewältigen. Doch keine Angst, gerade die Fehler bei der Erstellung eines 3D-Objekts in der CAD-Software werden mit der Zeit deutlich weniger, und Sie werden recht schnell lernen, Ihren Drucker zu verstehen.

Ich will Ihnen am Ende dieses Kapitels noch ein Paradebeispiel für die Verwendung eines 3D-Druckers im pädagogischen Bereich vorstellen. Wie es der Zufall will, hat die BBS-Bassgeige in meinem Wohnort Goslar als erste Schule in Niedersachsen gleich vier 3D-Drucker für den praktischen Unterricht angeschafft. Die Schüler aus den Bereichen Gestaltung und Medientechnik bekommen anhand der Möglichkeiten des 3D-Drucks ganz neue Lernerfahrungen und können ihre selbst erstellten Objekte innerhalb kürzester Zeit ausdrucken, beurteilen und verbessern.

Auch dem Lehrer kommt diese Art von Hilfsmittel natürlich sehr gelegen. Die Erklärung der unterschiedlichsten Formen und Auswirkungen eines konstruierten Objekts können mit Hilfe der plastischen Ausdrucke anschaulich erklärt werden. Sie geben mir sicherlich recht, wenn ich der Meinung bin, dass ein 3D-Objekt in der Hand besser zu erklären ist, als ein 3D-Objekt auf einem Bildschirm.

Die BBS-Bassgeige in Goslar wird mit Gewissheit nicht die einzige Schule in Niedersachsen bleiben, die diese neuartige Technik einführt. In den USA zum Beispiel hat sich ein großes Unternehmen das ehrgeizige Ziel gesteckt, sämtliche Schulen mit einem 3D-Drucker auszustatten. Speziell für handwerkliche Berufe wie Werkzeugmacher, Tischler oder auch Architekten oder Orthopäden ist die Technik eines 3D-Druckers mit einem unschätzbaren Vorteil verbunden.

Und das Schöne ist, die Schüler können zu Hause mit dem eigenen 3D-Drucker weiterlernen und bestimmte Objekte optimieren. Der Tischler mit einem 3D-Drucker kann das komplizierte Holzobjekt zu Hause noch einmal bearbeiten und am nächsten Tag dem Chef einen Prototyp präsentieren.

Oder der Werkzeugmacherlehrling kann sich zu Hause sein ganz eigenes und spezielles Werkzeug »erfinden« und ausdrucken. Stellen Sie sich einmal die Augen des Meisters vor, wenn der Lehrling sein eigenes Werkzeug, ausgedruckt aus robustem ABS Kunststoff, präsentiert (siehe Abbildung 2.13).

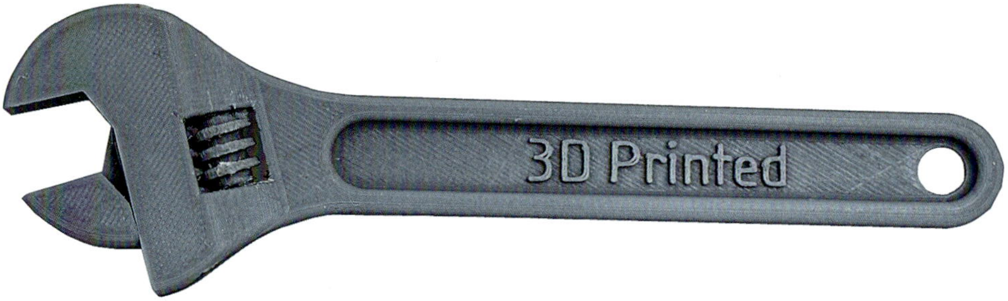

Abbildung 2.13 Ein voll funktionsfähiger Schraubenschlüssel, hergestellt mit einem 3D-Drucker

Glauben Sie mir, wenn Sie Ihrem Vorgesetzten, Ihrem Chef oder einfach nur Ihrem Freundeskreis ein Objekt präsentieren, das einen wirklichen Mehrwert bietet, und Sie sagen dann, dass es selbst erstellt und ausgedruckt ist, werden Sie ganz seltsam angeschaut. Vielleicht leihen Sie denjenigen einfach ohne große Erklärungen dieses Buch oder legen sich schon im Vorfeld die passenden Erklärungen zurecht. Es wird nicht einfach sein, diese Technik in ein paar Sätzen zu erläutern, da es wirklich sehr befremdlich klingt, ein Werkzeug auszudrucken.

Das alles hört sich stark nach Zukunftsmusik an, es ist aber mittlerweile geniale Realität. Schulen setzen 3D-Drucker ein, private Haushalte drucken sich eigene Hilfsmittel oder Ersatzteile für den Alltag. Und Sie können sich jetzt an dieser 3D-Revolution beteiligen, den ersten Schritt mit diesem Buch haben Sie ja bereits getan. Hier finden Sie genügend hilfreiche Tipps, Erklärungen und vor allem Erfahrungen, die Ihnen die Arbeit mit dem 3D-Drucker hoffentlich ungemein erleichtern.

Nachdem ich Ihnen die vielfältigen Möglichkeiten eines 3D-Druckers aufgezählt habe, möchte ich Ihnen nun helfen, den richtigen 3D-Drucker für Sie zu finden.

2.3 Die richtige Wahl – der geeignete 3D-Drucker für Ihre Bedürfnisse

Schon im Jahr 2013 begann der Boom der 3D-Drucker, und es kamen sehr viele Produkte auf den Markt. Alle Unternehmen wollten natürlich den »perfekten« 3D-Drucker entwickelt haben. Sie zielten darauf, den Preis so gering wie möglich zu halten, oder wollten mit anderen, scheinbar genialen technischen Features punkten.

Auch im Jahr 2014 ist dieses Phänomen noch nicht ganz ausgestanden, und es kommen immer neue 3D-Drucker auf den Markt, die sich im Großen und Ganzen aber nicht wirklich unterscheiden. Der Markt im FDM-Sektor, also für die herkömmlichen 3D-Drucker, die mit Kunststoff und dem Schmelzschichtungsverfahren arbeiten, ist mittlerweile gesättigt. Zwar gibt es teilweise wirklich interessante und neue Modelle, die werden aber allesamt von den größeren Unternehmen auf den Markt gebracht. So langsam beginnt sich also die Spreu vom Weizen zu trennen, was es für den Kunden deutlich einfacher macht, sich zu entscheiden.

Ich habe auf der EuroMold 2013 in Frankfurt einen interessanten Vortrag von Tobias Redlin, Geschäftsführer der iGo3D GmbH in Oldenburg, verfolgen können, der unter anderem auch dieses Thema behandelt hat. Nach seinen Ausführungen zählt in diesem Bereich nicht nur der Preis für einen 3D-Drucker. Der Kunde sollte sich auch Gedanken über den weiteren Support oder eventuelle Garantieansprüche machen. So schnell wie sich einige Unternehmen entwickelt haben, um einen Teil des scheinbar großen

Kuchens des 3D-Drucker-Geschäfts abzubekommen, so schnell könnten diese Unternehmen auch wieder verschwinden und mit ihnen der Support, Garantieansprüche oder Ähnliches.

Stellen Sie sich einmal das Szenario vor: Sie nehmen ihr hart verdientes Geld in die Hand und kaufen sich einen überaus preiswerten No-Name-3D-Drucker. Vielleicht haben Sie ca. 50 % gegenüber einem Markenhersteller gespart, aber denken Sie einmal an die Zukunft. Besteht ein Support in Form von E-Mail oder sogar Telefon? Was passiert, wenn ein Teil des Druckers kaputtgeht? Wird die Firmware des Druckers oder die Software der Druckeransteuerung regelmäßig mit Updates versorgt? Bedenken Sie nur diese paar Fragen beim Kauf eines 3D-Druckers. Sicherlich werden Sie sogar einige hundert Euro gegenüber einem Markengerät gespart haben, aber auf lange oder gar kurze Sicht könnten Sie diesen Betrag wieder in diesen Drucker investieren. Im schlimmsten Fall haben Sie einen Totalausfall des Geräts, und der Hersteller des Druckers ist seit Wochen überhaupt nicht mehr am Markt. Auch den Sicherheitsaspekt sollten Sie bei der Wahl berücksichtigen, haben die von Ihnen ausgewählten Drucker auch ein Sicherheitszertifikat? Leider trifft das speziell bei 3D-Druckern aus Fernost nicht immer zu.

Ein ähnlicher Fall ist der Kauf eines 3D-Druckers aus dem fernen China oder Japan. Natürlich werden Sie hier in einschlägigen Online-Auktionshäusern oder anderen Onlineshops diverse 3D-Drucker schon für ca. 400 € finden. Teilweise sehen diese Drucker auch zufällig aus wie diverse Modelle von anderen Markenherstellern, aber das Aussehen ist dann auch schon die größte Gemeinsamkeit dieser Drucker. Ich denke, die Erklärungen zu Support, Garantie oder Ersatzteilen bei solch einem Gerät kann ich mir sicherlich sparen. Das Abenteuer 3D-Druck kann dann ganz schnell zu einem (teuren) Frusterlebnis werden.

Das Wort »kann« will ich aber extra betonen, natürlich kann man nicht alle kleineren Hersteller über einen Kamm scheren. Auch die »großen« Unternehmen wie MakerBot Industries oder Ultimaker haben einmal klein angefangen. Das Team rund um Ultimaker besteht auch weiterhin aus einer überschaubaren Anzahl von Mitarbeitern, jedoch sind die Produkte Ultimaker und Ultimaker 2 von allererster Güte. Sie können sogar mit einem sogenannten Chinadrucker richtiges Glück haben, und der 3D-Drucker verrichtet über Monate seine Arbeit mit der angegebenen Genauigkeit. Jedoch lassen sich eventuelle Probleme natürlich besser und einfacher klären, wenn es hier in Deutschland einen direkten Ansprechpartner gibt.

Im Falle von Ultimaker hat die iGo3D GmbH den exklusiven Vertrieb übernommen und besitzt zudem das erste Ladengeschäft in Deutschland für 3D-Drucker, 3D-Scanner und Zubehör (siehe Abbildung 2.14). Hier hätten Sie sogar einen persönlichen Ansprechpartner.

Abbildung 2.14 Die iGo3D GmbH – ein junges Unternehmen für alle Produkte rund um 3D-Druck und 3D-Scan (Quelle: iGo3D.com)

Mit Sicherheit werden sich aus den vielen kleinen Herstellern, die sich letztes und dieses Jahr gegründet haben, auch einige herauskristallisieren und für die ein oder andere Innovation in dem Bereich sorgen. Allerdings bin ich eher der Typ, der sich bei dem recht hohen Anschaffungspreis für einen 3D-Drucker gerne auf die langjährige Erfahrung eines Unternehmens verlässt und bei eventuell auftretenden Problemen nicht unbedingt selbst tagelang den Fehler suchen und beheben will.

Sollten Sie sich dazu entscheiden, einen 3D-Drucker zu kaufen, dann wägen Sie vor dem Kauf ab, welcher Typ Sie sind. Haben Sie keine Scheu vor eventuellen Reparaturen oder gar Lötarbeiten, und suchen Sie gerne selbst nach Fehlern, die bei einem elektrischen Gerät auftreten können, dann wäre ein preiswerter 3D-Drucker, möglicherweise aus China, vielleicht sogar eine gute Wahl. Wobei Sie natürlich vorher die technischen Details abklopfen sollten, Geschwindigkeit, Schichtstärke, Extruder etc. Ehrlich gesagt, kann sich ein deutlich preiswerterer 3D-Drucker aus einem bekannten deutschen Fachhandel nicht mit der Genauigkeit und Geschwindigkeit eines MakerBot Replicator 2 oder Ultimaker 2 messen. Das dürfen Sie vor einem Kauf natürlich niemals vergessen und müssen von daher immer die jeweiligen Eigenschaften der 3D-Drucker vergleichen.

Aber lassen Sie uns nach dem Pro und Contra der preiswerten Drucker gegenüber den Markenherstellern zu Ihrer speziellen Suche nach dem passenden Gerät kommen. Für dieses Kapitel habe ich mir drei sehr gute 3D-Drucker ausgesucht, die ich Ihnen gerne näher vorstellen möchte. Es handelt sich bei den Druckern natürlich um FDM-Drucker, also 3D-Drucker, die nach dem Schmelzschichtungsverfahren arbeiten. Andere Verfahren, wie zum Beispiel der Gipsdruck oder Laser-Sintern, sind für den Hausgebrauch noch eindeutig zu teuer. Auf den nächsten Seiten werde ich Ihnen interessante Details über den Builder-3D-Drucker, den Ultimaker 2 und den BeeTheFirst verraten.

2.3.1 Builder

Als Erstes möchte ich Ihnen den Builder näher vorstellen. Der Builder wird von dem niederländischen Unternehmen *3Dprinter4U* hergestellt und hat sich im Laufe der Zeit zu einem sehr guten 3D-Drucker entwickelt. Den Builder bekommen Sie mittlerweile in verschiedenen Versionen, die auf ganz spezielle Bedürfnisse abgestimmt sind (siehe Abbildung 2.15).

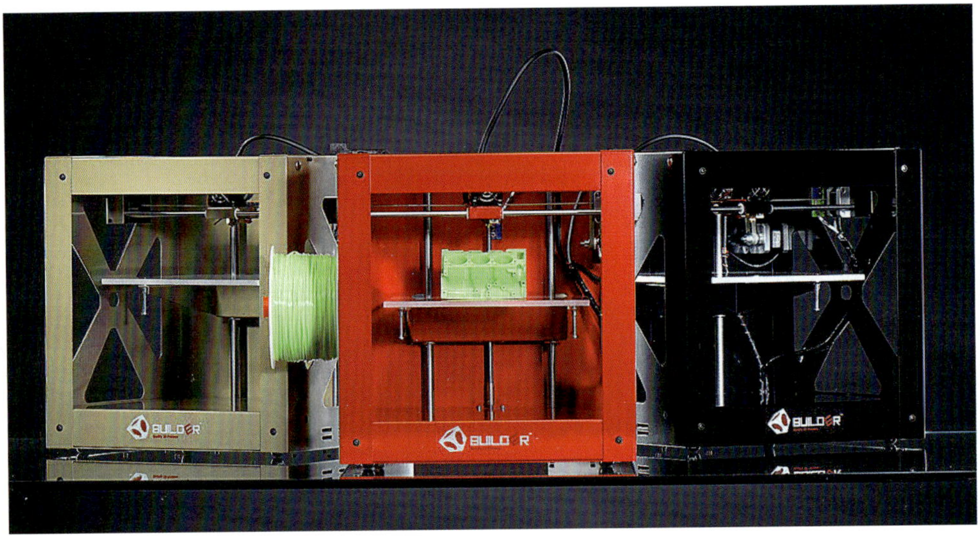

Abbildung 2.15 Der Builder in den verfügbaren Farben (Quelle: iGo3D.com)

Der preiswerteste Builder wird aktuell schon für 1.485 € (inklusive Mehrwertsteuer) angeboten, allerdings dann ohne eingebautes Display. Wählen Sie die Variante mit eingebautem Display liegt der Builder bei 1.636 €. Die Preise bilden übrigens den Stand aus März 2014 ab und können bei Erscheinen dieses Buches natürlich variieren.

Empfehlung: Variante mit Display und Controller oder ohne?

Wenn Sie den Builder ohne Display wählen, geschieht die Ansteuerung des Druckers direkt über Ihren PC oder Mac, was nicht immer die ideale Lösung ist. Bei einem Rechnerausfall oder -absturz bekommt der 3D-Drucker auch keine Druckdaten mehr, und der Druck ist kaputt. Ich persönlich würde in jedem Fall immer die Variante mit dem Display und dem Controller nehmen (siehe Abbildung 2.16).

Abbildung 2.16 Der optional erhältliche Controller mit SD-Karten Lesegerät (Quelle: iGo3D.com)

Selbst mit dem Controller ist der 3D-Drucker bei dem Aufpreis von 151 € preislich noch sehr interessant. In dieser Preisklasse sucht man oft vergeblich nach kompletten 3D-Druckern, die so gut ausgestattet und verarbeitet sind.

Die technischen Details des Builders lassen sich wirklich sehen:

- Gehäuse komplett aus CNC-gefrästem Metall
- in Rot oder Schwarz erhältlich
- Unterstützt 1,75 mm PLA, ABS und Spezialfilamente wie LayBrick oder LayWood.
- komplett zusammengebaut
- CE-zertifiziert
- Auflösung 0,15 mm bis 0,35 mm

- Druckbett: auswechselbares Glas, nicht beheizt
- Druckfläche: 220 × 210 × 175 mm (L × B × H)

Das sehr robuste Gehäuse und die professionelle Verarbeitung des gesamten Druckers sind nicht nur allein der Optik wegen interessant, auch der jeweilige Druck wird entsprechend professionell. Es ist ungemein wichtig, dass das Gehäuse eines 3D-Druckers stabil verbaut und die einzelnen Bauteile aufeinander abgestimmt sind. Nur so kann eine perfekte Genauigkeit beim Drucken erreicht werden.

Neben dem normalen Builder mit einem Extruder, also auch einer Druckfarbe, gibt es den *Builder Dual Extruder*. Mit dem Dual Extruder haben Sie die Möglichkeit, gleich zwei Farben oder sogar zwei unterschiedliche Materialien gleichzeitig zu drucken (siehe Abbildung 2.17). Auf den ersten Blick mag der preisliche Unterschied vom normalen Builder mit 1.636 € zum Dual Extruder mit 1.875 € schon recht hoch sein, aber der Mehrwert ist quasi unbezahlbar, zudem das Display und der eingebaute Controller inklusive sind.

Abbildung 2.17 Ein Druckobjekt mit zwei verschiedenen Farben, möglich durch den Dual Extruder (Quelle: iGo3D.com)

Es sind zwar immer noch nur zwei unterschiedliche Farben, die aber bei vielen Druckobjekten den gravierenden Unterschied ausmachen. Sollten Sie zum Beispiel kleine Logos, oder Schriftzüge auf einem Untergrund ausdrucken, wäre eine zweite Farbe sehr von Vorteil. So könnte zum Beispiel der Untergrund in Rot gedruckt werden und das jeweilige Logo oder der Schriftzug in Gelb.

Würden Sie die Version mit einem Extruder haben, müssten Sie bei diesem Beispiel erst einen Filamentwechsel vornehmen, um dann in der zweiten Farbe drucken zu können. Nicht zu vergessen, dass Sie die beiden Druckobjekte danach noch verkleben müssten. Dank des Dual Extruders haben Sie wirklich einen enormen Mehrwert, zu dem ich Ihnen auch in jedem Fall raten würde.

Ein anderes Beispiel ist die Verwendung von zwei unterschiedlichen Materialien. So kann mit dem Dual Extruder das Stützmaterial eines Objekts mit einem wasserlöslichen Filament gedruckt werden, was die nachträgliche Bearbeitung eines filigranen Drucks natürlich immens erleichtert. So brauchen Sie das Objekt mit Stützmaterial nur ins Wasser zu legen, und das Stützmaterial löst sich von selbst auf, sehr hilfreich! Auch die Auflösung wurde gegenüber dem normalen Builder verbessert, so kann der Builder Dual Extruder nun mit hauchdünnen 0,05 mm drucken.

Die dritte und brandaktuelle Version des Builders ist der *Big Builder*, er stellt zum jetzigen Zeitpunkt eine »große« Ausnahme dar. Mit dem Big Builder sind Sie in der Lage, Objekte mit einer Höhe von bis zu 66,5 cm zu drucken (siehe Abbildung 2.18).

Abbildung 2.18 Der Big Builder mit einer maximalen Druckhöhe von 66,5 cm (Quelle: iGo3D.com)

Der Big Builder kostet dann allerdings auch schon 2.495 €, dafür bekommen Sie auch das komplette Paket mit dem Controller/Display und einem Dual Extruder. Die Statue von Abbildung 2.18 wurde übrigens in 55 Stunden ausgedruckt! Nur damit Sie mal eine Vorstellung davon haben, wie lange so ein Objektdruck effektiv dauert.

Die Auflösung oder die mögliche Schichtstärke wurde gegenüber dem normalen Builder nochmals verbessert und beträgt nur noch 0,05 mm bis zu 0,35 mm. Mit dieser feinen Auflösung gelingen Ihnen auch sehr filigrane Objekte. Wie Sie sehen, ist die Familie des Builder 3D-Druckers schon sehr gut aufgestellt und bietet genug Alternativen, zumal auch die Preise sehr interessant sind.

2.3.2 Ultimaker 2

Der zweite 3D-Drucker, den ich Ihnen genauer vorstellen will, ist der sehr beliebte Ultimaker 2 (siehe Abbildung 2.19). Die Nachfolge des Ultimaker 1 oder oft auch als Ultimaker Original bezeichnet, kann als überaus gelungen gelten. Allerdings musste das niederländische Unternehmen Ultimaker auch nicht allzu viele Fehler beseitigen, der Ultimaker Original gilt auch heute noch als einer der zuverlässigsten und genauesten 3D-Drucker.

Mit dem Ultimaker 2 bekommen Sie einen 3D-Drucker, der in vielen Bereichen Maßstäbe gesetzt hat und der wohl noch über viele Monate hinaus als eine Referenz für den Heimgebrauch angesehen werden kann. Dieser 3D-Drucker kommt natürlich auch komplett zusammengebaut zu Ihnen nach Hause und besticht durch sein sehr durchdachtes und einfaches Handling. Angefangen beim durchdachten Aufbau, der zum Beispiel einen Filamentwechsel sehr einfach macht, über die halbautomatische Justierung der Druckplatte bis hin zu dem komfortablen Controller mit OLED-Display, der für die Steuerung und Einrichtung verantwortlich ist, ist dieser 3D-Drucker gerade für unerfahrene Benutzer oder Anfänger im 3D-Druckbereich sehr geeignet. Bewusst habe ich für das Schnellstartkapitel 3 den Ultimaker 2 gewählt, da durch die komfortable Menüführung jeder einzelne Schritt erklärt wird und Sie im Prinzip nichts falsch machen können.

Jetzt mögen Sie vielleicht denken, dass so ein benutzerfreundlicher 3D-Drucker Mankos bei den technischen Eigenschaften besitzt, aber auch hier spielt der Ultimaker 2 in der obersten Liga. Nicht ohne Grund wurde dieser 3D-Drucker von dem Onlinemagazin Chip.de im Januar 2014 als bester 3D-Drucker ausgezeichnet.

Aber lassen Sie uns die Details unter die Lupe nehmen:

- sehr elegantes Gehäuse mit LED-Beleuchtung

- Unterstützt 2,85 mm oder 3 mm PLA, ABS und Spezialfilamente wie LayBrick oder LayWood.
- komplett zusammengebaut
- durchdachte Menüführung im eingebauten Controller
- sehr hohe Auflösung von bis zu 0,02 mm oder 20 μm (Mikrometer)
- Druckbett: auswechselbares Glas, beheizt
- Druckfläche: 230 × 220,5 × 200,5 mm (L × B × H)
- Open-Source-Software Cura
- eigene 3D-Objekt-Community »Youmagine«
- nur 49 Dezibel während des Druckvorgangs

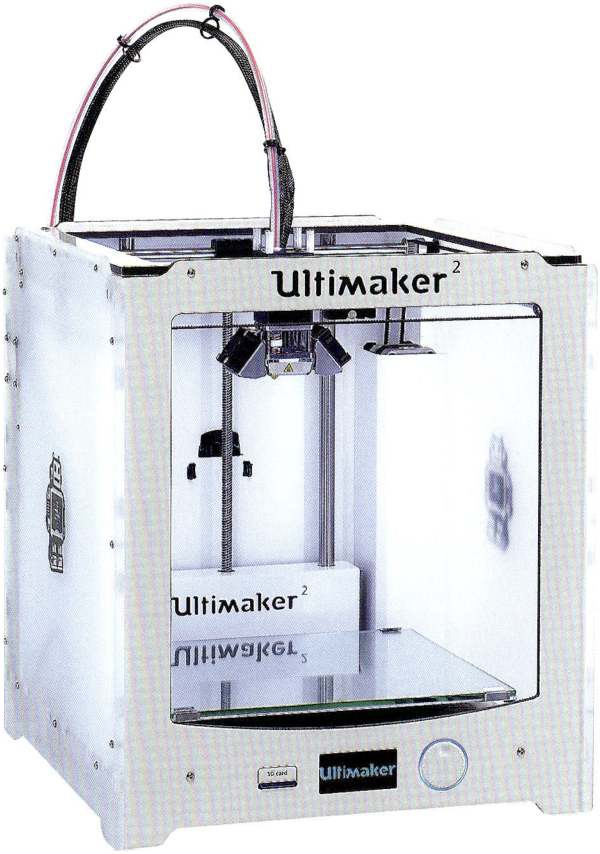

Abbildung 2.19 Der Ultimaker 2 – nicht nur optisch ein Highlight (Quelle: Ultimaker.com)

Wie Sie sehen, besticht der Ultimaker 2 speziell durch seine sehr hohe Druckauflösung von bis zu 0,02 mm. Ein normales menschliches Haar ist übrigens 0,05–0,07 mm dick (Quelle: Wikipedia). Der Ultimaker 2 ist also in der Lage, noch feiner zu drucken als ein normales menschliches Haar. Diese ultrafeine Auflösung geht natürlich zulasten der Geschwindigkeit.

Abbildung 2.20 Der Extruder des Ultimaker 2 (Quelle: Ultimaker.com)

Ehrlich gesagt, drucke ich persönlich zu 80 % mit 0,1 mm Schichtstärke, die für viele Objekte mehr als ausreichend ist. Aber es ist natürlich beruhigend, zu wissen, dass auch ganz feine Strukturen mit diesem 3D-Drucker möglich sind.

Es gibt allerdings auch ein paar Argumente, die gegen diesen 3D-Drucker sprechen könnten. Sollten Sie jetzt einen 3D-Drucker suchen, der einen Dual-Extruder besitzt, um mit zwei Farben oder Materialien gleichzeitig zu drucken, dann käme der Ultimaker 2 aktuell für Sie wohl nicht infrage (siehe Abbildung 2.20). Zwar ist die Vorrichtung eines zweiten Extruders schon vorhanden, dieser wird aber erst schätzungsweise im Winter 2014 verfügbar sein, so jedenfalls die Aussage des Herstellers.

Das zweite Argument ist für viele mit Sicherheit der Anschaffungspreis von 2.299 €. Vergleichen Sie den Anschaffungspreis mit dem eines normalen Builders für 1.636 € oder sogar mit dem Builder Dual Extruder für 1.875 €, liegt der Ultimaker 2 mit seinem einfachen Extruder schon deutlich darüber. Allerdings sollten Sie hier auch die technischen Unterschiede berücksichtigen, wie die Schichtstärke (Auflösung) oder die intuitive Bedienung durch den eingebauten Controller.

2.3.3 BeeTheFirst

Den letzten 3D-Drucker, den ich Ihnen hier vorstellen will, ist der BeeTheFirst des portugiesischen Unternehmens BeeVeryCreative. Sollten Sie aufgrund des recht ungewöhnlichen Namens etwas ganz Ausgefallenes oder Extravagantes vermuten, liegen Sie genau richtig. Der BeeTheFirst ist ein regelrechter Exot unter den 3D-Druckern, der aber nicht nur durch sein Äußeres besticht, sondern zum Glück ebenfalls durch die verbaute Technik (siehe Abbildung 2.21).

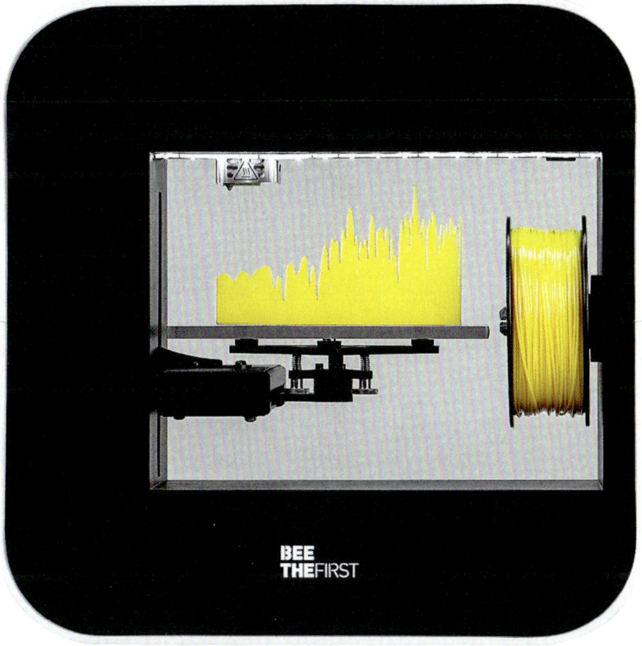

Abbildung 2.21 Der BeeTheFirst – nicht nur für Designer gedacht (Quelle: BeeVeryCreative)

Durch sein sehr edles Design ist dieser 3D-Drucker nicht nur unbedingt für den privaten Haushalt gedacht, sondern auch für Designer, Studios, Architekten oder andere Bereiche, wo sehr viel Wert auf Design und Funktionalität gelegt wird. In einem Studio oder im Büro aufgestellt, ist der BeeTheFirst mit hoher Wahrscheinlichkeit ein totaler Eyecatcher.

Neben dem Aussehen sind die Verarbeitung durch perfekt aufeinander abgestimmte Komponenten und die sehr hohe Zuverlässigkeit die wesentlichen Highlights dieses 3D-Druckers. Es ist spürbar, dass das Team um BeeVeryCreative bei der Entwicklung keinen Zeitdruck hatte. Es stand immer die Zuverlässigkeit und das Zusammenspiel der einzelnen Komponenten an erster Stelle, was sich letztendlich auch ausgezahlt hat.

Erst im Januar 2014 wurde mit iGo3D in Oldenburg eine Partnerschaft geschlossen, wodurch dieser 3D-Drucker nun auch offiziell in Deutschland vertrieben wird.

Allerdings sind die technischen Eigenschaften des 3D-Druckers nicht unbedingt überragend, aber für einen sehr schönen und detailreichen 3D-Druck völlig ausreichend. Aber sehen Sie selbst:

- Gehäusematerial: Metall und Acryl
- Unterstützt 1,75 mm Soft PLA.
- Schichtstärke: 0,1 mm bis 0,3 mm
- komplett zusammengebaut
- Druckbett: magnetisches Polycarbonat-Druckbett, nicht beheizt
- Druckfläche: 190 × 135 × 125 mm (L × B × H)
- Single Extruder
- Software: BeeSoft

Wie Sie sicherlich bemerkt haben, sind das nicht beheizte Druckbett und der fehlende Controller mögliche Schwachstellen. Aber durch die Verwendung eines speziellen Filaments und gegebenenfalls mit etwas Blue Tape auf der Druckfläche werden Sie kaum bis gar keine Haftungsprobleme der Drucke bekommen. Ich hatte jedenfalls bei meinen Probedrucken erfreulicherweise überhaupt keine Probleme, dass sich *Warping* gebildet hatte oder gar der komplette Druck verschoben wurde. Das höchst unbeliebte Warping erläutere ich Ihnen im Abschnitt 3.1.2.

Der einzige wirklich negative Faktor ist der fehlende Controller, wobei der Hersteller BeeVeryCreative baldige Nachbesserung versprochen hat. Zurzeit ist der externe Controller für den 3D-Drucker geplant und vielleicht sogar schon bis zum Erscheinungstermin dieses Buches erhältlich. Bis dahin geschieht die Ansteuerung des 3D-Druckers ausschließlich über den Rechner, wahlweise über einen PC oder Mac. Die Verbindung vom Rechner zum Drucker über ein herkömmliches USB-Kabel darf allerdings über den gesamten Druckzeitraum nicht unterbrochen werden. Das könnte speziell bei Laptops, die sich automatisch in einen Stand-by-Modus schalten, ein Problem werden. Auch das gleichzeitige Arbeiten mit dem Rechner sollte aufgrund der Gefahr eines Absturzes, möglichst unterbunden werden. Aber wie gesagt, der Hersteller arbeitet zurzeit an einer Lösung, die meiner Meinung nach hätte gleich integriert werden müssen.

Nichtsdestotrotz, der BeeTheFirst aus Portugal ist ein richtiger Hingucker, der erfreulicherweise auch die entsprechenden Ergebnisse liefert. Höchste Präzision und perfekt abgestimmte Komponenten machen diesen 3D-Drucker nicht nur für Designer und Architekten interessant, sondern geben auch im heimischen Arbeitszimmer ein sehr stylisches Bild ab.

Natürlich ist auch der Preis nicht uninteressant. Der BeeTheFirst wird zurzeit für 1.925 € angeboten. Das ist zwar ein stolzer Preis, ist aber meiner Meinung nach für die Verarbeitung, Qualität und das Gesamtkonzept dieses 3D-Druckers gerechtfertigt.

Alternativ zu den komplett zusammengebauten 3D-Druckern haben Sie noch die Möglichkeit, ein sogenanntes DIY-Kit (Do-it-yourself-Kit) zu erwerben. Preislich wesentlich interessanter als ein Komplettsystem, erfordert es aber auch einiges an handwerklichem Geschick und Verständnis für die Elektronik. Im folgenden Abschnitt stelle ich Ihnen zwei sehr interessante DIY-Kits vor.

2.4 Komplettsystem oder lieber ein Bausatz?

Eine nicht unerhebliche Frage, die Sie sich stellen sollten. Je nach finanziellem Budget ist der Erwerb eines 3D-Drucker-Bausatzes eine sehr gute Alternative. Die Vorteile liegen aber nicht nur im finanziellen Bereich: so lernen Sie den 3D-Drucker mit seiner Vorgehensweise und den einzelnen Komponenten beim Zusammenbau viel besser kennen und können zum Beispiel Probleme eigenständiger beheben, als jemand, der quasi nur den An/Aus-Schalter seines 3D-Druckers betätigen musste. Na ja, ganz so krass ist der Unterschied nun nicht unbedingt, aber ich denke, Sie verstehen meinen Vergleich und fühlen sich als Besitzer eines Komplettsystems nicht angegriffen.

Allerdings dürfen Sie den Zusammenbau eines solchen 3D-Druckers nicht unterschätzen und können es vielleicht mit einem PC-System vergleichen, das sich im Vergleich viel einfacher zusammenbauen lässt. Der Zusammenbau gestaltet sich zwar nicht als Hexenwerk, bedarf aber doch einiges an handwerklichem Geschick, und die Grundkenntnisse der Elektronik sollten auch kein Buch mit sieben Siegeln sein.

Zum Glück gibt es aber neben den ausführlichen Aufbauanleitungen der 3D-Drucker im Internet zahlreiche Seiten, auf denen Sie sich bei auftretenden Problemen informieren können. Auch bei YouTube gibt es mittlerweile sehr detaillierte und verständliche Begleitvideos des Zusammenbaus.

Durch den Boom fertig zusammengebauter 3D-Drucker hat die Bedeutung eines DIY-Kits zwar etwas abgenommen. Sie werden aber dennoch weiterhin sehr gute 3D-Drucker zum Konstruieren finden, sei es auf Open-Source-Ebene aus Einzelteilen diverser Hersteller, sei es von Unternehmen, die Ihre 3D-Drucker gleichzeitig als komplettes Kit anbieten.

Sie werden sich jetzt vielleicht etwas wundern, aber das Vorgängermodell des Ultimaker 2, den ich Ihnen im vorigen Abschnitt vorgestellt habe, gibt es auch als Do-it-yourself-Kit mit all den technischen Eigenschaften, die auch das zusammengebaute Modell besitzt.

Alternativ zum Ultimaker Original stelle ich Ihnen noch den printMATE 3D vor. Der printMATE 3D ist ebenfalls ein sehr leistungsfähiger 3D-Drucker, der von einem jungen deutschen Team, bestehend aus Jonas Schwarz und Sebastian Setz, entwickelt wurde.

Beide Bausätze werde ich Ihnen auf den folgenden Seiten detailliert vorstellen, um Ihnen vielleicht die Entscheidung zu erleichtern, ein Komplettsystem zu wählen oder das »Abenteuer« 3D-Drucker-Bausatz einzugehen.

2.4.1 Bausatz Ultimaker Original

Den Anfang mach das DIY-Kit des bewährten Ultimaker Original (siehe Abbildung 2.22). Zuallererst möchte ich Ihnen sagen, dass der Bausatz des Ultimaker Original mit exakt den gleichen technischen Features und Details ausgestattet ist, wie die komplett zusammengebaute Version. Das DIY-Kit ist also keinesfalls eine abgespeckte Variante des Komplettsystems.

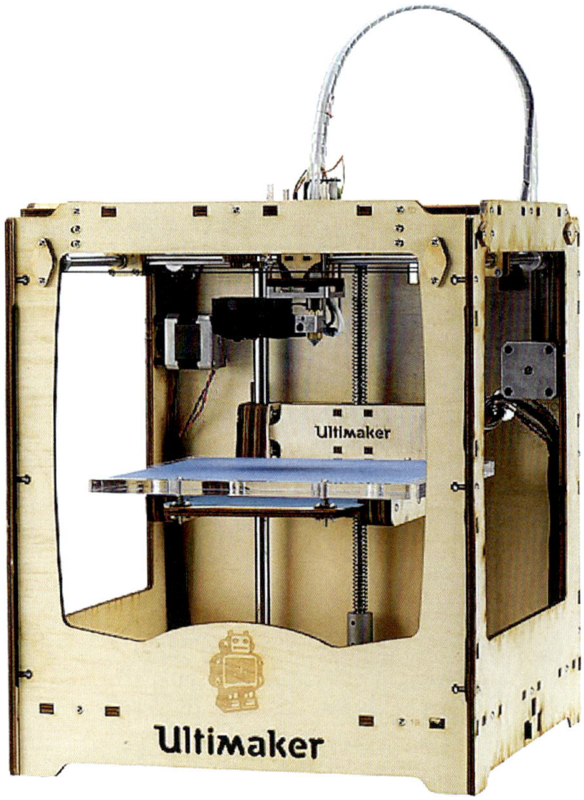

Abbildung 2.22 Der Ultimaker Original – fertig zusammengebaut (Quelle: Ultimaker.com)

Sie können zwar nicht unbedingt den Ultimaker Original mit dem Ultimaker 2 vergleichen, aber die technischen Daten überzeugen speziell für den Preissektor dennoch:

- Druckt mit PLA, LayWood, LayBrick.
- Schichtstärke (Auflösung) bis zu 0,02 mm (20 µm)
- Druckbett: nicht beheizt
- Bauvolumen: 210 × 210 × 205 mm (L × B × H)
- Druckgeschwindigkeit bis zu 150 mm/s
- zweiter Extruder verfügbar
- Ansteuerung durch CURA
- Mac-/Windows-kompatibel
- Controller verfügbar

Ein mehr oder weniger großes Manko besteht bei dem Ultimaker Original wohl durch das fehlende Heizbett. Durch die fehlende Wärme neigt der Druck gerne zum sogenannten Warping oder verliert sogar gänzlich die Haftung auf dem Druckbett. Ist das Warping bis zu einer gewissen Grenze noch vertretbar, ist der Druck natürlich spätestens dann komplett zerstört, wenn das Objekt überhaupt keine Haftung mehr hat und quer über das Druckbett geschoben wird.

Dieses Manko kann jedoch relativ leicht mit dem sogenannten Blue Tape behoben werden. Dieses Klebeband wird komplett auf das Druckbett geklebt und bietet dem Filament eine viel bessere Haftung als die kalte Druckplatte. Aber auch mit einfacheren Mitteln kann das leidige Haftungsproblem vermieden werden. So gibt es vom Bestreichen des Druckbetts mit einem wasserlöslichen Klebestift über eine dünne Lage Holzleim bis hin zum Besprühen mit Haarspray die vielfältigsten Lösungswege. Der »sauberste« Weg ist hier sicherlich die Verwendung von Blue Tape, das sehr leicht zu entfernen ist und keine Klebereste hinterlässt. Wie Sie sehen, lässt sich die meiner Meinung nach größte Schwachstelle des Ultimaker Original relativ leicht beheben.

Ich möchte Ihnen aber natürlich noch etwas zum Aufbau beziehungsweise der gesamten Konstruktion schreiben. Sie sollen ja nach Lesen dieses Abschnitts eine Vorstellung davon haben, ob der Aufbau für Sie technisch und handwerklich machbar oder vielleicht doch eine Spur zu kompliziert ist. Laut der Beschreibung ist übrigens eine durchschnittliche Bauzeit von 6 bis 20 Stunden angegeben. Das ist natürlich eine gewaltige Spanne, nach meiner Erfahrung benötigt ein begabter Bastler ca. 8 bis 9 Stunden bis zum funktionsfähigen 3D-Drucker.

Das Gute am DIY-Kit Ultimaker Original ist die Tatsache, dass im Prinzip wirklich alles schon vorgefertigt ist. Sie brauchen keine Angst vor komplizierten Lötarbeiten zu haben oder anderen kniffligen Aufgaben. Die einfachste Aufgabe dürfte der Bau des Frames, also des Gehäuses, sein. Diese Bauteile kommen ebenfalls schon passend zugeschnitten zu Ihnen und werden ganz einfach zusammengesetzt (siehe Abbildung 2.23). Sollten Sie jemals erfolgreich ein Möbelstück eines gewissen schwedischen Herstellers zusammengesetzt haben, besitzen Sie hierfür die besten Voraussetzungen.

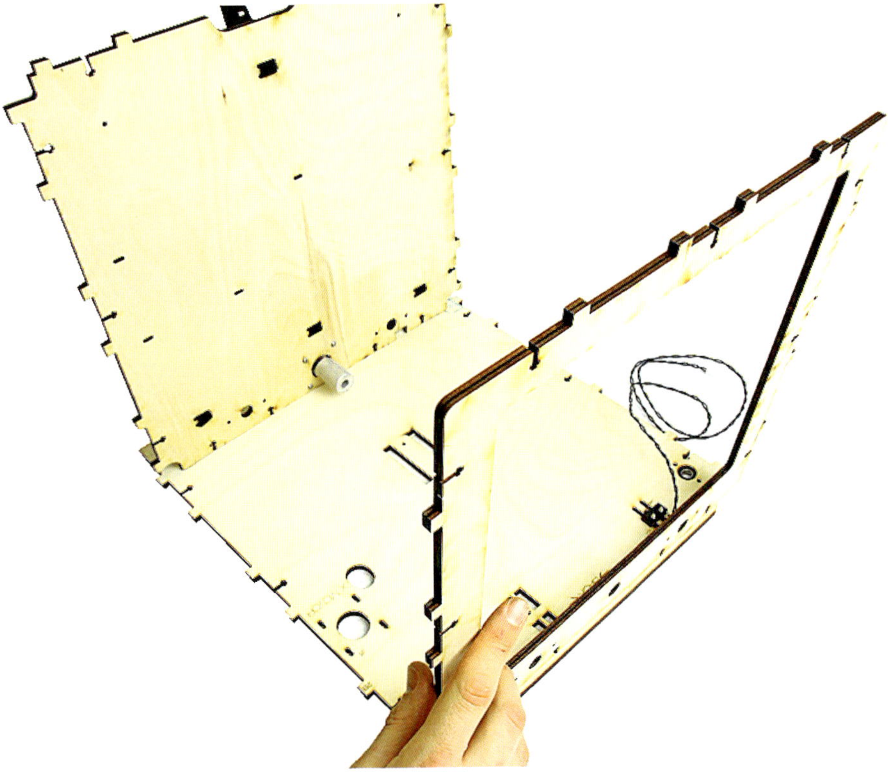

Abbildung 2.23 Der Aufbau vom Gehäuse des Ultimaker Original ist mit wenigen Handgriffen vollzogen. (Quelle: Ultimaker.com)

Die jeweiligen Einzelteile wurden zwar bei der Herstellung mit Hilfe eines Lasers zurechtgeschnitten, allerdings könnten Sie immer noch kleinere Unebenheiten oder Überhänge finden, die ganz einfach mit einem feinen Sandpapier abgeschliffen werden können.

So einfach, wie sich der Aufbau des Rahmens gestaltete (siehe Abbildung 2.24), folgt im zweiten Schritt schon eine der komplizierteren Arbeiten: der Aufbau der X- und Y-Achsen. Jedoch wird Ihnen auch dieser Vorgang mit Hilfe der sehr ausführlichen und bebilderten Anleitung detailliert erklärt (siehe Abbildung 2.25).

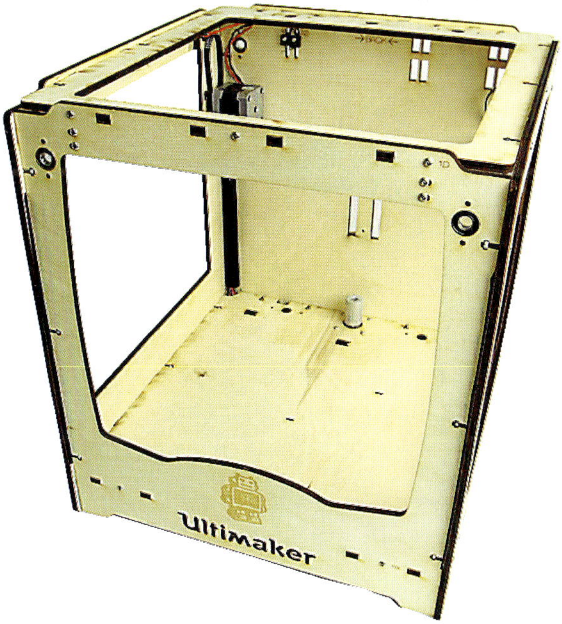

Abbildung 2.24 Der fertig zusammengebaute Rahmen des Ultimaker Original (Quelle: Ultimaker.com)

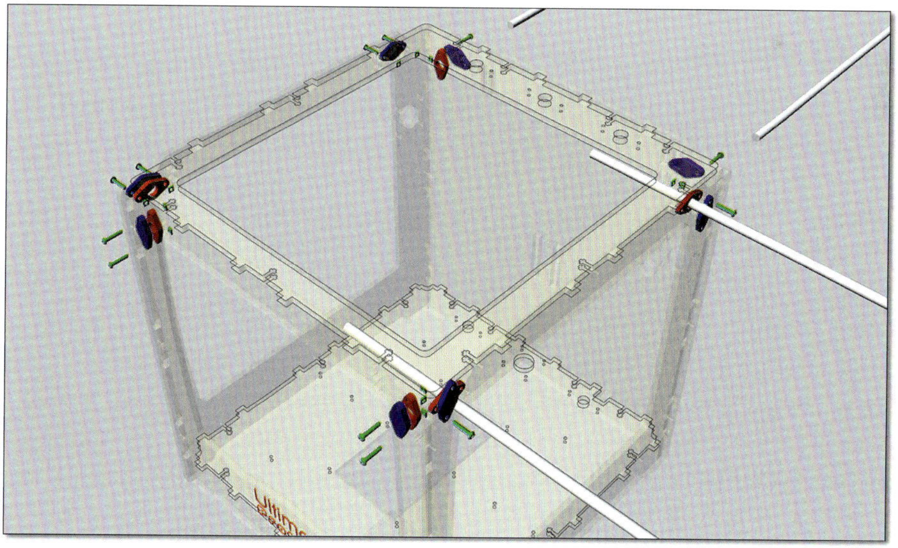

Abbildung 2.25 Eine der komplizierteren Arbeiten: der Zusammenbau der X-/Y-Achsen (Quelle: Ultimaker.com)

Um sich vielleicht im Vorfeld ein genaueres Bild davon zu machen, welche Arbeiten auf Sie zukommen, gebe ich Ihnen den Tipp, die Online-Anleitung anzuschauen. Diese finden Sie unter dem folgendem Link: *http://wiki.ultimaker.com/Mechanics_build_guide*

Nach dem erfolgreichen Zusammenbau der einzelnen Achsen erfolgt auch schon die Konstruktion des Druckkopfes (Extruder, siehe Abbildung 2.26).

Abbildung 2.26 Der fertig konstruierte Extruder, auch Druckkopf genannt – ein sehr komplexes und wichtiges Element des 3D-Druckers (Quelle: Ultimaker.com)

Der nächste Schritt führt Sie dann zur Z-Achse, also der Höhenachse, mitsamt dem Druckbett (siehe Abbildung 2.27). Auch hier ist wieder dank der Z-Achse erhöhte Konzentration gefragt, schließlich ist ein erfolgreicher Druck nur in Verbindung mit exakt verbauten und justierten Achsen möglich.

Der folgende Schritt ist vielleicht der einfachste des kompletten Zusammenbaus, nämlich der Bau des sogenannten *Material Feeders*, also der Einheit, mit der das Filament später von der Filamentrolle durch den Schlauch zum Extruder transportiert wird (siehe Abbildung 2.28).

Trotzdem die Zeitspanne für diesen Arbeitsschritt laut Anleitung auch nur 30–40 Minuten beträgt, sollten Sie keinesfalls unachtsam oder unkonzentriert sein. Ein Fehler beim Filamentnachschub wirkt sich schnell negativ auf den Druck aus.

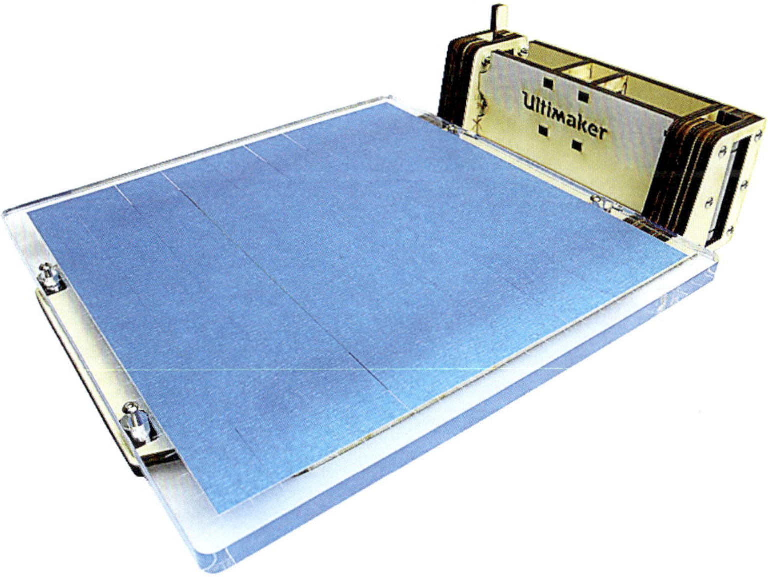

Abbildung 2.27 Das Druckbett mit der Öffnung für die Z-Achse in der Mitte (Quelle: Ultimaker.com)

Abbildung 2.28 Der Material Feeder – verantwortlich für den Vorschub des Filaments zum Extruder (Quelle: Ultimaker.com)

Der letzte und vielleicht der von Ihnen gefürchtetste Schritt ist der Zusammenbau der Elektronik. Wenn Sie sich mit der Elektrik im Allgemeinen nicht so gut auskennen, ist es vielleicht ratsam, einen Elektriker im Freundes- oder Bekanntenkreis um Rat zu fragen. Lötarbeiten brauchen Sie jedenfalls keine vorzunehmen. Sie müssen in dem Arbeitsschritt eigentlich nur die jeweiligen Kabel oder Stecker verbinden, wie es in der Anleitung beschrieben wird (siehe Abbildung 2.29).

Nachdem Sie nun die Elektronik richtig verkabelt haben, sind Sie auch schon am Ziel. Sie haben mit diesen doch recht wenigen Arbeitsschritten ein kleines Wunderwerk der Technik selbst zusammengebaut.

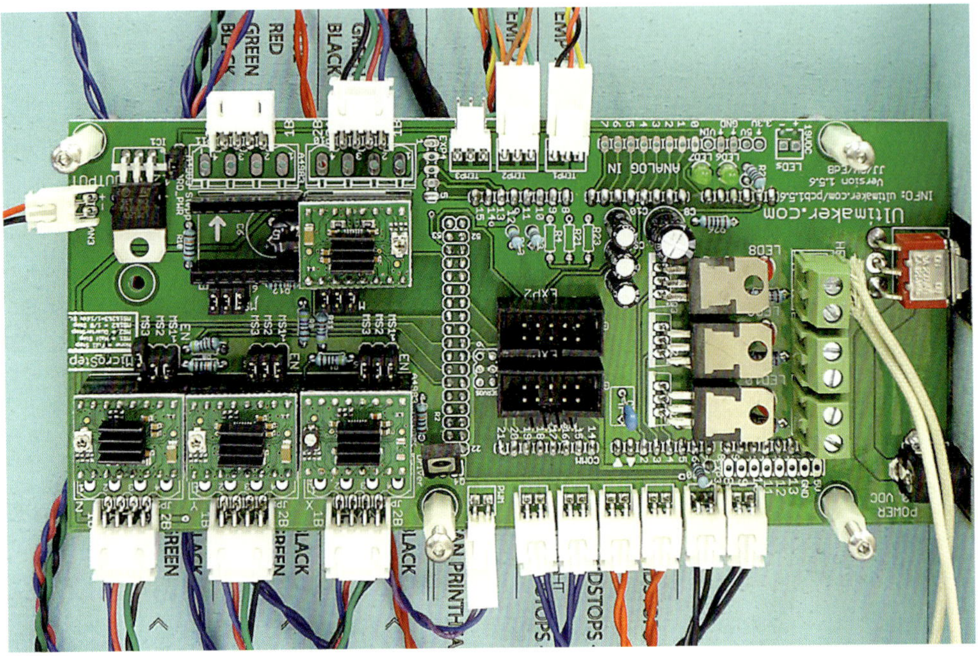

Abbildung 2.29 Die Hauptplatine des Ultimaker Original – fertig bestückt mit den Anschlusskabeln (Quelle: Ultimaker.com)

2.4.2 Bausatz printMATE 3D

Alternativ zum Ultimaker Original DIY-Kit möchte ich Ihnen auch noch einen zweiten 3D-Drucker als Bausatz vorstellen, den sogenannten printMATE 3D (siehe Abbildung 2.30).

Der printMATE 3D ist allein schon preislich deutlich interessanter als der Ultimaker Original und bietet rein von den technischen Details her sogar ein wenig mehr. So kann der printMATE 3D für 950 € als DIY-Kit bezogen werden und bietet dafür folgende Eigenschaften:

- Druckt mit PLA, ABS, LayWood, LayBrick.
- Schichtstärke (Auflösung) bis zu 0,05 mm (50 µm)
- Druckbett: Glas, beheizt
- Bauvolumen: 200 × 180 × 200 mm (L × B × H)

- Ansteuerung durch RepetierHost und Slic3r
- LCD-Controller inklusive

Sie sehen schon, dass der größte Vorteil des printMATE 3D wohl bei dem beheizbaren Druckbett aus Glas und zusätzlich dem standardmäßigen LCD-Controller für die Ansteuerung besteht (siehe Abbildung 2.31). Diese Komponenten finden Sie so nicht bei dem Ultimaker Original, beziehungsweise kann dort wenigstens der Controller noch kostenpflichtig nachbestellt werden.

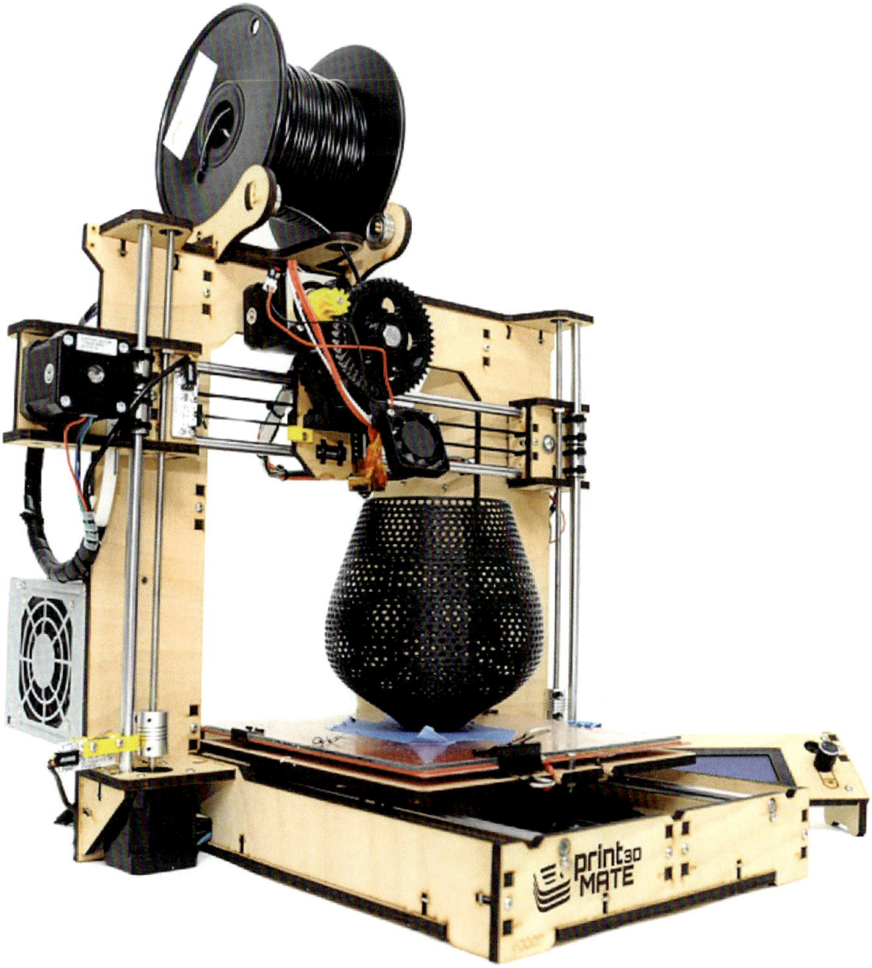

Abbildung 2.30 Der printMATE 3D – ein in Deutschland entwickelter und hergestellter 3D-Drucker (Quelle: printmate3d.com)

Dafür werden Abstriche bei der Druckauflösung gemacht. Jedoch dürfte selbst diese feine Schichtstärke für die meisten 3D-Drucke ausreichen. Ich persönlich drucke sogar zu 80 % mit 0,1 mm, wobei der printMATE 3D auch in der Lage wäre, mit 0,05 mm zu drucken.

Der Zusammenbau dieses 3D-Druckers ist etwas komplizierter als der des Ultimaker Original, jedoch sind auch hier keine Lötarbeiten erforderlich und alle elektronischen Bauteile vorgefertigt.

Ich empfehle Ihnen auch in diesem Fall, einen Blick auf die Homepage des Unternehmens zu werfen, da Sie hier die ausführlich bebilderte Anleitung einsehen können, um sich einen Überblick über den Zusammenbau zu verschaffen. Sie finden die Seite unter dem folgenden Link: *http://www.printmate3d.com*. Bitte wundern Sie sich nicht über die komplett in Englisch gehaltene Seite und Anleitung, es handelt sich dennoch um ein deutsches Unternehmen.

Wie ich finde, besteht gegenüber dem Aufbau des Ultimaker Original bei dem printMATE 3D ein erheblicher Vorteil, denn das Unternehmen hat für jeden einzelnen Arbeitsschritt ein passendes Video auf YouTube hochgeladen. Sollte also ein Arbeitsschritt in der Anleitung vielleicht nicht so begreiflich sein, besteht die Möglichkeit, diesen Vorgang als Video abzuspielen – meiner Meinung nach ein richtig guter Support. Die Videos finden Sie übrigens auf der Homepage unter DOWNLOADS. Selbst Workshops bietet das Unternehmen an, in denen der Zusammenbau eines printMATE 3D innerhalb von zwei Tagen vollzogen wird.

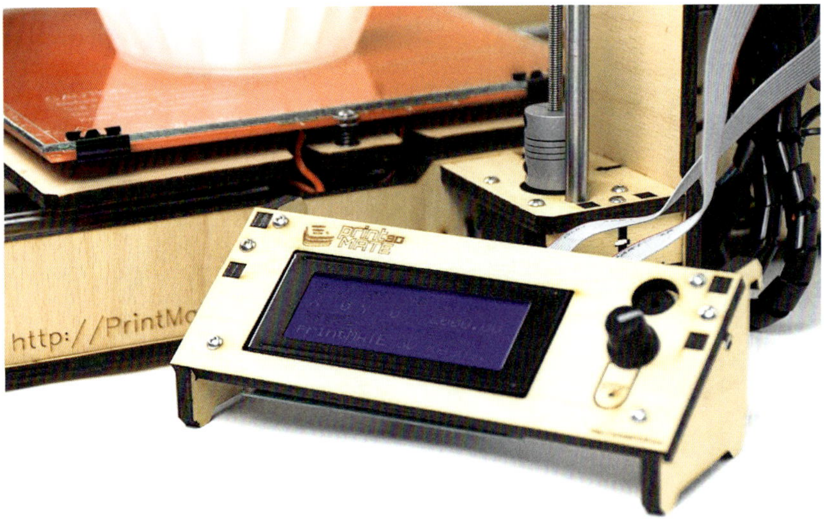

Abbildung 2.31 Der LCD-Controller ist bei dem printMATE 3D im Lieferumfang enthalten. (Quelle: printmate3d.com)

Zusammengefasst bieten Ihnen beide 3D-Drucker-Bausätze, der Ultimaker Original und der printMATE 3D, viel Leistung für Ihr Geld. Einen komplett zusammengebauten 3D-Drucker mit diesen technischen Eigenschaften wird es für knapp 1.000 € auch in naher Zukunft eher nicht geben, von daher sind die sogenannten DIY-Kits oder 3D-Drucker-Bausätze eine hervorragende Alternative, um relativ preiswert in den 3D-Druckbereich zu starten, ohne großartige Kompromisse bei der Leistung einzugehen.

Bevor Sie jetzt jedoch einen Bausatz beziehen, sollten Sie gründlich überlegen und vielleicht vorher die Online-Anleitungen genauer anschauen, um festzustellen, ob Sie der Herausforderung auch gewachsen sind. Es ist zwar wirklich kein Hexenwerk, diese beschriebenen DIY-Kits zusammenzubauen, allerdings bedarf es dennoch eines gewissen Maßes an technischem Verständnis und der ein oder anderen Kenntnis der Elektronik. Zum Glück ist die Community im Internet für solche 3D-Drucker-Bausätze mittlerweile auch relativ groß, so dass Sie mit Ihren eventuell auftretenden Problemen nicht alleine sind und sich hilfreiche Tipps geben lassen können.

Kapitel 3

Schnellstart – den Drucker aufbauen und das erste 3D-Objekt drucken

Wenn Sie es bisher aushalten konnten, Ihren Drucker noch nicht in Betrieb zu nehmen, dann wird es jetzt höchste Zeit dafür. Schritt für Schritt erläutert Ihnen das Kapitel am Beispiel des Ultimaker 2, wie Sie Ihren Drucker startklar machen, ein erstes Druckobjekt auswählen, wichtige Einstellungen vornehmen und zum Abschluss natürlich den Druck starten. Am Ende dieses Kapitels werden Sie also einen erstes eigenes 3D-Objekt vor sich liegen. Gespannt? Na, dann los ...

In diesem Kapitel will ich Ihnen aufzeigen, wie Sie Ihren 3D-Drucker das erste Mal in Betrieb nehmen und Ihr erstes 3D-Objekt ausdrucken. Die praktischen Beispiele wurden alle mit dem Ultimaker 2 durchgeführt.

Ihr 3D-Drucker steht nun im besten Fall vor Ihnen? Dann lassen Sie uns mit den allerersten Schritten starten.

3.1 Aufbau und Einrichten des Druckers am Beispiel des Ultimaker 2

Herzlichen Glückwunsch! Im besten Fall sind Sie jetzt schon stolzer Besitzer eines 3D-Druckers.

Als Hardware-Grundlage für dieses Kapitel haben ich bewusst den 3D-Drucker Ultimaker 2 der Firma *Ultimaker* verwendet (siehe Abbildung 3.1). Dieser ist ein herkömmlicher FDM-(Fused-Deposition-Modeling-)3D-Drucker, der mit dem üblichen Schmelzschichtungsverfahren arbeitet und besonders bedienungsfreundlich ist.

Zusätzlich besitzt er ein ausgereiftes und durchdachtes Controllersystem, das jeden einzelnen Arbeitsschritt erklärt und auch gegebenenfalls wiederholt. Zwar ist die gesamte Einrichtung in Englisch gehalten, aber keine Angst, ich werde Sie mit Ihnen Schritt für Schritt durchgehen.

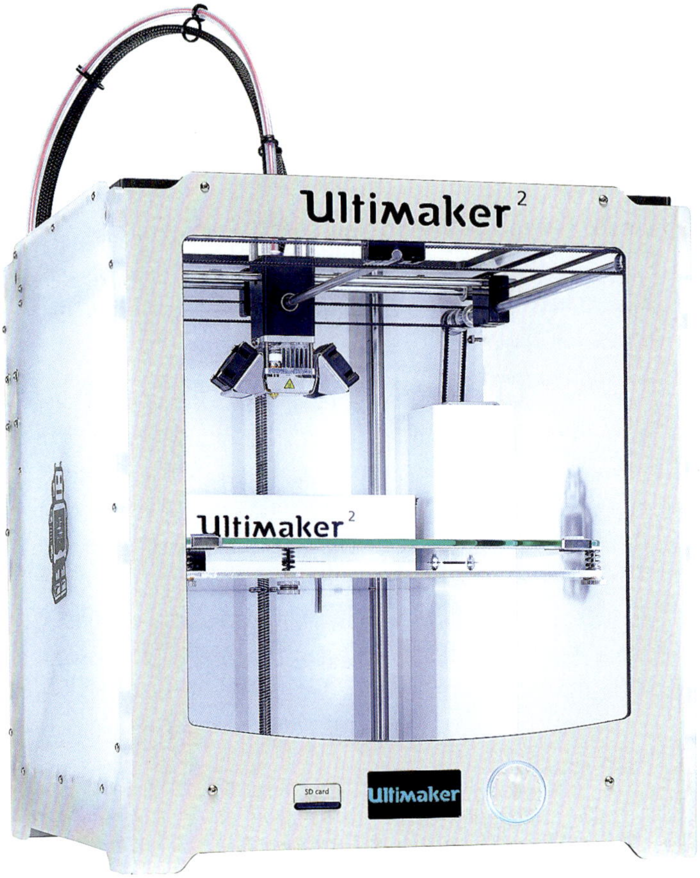

Abbildung 3.1 Ultimaker 2 (Quelle: Ultimaker.com)

3.1.1 Mit wenigen Handgriffen einsatzbereit

Der Ultimaker 2 kann nicht wie sein Vorgänger in zwei Varianten, also entweder zusammengebaut oder als Bausatz, gekauft werden, sondern nur in einer kompletten, zusammengebauten Einheit. Dennoch bleibt er dem Open-Source-Gedanken treu, das heißt, es können grundlegende Änderungen am Drucker vorgenommen und verbessert werden. Geliefert wird er also komplett in einem großen Paket. Sie müssen lediglich die Halterung für die Filamentspule an der Rückseite des Druckers einhängen, das Heizbett (Glasplatte) einsetzen und die Stromverbindung herstellen – fertig. Ihr 3D-Drucker ist nun betriebsbereit und kann mit dem An/Aus-Schalter an der Rückseite eingeschaltet werden.

Wird Ihr Ultimaker 2 das erste Mal in Betrieb genommen, meldet sich der Controller mit einer freundlichen Willkommensnachricht bei Ihnen. Nun werden Sie von mir Schritt für Schritt durch das erstmalige Setup geführt. Unter anderem werden dabei die Heizplatte beziehungsweise das Druckbett justiert und das Filament in den Drucker eingefädelt.

3.1.2 Genau: Mit diesen Einstellungen zu optimalen Ergebnissen gelangen

Insgesamt 21 Schritte sind für die richtige Justierung des Druckers notwendig, aber keine Sorge, Ihr Drucker verzeiht Ihnen auch hier einige Fehler, und Sie können diese Schritte so oft wiederholen, wie Sie wollen.

Es kann unter Umständen passieren, dass sich der sogenannte *First Run Wizard*, also der kleine Helfer, der Sie durch das Menü führen soll, nicht zu Wort meldet. In diesem Fall navigieren Sie mit dem Auswahlrad zu dem Menüpunkt MAINTENANCE und bestätigen die Auswahl mit einem Druck auf das Auswahlrad. In dem folgenden Untermenü navigieren Sie zu dem Punkt ADVANCED und bestätigen wiederholt mit dem Auswahlrad. Hier finden Sie dann den Punkt FACTORY RESET, der ausgewählt und bestätigt wird. Der Drucker wird nun in die Werkseinstellung versetzt und startet regulär mit dem FIRST RUN WIZARD. Das ist auch schon der erste Schritt von 21, die ich jetzt mit Ihnen durchgehe.

Factory Reset – Werkseinstellung

Diese Werkseinstellung im Zusammenhang mit dem Wizard können Sie übrigens jederzeit am Ultimaker einstellen und wiederholen. Sie ist enorm hilfreich, wenn am Gerät falsche Einstellungen vorgenommen wurden und Sie nicht mehr genau wissen, welchen Punkt im Menü Sie jetzt genau verändert haben. Ein Factory Reset ist oftmals besser als ein langwieriges Ausprobieren mit unnötig verbrauchtem Druckmaterial.

Wichtig: Die richtige Justierung der Heizplatte oder des Druckbetts

Nachdem die Schritte 2 und 3 nur aus Hinweisen bestehen, die Sie einfach weiterdrücken können, ist der Schritt 4 der erste wichtige Punkt. Er behandelt die Justierung der Heizplatte oder des Druckbetts. Hier werden Sie den richtigen Abstand zwischen der Druckdüse (*Nozzle*) und der Heizplatte einstellen. Dieser Punkt sollte möglichst genau ausgeführt werden. Meine persönlichen Erfahrungen haben gezeigt, dass ein *zu großer* Abstand zwischen dem Nozzle und dem Druckbett das Druckobjekt zerstört oder dass die Haftung am Heizbett verloren geht. Sie brauchen zwar keine Bedenken zu haben, dass eine falsche Kalibrierung Schäden am Gerät verursacht, aber dennoch ist es mehr als lästig, wenn sich ein gedrucktes Objekt bei der Hälfte des Druckvorgangs als fehlerhaft herausstellt, da der Abstand zu groß war und das Filament quer über den Druck gezogen wird.

Sollten Sie während des Druckens den sogenannten *Warping-Effekt* feststellen, kann es mitunter auch daran liegen, dass der Abstand zu hoch eingestellt ist.

Was ist der »Warping«-Effekt?

Bei dem Warping-Effekt biegen sich die Ecken eines Objekts nach oben und liegen nicht mehr plan auf dem Druckbett. Man kann zwar noch Glück haben, dass dieser Effekt nur einen Teil vom Druckobjekt betrifft, aber eigentlich ist so ein Objekt dann unbrauchbar. In Abbildung 3.2 sehen Sie diesen Effekt besonders gut am rechten unteren Rand des gedruckten Objekts.

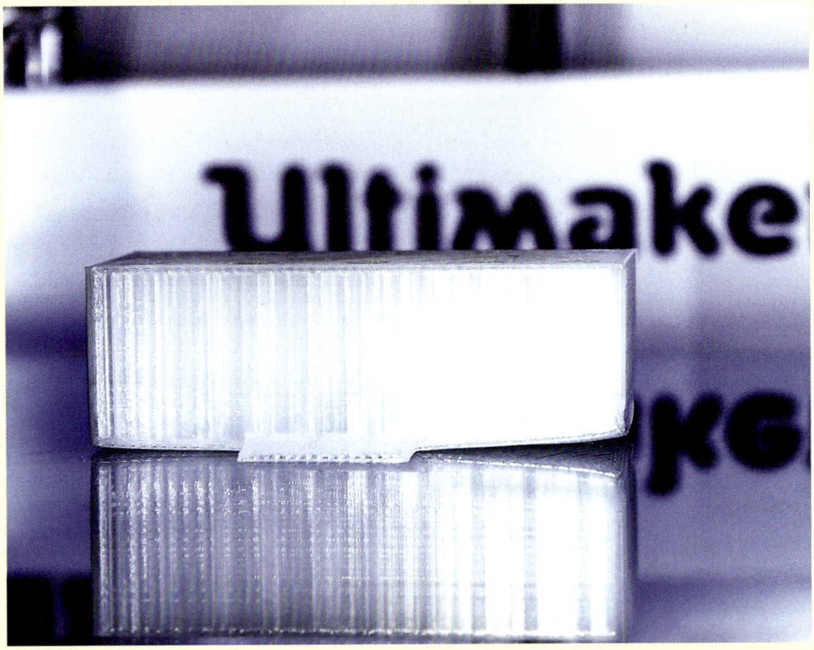

Abbildung 3.2 Warping-Effekt bei einem Druckobjekt

Eine *zu niedrig* eingestellte Druckdüse kann übrigens dazu führen, dass das Filament vor der Düse hergeschoben wird oder im schlimmsten Fall sogar die Heizplatte zerkratzt, so dass es wirklich von Bedeutung ist, den richtigen Abstand für einen optimalen Druck zu finden.

Genug der Erklärungen, lassen Sie uns jetzt mit dem Schritt 4 beginnen. Für die grobe Kalibrierung justieren Sie den Nozzle, also die Druckdüse, mit dem Wahlrad, bis der Abstand zum Druckbett ca. 1 mm beträgt, und bestätigen die richtige Position mit einem Druck auf das Rad.

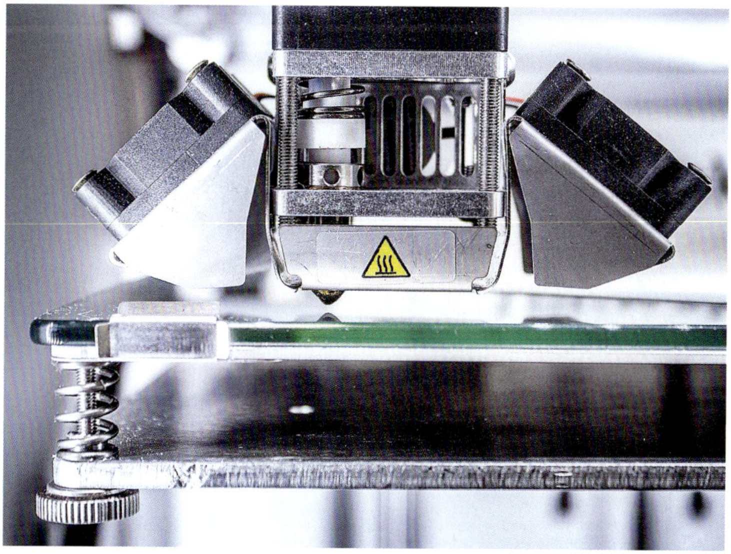

Abbildung 3.3 Grobe Ausrichtung des Druckbetts

Als Nächstes müssen Sie den linken Sturz der Platte einstellen (Schritt 5/21), hierfür wird allerdings die kleine Justierungsschraube verwendet, die Sie unterhalb der Platte auf der linken Seite finden (siehe Abbildung 3.3). Mit dieser Schraube wird auch ein ungefährer Abstand von 1 mm eingestellt. Wiederum bestätigen Sie diese Einstellung mit dem Wahlrad.

Die gleiche Prozedur vollziehen Sie nun mit der rechten Seite (Schritt 6/21) und bestätigen wieder mit dem Wahlrad. Sie haben nun das Druckbett zumindest grob erfolgreich ausgerichtet. Die wichtige Feinjustierung kommt allerdings erst noch.

Wie Sie auf dem Display sehen können, steht nun Schritt 7/21 an. Hierbei nehmen Sie sich bitte ein herkömmliches Blatt Papier (normales Kopierpapier) und legen es auf die Glasfläche unter die Druckdüse, wie Abbildung 3.4 zu sehen. Wenn Sie jetzt wieder das Wahlrad drehen und die Druckdüse nach unten justieren, sollten Sie das darunterliegende Papier ein wenig hin- und herschieben, bis Sie einen kleinen Widerstand der Druckdüse merken. Sofern Sie diesen geringen Widerstand fühlen, ist die optimale Höhe des Druckkopfes zum Druckbett erreicht, und Sie können diese Einstellung mit dem Wahlrad erneut bestätigen.

Die nächsten Schritte werden Sie schon erahnen. Mit der linken und rechten Justierungsschraube wird dieser Schritt auch ausgeführt, um einen gleichmäßigen Abstand zu bekommen. Achten Sie bitte sehr darauf, dass der Abstand (also der gefühlte Widerstand des Papiers) möglichst gleich ist. Für ein optimales Druckergebnis ist diese Justierung ein absolutes Muss.

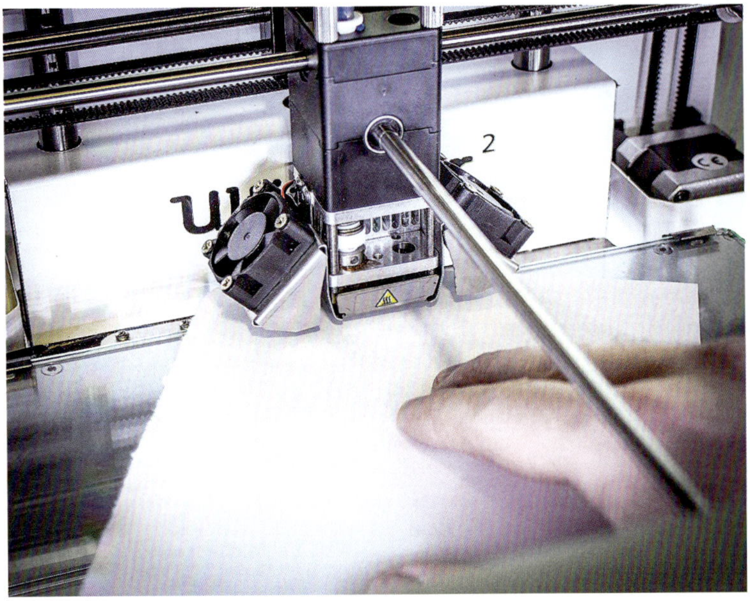

Abbildung 3.4 Feinjustierung des Druckbetts

Dieser wichtige Schritt der Justierung ist im Übrigen jederzeit im Controllermenü unter MAINTENANCE zu wiederholen. Sollten Sie die Heizplatte einmal richtig säubern und herausnehmen, ist die Justierung nach dem Einsetzen wieder zwingend erforderlich. Aber auch nach einem regulärem Druck entstehen durch das oberflächliche Säubern der Platte oder durch etwas hartnäckigere Verklebungen der fertigen Druckobjekte auf der Platte, die mit etwas Kraft von der Platte gelöst werden müssen, gewisse Toleranzen im Abstand zu der Druckdüse.

Empfehlung zum Nachjustieren der Druckplatte

Ich persönlich richte die Druckplatte nach ca. 5–7 Drucken wieder erneut aus, um sicherzustellen, dass der erforderliche Abstand nicht über- oder unterschritten wird. Die Schritte sind relativ schnell durchgeführt, und geübte Benutzer brauchen selbst das Blatt Papier nicht mehr, um den Abstand zu ermitteln. Hiervon rate ich Ihnen aber dringend in den ersten Wochen ab, bis dahin braucht es viel Routine.

Filamentrolle installieren

Nachdem Sie also die Druckplatte optimal ausgerichtet haben, kommt der nächste wichtige Schritt: Sie installieren die Filamentrolle an den Ultimaker und fädeln das Filament in den sogenannten *Material Feeder* ein. Achten Sie drauf, dass Sie das Filament mit der Laufrichtung entgegen dem Uhrzeigersinn auf die Filamenthalterung am Ultimaker schieben. Andernfalls kann das Filament nicht ordnungsgemäß abgerollt werden. Haben Sie die Rolle installiert, drücken Sie das Auswahlrad und bestätigen den Schritt 11/21.

Nun wird in Schritt 12/21 die Heizdüse auf 210 °C aufgewärmt. Das ist erforderlich, um das Filament etwas zu erweichen und in den nächsten Schritten problemlos zu transportieren. Nach ca. 1 Minute ist die Heizdüse erhitzt und der Schritt 13/21 automatisch erreicht. Gleichzeitig werden Sie bemerken, dass sich an Ihrem Ultimaker 2 etwas tut. Der Motor der Filamentzuführung ist nun angegangen, und das kleine Zahnrad, das für den Transport des Filaments zuständig ist, dreht sich jetzt.

Keine Panik, für die folgenden Schritte können Sie sich ruhig genug Zeit lassen. Zwar ist der Druckkopf jetzt erhitzt, und der kleine Motor dreht sich schon, aber es bedarf hier keiner Eile. Aus eigener Erfahrung kann ich behaupten, dass Sie jetzt vielleicht auch etwas nervös oder angespannt sind, schließlich kommen Sie jetzt zu einem elementaren Teil der Konfiguration Ihres wertvollen 3D-Druckers. Aber der Druckkopf bleibt bei konstanten 210 °C, der Motor dreht sich auch weiterhin in aller Ruhe, so dass Sie ganz gelassen bleiben können. Sie können nun das Filament in den *Material Feeder* schieben (das ist der kleine schwarze Kasten auf der Rückseite des Ultimaker 2), hierbei müssen allerdings ein paar Dinge beachtet werden. Nehmen Sie also das Filament, und schieben Sie es mit ein wenig Druck in die kleine Öffnung auf der Unterseite (siehe Abbildung 3.5). Sie müssen allerdings schon wirklich ein wenig Druck ausüben, um den relativ starren PLA-Kunststoff zwischen die Transportrolle und das kleine Zahnrad zu schieben, die in der Zuführung verbaut sind. Sobald das Filament eigenständig hochgezogen wird und sich das Geräusch vom Motor ein wenig verändert, hat das Zahnrad das Filament erfasst und transportiert es durch den Schlauch langsam zum Druckkopf.

Haben Sie nun ein Auge auf den Schlauch, wodurch das Filament langsam transportiert wird: Erreicht das Filament den ersten Halteclip (Hufeisen-Clip) des durchsichtigen Schlauches, können Sie den Schritt 13/21 auf dem Wahlrad bestätigen.

Erschrecken Sie jetzt bitte nicht, da nun der kleiner Motor ein wenig aufdreht und das Filament mit ordentlichem Schwung durch den Schlauch bis hin zum Druckkopf transportiert. Der angezeigte Schritt 14/21 hat zugleich eine Statusanzeige, wie weit das Filament transportiert wurde, und schaltet automatisch auf den Schritt 15/21 um, sobald das Ende erreicht ist.

Abbildung 3.5 Öffnung für die Filamentzuführung in den Material Feeder

Ist das Filament am Druckkopf angelangt, reduziert sich die Geschwindigkeit des Motors wieder und das Filament wird nun langsam in die Druckdüse transportiert. Tritt nun das Filament aus dem Nozzle, also der Druckdüse, aus, haben Sie es geschafft. Das Filament wurde ordnungsgemäß dem Ultimaker 2 zugeführt und kann durch die Druckdüse entweichen. Wurde das Filament einige Zentimeter durch die Düse abgegeben, können Sie den Schritt 15/21 mit dem Wahlrad bestätigen.

Hinweise zum Filamentwechsel

Den Schritt des Filamentwechsels dürften Sie natürlich in Zukunft noch etliche Male wiederholen. Sei es bei einem Wechsel des Filaments, oder aber weil der Schlauch oder die Druckdüse verstopft.

Beachten Sie bitte, dass bei jedem Wechsel des Filaments die ersten Layer Ihres späteren Drucks vom Filament verfälscht werden können.

Haben Sie zum Beispiel ein blaues Filament und wechseln auf ein weißes, kommen bei einem Druck noch die Reste des blauen Filaments durch und vermischen sich auf dem Druckbett mit dem späteren weißen Filament (siehe Abbildung 3.6). Es ist also ratsam, bei Wechsel eines unterschiedlichen Filaments (Materialbeschaffenheit oder Farbe) bei dem letzten beschriebenen Schritt so lange abzuwarten, bis das alte Filament vollständig aus dem Druckkopf verschwunden ist. Also in dem Fall eines Wechsels von Blau nach Weiß warten Sie bitte so lange, bis kein blaues Filament mehr aus der Düse abgegeben wird und nur noch das neue, weiße Filament erscheint. So gehen Sie sicher, dass Ihr Druckobjekt in den ersten Schichten mit der gewünschten Farbe oder dem gewünschten Material gedruckt wird.

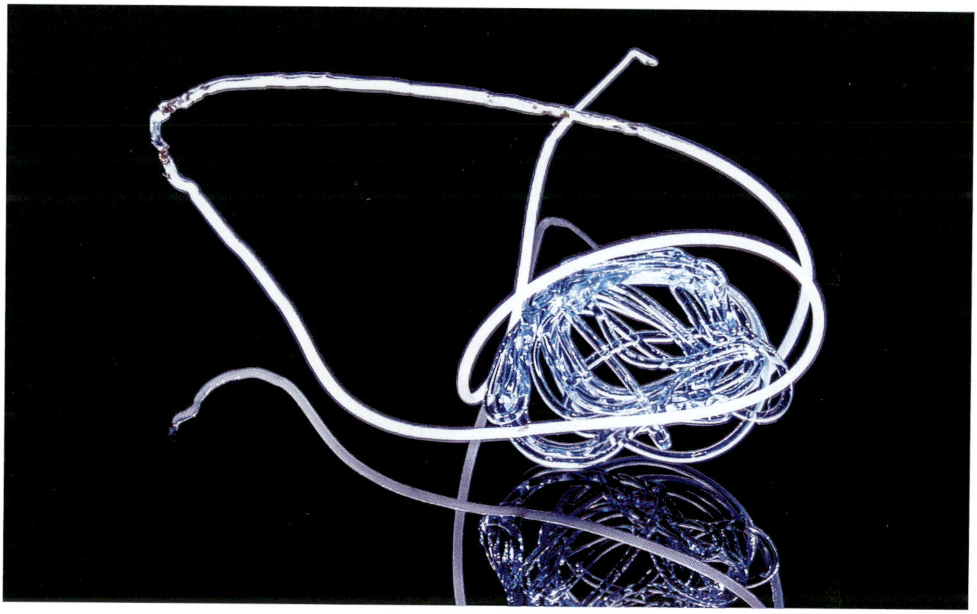

Abbildung 3.6 Altes Filament im Druckkopf vermischt sich mit dem neuen Filament.

Etwas komplizierter wird es natürlich, wenn Sie Filamente verwenden, die sich in ihrer Materialbeschaffenheit unterscheiden. Die Mischung aus einem Holzfilament und einem PET-Filament könnte Ihr gesamtes Druckobjekt schon ganz am Anfang zerstören. Darum achten Sie beim Wechsel immer auf das restliche Material im Druckkopf.

Auswahl des Filaments

Kommen wir aber wieder zu Einrichtung Ihres Druckers. Den Schritt 15/21 haben Sie bereits, wie oben beschrieben, bestätigt und kommen nun automatisch zur Auswahl des Materials in Schritt 17/21. Auch hier wird der Punkt mit dem Auswahlrad wieder bestätigt, und Ihr Ultimaker fragt Sie in Schritt 18/21 nach der Art des Filaments. Der Ultimaker 2 kann zwei unterschiedliche Materialen verwenden, PLA-Filament und ABS-Filament.

Ultimaker hat Ihrem Ultimaker 2 eine Gratis-Rolle PLA-Filament beigegeben, so dass Sie den Punkt PLA auswählen und auch bestätigen. Um sicherzugehen, werden Sie nun noch einmal gefragt, was Sie wiederum bestätigen. Fertig! Ihr Ultimaker 2 ist nun bereit für den ersten Druck. Die Schritte 19/21 und 20/21 sind nur Hinweise des Controllers, so dass wir jetzt schon bei dem finalen Schritt 21/21 sind, dem ersten Druck mit Ihrem 3D-Drucker.

Vorbereitung und Durchführung des Probedrucks

Dafür wird zuerst der kleine Klebestift benötigt, der mit dem Zubehör geliefert wurde. Mit diesem wasserlöslichen Klebestift streichen Sie bitte eine dünne Lage mittig auf das Heizbett, um eine optimale Haftung des später gedruckten Objekts zu bekommen. Sie erinnern sich an den *Warping-Effekt*, den ich im Vorfeld beschrieben habe? Trotz einer optimalen Einstellung der Höhe vom Druckkopf zum Druckbett und einer Heizplatte, kann es passieren, dass dieser unbeliebte und lästige Warping-Effekt auftritt. Zur Prävention können Sie das Heizbett noch etwas vorbereiten, nämlich mit dem Klebestift, um das Druckobjekt besser haftbar zu machen. Hier gibt es übrigens die wildesten Methoden für eine bessere Haftung. Angefangen bei etwas Bier, das auf dem Heizbett hauchdünn verteilt wird, bis hin zu Holzleim, der recht großzügig aufgetragen wird. Im Falle des Ultimaker 2 mit seinem beheizten Druckbett ist der Klebestift aber völlig ausreichend. Bei größeren Objekten, die eine breite Fläche haben, benutze ich zum Beispiel gar keinen Kleber mehr.

Haben Sie nun das Heizbett in der Mitte mit etwas Kleber bestrichen, können Sie sich nach Bestätigung des letzten Schrittes 21/21 ein 3D-Objekt aussuchen, das auf der mitgelieferten SD-Karte vorhanden ist.

Der Controller greift nun also automatisch auf die SD-Karte zu und zeigt in einer Liste alle verfügbaren Objekte an, die gedruckt werden können. Standardmäßig ist der erste Druck mit einem Ultimaker-3D-Drucker der *Ultimaker Robot* (*Ultirobot*). Dieser kleine Roboter ist Teil des Logos des Unternehmens und ein Probedruck von ihm bietet Ihnen zugleich eine gute Kontrolle darüber, ob auch wirklich jedes kleinste Detail von Ihrem Drucker gedruckt werden kann (siehe Abbildung 3.7).

Wählen Sie nun also den Ultimaker Robot aus der Liste aus, und bestätigen Sie die Auswahl mit dem Druck auf das Auswahlrad. Der Ultimaker 2 startet nun den Druck und erhitzt im ersten Schritt das Heizbett auf 75 °C und die Druckdüse auf 210 °C. Den Fortschritt können Sie auf dem Display anhand des kleinen Ladebalkens erkennen. Sobald dieser Balken aufgeladen ist, startet der Druck und die Anzeige wechselt danach in eine, die Ihnen die verbleibende Zeit anzeigt und Ihnen weitere Einstellungen ermöglicht. Diese Einstellungen sollten Sie am Anfang aber am besten nicht verändern, sondern auf die eingebaute Standardeinstellung vertrauen. Die Standardeinstellungen wurden von Ultimaker schon derart optimiert, so dass nur in Einzelfällen eine Nachjustierung notwendig ist.

Abbildung 3.7 Der Ultimaker Robot oder auch Ultirobot

Nach Beendigung des Druckvorgangs kühlen die Druckdüse und auch das Heizbett automatisch ab, was ebenfalls in der Statusanzeige dargestellt wird. Bitte warten Sie auch so lange ab, bis Sie den Druck vom Druckbett lösen. Sie werden durch den Controller nach jedem Druck automatisch darauf hingewiesen wann Sie das Objekt entnehmen können.

Wichtiger Hinweis zur Entnahme gedruckter Objekte

Durch die hohen Temperaturen an der Druckdüse und auch auf dem Heizbett, laufen Sie Gefahr, sich massiv an der Düse zu *verbrennen*.

Bedenken Sie außerdem, dass Ihr gedrucktes Objekt noch warm und relativ weich ist und es *verformt* wird, wenn Sie es vorzeitig von der Heizplatte lösen wollen.

3.2 Laden eines 3D-Objekts aus der Datenbank

Nachdem Sie nun hoffentlich erfolgreich Ihr erstes 3D-Objekt ausgedruckt haben, wird es Zeit, ein wenig zu experimentieren. Ultimaker hat Ihnen zwar einige interessante Objekte auf der SD-Karte hinterlegt, allerdings gibt es eine Vielzahl an noch interessanteren Objekten, die Sie drucken könnten. Nun stellen Sie sich bestimmt die Frage, wie Sie am einfachsten und schnellsten die ganzen Objekte und Dateien beziehen können. Ganz einfach, laden Sie die Objekte doch einfach aus einer Datenbank herunter, ganz legal, und der große Teil ist sogar noch kostenfrei!

Datenbanken für 3D-Modelle gibt es mittlerweile einige und durch die enorme Beliebtheit der 3D-Drucker steigt die Anzahl der Webseiten, die Ihnen 3D-Objekte zum Download anbieten. Allerdings ist ein Hauptkriterium einer guten Datenbank die Anzahl der verfügbaren Objekte und gut gefüllte Kategorien. Es ist oft verlorene Zeit, sich durch eine brandaktuelle Webseite/Datenbank zu klicken, um ein spezielles Objekt zu suchen.

Die Wahl der richtigen Datenbank

Mein persönlicher Rat: Sparen Sie sich die Zeit, und durchforsten Sie lieber Datenbanken, die schon einige Zeit existieren und somit ein sehr gutes Repertoire an 3D-Objekten besitzen. Hier dürften Sie eigentlich (fast) alles finden, was Ihnen vorschwebt.

Auf den kommenden Seiten werde ich Ihnen meine persönlichen Favoriten der Datenbanken ein wenig genauer vorstellen, so dass Sie einen guten Überblick bekommen, wo Sie ein bestimmtes Objekt finden könnten. Die jeweiligen Webseiten unterscheiden sich teilweise gravierend in ihrem Umfang. So finden Sie zum Beispiel auf *grabCAD.com* eher Objekte, die aus dem technischen Bereich stammen, wie Motorblöcke, Autos, Turbinen oder eine hydraulische Presse. Andererseits werden Sie hier keine kunstvollen Schmuckstücke finden oder außergewöhnliche Vasen. Diese Objekte sind eher auf *www.thingiverse.com* zu finden. Sie sehen also, dass es die unterschiedlichsten Datenbanken für Ihre Wünsche gibt. Aber nun gebe ich Ihnen einen Überblick der wichtigsten Bezugsquellen für Ihr spezielles 3D-Objekt.

3.2.1 CGTrader

Diese Datenbank besteht erst seit 2012, bietet Ihnen aber dennoch schon über 45.000 unterschiedliche 3D-Modelle zum Download an. Gehen Sie einmal auf *http://www.cgtrader.com*, und fahren Sie mit dem Mauszeiger auf die linke Menüzeile 3D MODELS (siehe Abbildung 3.8).

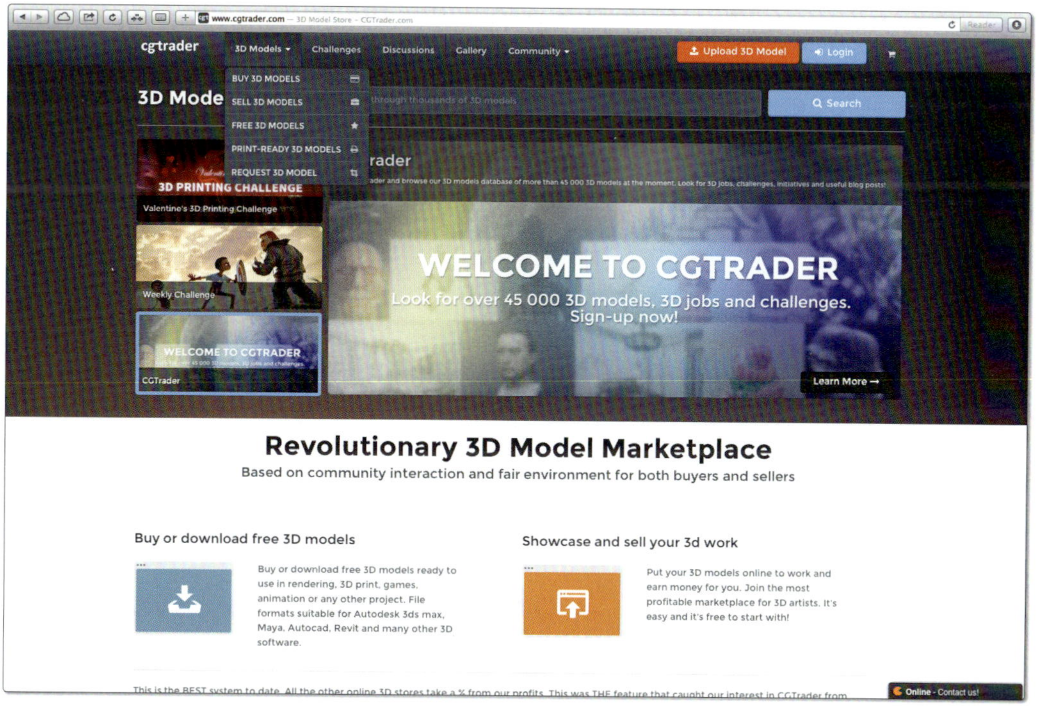

Abbildung 3.8 CGTrader.com (Quelle: Screenshot www.cgtrader.com)

Hier öffnet sich ein Pulldown-Menü, in dem Sie die unterschiedlichsten Kategorien finden. Neben den kostenfreien Objekten sind aber auch kostenpflichtige Angebote abrufbar. Sollten Sie selbst ein 3D-Modell erstellt haben, bietet sich hier auch die Möglichkeit, das eigene 3D-Modell zu verkaufen. Unter Umständen kann das sogar ein netter Nebenverdienst werden.

Haben Sie bei Ihrer Suche nach dem richtigen Modell keinen Erfolg, können Sie unter dem Menüpunkt Request 3D Model eine Bedarfsanfrage starten. Beschreiben Sie detailliert Ihre Wünsche, und mit etwas Glück finden Sie einen 3D-Designer, der Ihr persönliches 3D-Model bedarfsgerecht konstruiert.

Die für den Anfang wichtigste Kategorie wird für Sie aber sicherlich der Punkt Print-Ready 3D Models sein, worunter sich ausschließlich 3D-Objekte befinden, die für den 3D-Druck geeignet sind. Andere 3D-Modelle, die auf der Seite nicht explizit mit dem Hinweis 3D Print-Ready gekennzeichnet sind, lassen sich zwar runterladen, aber nicht mit Ihrem 3D-Drucker herstellen (siehe Abbildung 3.9).

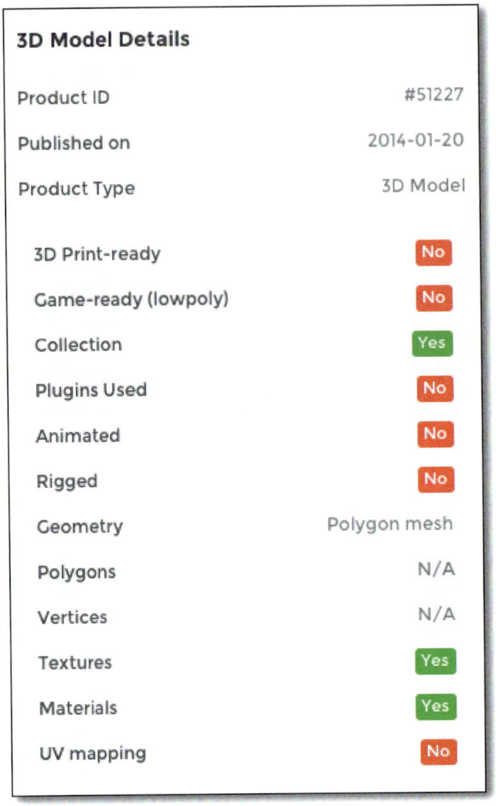

Abbildung 3.9 3D Print-ready abgewählt – das Objekt lässt sich nicht mit einem 3D-Drucker herstellen. (Quelle: Screenshot www.cgtrader.com)

Wenn Sie nun die Rubrik PRINT-READY 3D MODELS auswählen, sind Sie auch schon in der Hauptkategorie, die für uns wichtig ist. Sie sehen schon jetzt eine Vielzahl an Objekten, die teilweise kostenpflichtig sind, aber auch kostenfreie Modelle.

Ein wichtiger Bestandteil der Suche sind die jeweiligen Filter auf der linken Seite (siehe Abbildung 3.10). Hier legen Sie zum Beispiel fest, ob Sie nur nach kostenfreien Objekten Ausschau halten wollen, oder eine Preisspanne, falls das gewünschte Objekt kostenpflichtig sein darf. Die Preise werden übrigens alle in US-Dollar ausgegeben.

In den Einstellungen für den Filter sehen Sie die verschiedenen Kategorien, unter denen Sie nach dem passenden 3D-Objekt suchen können. Wie Sie auf dem Bild sehen können, ist die Anzahl der möglichen Objekte durchaus ansehnlich und wächst täglich weiter.

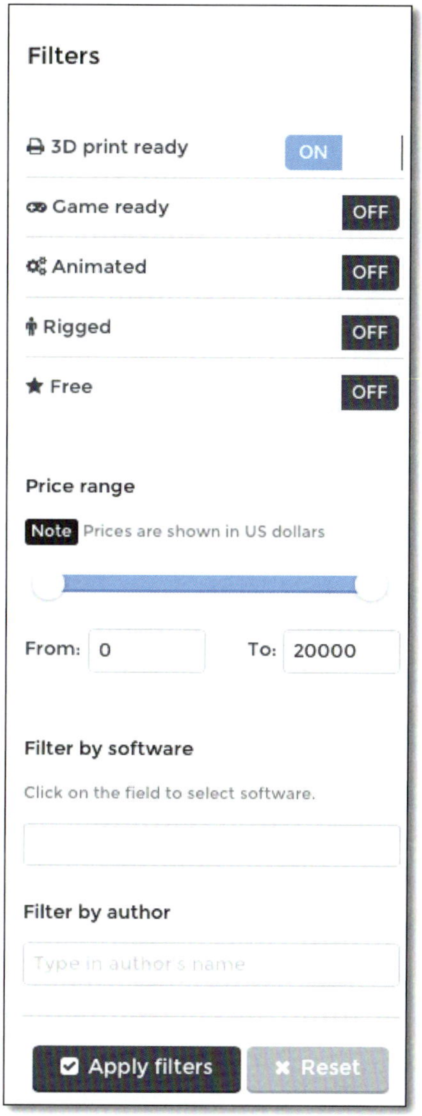

Abbildung 3.10 Mit dem Filter legen Sie wichtige Merkmale Ihrer Suche fest. (Quelle: Screenshot www.cgtrader.com)

Zusätzlich zu der Auswahl einer Hauptkategorie, wie zum Beispiel Pflanzen/Bäume (PLANT / TREE), klicken Sie einmal auf das kleine Plussymbol neben der jeweiligen Kategorie. Jetzt öffnen sich die Unterkategorien, mit denen Sie die Suche verfeinern können.

Anstatt sich alle Pflanzen oder Bäumen anzeigen zu lassen, können Sie diese Auswahl auf CONIFER (Nadelbäume) oder FLOWER (Blumen) beschränken (siehe Abbildung 3.11).

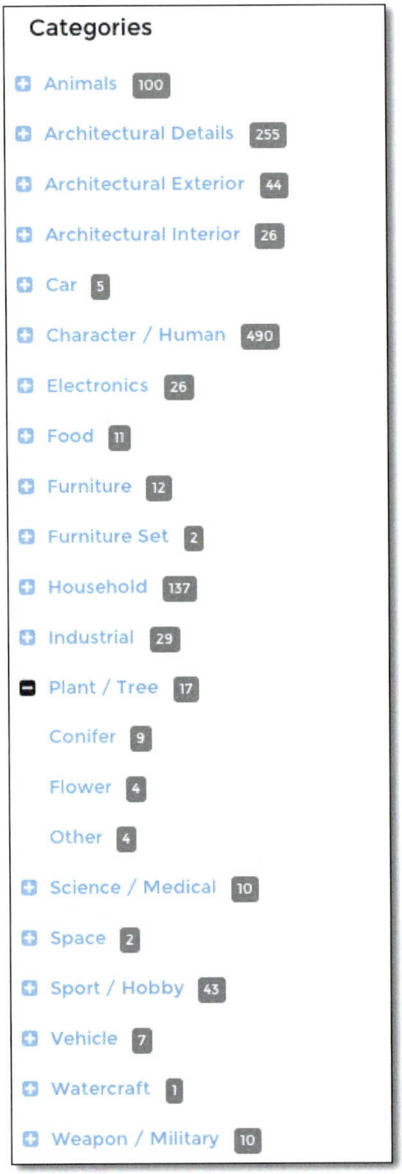

Abbildung 3.11 Die einzelnen Kategorien mit den Unterkategorien von Pflanzen und Bäumen (Quelle: Screenshot www.cgtrader.com)

Aufgrund der vielen Kategorien und mit der Verwendung der Filter, werden Sie ganz sicher Ihr gewünschtes Objekt in der Datenbank finden. Aber beachten Sie das Format der jeweiligen Datei. Der Ultimaker-3D-Drucker versteht lediglich Dateien in den Formaten STL, DAE, OBJ und AMF. Aber durch die Auswahl in der Datenbank, dass Sie nur nach druckbaren Objekten suchen, wird es wohl kaum ein Objekt geben, das in einem anderen Format verfügbar ist. Die aufgezählten Formate sind nicht Ultimaker-spezifisch, sondern standardisierte Formate für alle 3D-Drucker.

Haben Sie nun Ihr gewünschtes Objekt gefunden, können Sie es sich einfach aus der Datenbank laden. Vorrausetzung hierfür ist allerdings noch ein Account, den Sie erstellen müssen. Aber keine Angst, Sie gehen hierbei keinerlei Verpflichtungen ein, und es ist völlig kostenfrei.

3.2.2 Thingiverse.com

Die wohl populärste Datenbank für 3D-Objekte zum Ausdrucken ist *http://www.thingiverse.com*, die von dem 3D-Druckerhersteller MakerBot Industries schon im Jahr 2008 ins Leben gerufen wurde. Aufgrund der großen Popularität und der Tatsache, dass diese Datenbank schon sechs Jahre besteht, finden Sie hier die größte und vielfältigste Auswahl an druckbaren 3D-Objekten.

Die Tatsache, dass sich hinter Thingiverse ein namhafter 3D-Druckerhersteller verbirgt, hat der Datenbank natürlich einen gewaltigen Push gegeben. In den Anfängen wurde die Datenbank hauptsächlich für technische Designs verwendet, die unter anderem der Reparatur und der Weiterentwicklung von bestimmten Maschinen galt. Mittlerweile sind die Kategorien der Objekte aber breit gefächert. Sie finden hier vom Reparatursatz oder Bausatz für 3D-Drucker bis hin zur Comicfigur nahezu jedes Objekt.

Ein großer Vorteil dieser großen Community ist, dass jedes Objekt, das Sie in der Datenbank finden, völlig kostenfrei ist. Allerdings sollten Sie aufgrund der Urheberrechtslizenz Creative Commons einige Regeln befolgen (siehe Abbildung 3.12).

Abbildung 3.12 Beispiel für eine Erlaubnis, unter Namensnennung das Objekt zu verändern oder zu verbreiten – ausschließlich privat und nicht kommerziell (Quelle: creativecommons.org)

Creative Commons

Jedes Objekt kann mit speziellen Urheberrechtslizenzen ausgestattet werden, was Ihnen zum Beispiel erlaubt, das jeweilige Objekt auszudrucken und privat zu verwenden, kommerziell, also gewerblich, hingegen nicht. Andere Objekte dürfen wiederum frei verwendet werden, solange sie nicht verändert werden und/oder nur mit einer Namensnennung des Urhebers.

Weitere Informationen zu den Creative Commons finden Sie unter:
http://www.de.creativecommons.org

Die Struktur von Thingiverse ist ähnlich wie bei CGTrader.com aufgebaut, allerdings etwas unübersichtlicher, und die Seite wirkt nicht so aufgeräumt. Klicken Sie auf der Homepage auf den Menüpunkt EXPLORE, öffnet sich ein weiteres Menü, in dem Sie unter anderem die Kategorien wiederfinden (siehe Abbildung 3.13).

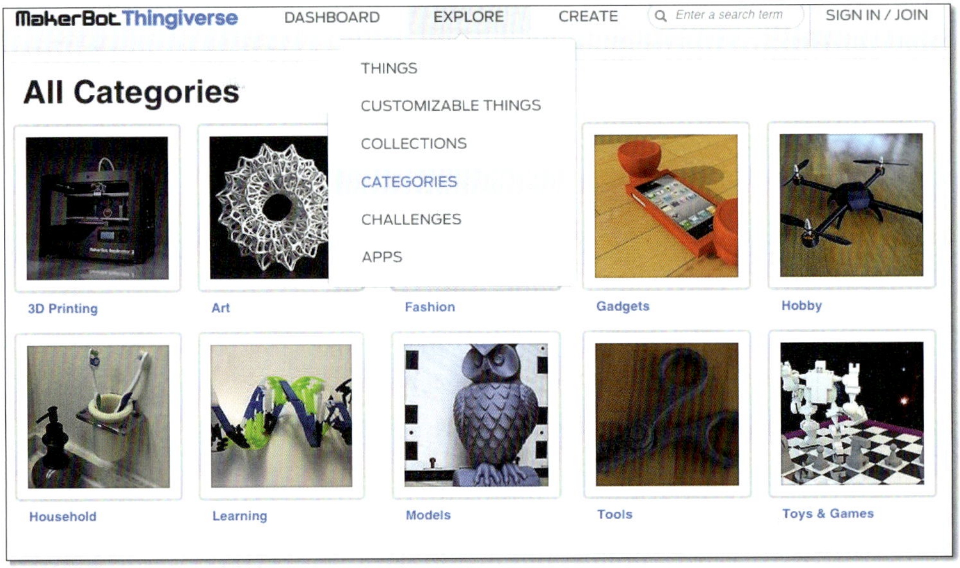

Abbildung 3.13 Die Kategorien von Thingiverse (Quelle: Screenshot www.thingiverse.com)

Sie werden nach der Erkundung von CGTrader schon feststellen, dass die Kategorien hier relativ überschaubar sind und scheinbar keine Unterpunkte verbergen.

Nachdem Sie die Kategorien ausgewählt haben, in unserem Fall die Kategorie GADGETS, bekommen Sie sofort eine Auswahl an möglichen Objekten präsentiert. Wollen Sie jedoch nach bestimmten Gadgets suchen, wie zum Beispiel für ein Mobile Phone, genügt ein Klick mit der Maus auf den Menüpunkt Mobile Phone, den Sie oberhalb der 3D-Objekte finden. Wählen Sie diesen Punkt aus, können Sie nach einem passenden Objekt in dieser Kategorie suchen (siehe Abbildung 3.14).

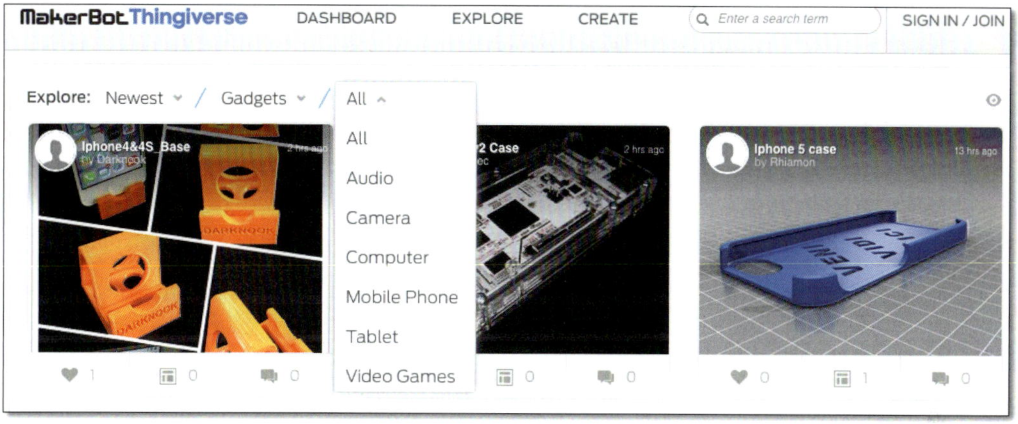

Abbildung 3.14 Die Unterkategorien wirken etwas unaufgeräumt. (Quelle: Screenshot www.thingiverse.com)

Neben der Auswahl der richtigen Kategorie können Sie auch nach den neuesten hochgeladenen Objekten schauen, oder Sie lassen sich die populärsten Objekte anzeigen. Diese Punkte finden Sie ganz links unter dem Menüpunkt Newest.

Ich persönlich finde die Menüstruktur von Thingiverse etwas unübersichtlich gestaltet. Man hat den Eindruck, dass die Datenbank aufgrund ihrer Größe überfordert ist, eine übersichtliche Struktur zu ermöglichen. Dafür finden Sie auf dieser Seite wirklich nahezu jedes Objekt, das Ihnen vorschwebt.

Versuchen Sie es nun einmal, und nutzen Sie entweder die Suchfunktion, um ein passendes Objekt zu finden, oder schauen Sie sich in den verschiedenen Kategorien um. Als Anschauungsbeispiel nehme ich ein recht populäres Objekt, die sogenannte *Stereographic projection*. Geben Sie diesen Suchbegriff doch einmal oben in die Suchmaske ein, und drücken Sie auf Ihrer Tastatur die [↵]-Taste. Wenn Sie dann auf das Objekt klicken, kommen Sie zum Hauptfenster des Objekts, wo Sie viele einzelne Details finden. Neben der Thing Info, die Ihnen das Objekt etwas näher erklärt und die teilweise sogar mit einem Video versehen ist, gibt es zusätzlich noch die Instructions, die Ihnen mögliche Hinweise bei etwas komplizierteren Drucken geben (siehe Abbildung 3.15). Bei Objekten, die später noch zusammengesetzt werden müssen, finden Sie übrigens hier die Beschreibung.

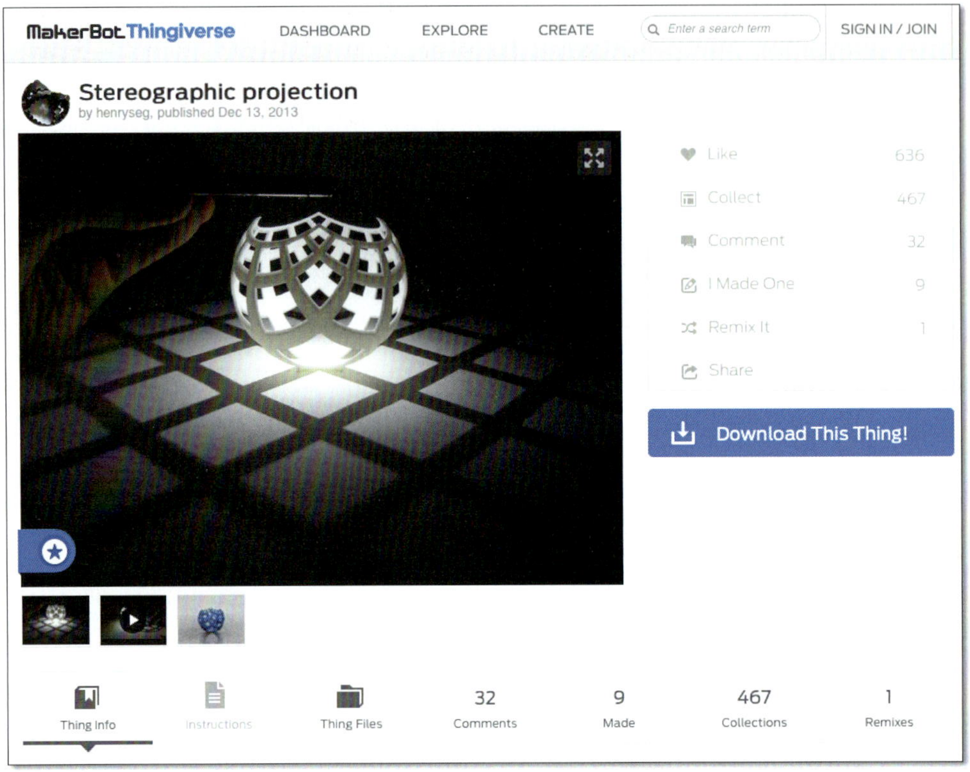

Abbildung 3.15 Hauptbildschirm für ein 3D-Objekt bei Thingiverse (Quelle: Screenshot www.thingiverse.com)

Der wichtigste Punkt für Sie ist jetzt aber THING FILES, in dem Menü finden Sie Ihre Druckdateien (siehe Abbildung 3.16). Üblicherweise werden diese Dateien im STL-Format angeboten. Mit einem Mausklick auf das dort angezeigte Objekt wird sofort der Download gestartet, und Sie haben Ihr erstes Druckobjekt aus der Thingiverse-Datenbank geladen – ganz ohne Anmeldung wohlgemerkt.

Rechts neben den angebotenen Dateien finden Sie die wichtigen Urheberrechtsbestimmungen. Wie schon beschrieben, werden bei Thingiverse die Dateien nach den Creative Commons lizenziert, die Sie auf dieser Seite einsehen können.

Interessant sind aber auch noch die weiteren Punkte wie COMMENTS oder MADE. Unter dem Punkt COMMENTS finden Sie unter Umständen viele hilfreiche Kommentare von anderen Usern, die das gleiche Objekt erstellt haben. Sollten bei einem späteren Druck Probleme auftauchen, können diese hier angesprochen werden, und oftmals finden sich hier auch Lösungen vom Urheber selbst. Es ist also ratsam, dass Sie sich erst die

Kommentare durchlesen, um im Vorfeld auf mögliche Probleme aufmerksam zu werden. Den Menüpunkt MADE einzusehen, ist vor Ihrem Druck ebenfalls empfehlenswert. Hier können Sie die Objekte begutachten, die schon von anderen Usern hergestellt und hochgeladen wurden. Sie bekommen so einen guten Überblick, wie Ihr Objekt dann später ausgedruckt aussehen könnte.

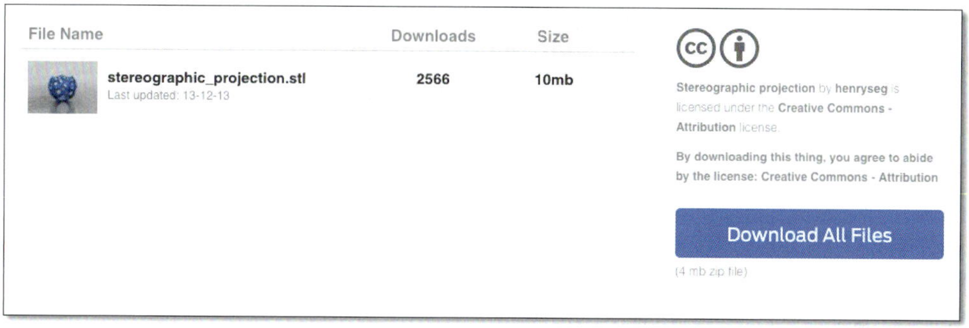

Abbildung 3.16 Thing Files – die Files und Details zum Druckobjekt (Quelle: Screenshot www.thingiverse.com)

Thingiverse lebt von der großen Community, die täglich wächst. Es ist zwar nicht erforderlich, dass Sie sich einen Account zulegen, aber wenn Sie Teil dieser Gemeinschaft werden wollen und Ihre gedruckten Objekte präsentieren oder einen für andere User hilfreichen Kommentar schreiben wollen, dann ist ein Account erforderlich. Dieser ist aber völlig kostenfrei und auch sonst ohne jegliche Verpflichtungen.

Natürlich können Sie auch Ihr eigenes im CAD-Programm erstelltes Objekt hochladen und mit Spannung verfolgen, wie es in der Community angenommen wird. Den Menüpunkt für das Hochladen von Objekten finden Sie übrigens in der oberen Leiste unter dem Punkt CREATE.

Mit diesen beiden Datenbanken dürften Sie eigentlich alle möglichen Objekte finden, die Ihnen so vorschweben. Und falls Sie einmal ein Objekt nicht finden sollten, gebe ich Ihnen hier eine Liste mit weiteren Datenbanken an die Hand, die teilweise für ganz spezielle Objekte gedacht sind:

- **YouMagine**
  - *http://www.youmagine.com*
  - Datenbank von Ultimaker gehostet
  - kostenfreie Objekte
  - ohne Anmeldung verfügbar

- **Shapeways**
  - *http://www.shapeways.com*
  - sehr große Datenbank, teilweise kostenpflichtig
  - Registrierung erforderlich
- **GrabCAD**
  - *http://www.grabcad.com*
  - Datenbank für technische Konstruktionen
  - viele kostenfreie Dateien
  - Registrierung erforderlich
- **Trimble 3D Warehouse**
  - *http://sketchup.google.com/3dwarehouse*
  - ehemals Google 3D Warehouse
  - sehr große Datenbank für alle Bereiche
  - Alle Objekte sind kostenfrei.
  - Registrierung/Anmeldung über Ihren Google-Account

Beachten Sie allerdings bei jedem Kauf- oder freien Download eines Objekts die urheberrechtlichen Aspekte. Objekte, die nach den Creative Commons lizenziert sind, können ganz eindeutig behandelt werden. Andere Datenbanken, die nicht nach den Creative Commons lizenzieren, haben höchstwahrscheinlich ihre eigenen AGB und Lizenzverfahren, die tunlichst beachtet werden sollten.

Wichtige rechtliche Aspekte beachten!

Durch den aktuellen Boom der 3D-Drucker gibt es gleichzeitig auch die unterschiedlichsten Meinungen über mögliche Patent- oder Urheberrechtsverletzungen bei vielen Objekten. Achten Sie bitte in jedem Fall auf die unterschiedlichen Urheberechtsbestimmungen.

Ich kann Ihnen natürlich keine Rechtsberatung geben und verweise hier auf das Gastkapitel des renommierten Rechtsanwalts für IT-Recht, Christian Solmecke von der Kanzlei Wilde Beuger Solmecke im Anhang zu diesem Buch.

3.3 Zentral(e): Die Druckersoftware Cura

Haben Sie sich jetzt schon ein passendes Objekt aus den beschriebenen Datenbanken runtergeladen? Wenn Ihnen die Wahl noch schwerfallen sollte, kann ich Ihnen nur zu dem angesprochenen Objekt *Stereographic projection* aus der Thingiverse-Datenbank raten. Das Objekt ist nach erfolgreichem Druck wirklich faszinierend zu betrachten und stellt auch einen ersten Härtetest für Ihren 3D-Drucker dar. Das Objekt finden Sie unter dem folgenden Link: *http://www.thingiverse.com/thing:202774*

3.3.1 Cura installieren

Wenn Sie Ihr gewünschtes Objekt auf den Rechner geladen haben, kann es allerdings nicht unbedingt gleich auf die SD-Speicherkarte Ihres Ultimaker 2 kopiert werden. Für die richtigen Einstellungen am Druck und für den Ultimaker 2 kommt die Ultimaker-eigene Software *Cura* zum Einsatz. Diese Software stellt sozusagen die Schnittstelle zwischen dem Rechner, dem Objekt und dem Drucker dar. Mit Hilfe von Cura legen Sie detaillierte Einstellungen vom Objekt fest und weisen dem 3D-Drucker die einzelnen Parameter zu.

Abbildung 3.17 Download-Seite der Ultimaker-Software Cura (Quelle: Screenshot Ultimaker.com)

Diese Software ist Grundvoraussetzung für Ihren Ultimaker, allerdings ist sie nicht mit im Lieferumfang enthalten. Natürlich erhalten Sie sie kostenfrei im Internet unter *http://software.ultimaker.com* (siehe Abbildung 3.17). Achten Sie bitte bei der Eingabe im Browser darauf, dass Sie die Adresse ohne »*www.*« eingeben, sonst landen Sie auf der Hauptseite von Ultimaker.

Je nach Rechner können Sie auf der Seite nun die passende Version von Cura laden. Also für einen Windows-Rechner laden Sie sich bitte die Datei *Cura_1x.xx.exe* mit dem kleinen Windows-Logo herunter, und die Mac-Besitzer laden die *Cura-1x.xx-MacOS.dmg* mit dem Apple-Zeichen herunter. Das *1x.xx* in den Dateinamen steht übrigens für die aktuelle Version der Software. Bei der Erstellung dieses Kapitels lautete die aktuelle Version noch 14.01, diese dürfte sich bei Erscheinen des Buches etwas nach oben korrigiert haben.

Sie sehen, dass sich neben der Cura-Software noch ein Programm mit dem Namen *Netfabb* befindet. Dieses Programm ist für die Feinarbeit an selbst erstellten 3D-Objekten sehr komfortabel, allerdings würde die Erläuterung und Erklärung der Software hier den Rahmen etwas sprengen.

Die nachfolgende Installation der Cura-Software ist, glaube ich, selbsterklärend und dürfte keine weiteren Probleme mit sich bringen. Nachdem Cura erfolgreich installiert wurde, starten Sie es. Ohne Umwege werden Sie jetzt schon mit dem Startbildschirm begrüßt, der das virtuelle Druckbett des Ultimaker 2 darstellt (siehe Abbildung 3.18).

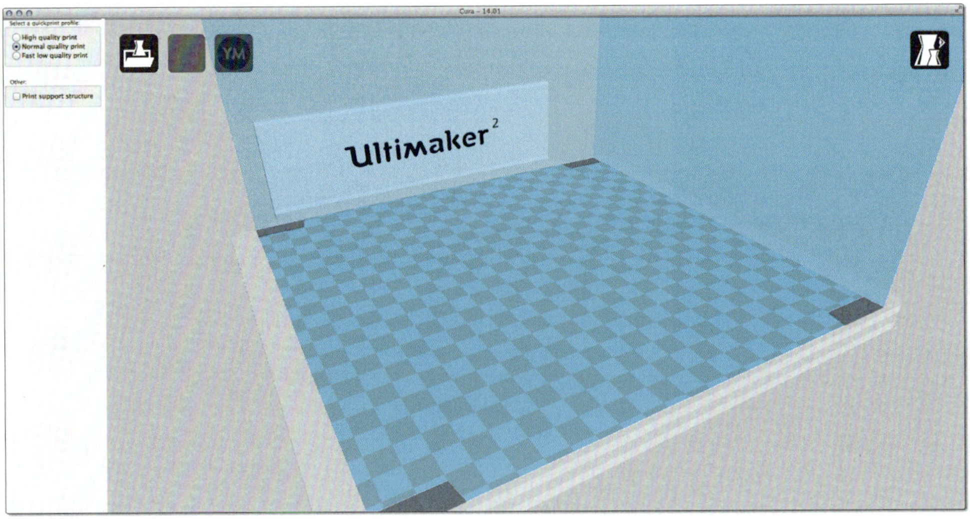

Abbildung 3.18 Startbildschirm von Cura

3.3.2 Funktionen von Cura kennen, einrichten und anwenden

Ich will Ihnen nun erklären, welche Funktionen sich hinter den einzelnen Symbolen verstecken. Es sieht zwar auf den ersten Blick ein wenig kompliziert aus, das täuscht aber zum Glück. Fangen wir mit der oberen Menüleiste an. Hier können Sie detailliertere Einstellungen vornehmen, den Modus auf EXPERT stellen oder die Firmware vom Ultimaker installieren. Mit diesen Einstellungen brauchen Sie sich aber erst mal nicht zu befassen.

Druckqualität einstellen

In der linken Spalte sehen Sie Ihre Möglichkeiten der Qualitätsanpassungen für den späteren Druck. Sie können hier zwischen einer hohen, mittleren und niedrigen Qualität wählen. Wobei die höhere Qualität auch deutlich mehr Zeit in Anspruch nimmt als die niedrigere. Unter den Auswahlmöglichkeiten ist es für viele Objekte ratsam, den Punkt PRINT SUPPORT STRUCTURE auszuwählen, da sich einige Elemente vom Objekt möglicherweise ohne eine Stützstruktur nicht drucken lassen und somit der ganze Druck zerstört würde.

Abbildung 3.19 Bei diesem Druck ist die Verwendung von Stützmaterial notwendig.

Als Beispiel dient hier ein Scan meines Sohnes Leonas (siehe Abbildung 3.19). Der Druck der Büste würde ohne die Verwendung von Stützmaterial (PRINT SUPPORT STRUCTURE) nicht klappen. Wie Sie im Bild sehen können, müsste der Bereich vom Kinn quasi in der Luft gedruckt werden; das ist so natürlich nicht möglich. Das Stützmaterial wird überall dort hinzugefügt, wo sich Objekte ab einem bestimmten Winkel zum Grundobjekt nicht drucken lassen können.

Keine Angst, dieses Stützmaterial wird nur ganz grob vom Ultimaker automatisch erstellt und lässt sich nach dem Druck ganz einfach fast rückstandslos wieder abknipsen. Das überschüssige Material können Sie danach mit einer Feile vollständig entfernen. Sollten Sie also den Punkt PRINT SUPPORT STRUCTURE ausgewählt haben, wundern Sie sich nicht, wenn Sie an dem jeweiligen Objekt keine Änderungen feststellen. Diese werden erst bei einem anderen Betrachtungsmodus ersichtlich, den ich Ihnen im Unterabschnitt »Die Funktion ›Stützmaterial drucken‹ im Detail« genauer vorstelle.

Druckobjekte laden

Lassen Sie uns jetzt ein Objekt in den virtuellen Ultimaker 2 laden, und zwar mit Hilfe des Buttons, der wie ein Ordner aussieht und mit LOAD hinterlegt ist. Klicken Sie auf den Ordner, und es öffnet sich die Ordnerstruktur Ihres Rechners. Suchen Sie sich nun Ihr Objekt, das Sie zuvor aus Thingiverse geladen haben, und gehen Sie auf OPEN. Nun erscheint das Objekt auf der virtuellen Druckfläche des Druckers (siehe Abbildung 3.20).

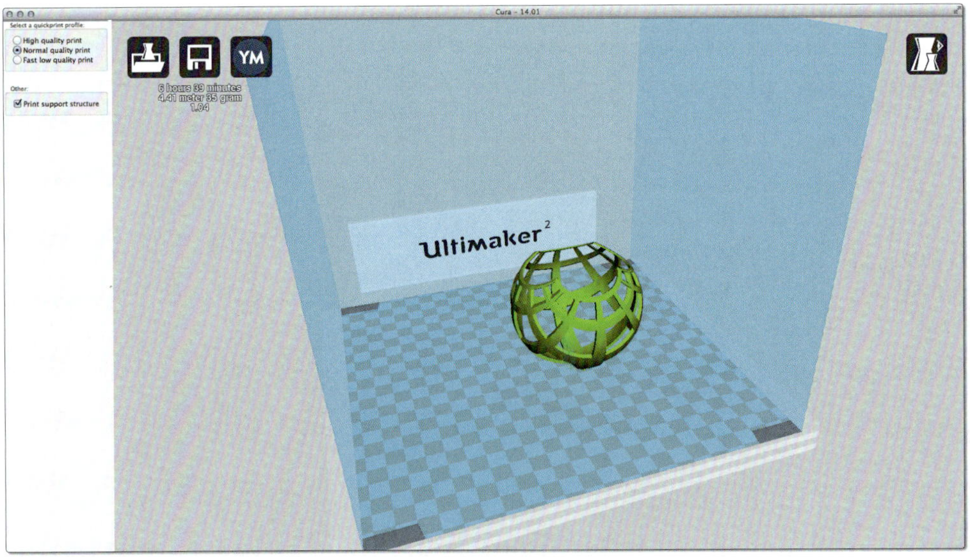

Abbildung 3.20 In Cura geladenes Druckobjekt

Anzeige wichtiger Druckdaten

In unserem Beispiel haben wir das Objekt *stereographic projection* geladen. Oben rechts sehen Sie nun einige interessante Daten zum Druck. Die *Zeit* ist die ungefähre Druckzeit für das Objekt, sofern Sie mit diesen Einstellungen drucken wollen. Sie ändert sich im jeweiligen Verhältnis zur geänderten Größe vom Objekt oder wenn Sie die Auflösung anders einstellen. Mittlerweile können Sie sich ganz gut auf diese Zeitangabe verlassen, in den vorherigen Versionen von Cura war dies nur bedingt möglich.

Die nächste Zeile informiert Sie über den *Verbrauch von Druckmaterial*. Für diese Kugel würden Sie 4,41 Meter an Filament verbrauchen oder, anders beschrieben, genau 35 Gramm vom jeweiligen Filament.

Eine Zeile darunter sehen Sie den Wert »1.04«. Das ist in Cura etwas unglücklich gelöst und bedeutet, dass Sie dieses Objekt ungefähr 1,04 € kostet.

Einstellungen in den »Preferences«

Jetzt fragen Sie sich, woher Cura weiß, wie teuer Ihr Filament ist? Dieser Wert und auch noch andere, werden in den PREFERENCES festgelegt (siehe Abbildung 3.21). Diese erreichen Sie in der obersten Menüleiste unter FILE.

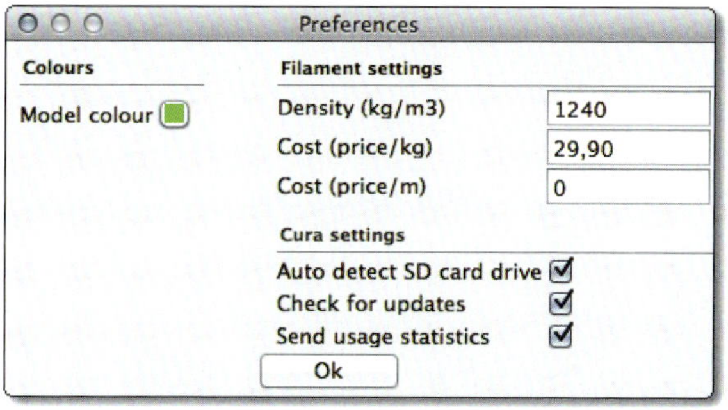

Abbildung 3.21 Die »Preferences« in Cura

Hier können Sie nun die Grundeinstellungen für das Filament eintragen. Die Dichte, also DENSITY, wird Cura automatisch ausfüllen. Sofern Sie mit dem Mauszeiger auf das Feld zeigen, wird gleichzeitig ein kleines, gelb hinterlegtes Hinweisfenster eingeblendet, das Ihnen für die jeweilige Einstellung einen passenden Tipp gibt.

Was Sie jedoch selbst eintragen müssen, ist der Kilogrammpreis für Ihr Filament. In meinem Fall kostet es also 29,90 € pro Kilogramm. Achten Sie bitte darauf, wenn Sie Ihr Filament auf mittlerweile üblichen 750-Gramm-Spulen kaufen. Hierbei muss dann erst in den Kilopreis umgerechnet werden.

Den Preis pro Meter können Sie getrost ignorieren, da Sie höchstwahrscheinlich nicht wissen, wie viel Meter auf der Filamentrolle sind. Die Angaben der Hersteller beruhen immer auf Gramm oder Kilogramm je Spule. Eine Meterangabe habe ich persönlich noch nicht entdecken können.

Sollte Ihnen das gezeigte Objekt im virtuellen Druckraum von Cura in Grün nicht so ganz zusagen, können Sie diese Farbe mit der MODEL COLOUR verändern und Ihre ganz persönliche Wunschfarbe hier dauerhaft eintragen.

Die restlichen Parameter in den CURA SETTINGS können Sie alle beruhigt auswählen. Sind Sie kein Freund von automatisch versendeten Statistiken an die Hersteller, müssen Sie jedoch die Option SEND USAGE STATISTICS abwählen, um so zu unterbinden, dass die Software »nach Hause telefoniert«.

Weitere wichtige Funktionen im Hauptfenster

Kommen wir aber zurück zum Hauptfenster von Cura. Klicken Sie einmal auf das geladene Objekt, das sich im virtuellen Druckraum befindet.

Druckobjekte ausrichten

Nun sehen Sie unten links drei weitere Symbole (siehe Abbildung 3.22).

Abbildung 3.22 Weitere Optionen des Druckobjekts

Das erste Symbol von links bietet Ihnen die Möglichkeit, das Druckobjekt beliebig rotieren zu lassen. Allerdings nicht nur in der Ansicht, sondern auch für den Druckvorgang. Das heißt, jede Änderung, die Sie hier und bei den weiteren Optionen vornehmen, hat direkten Einfluss auf den Druck. Wenn Sie Ihr Objekt aus einer Datenbank geladen haben, sollte es eigentlich schon gerade ausgerichtet sein, und Sie müssen hier nichts mehr verändern.

Aber probieren Sie ruhig einmal die diversen Möglichkeiten aus, und rotieren Sie Ihr Objekt beliebig (siehe Abbildung 3.23). Keine Angst, mit dem Button RESET bringen Sie das Objekt in die Ausgangsposition zurück.

Abbildung 3.23 Mit der Rotate-Funktion rotieren Sie das Objekt um jede mögliche Achse.

Druckobjekte skalieren

Die nächste Option und meiner Meinung nach auch mit die wichtigste ist die Option SCALE in der Mitte der drei Symbole. Wie der Name schon vermuten lässt, können Sie hier sämtliche Achsen in ihrer Größe verändern (siehe Abbildung 3.24). Das macht zum Beispiel bei sehr großen Objekten Sinn, die man eigentlich ganz gerne etwas kleiner hätte.

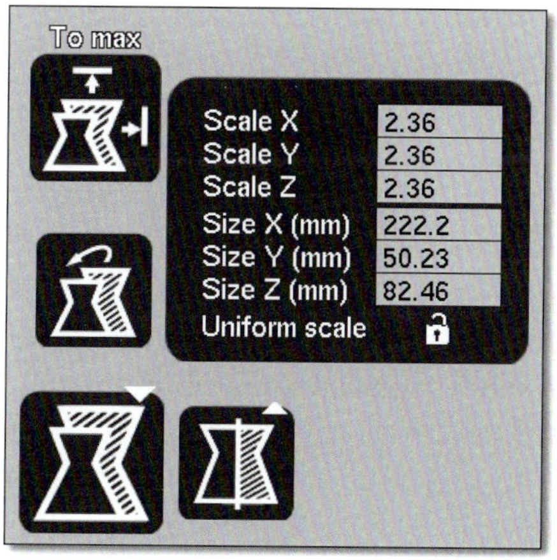

Abbildung 3.24 Die Option »Scale« bietet Ihnen viele Möglichkeiten der Größenänderung auf allen Achsen.

Der oberste Punkt TO MAX wird von Ihnen wahrscheinlich nicht oft verwendet werden, da hiermit das Objekt auf die maximal druckbare Größe eingestellt wird. Das kommt sicherlich in den wenigsten Fällen vor.

Sie sehen aber in dem kleinen Untermenü die diversen Achsen X, Y und Z. Die ersten Werte im Menü stellen das Verhältnis, also das Skalierungsverhältnis, dar. Die exakte Größe in Millimetern finden Sie in den Zeilen darunter. Hier können Sie genau sehen, wie groß Ihr Objekt in der X-, Y- und Z-Achse ist. Im Beispiel wurde das Objekt maximiert und ist 222,2 mm lang (X-Achse), 50,23 mm tief (Y-Achse) und 82,46 mm hoch (Z-Achse).

Unter den Angaben sehen Sie den Punkt UNIFORM SCALE, versehen mit einem kleinen Schloss. Ist dieses Schloss, wie im Bild zu sehen, geöffnet, können Sie alle Werte unabhängig voneinander verändern. Das Objekt verändert sich dann also nicht im Verhältnis zu den anderen Werten. Diese Methode sollten Sie nur in Einzelfällen anwenden, um zum Beispiel nur die Höhe eines einfachen Objekts zu verändern. In der Regel werden aber die unverhältnismäßig veränderten Objekte in ihrer Grundform zerstört.

Sollte das Schloss bei Ihnen geschlossen sein, klicken Sie mit der Maus einmal drauf, und das Schloss öffnet sich. Nun probieren Sie die Auswirkungen auf Ihr Objekt aus. Ändern Sie das Objekt in der Höhe (X-Achse) Ihrer Wahl und gleichzeitig die Tiefe (Y-Achse).

Sie können auch die oberen Scale-Werte einmal ändern. Der Normalzustand sollte bei Ihnen »1.0« sein, also das Objekt in der Originalgröße. Geben Sie hier statt der »1.0« eine »2.0« ein, wird die jeweilige Achse in der Größe verdoppelt. Dieser Wert stellt auch zugleich eine Art Reset-Option dar, die Sie bei der Rotate-Funktion kennengelernt haben. Egal, welche Achse Sie bei Ihrem Objekt verändern, den Normalzustand erreichen Sie immer mit dem Scale-Wert »1.0«. Natürlich sollte dabei beachtet werden, dass dieser Wert auf jeder Achse eingetragen ist. Geben Sie nun also in jeder Achse bei SCALE den Wert »1.0« ein, und klicken Sie auf das kleine Schloss. Nun sollte dieses geschlossen sein, und alle Werte verändern sich optimal im Verhältnis zueinander. Sollten Sie jetzt den Wert in der Y-Achse ändern, sehen Sie, wie sich die restlichen Werte dementsprechend verhalten. Sie können jetzt auch nur noch einen Wert eintragen, die anderen Werte ermittelt die Software für Sie. Mit dieser Funktion werden Sie höchstwahrscheinlich auch in Zukunft spielerisch leicht die Größe eines Objekts verändern, ohne extra ein CAD-Programm aufrufen zu müssen.

Druckobjekte spiegeln

Der nächste Punkt ist die Funktion MIRROR, mit der Sie das Objekt auf jede der drei Achsen (X, Y, Z) spiegeln können (siehe Abbildung 3.25). Diese Option ist recht hilfreich, wenn Sie wissen, dass das Objekt einfach nur um 180° gedreht werden muss. So brauchen Sie nicht mit der Rotate-Funktion zu arbeiten und das Objekt auf exakt 180° auszurichten, sondern drehen es mit der Mirror-Funktion mit einem Mausklick um die jeweilige Achse.

Abbildung 3.25 Spiegeln Sie das Objekt mit der Mirror-Funktion auf jede Achse.

Mit diesen drei Symbolen und ihren jeweiligen Untermenüs haben Sie also schon eine Menge Bearbeitungsmöglichkeiten, um Ihr Objekt auch nach der Erstellung im CAD-Programm oder nach dem Runterladen aus einer Datenbank zu verändern.

Aber das waren noch lange nicht alle Möglichkeiten, wie Sie das Objekt in Cura bearbeiten können. Fahren Sie doch einmal mit der Maus auf Ihr Objekt, und klicken Sie mit der rechten Maustaste. Jetzt öffnet sich ein kleines Untermenü, das kleine, aber in Einzelfällen enorme Funktionen besitzt (siehe Abbildung 3.26).

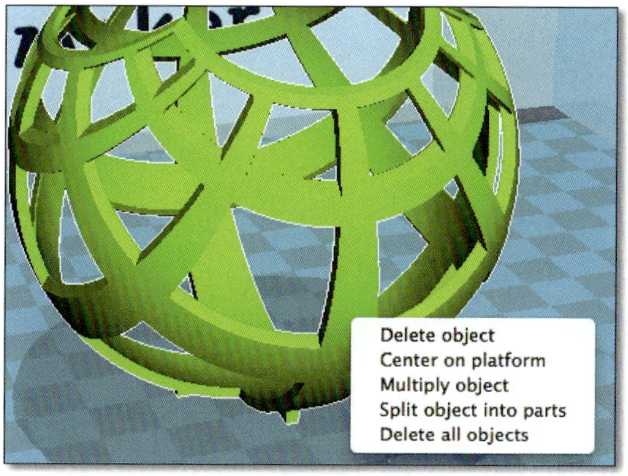

Abbildung 3.26 Mit dem Rechtsklick erreichen Sie das Untermenü vom Objekt.

Druckobjekte aus dem virtuellen Druckraum löschen

Der erste Punkt in diesem Menü ist, glaube ich, selbsterklärend. Klicken Sie auf DELETE OBJECT, wird es schlichtweg gelöscht. Natürlich nicht von Ihrer Festplatte, sondern nur aus dem virtuellen Druckraum.

Druckobjekte im Druckraum zentrieren und verschieben

In der Regel wird Ihr Objekt schon automatisch mittig in den Druckraum gesetzt, nachdem Sie es geladen haben. Sie können es aber selbstverständlich auch frei in dem Bereich bewegen, indem Sie mit der linken Maustaste auf das Objekt klicken und die Taste gedrückt halten. Nun können Sie es frei nach links, rechts oder nach hinten und nach vorne bewegen. Bewegen Sie das Objekt doch jetzt einmal nach ganz hinten rechts, und versuchen Sie, es danach wieder exakt mittig zu positionieren. Das klappt in der Regel nicht so einfach, es sei denn Sie wählen in dem Menü den Punkt CENTER ON PLATFORM aus. Mit dieser Option wird Ihr Objekt wieder exakt mittig platziert.

Druckobjekt multiplizieren

Möchten Sie gerne mehrere Exemplare Ihres Objekts haben, multiplizieren Sie es einfach mit MULTIPLY OBJECT. Klicken Sie auf die Option, und geben Sie einfach die Anzahl der gewünschten Objekte ein. Cura setzt Ihnen automatisch die eingegebene Anzahl auf die Plattform und ordnet sie auch gleichzeitig an (siehe Abbildung 3.27).

Abbildung 3.27 Das Objekt, mit der Funktion »Multiply object« vervielfacht

Allerdings müssen Sie hierbei beachten, nicht zu viele Objekte zu erstellen, diese müssen auch noch in den Druckraum passen. Sollten Sie zu viele Objekte erstellt haben, werden diese Objekte dunkelgrau dargestellt, was heißt, dass diese nicht mit gedruckt werden können. Klicken Sie diese dann einfach an, und löschen Sie sie.

Aufteilen von dazu geeigneten Druckobjekten

Eine weitere tolle und hilfreiche Option ist die der Aufteilung der Objekte, hier im Menü unter SPLIT OBJECT INTO PARTS zu finden. Zwar führt diese Funktion nicht immer zum Erfolg, zum Beispiel wenn das Objekt gar nicht teilbar ist. In unserem Beispiel mit der Kugel, klappt diese Funktion also erst gar nicht. Bei anderen Objekten, die aus mehreren Bereichen bestehen und eine Teilung machbar ist, wird das Objekt dann einfach gesplittet. Hilfreich ist das bei filigranen Objekten, oder bei Überhängen die nur mit Stützmaterial gedruckt werden könnten. Teilen Sie das Objekt und es kann unter Umständen ohne Stützmaterial gedruckt werden. Allerdings müssen Sie das Objekt nach dem Druck wieder zusammenkleben. Welche Lösung für Sie die richtige ist, müssen Sie individuell je nach Objekt entscheiden.

Alle Objekte aus dem virtuellen Druckraum entfernen

Die letzte Funktion DELETE ALL OBJECTS ist wieder selbsterklärend. Haben Sie zum Beispiel Ihr Objekt in viele unterschiedliche Parts gesplittet und entscheiden sich letztendlich doch dagegen, brauchen Sie nicht jeden Part anzuklicken und einzeln zu löschen, sondern wählen einfach diese Funktion aus, und Ihr Druckraum ist wieder frei von allen Objekten.

Mit diesem Menü schließt sich auch die Bandbreite, Ihr Objekt in Cura nachträglich zu verändern. Es darf ja nicht vergessen werden, dass Cura keine 3D- oder CAD-Software darstellen soll, es dient lediglich als Schnittstelle zwischen Ihrem Rechner und Ihrem 3D-Drucker. Aber für einfache Arbeiten wie das Splitten von Objekten oder die nachträgliche Größenanpassung ist Cura hervorragend geeignet.

Die Funktion »Stützmaterial drucken« im Detail

Wie ich anfangs im Unterabschnitt »Druckqualität einstellen« beschrieben habe, ergibt sich unter Umständen für einige Objekte die Notwendigkeit eines sogenannten Stützmaterials oder im Englischen *Support Structure*. Dieses Stützmaterial ermöglicht es Ihnen auch, Bereiche zu drucken, die eigentlich in der Luft »schweben« und so natürlich vom Drucker nicht gedruckt werden könnten. Ich will Ihnen das am Beispiel des folgenden 3D-Scans noch einmal zeigen (siehe Abbildung 3.28).

Abbildung 3.28 3D-Scan mit notwendiger Unterstützung vom Stützmaterial

Bei einem solchen Objekt würde das Kinn der Büste quasi in der Luft gedruckt werden müssen. Da dieser Vorgang nicht klappt, hat Cura eine automatische Funktion parat, die genau an solchen Stellen das Stützmaterial aufbaut. Unter dem Stichpunkt »Druckqualität einstellen« beschrieb ich schon, wie Sie diese Option einstellen können, und will Ihnen nun mit Hilfe der verschiedenen Ansichten zeigen, wie sich das Material aufbaut.

Auf der rechten Seite finden Sie das Symbol View mode, das durch einen Mausklick ein weiteres Untermenü aufruft (siehe Abbildung 3.29).

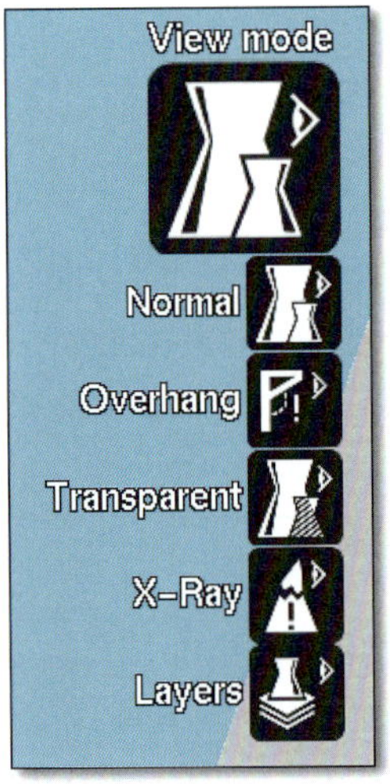

Abbildung 3.29 Der »View mode« mit den verschiedenen Ansichtsoptionen

Normalerweise würde ich bei der Beschreibung logisch gesehen von oben anfangen, in Bezug auf das Stützmaterial lassen Sie mich bitte das Menü von unten her erläutern.

Die »Layers« des Druckobjekts anzeigen und analysieren

Ganz unten finden Sie den immens wichtigen Punkt LAYERS. Die normale Ansicht verbirgt leider das Stützmaterial und auch andere wichtige Eigenschaften vom Druck. Klicken Sie auf die Layers-Ansicht, und Sie sehen automatisch die einzelnen Layer des Objekts (siehe Abbildung 3.30).

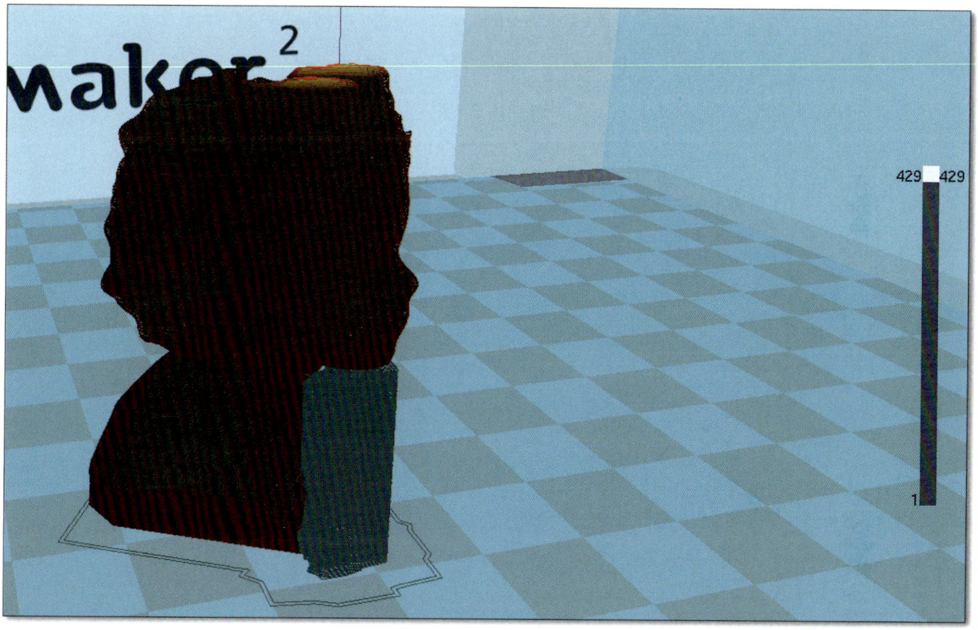

Abbildung 3.30 Die Layer-Ansicht in Cura mit dem blauen Stützmaterial

Das Stützmaterial wird in der Layer-Ansicht blau dargestellt und befindet sich jetzt genau an dem Punkt des Objekts, der ohne das Stützmaterial nicht gedruckt werden könnte.

Auf der rechten Seite können Sie eine Leiste mit einem weißen Schieberegler sehen, mit dem Sie quasi durch die ganzen Schichten scrollen können. Die Zahl über der Leiste zeigt den aktuellen Layer an, auf dem Sie sich befinden. In meinem Fall befinde ich mich also gerade ganz oben auf dem 429. Layer. Scrollen Sie jetzt einfach mal durch die ganzen Layer, idealerweise von ganz unten. So können Sie jetzt den Druck simulieren und sehen wie Schicht für Schicht das Objekt entsteht.

Vor jedem Druck Objekt in der Layer-Ansicht kontrollieren

Meiner Meinung nach sollten Sie vor jedem Druck das Objekt in der Layer-Ansicht kontrollieren, da die Standardansicht nicht unbedingt alle Fehler darstellen kann. So gibt es immer wieder Probleme mit Öffnungen die in der Standardansicht zwar zu sehen, aber in der Layer-Ansicht gänzlich verschwunden sind. Folglich wird das Objekt auch falsch ausgedruckt, da die Layer-Ansicht die entscheidendere ist.

Über der Layer-Ansicht finden Sie den Punkt X-RAY, der Ihnen mögliche Fehler innerhalb des Objekts darstellen kann. Speziell bei komplizierteren Objekten ist diese Ansicht sehr hilfreich.

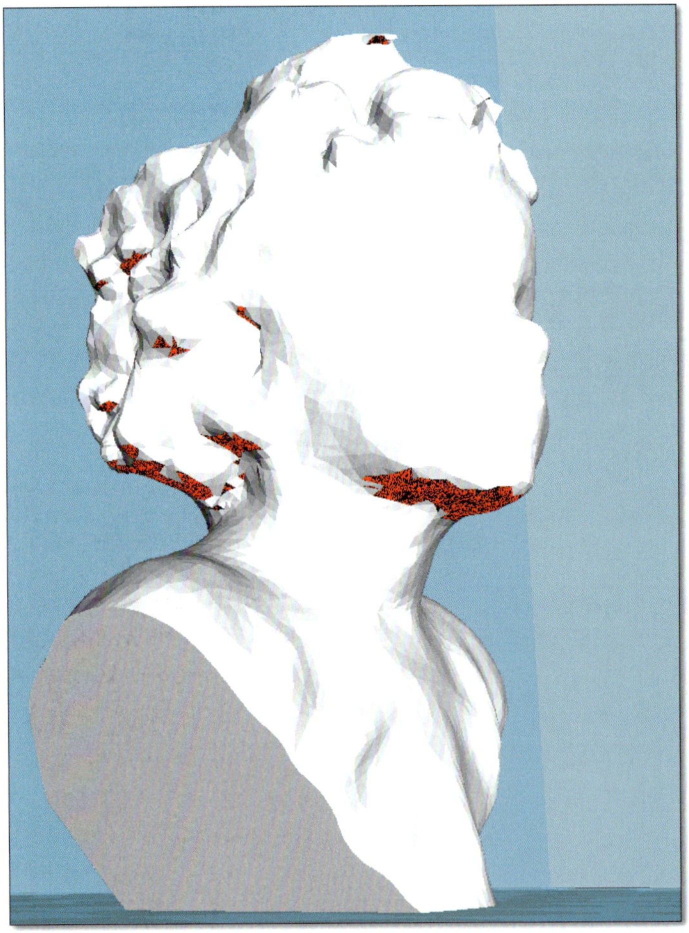

Abbildung 3.31 Der Overhang-Modus färbt schwierige Überhänge am Modell rot ein.

Der Modus TRANSPARENT ist ähnlich dem Modus X-RAY, ähnelt der Standardansicht, jedoch können Sie durch das Objekt durchschauen und haben so unter Umständen eine bessere Übersicht über kleine Erhebungen, die im X-Ray-Modus untergehen könnten.

Bevor Sie die automatischen Stützelemente aktivieren, können Sie sich im Modus OVERHANG erst einmal von der Notwendigkeit überzeugen. Hier werden Ihnen sämtliche Überhänge, die »in der Luft gedruckt werden«, in Rot dargestellt (siehe Abbildung 3.31). Jedoch braucht nicht jeder rote Part am Objekt eine Stützkonstruktion.

Die letzte beziehungsweise erste Ansicht, die Ihnen zur Verfügung gestellt wird, ist die Standardansicht NORMAL, mit der Sie die meiste Zeit arbeiten werden und die das Objekt in der finalen Version darstellt.

3.4 Aufbereiten der Datei zu einem druckfähigen Objekt in Cura

Nachdem Sie jetzt die grundlegenden Eigenschaften und Bedienelemente von Cura kennengelernt haben, wird es Zeit, ein Objekt zu laden, das Sie im nachfolgenden Schritt ausdrucken werden. Ich schlage vor, dass Sie das Objekt STEREOGRAPHIC PROJECTION wählen, das ich schon als Beispiel in Abschnitt 3.2.2 vorgestellt habe. Dieses Objekt ist bei einem gut eingestellten Drucker relativ leicht zu drucken und ist vom Design her einfach klasse. Natürlich können Sie auch ein anderes beliebiges Objekt wählen, achten Sie dann bitte auf etwaige Änderungen der Arbeitsschritte. Sollten Sie das Objekt noch nicht auf Ihrem Rechner haben, geben Sie einfach folgende Adresse in Ihren Browser ein, um es zu laden: *http://www.thingiverse.com/thing:202774*

3.4.1 Druckobjekt laden

Wechseln Sie nun in das Programm Cura, und löschen Sie eventuelle Objekte aus dem Druckraum. Wie das geht, habe ich Ihnen ja bereits im letzten Abschnitt beschrieben. Laden Sie nun die heruntergeladene Datei mit Hilfe des Buttons LOAD, den Sie oben rechts finden, in den virtuellen Druckraum von Cura (siehe Abbildung 3.32).

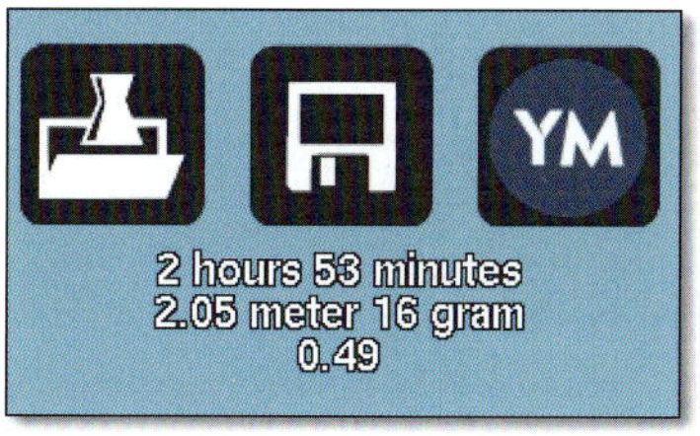

Abbildung 3.32 »Load« – »Speichern« – »Share«, wichtige Optionen in der Druckvorstufe in Cura

Nach einem kurzen Ladevorgang wird das Objekt im Druckraum angezeigt, und Sie können jetzt auch unter dem Diskettensymbol in der Mitte wieder die wichtigsten Daten zum Druck einsehen. Wobei wir auch schon bei einem wichtigen Punkt wären.

Integrierter Controller im Ultimaker 2

Wie Sie ja wissen, ist der Ultimaker 2 mit einem integrierten Controller ausgestattet, der die Druckdaten über eine SD-Karte erhält, den sogenannten *GCode*. Diese Druckdaten können Sie **nicht** direkt per USB-Kabel vom Rechner zum Drucker übermitteln, sondern ausschließlich über eine SD-Karte. Sie mögen sich jetzt bestimmt fragen, warum das nicht möglich ist, aber stellen Sie sich einmal vor, dass Ihr Rechner während eines mehrstündigen Drucks (und das kommt in der Regel häufiger vor) aus irgendeinem Grund abstürzt oder vielleicht automatisch in den Stand-by-Modus wechselt! Die Datenverbindung zum Drucker wäre ebenfalls unterbrochen und der Druck somit fehlgeschlagen. So ist es zwar etwas komplizierter, die Druckdaten erst auf die SD-Karte zu kopieren, um diese dann in den Drucker zu stecken, aber lieber einen Arbeitsschritt mehr als das Risiko eines Druckabbruchs aufgrund des abgestürzten PCs oder Macs. Zumal Sie so natürlich auch weiterhin mit Ihrem Rechner arbeiten oder spielen können, was bei einer direkten Anbindung nicht unbedingt ratsam wäre.

3.4.2 Objekt mit Druckdaten auf die SD-Karte speichern

Sofern Sie noch das Diskettensymbol im Menü sehen, wurde aktuell noch keine SD-Karte für den Speichervorgang in Ihrem Rechner von Cura gefunden. Installieren Sie jetzt bitte die von Ultimaker mitgelieferte SD-Karte in Ihren Rechner, also entweder in den eingebauten SD-Speicherkartenslot oder in ein angeschlossenes Speicherkartenlesegerät, und schon sehen Sie, wie sich das Diskettensymbol verändert und Ihnen anzeigt, dass die SD-Karte ordnungsgemäß gefunden wurde (siehe Abbildung 3.33).

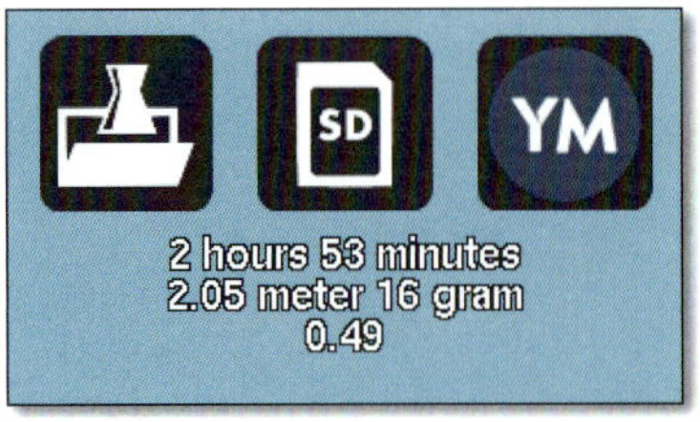

Abbildung 3.33 SD-Karte wurde gefunden und ist bereit zum Speichern des GCodes für den Ultimaker.

Durch einen Mausklick auf das SD-Kartensymbol speichern Sie jetzt den GCode, also das Objekt inklusive den Druckdaten, auf die SD-Karte. Ist der Speichervorgang erfolgreich ausgeführt worden, erhalten Sie eine automatische Benachrichtigung (siehe Abbildung 3.34).

Saved as /Volumes/NO NAME/stereographic_projection.gcode ≜ X

Abbildung 3.34 Der GCode wurde erfolgreich auf die SD-Karte kopiert.

You can now eject the card. X

Abbildung 3.35 Die SD-Karte wurde vom System ordnungsgemäß entfernt und kann nun aus dem Rechner entnommen werden.

3.4.3 SD-Karte auswerfen und in den Controller einsetzen

Nun brauchen Sie nur noch auf das Auswerfen-Symbol (neben dem X) zu klicken und können dann die Speicherkarte entnehmen (siehe Abbildung 3.35) und in den Controller vom Ultimaker 2 einsetzen.

3.5 Einstellungen am Drucker und Druck des Objekts

Ihre SD-Karte mit den gespeicherten Druckdaten schieben Sie jetzt in die vorgesehene Öffnung des Controllers am Ultimaker 2, also links neben dem Display (siehe Abbildung 3.36).

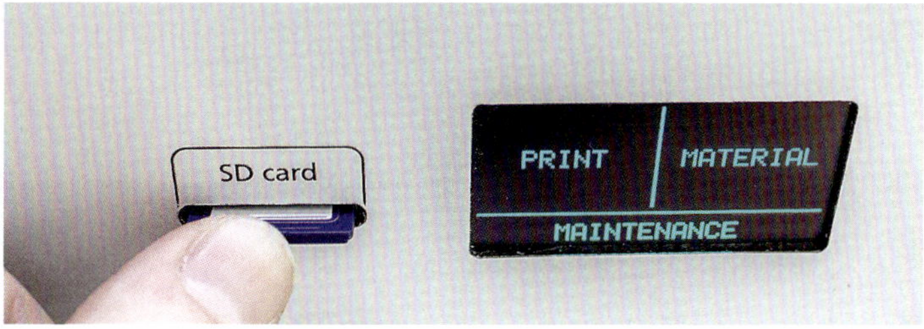

Abbildung 3.36 Die SD-Karte mit den Druckdaten kommt in den eingebauten Controller des Ultimaker 2.

Bitte wundern Sie sich nicht, dass sich der Controller in der Anzeige nicht verändert und auch sonst nichts passiert. Erst wenn Sie mit dem Auswahlrad nach links, auf den Menüpunkt PRINT scrollen und diese Eingabe mit einem Druck auf das Wahlrad bestätigen, wird die SD-Karte angesprochen, und Sie bekommen eine Liste mit den verfügbaren Objekten (siehe Abbildung 3.37).

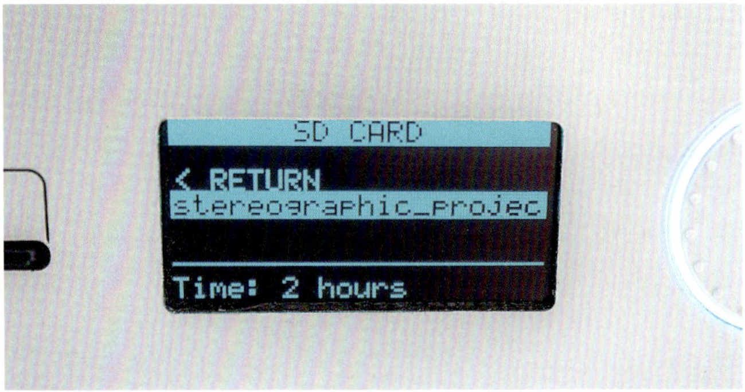

Abbildung 3.37 Auswahl der verfügbaren Druckobjekte auf der Speicherkarte

Wählen Sie jetzt wieder mit dem Auswahlrad das Objekt STEREOGRAPHIC PROJECTION aus, und schauen Sie einmal auf das Display. Hier sehen Sie abwechselnd als kurze Info die ungefähre Druckzeit und das ungefähre Verbrauchsmaterial. So haben Sie auch in Zukunft, wenn auf der SD-Karte eine Vielzahl an Objekten gespeichert ist, eine schnelle Übersicht der Druckdaten und müssen die einzelnen Objekte nicht erst in Cura laden und nachschauen. Aber wie gesagt, verlassen Sie sich bitte nicht 100%ig auf diese Angaben, eventuelle Abweichungen können natürlich noch entstehen.

Haben Sie jetzt Ihr Objekt ausgewählt, bestätigen Sie diese Auswahl wieder mit dem obligatorischen Druck auf das Wahlrad, und starten Sie so den Druckvorgang.

Auf dem Display werden Sie nun eine Statusanzeige sehen, die sich recht langsam auffüllen wird (siehe Abbildung 3.38). Diese kombinierte Statusanzeige spiegelt einmal das Aufheizen der Druckdüse auf standardmäßig 210° wider und der Druckplatte auf standardmäßige 75°. Erst wenn die Statusleiste voll aufgeladen ist, startet automatisch der Druckvorgang.

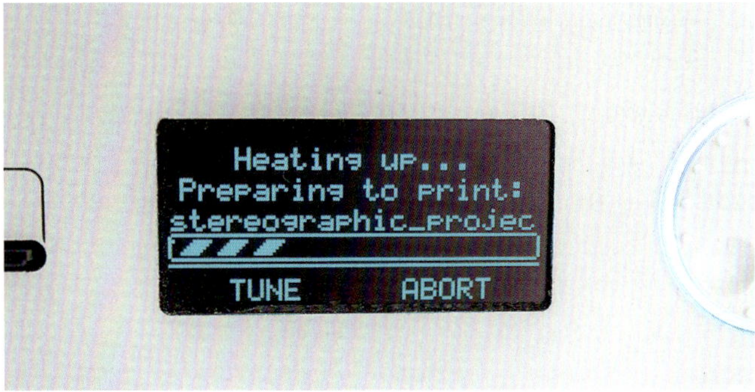

Abbildung 3.38 Aufwärmphase des Druckkopfes und Heizbetts

Im unteren Bereich der Anzeige können Sie mit dem Menüpunkt TUNE noch weitere Feineinstellungen auch während des laufenden Drucks vornehmen, so zum Beispiel die Drucktemperatur verändern, den Materialzufluss (Filament) erhöhen, die Lüftergeschwindigkeit anpassen oder die Heizplattentemperatur regulieren. Allerdings ist Ihr Ultimaker 2 von Werk aus schon sehr gut kalibriert, so dass es in der Regel nicht notwendig ist, hier noch weitere Einstellungen vorzunehmen.

Der Druckvorgang wird nach der Aufwärmphase automatisch gestartet, und Sie können sich im Prinzip zurücklehnen und einmal die Arbeitsweise Ihres 3D-Druckers bestaunen. Sie sehen jetzt, wie Schicht für Schicht das Objekt aufgebaut wird, und höchstwahrscheinlich können Sie sich, genauso wie es mir damals erging, kaum vorstellen, dass aus diesen Schichten ein so kompliziertes Objekt in einem Arbeitsschritt entsteht.

Auch in Zukunft werden Sie sich wahrscheinlich noch den langsamen, aber stetigen Aufbau der Objekte mit anschauen. Für Außenstehende wohl ein langwieriger und vor allem langweiliger Vorgang, aber für uns *Maker* total spannend: nicht zuletzt deshalb, weil uns das auch Zeit gibt, gewisse Druckereinstellungen zu überprüfen und zu optimieren.

Maker

Ein mittlerweile schon fast umgängliches Wort, das einen gewissen Typ Mensch bezeichnet, der aus minimalem Energie- und Materialaufwand eine bestmögliche Lösung für ein Problem findet. Dabei steht eine offene Entwicklung mit anderen »Makern« an oberster Stelle. Der Open-Source-Gedanke ist hier sehr ausgeprägt.

Den vielen Makern ist es zu verdanken, dass wir in der heutigen Zeit von den schon sehr professionellen 3D-Druckern Ultimaker, MakerBot und anderen profitieren können. Eine stetige Weiterentwicklung an vorhandener Hardware wird Tag für Tag von einzelnen Makern oder im Team in den sogenannten FabLabs vorangetrieben.

Der Maker ist Bastler, Erfinder, Entwickler und Unternehmer in einer Person.

Sofern Ihr Objekt (hoffentlich) erfolgreich gedruckt wurde, wird Ihnen im Display ein Hinweis angezeigt, dass Sie das Objekt erst nach einer gewissen Abkühlphase (ca. 5 Minuten) von der Druckplatte entfernen können. Sonst laufen Sie Gefahr, das noch warme Objekt zu deformieren und sich zu verbrennen.

Nach dieser Abkühlphase können Sie nun ohne Risiko das Objekt entfernen (siehe Abbildung 3.39).

Abbildung 3.39 Geschafft! Sie können das Objekt nun ohne Bedenken von der Druckfläche entnehmen.

Gratulation! Ihr allererster (hoffentlich erfolgreicher) 3D-Druck mit dem Ultimaker 2 ist Ihnen gelungen. Auf der mitgelieferten SD-Karte finden Sie noch viele weitere Objekte, die Sie jetzt ausdrucken können. Ich wünsche Ihnen viel Erfolg!

Kapitel 4

Aufbau und Funktionen des 3D-Druckers kennenlernen

Aus welchen Bauteilen besteht eigentlich ein 3D-Drucker? Wie wird das Filament befördert und auf die Druckfläche aufgetragen? Und welche Materialien sind möglich? Diese und weitere Grundlagenfragen des 3D-Drucks beantwortet Ihnen dieses Kapitel.

Jeder 3D-Druck-Interessierte, ob nun mit einem komplett zusammengebauten 3D-Drucker oder einem Bausatz, sollte wenigstens grob die einzelnen Komponenten eines 3D-Druckers und vor allem die Arbeitsweise kennenlernen und verstehen. Die wichtigsten Kernelemente will ich Ihnen hier gerne vorstellen.

4.1 Das Herzstück eines 3D-Druckers – Komponenten im Überblick

Besitzer eines 3D-Drucker-Bausatzes oder DIY-Kits haben bei der Übersicht der einzelnen Komponenten natürlich einen erheblichen Vorteil. So wird im besten Fall das jeweilige Element selbst zusammengebaut und montiert. Bei dem Zusammenbau eines Extruders ist zugleich die Arbeitsmethode eines solchen quasi selbsterklärend. Da es aber eine Vielzahl an Besitzern fertig zusammengebauter 3D-Drucker gibt, erkläre ich Ihnen die folgenden Komponenten im Detail:

1. das Gehäuse
2. die X-, Y- und Z-Achsen
3. den Filamentnachschub (*Material-Feeder*)
4. den Extruder mit der Druckdüse (*Hot End*)
5. das Druckbett

4.1.1 Das Gehäuse

Auch wenn Sie es vielleicht nicht vermutet hätten: Der erste Posten auf der Liste, das Gehäuse, ist für ein sauberes Druckergebnis enorm wichtig. Es ist im Prinzip allen Bewegungen des Extruders über die jeweilige Achse ausgeliefert und darf während des Druckvorgangs keine Toleranzen aufweisen. Sofern Sie filigrane Objekte drucken, wo zum Beispiel der Extruder nur wenige Millimeter nach links und dann gleich wieder nach rechts bewegt wird, achten Sie einmal auf die Achsen und die gesamte Stabilität des 3D-Druckers. Kurze Wege, verbunden mit einem Richtungswechsel bei einem labilen Gehäuse wären für das Druckobjekt fatal, schließlich bewegen wir uns hier mit einer Genauigkeit von ca. 0,1 mm. Sollten durch ein verzogenes Gehäuse also Toleranzen von beispielsweise nur 0,1 mm auftreten oder gar 1 mm, können Sie sich ausmalen, wie Ihr Druckobjekt später aussieht.

Für die Gehäuse der 3D-Drucker gibt es allgemein kein spezielles Material, das sich überaus bewährt hat. Die Hersteller setzen sehr unterschiedliche Materialien ein. So bekommen Sie den *Ultimaker Original* in einem Gehäuse aus verschiedenen Holzelementen, die allerdings mit Hilfe eines Lasers geschnitten sind (siehe Abbildung 4.1).

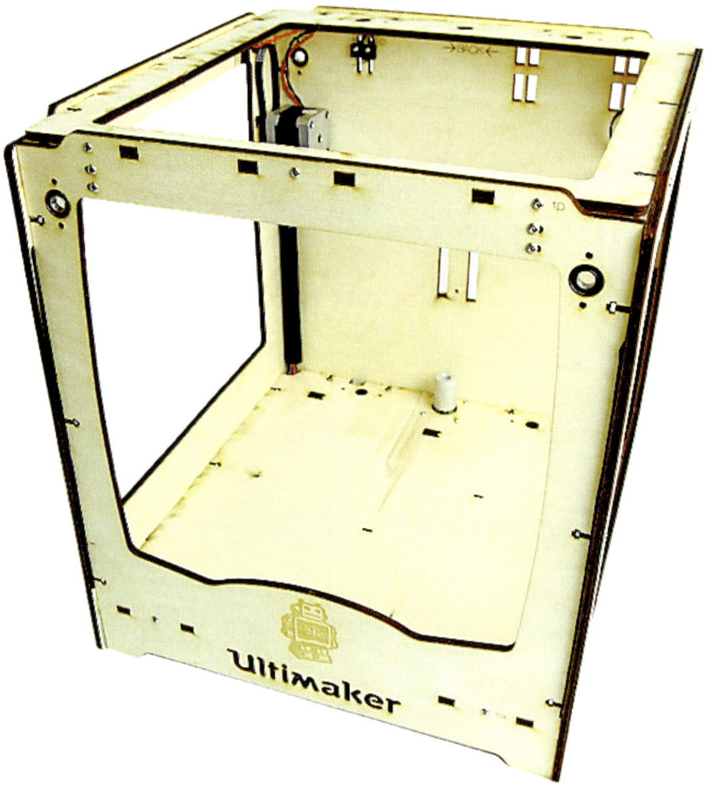

Abbildung 4.1 Das komplett aus Holz bestehende Gehäuse des Ultimaker Original (Quelle: Ultimaker.com)

Trotzdem der Werkstoff Holz sich im Laufe der Zeit verziehen könnte, hat es Ultimaker geschafft, einen der präzisesten 3D-Drucker für den Heimgebrauch zu entwickeln. Optisch ist dieser Werkstoff für ein Gehäuse aber nicht unbedingt von Vorteil.

Einen gewaltigen Unterschied gibt es hier bei dem Builder, bei dem der Rahmen komplett aus CNC-gefrästem Metall besteht. Das Gehäuse macht auf den ersten Blick natürlich mehr her als ein Holzgestell (siehe Abbildung 4.2). Insgesamt wirkt so ein Gehäuse aus Metall sehr robust, was dem Builder auch den Status als »Arbeitstier« unter den 3D-Druckern verleiht. Toleranzen während des Drucks durch das Gehäuse können Sie auch hier in keinster Weise feststellen.

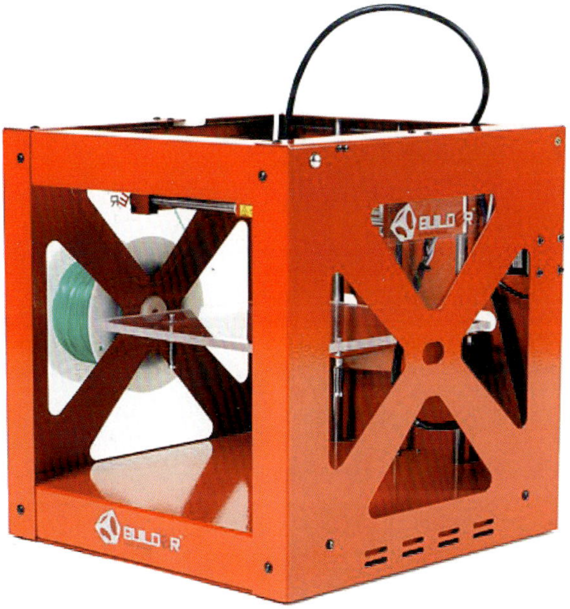

Abbildung 4.2 Der Builder – das Gehäuse besteht komplett aus CNC-gefrästem Metall. (Quelle: iGo3D.de)

Auch der US-amerikanische Hersteller MakerBot Industries verbaut für den Replicator 2 ein Gehäuse aus Metall. Jedoch ist der Trend nach den relativ schweren Metallgehäusen eher rückläufig, und mittlerweile stellen die meisten Unternehmen ihre Gehäuse für die 3D-Drucker aus Kunststoff her.

Kunststoff bietet dem 3D-Drucker die nötige Stabilität und ist im Gegensatz zu einem Metallgehäuse wesentlich leichter und gegebenenfalls auch einfacher zu verarbeiten. Prominentestes Beispiel ist hier sicherlich der Ultimaker 2 mit seinem weißen Gehäuse, das zum Teil auch aus Kunststoff besteht (siehe Abbildung 4.3).

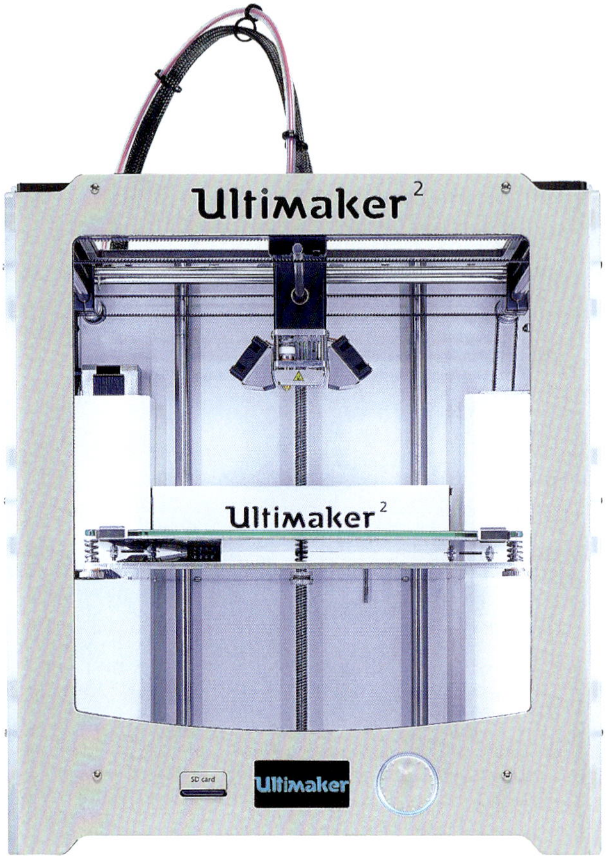

Abbildung 4.3 Der Ultimaker 2 – edles Design dank weißen Kunststoffs (Quelle: Ultimaker.com)

Schauen Sie sich einmal den Ultimaker Original dagegen an, das sind wahre Welten, die hier aufeinanderprallen.

Was Ihnen vielleicht auffällt, ist, dass alle hier vorgestellten 3D-Drucker offen sind. Es gibt zwar Drucker, die teilweise geschlossen sind, aber Sie werden im Heimanwenderbereich keinen 3D-Drucker finden, der komplett verschlossen ist. Sie werden sich jetzt vielleicht auch nach dem Sinn und Zweck eines gänzlich geschlossenen Druckers fragen. Sofern ein 3D-Drucker komplett geschlossen ist, besteht die Möglichkeit, den Bauraum zu beheizen, also nicht nur das Druckbett auf eine bestimmte Temperatur zu bringen, sondern den kompletten Innenraum. Das würde für die Genauigkeit einen enormen Schub nach vorne bedeuten und die Fehlerquote durch *Warping* oder Haftungsprobleme im Prinzip erheblich mindern können. Allerdings ist dieses Prinzip eines komplett geschlossenen und beheizten Druckraums von der Firma Stratasys patentiert und für andere Unternehmen so nicht umsetzbar.

Das Unternehmen Stratasys hat jedoch das US-Unternehmen MakerBot Industries gekauft, die sich schon Jahre zuvor mit der Replicator-Modellreihe in der 3D-Druckbranche etabliert haben. Durch diese Fusion hat MakerBot jetzt aktuell die ersten Replicator-3D-Drucker mit beheiztem Druckraum vorgestellt und in den Handel gebracht. Dies ist gegenüber den anderen Unternehmen, die ihre 3D-Drucker nicht mit einem geschlossenen und beheizten Druckraum ausstatten dürfen, ein erheblicher Vorteil.

Findige Bastler jedoch verwandeln ihren eigenen offenen 3D-Drucker kurzerhand zu einem geschlossenen System. Alternativ gibt es im Internet auch sogenannte *Material Chambers* zu kaufen, die den offenen Drucker ebenfalls in ein nahezu geschlossenes System verwandeln. Natürlich sind hier viele Hürden zu meistern, und es ist kein Leichtes, die Temperatur im Druckraum konstant zu halten, aber es ist möglich.

4.1.2 Die Achsen

Neben einem stabilen Gehäuse sind auch die jeweiligen X-, Y- und Z-Achsen von enormer Bedeutung (siehe Abbildung 4.4). Über diese Achsen wird quasi der Extruder über die Druckfläche bewegt und ist in der Lage, alle Achsen (seitwärts und in der Höhe) anzusteuern.

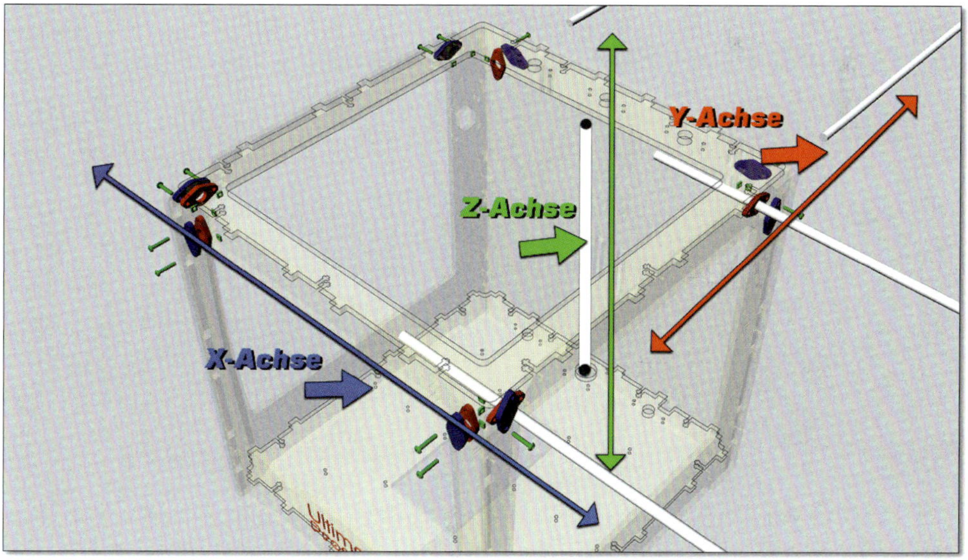

Abbildung 4.4 Die X-, Y- und Z-Achsen eines 3D-Druckers (Quelle: Ultimaker.com, modifiziert)

Die X-Achse übernimmt in der Regel die Ansteuerung der seitlichen Bewegung (links/rechts), während die Y-Achse den Extruder nach vorne oder nach hinten bewegt. Für den Schichtwechsel ist die Z-Achse verantwortlich, die das Druckbett auf einer Gewindestange jeweils nach unten bewegt.

Es gibt aber auch andere Konstruktionen, bei denen das Druckbett auf der Y-Achse (also nach vorne und hinten) bewegt wird und der Extruder auf der X- und Z-Achse angesteuert wird. Der Prusa i3 oder der printMATE 3D werden zum Beispiel so angesteuert (siehe Abbildung 4.5).

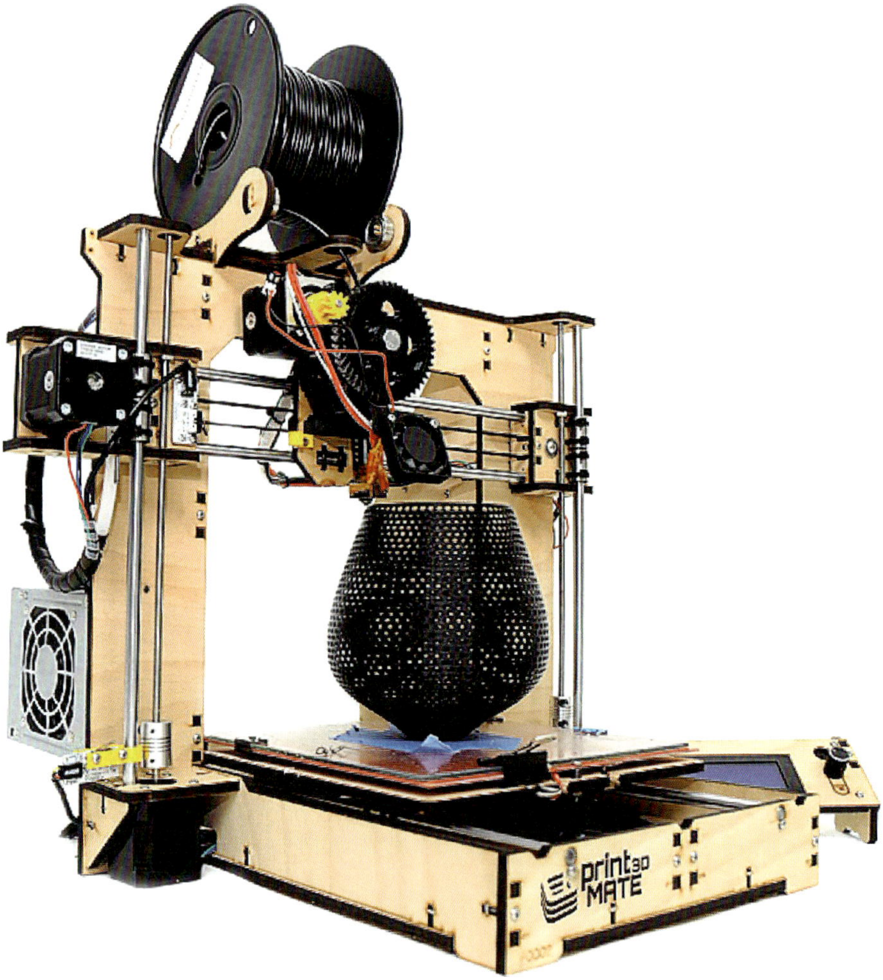

Abbildung 4.5 Der Extruder beim printMATE 3D wird über die X- und Z-Achse angesteuert, das Druckbett auf der Y-Achse. (Quelle: iGo3D.de)

Dieses System findet jedoch bei den größeren Unternehmen nicht so viel Anklang. Wenn Sie bedenken, dass sich bei jedem Richtungswechsel nach vorne oder nach hinten das gesamte Druckbett inklusive des Druckobjekts bewegen muss, können Sie sich vorstellen, dass es bei größeren Objekten zu Stabilitätsproblemen kommen kann.

Es ist auch eine Frage der Bauform des 3D-Druckers. Wird das Druckbett über die Y-Achse gesteuert, also mit der Methode, die bei dem Prusa oder dem printMATE 3D angewandt werden, ist eine kompakte Bauform des 3D-Druckers kaum möglich.

4.1.3 Der Filamentnachschub (Material Feeder)

Nachdem Sie nun über die verschiedenen Vor- und Nachteile eines offenen oder geschlossenen Gehäuses Bescheid wissen und die jeweiligen Achsen kennengelernt haben, will ich Ihnen jetzt erklären, wie überhaupt das Filament zum Extruder kommt. Hierfür ist der *Fördermechanismus* zuständig, der zwar »nur« die Aufgabe hat, das Filament von der Spule zum Extruder zu befördern, jedoch ein elementarer Bestandteil für einen sauberen Druck ist.

Auch hier gibt es wie bei den unterschiedlichen Anordnungen der Achsen diverse Varianten für die Förderung des Filaments. Auf Abbildung 4.6 ist der sogenannte *Direct Drive* zu sehen, das bedeutet nichts weiter, als dass das Filament über einen direkten Antrieb befördert wird und nicht über eine Zahnradübersetzung (Geared Drive), die bei anderen Druckern verwendet wird. In der Regel wird aber der Direct Drive gewählt, da dieser sehr kompakt verbaut werden kann.

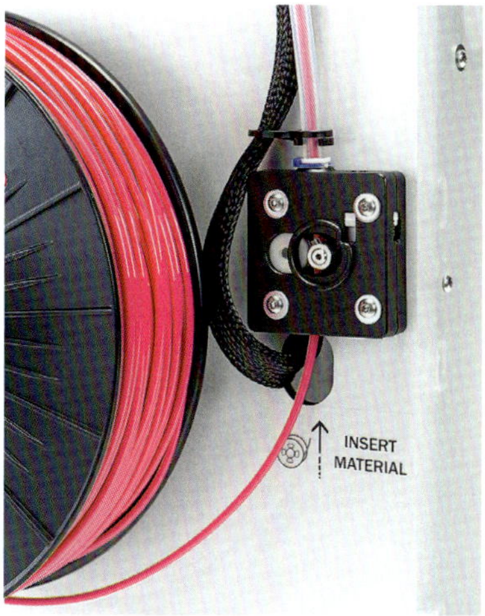

Abbildung 4.6 Die Filamentzuführung mit einem Direct Drive (Quelle: Ultimaker.com)

Aber wie genau wird das Filament nun befördert? Hier kommt der sogenannte *Drive Bolt* zum Einsatz. Diesen Bolzen sehen Sie in der Draufsicht auf Abbildung 4.7 in der Mitte des schwarzen Gehäuses, an dem links das pinkfarbene Filament vorbeigeführt wird.

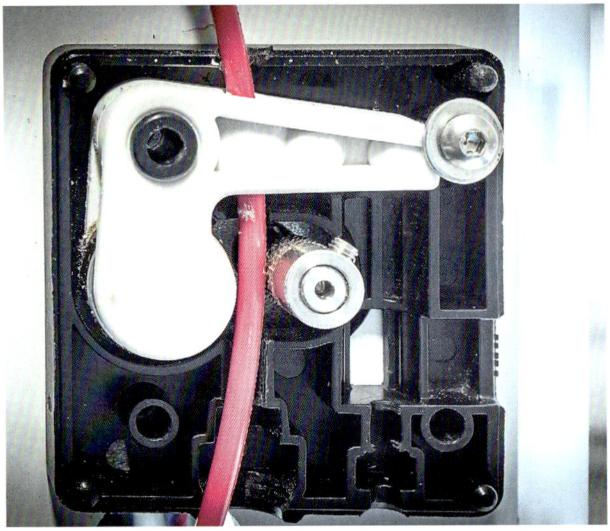

Abbildung 4.7 Der Drive Bolt

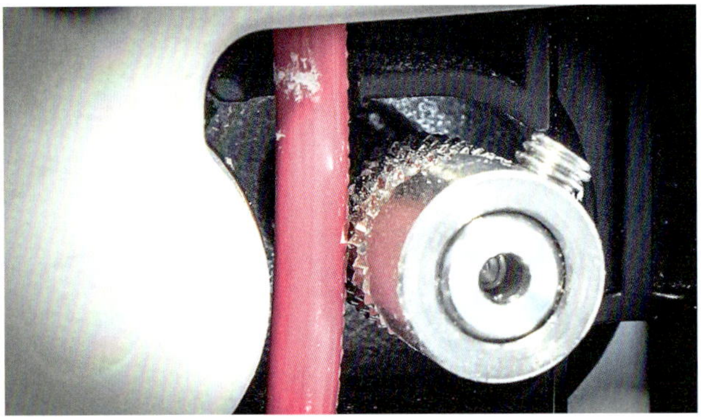

Abbildung 4.8 Der Drive Bolt in Nahaufnahme – die Zähne »beißen« sich in das Filament, um es zu befördern.

Ein wichtiger Bestandteil des Fördermechanismus ist zudem der dynamische Anpressdruck, der, wie links in Abbildung 4.8 zu sehen ist, durch ein gelagertes Rad zustande kommt. Anhand dieser Einheit werden kleinste Unebenheiten (Erhöhungen, Vertiefungen) ausgeglichen und eine möglichst gleichmäßige Beförderung garantiert.

Wundern Sie sich bitte nicht wenn Ihr Filament Einkerbungen aufweist, diese sind völlig normal und stammen von dem Einzug mit dem *Drive Bolt* (siehe Abbildung 4.9).

Abbildung 4.9 Die Einkerbungen im Filament stammen vom Drive Bolt.

Meine Beschreibung bezieht sich allerdings nur auf den Filamentnachschub mittels *Direct Drive*. Natürlich gibt es noch andere und teilweise auch abenteuerliche Methoden, das Filament zu befördern. 3D Systems verwendet zum Beispiel für den Cube spezielle Filamentkartuschen (siehe Abbildung 4.10).

Abbildung 4.10 Der Cube von 3D Systems – auf der linken Seite sehen Sie das Kartuschengehäuse, in der das Filament installiert ist.

Diese sind mit einem speziellen Chip versehen, und somit kann der Cube nur mit den Herstellerkartuschen betrieben werden. Selbstverständlich sind jene aber deutlich teurer als normale PLA-/ABS-Filamente auf einer herkömmlichen Spule. Zudem beinhalten die Kartuschen eines Cube 2-Druckers lediglich 300 Gramm Filament.

Dieses Prinzip mit einzelnen Kartuschen hat aber kaum Chancen, sich auf dem Markt dauerhaft durchzusetzen, dafür sind die Verbrauchsmaterialien einfach zu teuer.

4.1.4 Der Extruder

Nun habe ich Ihnen den Filamentnachschub erläutert und komme jetzt zu der scheinbar wichtigsten Komponente, dem Extruder (siehe Abbildung 4.11).

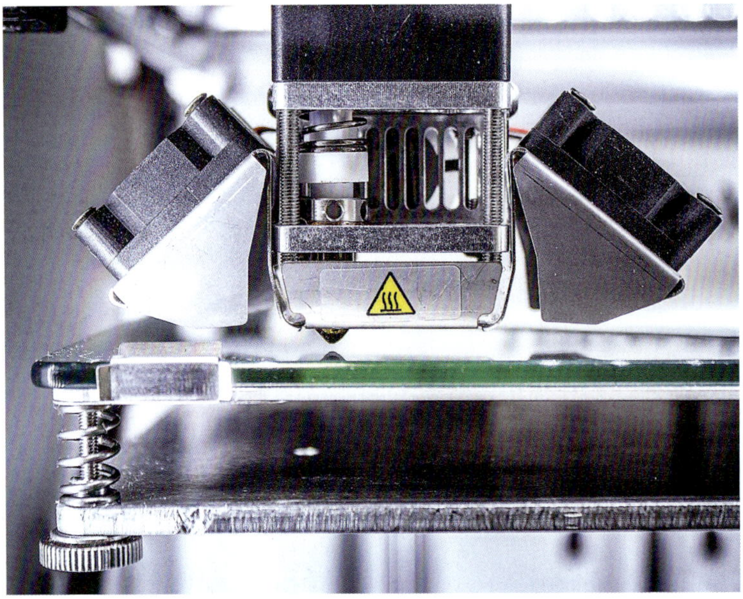

Abbildung 4.11 Der Extruder des Ultimaker 2 – aktive Kühlung durch drei Lüfter

Der Extruder besteht aus mehreren Komponenten, dem Hot End inklusive der Düse, einer Kühlung und dem Temperatursensor.

Auch hier werden Sie je nach Ausführung verschiedene Modelle eines Extruders finden. Eine der grundlegenden Eigenschaften finden Sie bei der Fördereinheit, also dem Antrieb des Druckkopfes. Hier gibt es zwei ganz unterschiedliche Verfahren. Bei der ersten Variante ist der Motor für die Steuerung direkt über dem Druckkopf installiert, während bei der zweiten Variante der Motor ausgelagert ist und sich meist im hinteren Bereich des 3D-Druckers befindet. Es scheiden sich (wie immer) die Geister, welche Variante nun die bessere ist. Der Vorteil des ausgelagerten Motors am Gehäuse des Druckers liegt im geringeren Gewicht des gesamten Druckkopfes, somit könnte die Geschwindigkeit des Druckvorgangs erhöht werden. Ist der Motor dagegen auf dem Druckkopf installiert, ist die Übersetzung viel geringer und genauer, als wenn der Motor am Gehäuse sitzt. Zudem wirkt sich der ausgelagerte Motor auch positiv auf die Präzision aus, da hier keine Motorschwingungen auf den Druckkopf übertragen werden. Die größeren Unternehmen gehen in der Regel dazu über, die zweite Variante zu verbauen, also den Schrittmotor ausgelagert vom Druckkopf zu verbauen.

Sie fragen sich jetzt aber sicherlich, wieso ein Extruder oder auf Deutsch der Druckkopf überhaupt funktioniert? Im Prinzip ist die Vorgehensweise ganz einfach und lässt sich am Beispiel der Heißklebepistole gut erklären. Nehmen wir jetzt an, dass der kleine Klebestift einer Heißklebepistole unser Filament für den 3D-Drucker ist. Sie würden also die Klebepistole eine gewisse Zeit lang erhitzen und ab einer bestimmten Temperatur den Klebestift in die Pistole einführen, so dass vorne an der Spitze der Pistole der fast flüssige Kleber herauskommt. Genauso funktioniert das Prinzip des Extruders eines 3D-Druckers.

Das Hot End, also quasi die Düse des Extruders, wird auf eine ganz bestimmte Temperatur erhitzt. Durch den Temperaturfühler wird dem Drucker die jeweilige Temperatur mitgeteilt und ab ca. 210 °C (bei PLA beispielsweise) ist der 3D-Drucker bereit, zu drucken. Nun wird also das Filament anhand der Fördereinheit in das Hot End befördert, und aufgrund der voreingestellten Temperatur (210 °C) wird das fast flüssige Filament durch die hauchfeine Druckdüse (Nozzle) gepresst und somit auf das Druckbett aufgetragen (siehe Abbildung 4.12).

Abbildung 4.12 Das fast flüssige Filament kommt aus der 0,4 mm feinen Öffnung der Druckdüse.

Die Druckdüse ist somit unter anderem direkt verantwortlich für die Schichtstärke des Drucks. Im Beispiel des Ultimaker 2 hat die Düse einen Durchmesser von nur 0,4 mm.

Für einige 3D-Drucker gibt es sogar die Möglichkeit, einen zweiten Extruder nachzurüsten, beziehungsweise sind einige ab Werk schon damit ausgestattet (der Builder Dual Extruder zum Beispiel, siehe Abbildung 4.13). Hiermit können Sie dann unabhängig voneinander mit zwei verschiedenen Farben oder Materialien drucken.

Abbildung 4.13 Ein Dual Extruder mit zwei unabhängigen Druckdüsen (Quelle: Ultimaker.com)

4.1.5 Das Druckbett

Das nächste wichtige Bauteil ist das Druckbett. Irgendwo muss das Filament ja hin und das Objekt aufgebaut werden. Und Sie werden es schon erraten, auch hier gibt es wiederum verschiedene Varianten, wie das Druckbett konstruiert sein kann. Im Allgemeinen brauchen Sie nur drauf zu achten, ob das Druckbett beheizt werden kann oder nicht. Im Fall des beheizten Druckbetts spricht man dann auch von einem Heizbett – nicht, dass Sie sich bei dem Begriff dann wundern (siehe Abbildung 4.14).

Das beheizte Druckbett hat wesentliche Vorteile gegenüber dem nicht beheizten, so bleibt in der Regel das *Warping* aus, das ich Ihnen in Abschnitt 3.1.2 etwas genauer beschrieben habe. Natürlich kann es trotz eines Heizbetts noch zu dem ein oder anderen Haftungsproblem des Objekts kommen, aber die Gefahr gegenüber einem nicht beheizten Druckbett ist immens geringer.

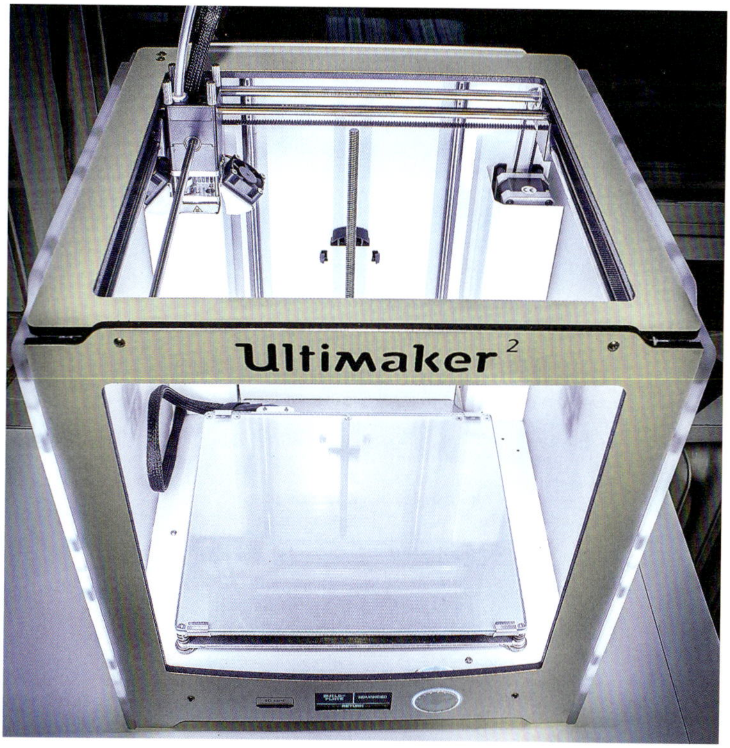

Abbildung 4.14 Das Heizbett des Ultimaker 2 in der Draufsicht. So sauber bleibt es allerdings nicht lange.

So vermeiden Sie Haftungsprobleme

Auch beim beheizten Druckbett kann es zum Warping oder anderen Haftungsproblemen kommen. Ich will Ihnen ein paar Tipps geben, mit welchen Hausmitteln Sie das Problem in den Griff kriegen können:

- das Druckbett mit einer guten Schicht Haarspray einsprühen
- das Druckbett mit etwas (!) Bier bestreichen und trocknen lassen
- Holzleim auftragen und durchtrocknen lassen
- Und natürlich der altbewährte (wasserlösliche) Klebestift, mit dem das Druckbett bestrichen werden kann.

Sollte Ihr persönlicher Wunschdrucker nicht über ein beheiztes Druckbett verfügen, brauchen Sie jetzt nicht die Hände vor das Gesicht zu schlagen. Vor nicht allzu langer Zeit war es noch üblich, dass die 3D-Drucker über kein beheiztes Druckbett verfügten, und so wurden die unterschiedlichsten Methoden entwickelt, um eine annähernd optimale Haftung des gedruckten Objekts zu erreichen. Herauskristallisiert hat sich das sogenannte Blue Tape, das in verschiedenen Lagen auf das Druckbett geklebt wird (siehe Abbildung 4.15). Das Filament haftet sehr gut auf der Oberfläche, wobei das Entfernen des Klebebands nahezu rückstandslos gelingt.

Ich selbst habe schon mehrere preiswerte Blue Tapes ausprobiert, bin aber letztendlich zu der Einsicht gekommen, dass die Firma 3M das mit Abstand beste Blue Tape entwickelt hat. Das schreibe ich Ihnen nicht als versteckte Schleichwerbung, sondern eher als gut gemeinten Rat, damit Sie sich nicht über mehrere Tage/Wochen mit preiswerteren Produkten rumärgern. Wie gesagt: Ich selbst habe das leider durch.

Abbildung 4.15 Das nicht beheizte Druckbett des BeeVeryFirst – komplett beklebt mit Blue Tape

Sollten Sie beim Entfernen des Druckobjekts das Blue Tape beschädigen oder kleine Löcher reinreißen, ist das auch kein großes Problem. Die beschädigte Stelle kann ganz einfach mit einem neuen Stück Blue Tape repariert werden. Nur wenn Sie merken sollten, dass die Haftfähigkeit des Filaments nicht mehr optimal ist, sollte das Blue Tape großflächig ausgewechselt werden.

4.1.6 3D-Druckstifte

Grob gesagt waren die aufgezählten Komponenten schon alle wichtigen Bauteile eines 3D-Druckers. Sie sehen, dass es wirklich kein Hexenwerk ist und die Vorgehensweise auch annähernd mit der einer Heißklebepistole verglichen werden darf. Interessanterweise gibt es sogar schon 3D-Druckstifte wie den 3Doodler, der so aussieht wie eine Heißklebepistole und auch exakt so arbeitet (siehe Abbildung 4.16).

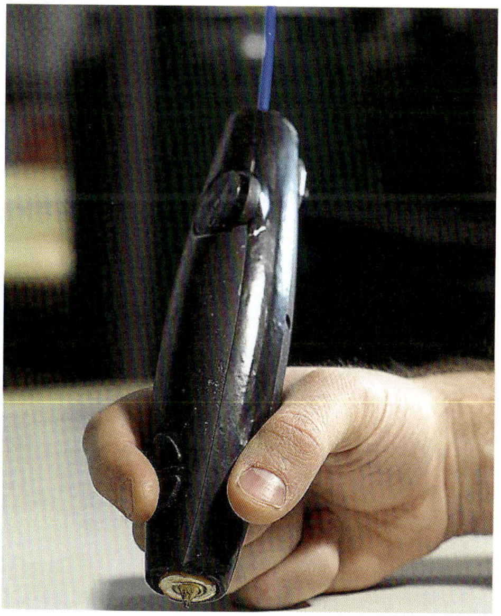

Abbildung 4.16 Der 3Doodler – ein Kickstarter-Projekt (Quelle: www.the3doodler.com)

Ich bin bezüglich dieser »Malstifte« allerdings zwiespältiger Meinung. Es lassen sich zwar 3D-Objekte nachträglich ausmalen oder Ähnliches; aber kompliziertere Objekte sind hiermit eher nicht möglich. Die Einsatzmöglichkeiten unterscheiden sich spürbar von denen eines ausgewachsenen Druckers.

Aber ich lasse mich gern eines Besseren belehren: Falls Sie solch einen 3Doodler (oder ähnlichen »3D-Malstift«) besitzen, mailen Sie mir ein Foto Ihrer erstellen 3D-Objekte. Mit Ihrem Einverständnis kann ich sie dann gern in der Kategorie »3D-Objekte« auf meiner Homepage präsentieren. Die E-Mail-Adresse lautet: *info@3d-drucker-world.de*

Zurück zum Thema. Extruder, Filamente, Fördermechanismus und drei bewegliche Achsen, diese Komponenten habe ich Ihnen bereits erläutert, aber was bedeutet eigentlich der Ausdruck »Schicht auf Schicht«?

4.2 Schicht auf Schicht – das Schmelzschichtungsverfahren (FDM)

In der Regel sind alle 3D-Drucker für den privaten Haushalt noch sogenannte FDM-Drucker, also Drucker, die nach dem Fused-Deposition-Modeling-Prozess arbeiten. Einfacher ausgedrückt bedeutet es lediglich das Schmelzschichtungsverfahren, also die schichtweise Herstellung eines Objekts.

Fused Deposition Modeling – rechtlich geschütztes Markenzeichen

Der Begriff FDM, also Fused Deposition Modeling, ist übrigens ein rechtlich geschütztes Markenzeichen des Unternehmens Stratasys Ltd. Dieses Unternehmen gilt als einer der Pioniere im 3D-Druckbereich und besitzt noch weitere innovative Patente, wie zum Beispiel auf den geschlossenen und beheizten Druckraum.

Das Prinzip ist in der Theorie denkbar einfach. Das Filament wird durch den Fördermechanismus in den Extruder geführt und dort auf ca. 210 °C erhitzt, bevor es in fast flüssiger Form durch die Düse (*Nozzle)* tritt und schichtweise auf dem Druckbett das Objekt aufbaut.

Die Schichtstärke wird bei einem Druck übrigens einerseits durch den Extruder, besser gesagt durch die Druckdüse, bestimmt, andererseits ist sie abhängig von den Achsen. Wurde die erste Schicht auf dem Druckbett aufgetragen, senkt sich üblicherweise das Druckbett um den Bruchteil eines Millimeters nach unten und lässt so die zweite Schicht entstehen. Je nachdem, wie fein die Düse ist und um welchen Abstand sich das Druckbett zur Düse verändert, entsteht die jeweilige Schichtstärke.

Hier zwei Beispiele für unterschiedliche Schichtstärken: Das erste Objekt wurde mit einer recht niedrigen Auflösung von 0,2 mm gedruckt. Sie sehen deutlich die einzelnen Schichten vom Filament und die recht großen Abstände dazwischen (siehe Abbildung 4.17).

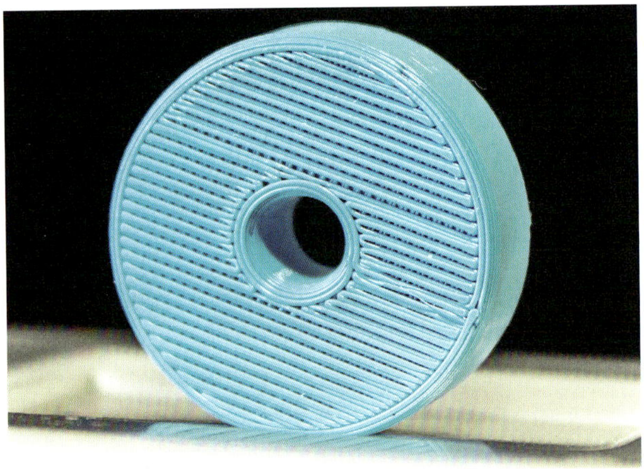

Abbildung 4.17 Nahaufnahme eines 3D-Drucks mit einer Schichtstärke von 0,2 mm

Das zweite Objekt wurde schon mit einer deutlich höheren Auflösung von nur noch 0,1 mm gedruckt. Hier ist die Qualität schon sehr viel besser, die Schichten sind sehr viel feiner. Zwar sieht man auch hier noch die einzelnen Schichten, jedoch nur wenn man sehr genau hinschaut (siehe Abbildung 4.18).

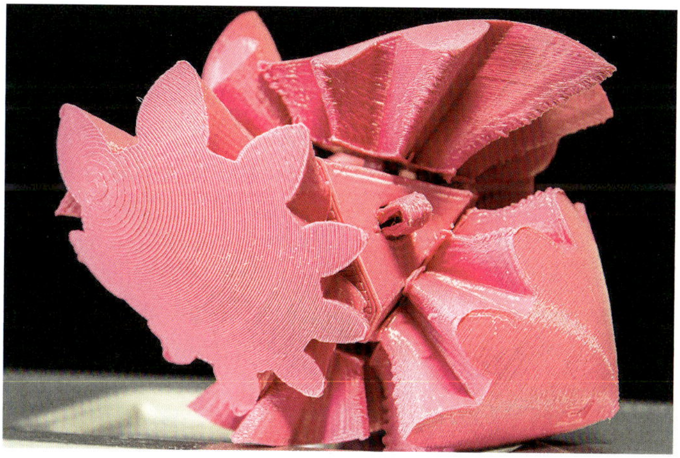

Abbildung 4.18 Bei einer Auflösung von nur noch 0,1 mm sieht man die Schichten kaum noch mit bloßem Auge.

Die Objekte wurden von mir etwas vergrößert dargestellt. Sie sehen, dass man bei einer Auflösung von 0,1 mm schon richtig gute Ergebnisse erzielen kann, die für die meisten Zwecke ausreichend sind. Aber es geht auch immer noch feiner und genauer, allerdings trägt das zu einer weitaus höheren Druckzeit bei.

Bei einer Auflösung von 0,1 mm lässt sich zum Beispiel ein Objekt in ca. 90 Minuten drucken, während es bei einer Auflösung von 0,2 mm schon in ca. 53 Minuten fertig ist. Hier gilt also die Regel, je hochauflösender oder feiner die Schichtstärke ist, desto länger dauert der Druck.

In meinem Beispiel wurde nur die Standardeinstellung berücksichtigt, in der Regel sollten sie bei einer feineren Auflösung auch die Geschwindigkeit Ihres 3D-Druckers manuell nach unten anpassen. Bei mir ist es zum Beispiel schon Standard, dass ich eigentlich nur mit 50 mm/s drucken und dann noch zusätzlich über den Controller am Drucker die Geschwindigkeit auf 85 % verringere. Je langsamer, desto genauer wird der Druck.

Eigentlich sind das verschwendete Ressourcen, wenn Sie bedenken, dass der Ultimaker 2 gut eingestellt mit bis zu 300 mm/s arbeiten kann. Ich persönlich gehe aber lieber auf Nummer sicher und nehme etwas mehr Zeit in Kauf, anstatt bei einer zu hohen Geschwindigkeit einen Druckfehler zu riskieren.

Sie werden sich höchstwahrscheinlich auch mit dieser Einstellungsfrage beschäftigen und für sich den besten Weg finden. Es ist auch immer vom Druckobjekt abhängig und davon, ob es eher ein grobes oder filigranes Objekt ist. Bei feinen Strukturen rate ich Ihnen, die Geschwindigkeit in jedem Fall nach unten zu korrigieren. Aber wie schon gesagt, diese Erfahrung müssen Sie mit Ihrem 3D-Drucker selber machen. Probieren Sie im Vorfeld an kleineren Testdrucken lieber etwas mehr aus, als später bei einem wichtigeren Druck ein fehlerhaftes Objekt zu riskieren.

Um Ihnen das Schmelzschichtungsverfahren ein wenig plastischer erklären zu können, besuchen Sie doch auch meinen YouTube-Kanal *3D Drucker World*. Hier finden Sie unter anderem auch einige Zeitraffervideos eines kompletten Druckvorgangs, bei denen Sie genau sehen können, wie sich das Objekt Schicht auf Schicht aufbaut und letztendlich ein fertiges Objekt entsteht (etwa das Video *http://youtu.be/2nOhYIq1lVE*, siehe Abbildung 4.19). Für mich ist der Druckvorgang immer wieder aufs Neue ein kleines Phänomen. Dass sich aus den ersten hauchdünnen Schichten ein komplexes Objekt entwickelt, werden Sie wahrscheinlich in der ersten Zeit auch nicht so recht glauben wollen.

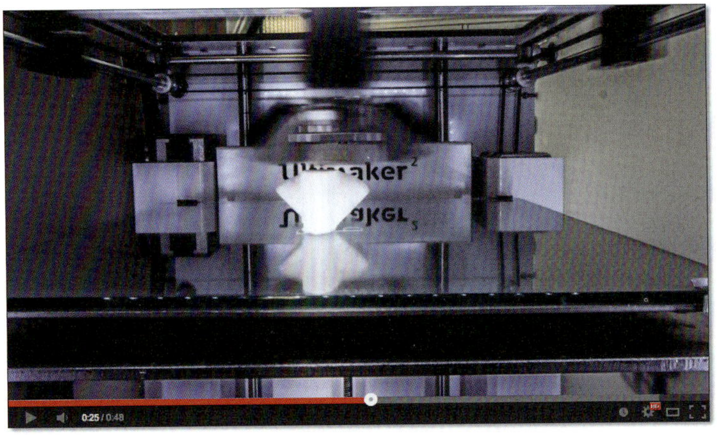

Abbildung 4.19 Druckvorgang im Schmelzschichtungsverfahren, zu sehen als Zeitraffervideo im YouTube-Kanal »3D Drucker World«

Machen Sie sich einen Spaß, und erstellen Sie doch auch eine Zeitrafferaufnahme Ihres Drucks. Sie werden von dem Ergebnis begeistert sein und können mit diesem Video auch Ihren Freunden und Bekannten eindrucksvoll zeigen, wie Ihr Drucker die Objekte erstellt.

Höchstinteressant wird es natürlich, wenn Sie statt einem gleich zwei Extruder in Ihrem 3D-Drucker verbaut haben. Die Welt wird gleich viel bunter und komfortabler.

4.3 Drucken Sie bunt! Der Einsatz von zwei Extrudern

Die Überschrift wird Ihnen vielleicht etwas seltsam vorkommen – Sie können doch schon jetzt mit verschiedenfarbigen Filamenten drucken: Die Industrie macht es Ihnen möglich, das Filament in nahezu jeder möglichen Grundfarbe zu erhalten.

Das schon, allerdings immer nur einfarbig. Also entweder drucken Sie Ihr Objekt in Blau oder in Rot. Blau-rot gestreift in einem Objekt und Druckvorgang ist nicht möglich. Wie auch? Immerhin besitzt der herkömmliche 3D-Drucker nur einen Extruder und kann somit auch nur eine Farbe/ein Material drucken.

Abbildung 4.20 Mehrere Farben in einem Objekt – dieses Ei wurde mit Hilfe farbiger Stickfilamente hergestellt. (Quelle: www.stickfilament.com)

Es gibt zwar sogenannte Stickfilamente, die in unterschiedlichen Farben erhältlich sind und aneinandergesteckt werden können. Aber Sie können die richtige Farbgebung Ihres zu druckenden Objekts damit nicht genau vorherbestimmen. Es ist lediglich möglich, Ihrem Objekt einen eher zufälligen farblichen Effekt zu geben (siehe Abbildung 4.20).

Es gibt auch recht abenteuerliche Wege, um Ihrem Objekt noch während des Drucks diverse Farbakzente zu geben: Etwa mit einem farbigen Marker, der an der Filamentzuführung angebracht wird und das Filament beim Transport schlicht und ergreifend anmalt. Diese Methode führt Sie zwar auch zum Ziel, aber doch eher mit sehr gemischten Ergebnissen.

Egal, mit welchem Verfahren Sie auch arbeiten, für eine genaue Zuweisung einer anderen Farbe im Objekt oder für die Verwendung eines zweiten Materials brauchen Sie einen zweiten Extruder, allgemein auch bezeichnet als Dual Extruder (siehe Abbildung 4.21).

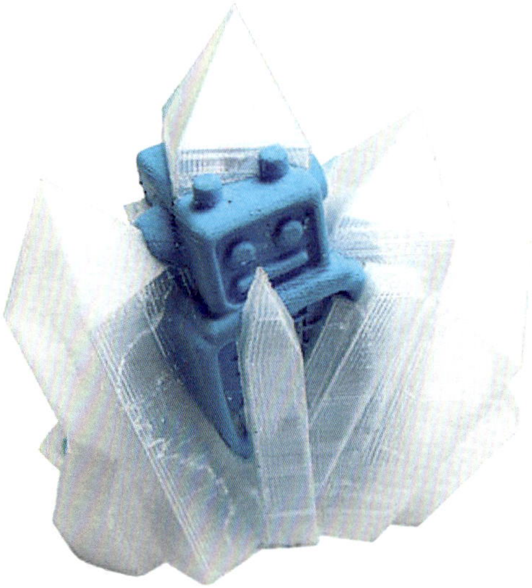

Abbildung 4.21 Der UltiRobot, gefangen im Eis. Solch ein Objekt ist nur mit dem Einsatz eines zweiten Extruders möglich. (Quelle: iGo3D.de)

Sie mögen jetzt vielleicht denken, dass so ein Objekt aus zwei unterschiedlichen Farben und/oder Materialien nicht unbedingt ein kompliziertes Unterfangen sei. Aber bedenken Sie hierbei, dass der 3D-Drucker und auch die jeweilige Software perfekt aufeinander abgestimmt werden müssen.

Vielleicht können Sie bei einem Extruder, beziehungsweise einem Filament noch den ein oder anderen Fehler ausbügeln. Bei einem zweiten Extruder wird das schon ungleich komplizierter. Ist das eine Filament nicht ordnungsgemäß eingestellt, wirkt sich das auch auf das andere Filament aus beziehungsweise wird der gesamte Schichtaufbau fehlerhaft. Hier sollten Sie penibel auf das verwendete Filament achten und nicht unbedingt ein »problematisches«, wie zum Beispiel LayWood/LayBrick mit einem Standardfilament, verwenden.

In Abbildung 4.22 können Sie sehr gut sehen, wie perfekt die beiden Filamente aufeinander aufgebaut sind. Hier gibt es keine Lücken oder sonstigen Fehler beim Schichtaufbau.

Ein zweiter Extruder bringt Ihnen aber nicht nur mehr Farbe in Ihr Objekt, sondern erleichtert Ihnen auch die Arbeit bei schwierigen Drucken. Sie erinnern sich an die Stützelemente, die ich Ihnen in Abschnitt 3.3.2 beschrieben habe? Normalerweise müssten Sie nach dem Druck diese Stützelemente mehr oder weniger mühevoll entfernen und gegebenenfalls die jeweiligen Stellen mit einer Feile nachbearbeiten.

Abbildung 4.22 Optimales Druckergebnis mit zwei Extrudern (Quelle: iGo3D.de)

Die Stützelemente in unserem Beispielobjekt sind etwa recht massiv im Objekt vorhanden (siehe Abbildung 4.23). Wie beschrieben, müssten Sie nun die einzelnen Elemente herausbrechen oder abknipsen und die Bruchstellen gegebenenfalls nachfeilen, um eine glatte Oberfläche zu bekommen.

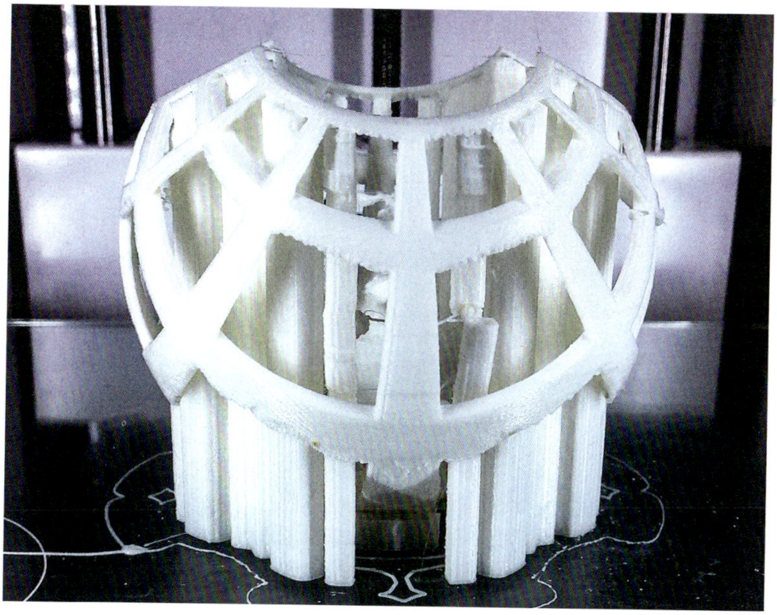

Abbildung 4.23 Unser Beispielobjekt »Stereographic Projection« mit den Stützelementen im Hohlraum

Abbildung 4.25 Nur eine kleine Auswahl der Farb- und Materialmöglichkeiten für Ihr 3D-Objekt

Natürlich sind Mischfarben (noch) nicht möglich. Sie haben zwar mit den Stickfilamenten die Möglichkeit, einzelne Farben aneinanderzureihen, aber dass der Extruder die verschiedenen Farben/Filamente mixt, ist leider noch Zukunftsmusik beziehungsweise nur mit anderen Druckmethoden (Gipsdruck) möglich.

Kommen wir aber nun zu den Spezialfilamenten. Ich denke, dass Sie auch schon ganz gespannt sind, mit welchen Materialien Sie denn zukünftig drucken können. Übersichtshalber werde ich Ihnen einfach mal die einzelnen Filamente aufzählen und erläutere sie Ihnen dann später.

Was steht Ihnen also zur Verfügung?

- holzähnliches Filament wie LayWood oder WoodFill
- sandsteinartiges Filament wie LayBrick
- selbstleuchtendes Filament (Glow Green/Blue)
- wasserlösliches Filament
- fluoreszierendes Filament (Blue/Red)
- flexibles Filament (biegsam)
- nylonartiges Filament

Abbildung 4.25 Nur eine kleine Auswahl der Farb- und Materialmöglichkeiten für Ihr 3D-Objekt

Natürlich sind Mischfarben (noch) nicht möglich. Sie haben zwar mit den Stickfilamenten die Möglichkeit, einzelne Farben aneinanderzureihen, aber dass der Extruder die verschiedenen Farben/Filamente mixt, ist leider noch Zukunftsmusik beziehungsweise nur mit anderen Druckmethoden (Gipsdruck) möglich.

Kommen wir aber nun zu den Spezialfilamenten. Ich denke, dass Sie auch schon ganz gespannt sind, mit welchen Materialien Sie denn zukünftig drucken können. Übersichtshalber werde ich Ihnen einfach mal die einzelnen Filamente aufzählen und erläutere sie Ihnen dann später.

Was steht Ihnen also zur Verfügung?

- holzähnliches Filament wie LayWood oder WoodFill
- sandsteinartiges Filament wie LayBrick
- selbstleuchtendes Filament (Glow Green/Blue)
- wasserlösliches Filament
- fluoreszierendes Filament (Blue/Red)
- flexibles Filament (biegsam)
- nylonartiges Filament

So können zum Beispiel auch Modelle mehrstöckiger Häuser gedruckt werden, die sonst nur Stockwerk für Stockwerk gedruckt werden könnten, um sie dann zusammenzukleben. Schließlich müsste der Drucker sonst in den Räumen Stützkonstruktionen bauen, die Sie später nicht mehr entfernen könnten.

Zusammengefasst würde ich Ihnen in jedem Fall zu einem zweiten Extruder raten. Sei es, um mit zwei unterschiedlichen Farben drucken zu können, sei es um das angesprochene wasserlösliche Stützmaterial verwenden zu können. Beide Features erweitern Ihre Möglichkeiten beim 3D-Druck um ein Vielfaches.

Leider wird so ein Dual Extruder nicht unbedingt von jedem Drucker/Hersteller unterstützt. So ist der zweite Extruder bei einem Ultimaker Original mittlerweile schon längst erhältlich, während der zweite Extruder für den erfolgreichen Nachfolger Ultimaker 2 noch auf sich warten lässt.

Entscheiden Sie sich also vor dem Druckerkauf, ob Sie diese Features eines Dual Extruders nutzen wollen, und informieren Sie sich im Vorfeld über ein eventuelles Upgrade eines zweiten Druckkopfes Ihres Wunschdruckers. Einige Modelle, wie der Builder Dual Extruder oder der Big Builder haben zwar schon serienmäßig zwei Extruder verbaut, aber längst nicht alle Hersteller bieten diese Möglichkeiten an. Besser informieren Sie sich im Vorfeld, als dann später enttäuscht zu werden.

Woraus produziert Ihr 3D-Drucker überhaupt die Objekte? Egal, ob ein- oder mehrfarbig, wasserlöslich oder nicht, flexibel oder stabil – die Palette an unterschiedlichen Filamenten ist inzwischen riesig. Ich will Ihnen jetzt weitere eindrucksvolle und nützliche Filamente zeigen.

4.4 »Tinte« für Ihren 3D-Drucker – die verschiedenen Filamente kennenlernen

Gab es damals für Ihren herkömmlichen Tintenstrahldrucker nur verschiedenfarbige Tinte, sieht es bei dem 3D-Drucker komplett anders aus. Nicht nur dass Sie aus den unterschiedlichsten Farben auswählen können, Ihnen steht sogar eine Vielzahl an Materialien zur Verfügung. Angefangen beim bereits vorgestellten wasserlöslichem Filament über holzähnliches Material bis hin zum selbstleuchtenden Filament ist quasi alles vertreten, was Sie sich denken können. Aber bevor ich zu den unterschiedlichen Materialien komme, will ich die breite Palette an Farben nicht verschweigen. Mittlerweile können Sie aus sämtlichen Grundtönen der Farbpalette wählen und so Ihr Objekt in Ihrer Wunschfarbe drucken (siehe Abbildung 4.25).

Oder Sie verwenden einfach ein wasserlösliches PVA-Filament in Ihrem zweiten Extruder, der nur die Aufgabe hat, das Stützmaterial zu drucken. Haben Sie die Stützelemente mit PVA konstruiert, brauchen Sie Ihr Objekt lediglich in normales Leitungswasser zu stellen, und das Stützmaterial löst sich von selbst auf.

Die Verwendung von PVA

Die aus PVA hergestellten Stützelemente lassen sich viel leichter und schneller mit lauwarmem Wasser auflösen. Auch die Hinzugabe von etwas Spülmittel unterstützt diesen Prozess.

Bevor das Wasser vollständig mit dem PVA gesättigt ist, sollte es ausgewechselt werden. Allerdings sollten Sie beachten, dass das mit PVA gesättigte Wasser nicht in den Ausguss gekippt werden darf, zudem sollte der Kontakt mit Augen und Mund tunlichst vermieden werden. Aber auch hier gibt es Alternativen: Das Innosolve von Innofil3D zum Beispiel lässt sich etwas besser verarbeiten (mit kaltem Wasser) und kann zudem in den herkömmlichen Ausguss entsorgt werden.

Sie sehen schon, die Verwendung von wasserlöslichem Stützmaterial ist ein absolutes Killerfeature für den zweiten Extruder. Speziell bei filigranen Objekten entstehen hier wahnsinnige Vorteile (siehe Abbildung 4.24).

Abbildung 4.24 Das wasserlösliche Filament von Innofil3D – die Schlieren zeigen deutlich die Auflösung an.

Abbildung 4.22 Optimales Druckergebnis mit zwei Extrudern (Quelle: iGo3D.de)

Die Stützelemente in unserem Beispielobjekt sind etwa recht massiv im Objekt vorhanden (siehe Abbildung 4.23). Wie beschrieben, müssten Sie nun die einzelnen Elemente herausbrechen oder abknipsen und die Bruchstellen gegebenenfalls nachfeilen, um eine glatte Oberfläche zu bekommen.

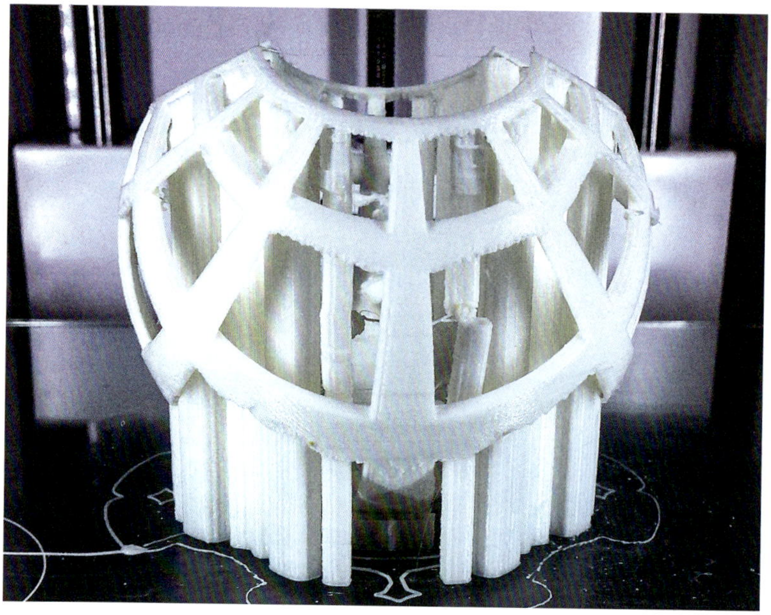

Abbildung 4.23 Unser Beispielobjekt »Stereographic Projection« mit den Stützelementen im Hohlraum

Sie sehen schon, mit wie viel fantastischen Materialien Sie in Zukunft arbeiten könnten. Mit dem Erscheinen dieses Buches werden noch weitere, interessante Spezialfilamente hinzukommen. Auf meinem Blog (*www.3d-drucker-world.de*) können Sie hier noch weitere Details und Testberichte lesen.

4.4.1 Das Holzfilament

Mein aktuelles Highlight ist das Holzfilament, auch WoodFill genannt. Zwar gibt es mit LayWood noch ein weiteres Filament, das einen gewissen Prozentsatz an Holzpartikeln enthält, jedoch habe ich persönlich mit dem Ultimaker 2 und LayWood eher schlechte Erfahrungen gemacht. Zu steif und zu grobkörnig war das Filament, und die verstopfte Druckdüse war vorprogrammiert.

Ohne Schleichwerbung machen zu wollen, aber sollten Sie auch mit dem Gedanken spielen, sich ein Holzfilament anzuschaffen, rate ich Ihnen ganz klar zum WoodFill von colorFabb. Mit diesem Filament können Sie im Zusammenspiel mit dem Ultimaker 2 ganz normal drucken, ohne Gefahr zu laufen, dass es zu schwerwiegenden Verstopfungen der Druckdüse kommt.

Abbildung 4.26 Ein 3D-Scan vom Fuel3D meines Gesichts – ausgedruckt mit WoodFill. Daneben der Aztec Chief (Thingiverse Nr.: 205869)

Wie man in Abbildung 4.26 sehr gut sehen kann, ist die Struktur der Objekte sehr holzähnlich. Selbst die Haptik ist verblüffend ähnlich rau – ein hervorragendes Material für die unterschiedlichsten Einsatzgebiete.

4.4.2 Sandsteinartiges Filament

Für Architekten kann das sogenannte LayBrick von höherer Bedeutung sein, da hier kleinste Sandsteinpartikel eingearbeitet sind und die gedruckten Objekte einen Touch von Sandstein aufweisen – ideal für Häuser oder andere architektonischen Objekte (siehe Abbildung 4.27).

Abbildung 4.27 LayBrick – ein sandsteinähnliches Filament (Quelle: iGo3D.com)

Allerdings muss ich ehrlicherweise gestehen, dass mir persönlich noch kein vernünftiger Druck mit diesem eher schwierigen Filament gelungen ist. Es ist recht starr und enthält, ähnlich wie das LayWood, sehr grobe Partikel. Die Düse meines Ultimaker 2 war somit regelmäßig verstopft. Bevor Sie sich für dieses Filament entscheiden, informieren Sie sich besser vorher, ob dieses Filament mit Ihrem 3D-Drucker harmoniert.

4.4.3 Selbstleuchtendes Filament

Ein weiteres Highlight ist für mich das selbstleuchtende Filament in den verschiedenen Farben Grün und Blau. Sie kennen sicherlich diese kleinen Plastiksternchen, die speziell für Kinder im Dunkeln einen Sternenhimmel darstellen sollen. Genau mit solch einem Material könnten Sie in Zukunft Ihre Objekte erstellen. Die Leuchtkraft bei diesem Filament von Innofil3D ist wirklich enorm und bietet ca. 2–3 Stunden den gewünschten Effekt, wahlweise in dem typischen Grün, oder auch in Blau (siehe Abbildung 4.28).

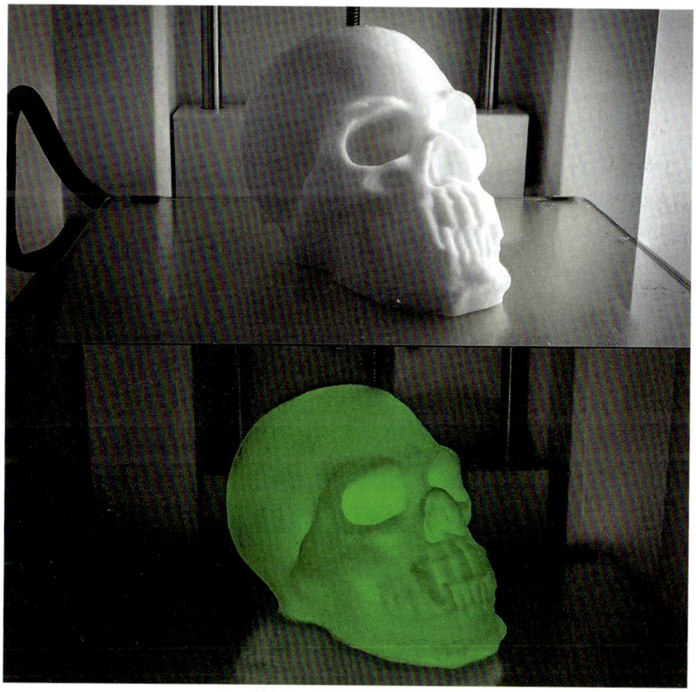

Abbildung 4.28 Das Glow Green von Innofil3D in Aktion

Nehmen Sie sich ein wenig Zeit, und überlegen Sie sich die vielfältigen Einsatzgebiete für dieses Filament. Nicht nur für Kinder lassen sich hier niedliche Figuren drucken, die das einschlafen am Abend erleichtern können, sondern auch im Sicherheitsbereich stehen Ihnen hier viele Tore offen. Kleine selbstleuchtende Hinweisschilder, Gehäuse für Schalter oder Regler etc.

Die Verarbeitung dieses Spezialfilaments ist hingegen völlig problemlos. Ich konnte alle Objekte, sei es größere oder filigrane, jeweils mit der Standardeinstellung des Ultimaker 2 drucken. Es musste also nichts weiter justiert werden.

4.4.4 Wasserlösliches Filament

In Abschnitt 4.3, »Drucken Sie bunt! Der Einsatz von zwei Extrudern«, habe ich Ihnen schon etwas von Stützelementen aus wasserlöslichem Filament geschrieben. Dieses Spezialfilament ist in der Tat komplett wasserlöslich. Üblicherweise wurde hierfür bislang stets PVA-Filament verwendet, das sich innerhalb von ca. 10 Stunden im herkömmlichen Leitungswasser auflöst. Die Hinzugabe von etwas Spülmittel und etwas lauwarmes Wasser beschleunigt diesen Vorgang erheblich.

Wie bereits beschrieben, eignet sich dieses Filament ideal für Stützkonstruktionen aller Art. Komplizierte Hohlräume können mit Hilfe dieses Filaments nun in einem Stück gedruckt werden. Voraussetzung ist hier natürlich der zweite Extruder am 3D-Drucker. Nach Fertigung lösen Sie die Stützkonstruktion in Wasser auf – übrig bleibt Ihr Wunschobjekt.

In der nahen Zukunft wird es auch von Innofil3D eine weitere Lösung geben, das sogenannte Innosolve. Auch das ist wie das PVA wasserlöslich, besitzt allerdings verbesserte Eigenschaften in allen Bereichen. Es ist umweltverträglicher, darf also im Gegensatz zu PVA-versetztem Wasser in den Abfluss, und löst sich bei kaltem Wasser viel schneller auf als das herkömmliche PVA. Ein erster Test mit diesem Filament konnte das auch wirklich bestätigen.

Sollten Sie die Möglichkeit haben, zwei unterschiedliche Filamente dank eines zweiten Extruders zu benutzen, rate ich Ihnen in jedem Fall, solch ein Filament für filigrane oder komplizierte Objekte zu benutzen. Auch das Entgraten oder Feilen der Bruchstellen, die Sie sonst an Ihrem Objekt haben, entfallen mit solch einer Lösung.

4.4.5 Fluoreszierendes Filament

Ähnlich dem selbstleuchtenden Filament gibt es auch ein Material, das unter Schwarzlicht/UV-Licht leuchtet, das sind die fluoreszierenden Filamente. Sie kennen diese Effekte sicherlich, die speziell in den 1980er Jahren in sämtlichen Diskotheken und Partykellern zu finden waren.

Abbildung 4.29 Eine Handy-/Tablethalterung aus fluoreszierendem Rot (Thingiverse Nr.: 255493)

Auch hier gibt es wie bei dem selbstleuchtenden Filament eine Vielzahl ab Einsatzmöglichkeiten, vorausgesetzt, die Objekte werden mit Schwarzlicht/UV-Licht angestrahlt (siehe Abbildung 4.29).

4.4.6 Flexibles Filament

Auch für Objekte, die eine gewisse Biegsamkeit aufweisen müssen, gibt es eine Lösung, FilaFlex zum Beispiel, ein Filament, das Ihre Objekte bis zu einem gewissen Grad flexibel und biegsam werden lässt. Das Paradebeispiel ist hier eine komplett ausgedruckte Schuhsohle, oder Flip-Flops für den Sommer. Beide Objekte müssen in einer bestimmten Weise biegsam sein, um sich dem Fuß beim Gehen anzupassen beziehungsweise abzurollen. Dieses Anwendungsgebiet ist prädestiniert für das flexible Filament.

Sie sollten jedoch bei der Konstruktion eines solchen Gegenstands mit der Wandstärke und der Fülldichte aufpassen. Das Filament ist zwar biegsam, neigt aber dazu, bei überhöhter Belastung zu reißen. Somit sollten mögliche Bruchstellen im CAD-Programm im Vorfeld genauer berücksichtigt werden.

Wie in Abbildung 4.30 zu sehen, lassen sich zum Beispiel auch Handyschalen sehr gut ausdrucken. Einerseits ist das Flexible Filament sehr weich und zerkratzt nicht die Oberfläche des Handys und andererseits passt sie sich sehr gut dem Gehäuse an.

Abbildung 4.30 Die Biegsamkeit des flexiblen Filaments ist schon eindrucksvoll, im Beispiel die Handyschale eines iPhone 5.

Um eine gewisse Spannung zu erzeugen, sollte der Druck einer Handyschale ruhig 1–2 mm kleiner sein als das Original.

4.4.7 Nylonartiges Filament

Für ganz spezielle Einsatzgebiete, bei denen Objekte resistent gegen unterschiedliche Chemikalien, wie zum Beispiel Alkohol, Öle oder Azeton, sein müssen, kommt das Nylon-Filament ins Spiel. Das übliche Nylon-Filament im 3D-Druckbereich ist das Taulman 618 oder Taulman 645, das zudem lebensmittelecht ist.

Taulman 618 wird unter anderem sogar für Knochen- und Knorpelersatz in der Formae Klinik in den USA eingesetzt (siehe Abbildung 4.31). Diese Materialien zeichnen sich durch ihre überdurchschnittliche Belastbarkeit oder ihre reine Oberflächenstruktur aus.

Für den privaten Gebrauch ist der Druck von Knochen oder Knorpel nicht gerade das Interessanteste, sehr wohl aber der Druck von Objekten, die speziell diese Eigenschaften benötigen – vielleicht um einen Tankdeckel eines Benzinrasenmähers herzustellen oder andere Objekte, die mit chemischen Flüssigkeiten in Kontakt kommen könnten und resistent sein sollten.

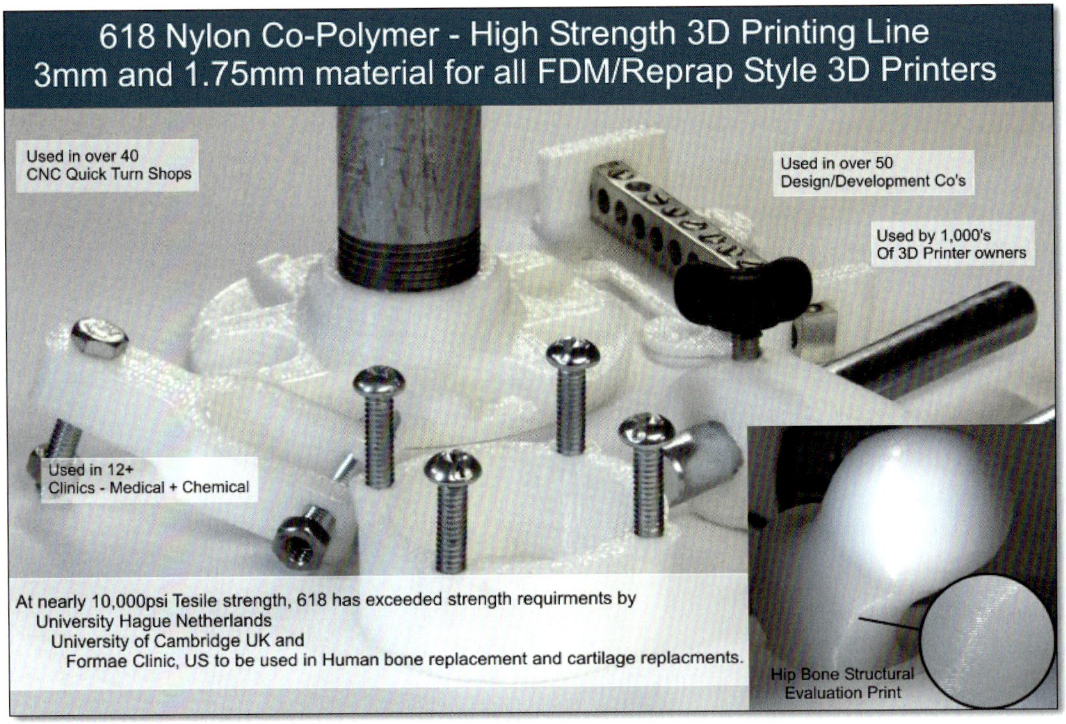

Abbildung 4.31 Taulman 618 – ein überaus robustes Filament, das sogar in der Medizintechnik eingesetzt wird (Quelle: iGo3D.com/Taulman3D.com)

4.4.8 Zukunftsaussichten

Leider darf ich Ihnen zum jetzigen Zeitpunkt noch keine genaueren Informationen über einige weitere Spezialfilamente geben. Aber ich kann Ihnen verraten, dass Ihnen in naher Zukunft, hoffentlich bereits bei Erscheinen dieses Buches, viele weitere Möglichkeiten offen stehen werden.

Schon jetzt bekommen Sie den einen oder anderen Exoten, wie zum Beispiel ein elektrisch leitendes Filament, im Fachhandel, jedoch wird diese Technik in nächster Zeit noch gravierend verbessert. Auch stehen kaum Informationen über die Leitfähigkeit der aktuellen Filamente zur Verfügung.

Aber auch farblich kreative Filamente wird es in nächster Zeit geben. So zum Beispiel farbverändernde Materialien, die ihre Farbe je nach Temperatur verändern können. Es gibt zwar mit Thermochrome EcoPLA schon ein farbveränderndes Filament, jedoch nur in Grau und für relativ viel Geld. In der nahen Zukunft wird es hier allerdings eine breitere Palette an Farben geben, die auch preislich interessanter sein werden.

Sie sehen also, wie viel Energie und Kreativität auch in die unterschiedlichen Filamente und nicht nur in weitere 3D-Drucker gesteckt wird. Die nahe Zukunft wird mit Sicherheit höchst spannend werden und uns eine Menge an Möglichkeiten für die unterschiedlichsten Einsatzgebiete eröffnen.

Entscheidend für das perfekte Objekt ist die richtige Wahl des jeweiligen Filaments. Ich möchte Ihnen zusammengefasst noch einmal die jeweiligen Einsatzgebiete erläutern:

- **Holzfilament**
  Statuen, Figuren, kunstvolle Objekte, wie zum Beispiel Vasen
- **Sandsteinartiges Filament**
  Ideal für architektonische Kunst wie Häuser Gebäude oder auch für Statuen und Büsten
- **Selbstleuchtendes Filament**
  Vielfältige Einsatzbereiche, etwa Sternenhimmel für das Kinderzimmer, Kunstobjekte, aber auch im Sicherheitsbereich oft verwendet für Warnschilder, Schalter etc.
- **Wasserlösliches Filament**
  Wird eigentlich nur für Stützkonstruktionen verwendet, da es sich im Wasser komplett auflöst.
- **FluoreszierendesFilament**
  Effekt tritt nur unter Schwarzlicht/UV-Licht auf, von daher sind die Einsatzgebiete beschränkt.

- **Flexibles Filament**
  Wird für alle flexiblen Objekte verwendet, wie zum Beispiel Schuhe, Sohlen, Einlegesohlen. Aber auch herkömmliche Objekte, wie zum Beispiel Handyschalen, können hiermit gedruckt werden und verleihen dem Objekt die spezielle flexible Eigenschaft.
- **Nylonartiges Filament**
  Wird teilweise im medizinischen Bereich verwendet. Bietet eine sehr hohe Festigkeit und hohe Resistenz gegenüber Chemikalien. Die Einsatzgebiete sind von daher sehr breit gestreut. Taulman 645 ist sogar lebensmittelecht.

Genügend Materialien hätten Sie also für Ihr Wunschobjekt, aber was, wenn das Objekt in keiner Datenbank vorhanden ist? Trotz der wirklich reichhaltigen Auswahl an 3D-Objekten kann es durchaus passieren, dass Sie nicht das Passende finden, abgesehen von gänzlich individuellen Wünschen oder sogar Porträts von Ihnen oder Ihren Liebsten. Hier kommt der 3D-Scanner ins Spiel. Wie im 3D-Druckerbereich gibt es auch hier verschiedene Methoden, um Ihr Wunschobjekt zu scannen. Ich helfe Ihnen auf den nächsten Seiten, Ihren persönlichen Favoriten zu finden, und gebe Ihnen einen kompletten Einblick in die Welt des 3D-Scannens.

Kapitel 5

Objekte selbst einscannen – 3D-Scanner richtig einsetzen

Der 3D-Scan ist schon für sich allein eine Zukunftstechnologie mit großem Potenzial, die Kombination mit dem 3D-Druck ist äußerst naheliegend und fruchtbar. In diesem Kapitel lernen Sie, welche Geräte und Software es bereits auf dem Markt gibt, wo deren jeweiligen Stärken und Schwächen liegen und wie Sie sie einsetzen.

Neben dem 3D-Drucker entwickelt sich der 3D-Scanner zu dem nächsten »Big thing« in unserer Gesellschaft. Der 3D-Scanner wird in Zukunft eine fast gleichberechtigte Rolle neben dem 3D-Drucker besitzen, da es mit ihm möglich ist, individuelle Objekte zu erfassen, um Sie dann auszudrucken.

5.1 Die Welt in 3D abbilden – mit 3D-Scannern (fast) kein Problem

Die ganze Welt als 3D-Modell ist vielleicht etwas zu übertrieben ausgedrückt, eher ist Ihre nähere Umwelt damit gemeint. Die heutige Technik der 3D-Scanner ist bereits so weit fortgeschritten, dass es mit ihnen schon möglich ist, ganze Räume als 3D-Modell zu erfassen (siehe Abbildung 5.1).

Die Tiefenerfassung der Räume ist zwar auf ca. 4 Meter beschränkt, größere Räume könnten Sie aber unproblematisch in zwei Arbeitsschritten einscannen und die jeweiligen Objekte zusammenfügen lassen.

Ein Schwerpunkt bei diesem Scanvorgang ist die Tatsache, dass wirklich alle Tiefeninformationen auf das Objekt übertragen werden.

Wie Sie in Abbildung 5.2 sehen können, gibt Ihnen der Scanner die originalen Abmessungen des jeweiligen Raumes wieder.

So einen 3D-Scanner könnten Sie doch idealerweise bei einer Wohnungs- oder Hausbesichtigung verwenden, oder (siehe Abbildung 5.3)? Aber auch die Planung von Renovierungsarbeiten noch nicht vermessener Räume wäre hier ein praktisches Beispiel. Allerdings ist die Darstellung der Maße wirklich das simpelste Beispiel, das mir einfallen konnte.

Abbildung 5.1 Raumerfassung mit dem mobilen Structure Sensor
(Quelle: Produktvideo Occipital.com)

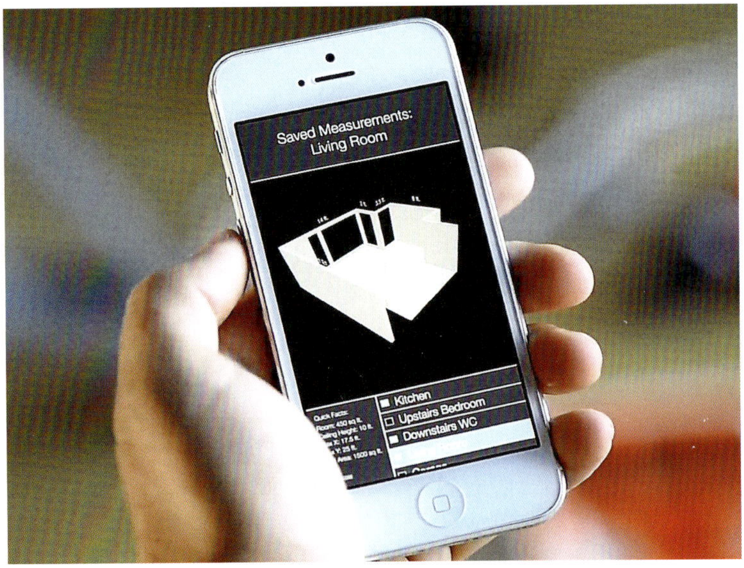

Abbildung 5.2 Eingescannter Raum mit exakten Abmessungen
(Quelle: Produktvideo Occipital.com)

Abbildung 5.3 Der mobile Structure Sensor in Aktion, aufgesteckt auf ein iPad Air (Quelle: Produktvideo Occipital.com)

Richtig interessant wird es bei der gleichzeitigen Darstellung eines anderen 3D-Objekts innerhalb des gescannten Raumes. Beispielsweise suchen Sie für Ihr Wohnzimmer oder einen anderen Raum eine spezielle Büste einer Person, die Sie aufstellen wollen. Nun ist es in der Regel so, dass Sie zwar im Vorfeld den Platz ausmessen können, aber eigentlich nicht so 100 % wissen, ob diese Büste dort auch optisch hinpasst.

Und wieder kommt hier Ihr 3D-Scanner zur vollen Geltung. Scannen Sie im Vorfeld Ihren jeweiligen Raum ein, und platzieren Sie dann das gescannte Objekt auf dem jeweiligen Platz im Raum, in dem Fall Ihre Büste oder einen Tisch wie in Abbildung 5.4 und Abbildung 5.5.

Diese Art von Virtual Reality gab es vor ein paar Monaten schon einmal in Form einer iPhone-App eines bekannten schwedischen Einrichtungshauses. Allerdings konnten hier nur Möbel und andere Gegenstände aus dem Produktkatalog dieses Unternehmens verwendet und in dem virtuellen Raum dargestellt werden. Es war damals aber schon ein kleiner Vorläufer dieser Möglichkeit. Ein weiteres Manko lag in den fehlenden Abmessungen der Räume und Objekte, da der Raum ja nicht gescannt wurde, sondern lediglich als Bild dargestellt.

Abbildung 5.4 Objekterfassung mit Hilfe des mobilen 3D-Scanners (Quelle: Produktvideo Occipital.com)

Abbildung 5.5 Positionieren des gescannten Objekts in dem gewünschten Umfeld (Quelle: Produktvideo Occipital.com)

Mit Ihrem mobilen 3D-Scanner ist es also möglich, die originalen Abmessungen des Raumes zu bekommen, ein Objekt oder ein Möbelstück zu scannen und dieses maßstabsgerecht in dem Raum zu platzieren. Hinzu kommt, dass Sie nach diesem Vorgang den Raum und auch das Objekt aus jedem beliebigen Winkel anschauen können. Eine völlig neue Dimension der Innenraumgestaltung erwartet Sie hier.

Abgesehen von der Möglichkeit, ganze Räume oder Möbel zu scannen, können Sie natürlich auch (fast) beliebige Gegenstände oder ganze Personen einscannen. So wäre es schon jetzt möglich, dass Sie sich eine »Sicherheitskopie« eines Haushaltsgegenstands machen, so zum Beispiel von einer kleinen Statue, einer Vase oder auch vom Lieblingsspielzeug Ihres Nachwuchses (siehe Abbildung 5.6).

Abbildung 5.6 Der eingescannte Bär meines Sohnes

Haben Sie erstmal den jeweiligen Gegenstand eingescannt, können Sie sich die Datei auf Ihrem Rechner sichern und ihn entweder mit Ihrem eigenen 3D-Drucker ausdrucken, ihn über einen 3D-Druckdienstleister, wie zum Beispiel Shapeways, in einem gänzlich anderen Material ausdrucken lassen oder ihn sogar noch nachträglich verbessern.

Selbst wenn Sie mit der bisherigen Drucktechnik noch nicht zufrieden sind, sei es von der Auflösung oder den möglichen Druckmaterialien her, so haben Sie doch jetzt bereits die Möglichkeit, das Objekt in Ihrer persönlichen Datenbank zu speichern und eventuell in ein paar Jahren mit einer anderen Drucktechnologie zu erstellen.

Was ich quasi nebenbei in der Aufzählung erwähnte, würde ich Ihnen gerne etwas näher erläutern. Und zwar handelt es sich um die Möglichkeit, Ihr gescanntes Objekt nachträglich zu verändern. Erinnern Sie sich an den Lampensockel? Dieses kleine Projekt habe ich Ihnen in Abschnitt 2.2, »Nutzen und Vorteile eines eigenen 3D-Druckers«, vorgestellt. Dabei handelte es sich zwar nicht um einen 3D-Scan, da der ursprüngliche Sockel schon zerbrochen war, aber es ist ein gutes Praxisbeispiel für eine nachträgliche Änderung eines Objekts (siehe Abbildung 5.7).

Abbildung 5.7 Der neu gebaute und verbesserte Lampensockel

Sollte Ihr Objekt, das Sie gerne als virtuelle Datensicherung haben möchten, einige Mängel aufweisen, die Sie gerne geändert hätten, tun Sie es doch einfach. Ich habe zum Beispiel die Lampenhalterung an einer bestimmten Stelle viel stabiler hergestellt, als sie vorher war. Wegen der Schwachstelle kam es wohl auch zum Bruch beim alten Modell.

Sie können aber selbstverständlich nicht nur eventuelle Schwachstellen eines Objekts verändern, sondern auch das Objekt an sich. Hätten Sie beispielsweise gerne Ihre Lieblingsblumenvase etwas runder oder eckiger, vielleicht sogar mit einigen Verzierungen oder einfach nur kleiner oder größer? Dann stehen Ihnen mit der virtuellen Kopie auf Ihrem Rechner (fast) alle Möglichkeiten offen.

Selbst die Lieblingspuppe oder das Lieblingsspielzeug Ihres oder eines anderen Kindes kann eingescannt und gesichert werden (siehe Abbildung 5.8). Natürlich müssten Sie bei einer Puppe Abstriche beim Material machen, und das Spielzeug wäre wohl ohne Bearbeitung nur sehr eingeschränkt nutzbar, aber es wäre virtuell gesichert.

Vielleicht ist das Material der gescannten Puppe oder die Funktionalität des geliebten Spielzeugautos in der Zukunft auch gar nicht so entscheidend. Stellen Sie sich einmal vor, dass Sie genau diese Objekte aus Ihrer Kindheit Ihren Enkeln komplett in Farbe mit einem 3D-Drucker ausdrucken. Selbst wenn Sie keine Kinder oder Enkel haben, haben Sie mit Sicherheit gewisse Gegenstände, die Sie liebend gern für die Zukunft aufbewahren möchten, die aber irgendwann kaputtgehen oder beispielsweise bei einem Umzug verloren gehen.

Abbildung 5.8 Der Rohscan eines Spielzeugautos

Mit einem 3D-Scanner haben Sie die Möglichkeit, Ihre Gegenstände hochauflösend und in Farbe auf der Festplatte zu speichern. Egal, ob Möbel, Vasen, Statuen, Haushaltsgegenstände oder Spielzeug, sichern Sie sich eine virtuelle Kopie, und drucken Sie sie auf Ihrem 3D-Drucker aus.

Allerdings sollten Sie gerade bei der Erstellung eines 3D-Scans sehr genau auf das Urheberrecht und eventuelles Lizenzrecht achten. Auch das Geschmacksmusterpatent sollte unter anderem genauer beachtet werden.

Rechtliche Fragen lieber im Vorfeld mit einem Rechtsanwalt klären!

!

Da ich weder Rechtsanwalt noch Jurist bin, darf ich Ihnen auch keine rechtlichen Ratschläge geben, sondern kann nur auf die Gefahren hinweisen.

Scannen Sie für sich privat ein Objekt ein, sind die Gefahren einer Urheberechtsverletzung möglicherweise geringer, als wenn Sie das gescannte Objekt ausdrucken und gewerblich verkaufen. Dem schiebt der Gesetzgeber einen eindeutigen Riegel vor.

Ich kann Ihnen nur ans Herz legen, dieses immens wichtige Thema nicht zu unterschätzen und lieber im Vorfeld gegebenenfalls einen spezialisierten Rechtsanwalt zu konsultieren.

Im Anhang des Buches finden Sie hierzu ein Kapitel von Christian Solmecke, der sich mit diesen Fragen befasst und den ein oder anderen guten Ratschlag für Sie parat hat.

Nach dem kleinen »Dämpfer«, was die Rechtsprechung betrifft, komme ich nun aber zu einem hochinteressanten Thema, nämlich zu den vereinzelten Scanmethoden. Ähnlich wie bei den 3D-Druckern gibt es auch im Scanbereich die unterschiedlichsten Methoden, um ein Objekt dreidimensional zu erfassen. Und nicht jeder 3D-Scanner ist unbedingt für jedes Objekt einsetzbar, so müssen Sie je nach Größe oder Beschaffenheit des Objekts abwägen, welcher Scanner der richtige ist. Das klingt zwar erst einmal recht kompliziert, aber mit Hilfe dieses Buches werden Sie im Anschluss ganz genau wissen, wie Sie mit welchem Scanner am besten arbeiten können.

Infrarot, mit einem Laser oder ganz simpel mit einer Digicam das 3D-Modell erstellen? Die Möglichkeiten des 3D-Scannens sind vielfältig und haben gravierende Unterschiede.

5.2 Welcher 3D-Scanner ist für mich der richtige?

Diese Frage ist so simpel wie kompliziert, je nachdem, ob Sie die verschiedenen Verfahren der 3D-Scanner kennen. Um die oben stehende Frage eindeutig zu beantworten, zeige ich Ihnen erst einmal die unterschiedlichen Scanverfahren auf und erkläre Ihnen die Anwendungsbereiche. Danach sollten Sie diese Frage ganz einfach beantworten können.

Grundsätzlich können Sie zwischen den folgenden Scanverfahren unterscheiden:

- Fotogrammetrie
- Streifenlichtprojektion
- Infrarotscan

Mit diesen drei Verfahren sind Sie in der Lage, fast jedes beliebige Objekt dreidimensional zu erfassen und lokal auf Ihrem Rechner zu speichern. Allerdings klingen diese Fachbegriffe erst einmal kompliziert und sind für einen Laien nicht unbedingt aus dem Stegreif zu erklären. Ein erfolgreicher 3D-Scan setzt meiner Meinung nach auch die Kenntnis der grundlegenden Eigenschaften dieser Verfahren voraus. Sie sollten zum Beispiel nicht unbedingt versuchen, mit einem Laserscanner das eigene Haus von außen einzuscannen, sondern hier besser mit der Fotogrammetrie arbeiten. Somit wären wie auch schon bei dem ersten Verfahren, das ich Ihnen genauer erläutern will.

5.2.1 Die Fotogrammetrie

Die Fotogrammetrie ist im Prinzip kein herkömmlicher 3D-Scan, sondern eher eine Methode, um aus vielen unterschiedlichen Fotos die notwendigen Tiefeninformationen auszulesen, die für ein späteres *Mesh* (3D-Modell) erforderlich sind. Ein großer Vorteil dieses Verfahrens ist die automatische Texturerstellung des Objekts. Somit besitzen Sie mit Ihrer Digitalkamera oder auch mit Ihrem Smartphone (sofern dieses mit einer

Kamera ausgestattet ist) schon einen vollwertigen »3D-Scanner«. Das sind zwar die Mindestvoraussetzungen, die Sie für die Fotogrammetrie besitzen sollten, aber schon hiermit lassen sich teilweise eindrucksvolle Ergebnisse erzielen.

Mesh

Das Mesh ist ein anderer Begriff für das Polygonnetz, aus dem das 3D-Modell besteht, unter anderem auch bekannt als *Drahtgittermodell*. Es besteht üblicherweise aus Dreiecken, Quadraten und Knoten. Jedes gescannte Objekt wird im Rohzustand, also ohne Texturen, als Mesh bezeichnet.

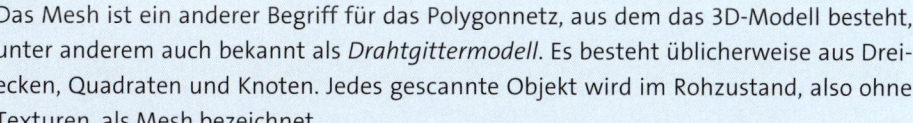

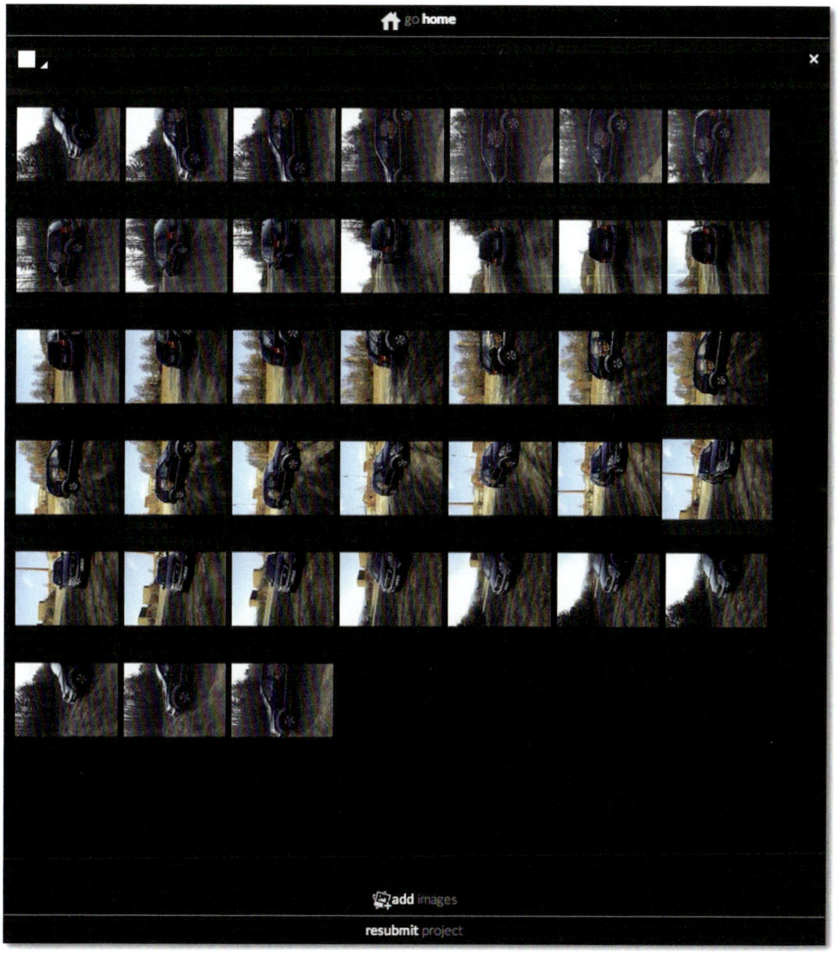

Abbildung 5.9 Eine Reihe von Bildern, angeordnet in Autodesk ReCap 360

Diese Bilder meines Autos, die Sie in Abbildung 5.9 sehen, habe ich quasi »aus der Hüfte« mit einem Smartphone gemacht und auf die Server von Autodesk geladen. Mit Hilfe der Cloudsoftware ReCap 360 (*http://www.recap360.autodesk.com*) von Autodesk entstand aus diesen Bildern schon ein richtiges 3D-Modell, das weiterbearbeitet werden könnte (siehe Abbildung 5.10).

Abbildung 5.10 3D-Modell, mit Hilfe von Autodesk ReCap 360 erstellt

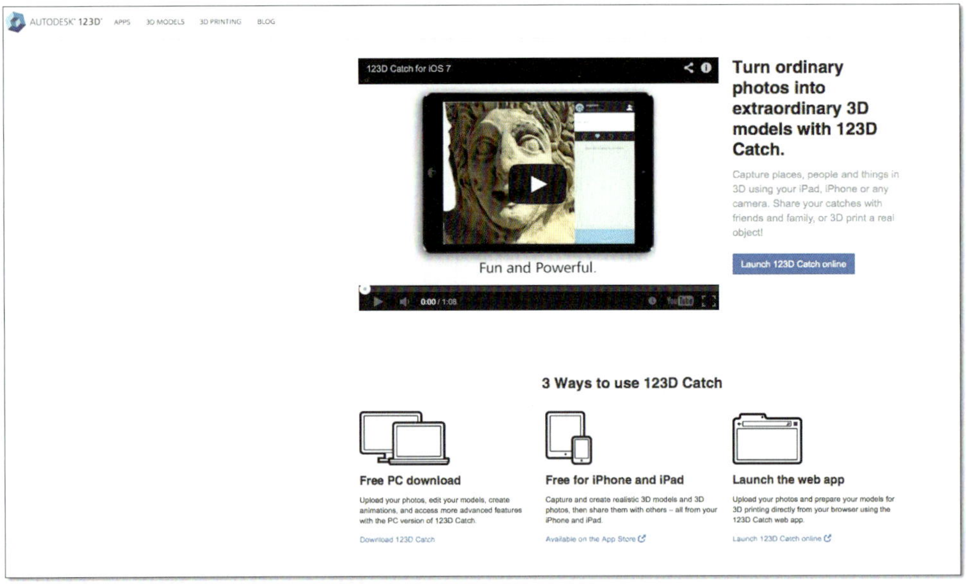

Abbildung 5.11 123D Catch steht in verschiedenen Ausführungen für Sie bereit, lokal auf dem PC oder Smartphone oder als Cloud-Version. (Quelle: Screenshot www.123dapp.com)

Aber auch ohne Hilfe dieser Software und nur mit Ihrem Smartphone können Sie einen vollwertigen 3D-Scan erstellen. Wie? Ganz einfach mit der kostenfreien App

123D Catch, die ebenfalls von Autodesk stammt. Im Gegensatz zu ReCap 360 brauchen Sie hier wirklich nur Ihr Smartphone zur Erstellung des Scans, können allerdings auch eine PC-basierte Version unter *http://www.123dapp.com/catch* herunterladen (siehe Abbildung 5.11).

Dabei funktioniert 123D Catch ebenso wie ReCap 360 und errechnet von den aufgenommenen Fotos ein 3D-Modell. Erfreulicherweise funktioniert das mit den beiden vorgestellten Diensten wirklich hervorragend. Probieren Sie es doch einfach mal aus, 123D Catch ist komplett kostenfrei.

Im Gegensatz zu anderen 3D-Scanverfahren errechnet sich das gewünschte Objekt also nicht durch Abtasten der Tiefeninformationen, sondern durch Aufnahme von vielen Fotos, die im besten Fall um das ganze Objekt herum aufgenommen werden. Allerdings ist diese Art der Tiefenberechnung auch sehr rechenintensiv, das bedeutet, dass Sie schon einen relativ schnellen Rechner (i7 mit 8 GB inklusive entsprechender Grafikkarte zum Beispiel) besitzen sollten, um diese Datenflut bewältigen zu können.

Meine beiden Beispiele mit ReCap 360 oder 123D Catch unterscheiden sich grundlegend von der lokalen Methode, ein 3D-Modell zu erstellen. Die Rechenleistung übernehmen in beiden Fällen die Server von Autodesk für Sie. Sie übermitteln dem Cloud-Programm eigentlich nur die Fotos, und der Rest geschieht auf der Serverfarm von Autodesk.

Vorteil

Sie sparen sich teure Rechenhardware und verlagern die Berechnung nach außen auf die Server von Autodesk. Sie brauchen zudem keine weiteren Vorkenntnisse für die Anordnung der Bilder und deren spezielle Einstellungen, da auch diese Aufgaben von Autodesk übernommen werden.

Nachteil

Sie laden Ihre privaten Bilder auf fremde Server hoch und überlassen die Arbeit einem anderen Unternehmen. Nicht unbedingt für jedermann geeignet, speziell wenn es sich um Personenaufnahmen handelt. Die Einstellungsmöglichkeiten sind zudem arg begrenzt.

Eine Alternative, die Sie lokal auf Ihrem Rechner installieren können, kommt mit Agisoft Photoscanins Spiel. Diese Software installieren Sie wie gehabt auf Ihrem PC oder Mac und können wirklich alle Feinheiten Ihres 3D-Modells einstellen. Photoscan ist allerdings kostenpflichtig, der Preis liegt bei 179 US$ (ca. 130 €). Erfreulicherweise können Sie sich aber eine vollwertige Demoversion unter *http://agisoft.ru* herunterladen und benutzen. Die Beschränkung der Version liegt einzig und allein darin, dass Sie Ihr 3D-Modell nicht abspeichern können. Mit dieser Software ist es Ihnen möglich, wirklich professionelle 3D-Objekte zu erzeugen. Egal, ob Sie Ihr Smartphone für die Fotoerstellung nehmen oder eine hochwertige Spiegelreflexkamera – der Berechnungsroutine der Software ist die Qualität der Kamera eigentlich egal, solange Sie nicht mit einer ganz alten Digitalkamera arbeiten. Allerdings ist die Qualität der Textur abhängig von der Kamera. Sie bringen selbstredend mit einer Spiegelreflexkamera viel bessere und intensivere Texturen zustande als mit einem Smartphone.

Photoscan hat neben den Vorteilen der lokalen Bearbeitung und den vielen Einstellungsmöglichkeiten einen weiteren entscheidenden Vorteil: Sie müssen nicht unbedingt um das Objekt herumgehen, um es von allen Seiten zu fotografieren, es kann sich auch auf einem Drehteller um die eigene Achse bewegen. So können Sie auch kleinere Objekte zum Beispiel auf einen Drehteller positionieren und die entsprechenden Bilder machen. Hierfür brauchen Sie dann einfach nur den Drehteller ein wenig weiter zu drehen und das nächste Foto zu schießen, bis Sie das Objekt von jedem Winkel aus fotografiert haben. Andere Dienste, wie zum Beispiel ReCap 360, kommen mit dieser Technik nicht zurecht, die Bilder werden komplett falsch angeordnet, da sich der Hintergrund des Objekts nicht mit bewegt.

Photoscan wird Ihnen allerdings im Normalfall auch kein brauchbares Ergebnis liefern, hier bedarf es erst eines kleinen Tricks. Sie erstellen wie gehabt die Fotos des Objekts und zusätzlich noch ein Bild vom reinen Hintergrund ohne Objekt. Danach wird eine Maske vom Hintergrund exportiert, und Photoscan kann mit deren Hilfe die Bilder wie gewohnt anordnen (siehe Abbildung 5.12).

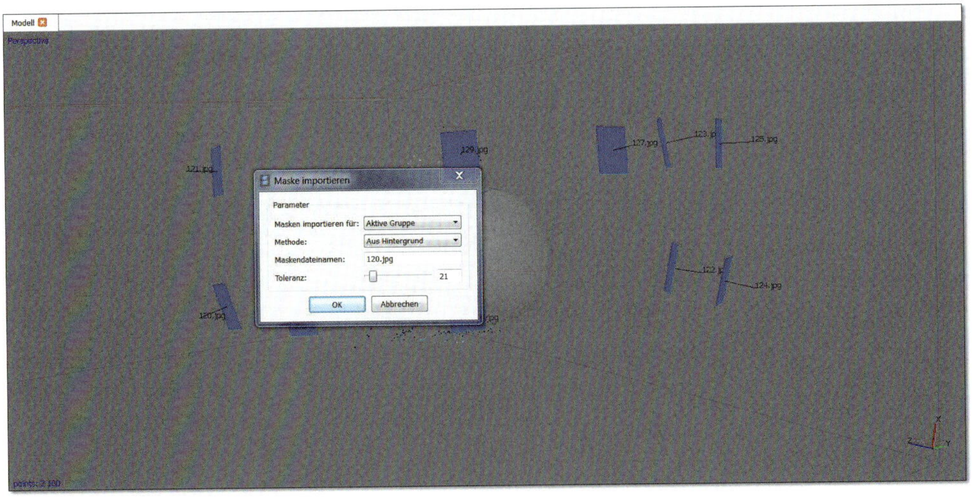

Abbildung 5.12 Der Import der Maske ist teilweise ein wenig schwierig, aber immens wichtig.

Allerdings kann die automatische Maskierung in manchen Fällen auch fehlschlagen, und Sie müssten dann die Maske von Hand für jedes Bild erstellen. Dafür haben Sie aber die Möglichkeit, zum Beispiel in beengten Räumen und mit nur einer Kamera einen Scan mit Hilfe der Fotogrammetrie durchzuführen.

Import einer Maske in Agisoft Photoscan

Um von einer fixen Position aus ein 3D-Modell zu erzeugen, müssen Sie in Photoscan eine Maske importieren. Hierzu rufen Sie das Werkzeug über Menü • Importieren • Masken importieren auf und wählen dann die Methode Aus Hintergrund aus. Je nach Objekt und Hintergrund können Sie die Toleranz festlegen, je nachdem, ob sich das Objekt sehr gut vor dem Hintergrund abzeichnet oder eher nicht.

Sie werden sich wohl fragen, warum in der heutigen Zeit der mobilen 3D-Scanner noch so eine relativ aufwendige Technik verwendet wird. Einerseits besitzen Sie mit nur einer Digitalkamera oder mit einem fotofähigen Smartphone und einer kostenfreien App wie 123D Catch schon einen funktionierenden 3D-Scanner, und andererseits haben Sie mit Hilfe von Spiegelreflexkameras die Möglichkeit, wirklich hochauflösende Texturen zu bekommen, die für die spätere Bearbeitung sehr wichtig sein können. Sicherlich haben Sie mit den anderen Scanverfahren auch die Möglichkeit, die Textur zu erfassen, jedoch kommt die Qualität nicht an die einer Spiegelreflexkamera heran.

Der entscheidende Vorteil der Fotogrammetrie liegt aber in der Geschwindigkeit eines kompletten 3D-Scans. Nein, ich meinte nicht die Vorgehensweise, die ich anfänglich schon beschrieben habe. Ein Rundgang um ein Objekt oder um einen Menschen, um ihn aus den unterschiedlichsten Winkeln zu fotografieren, ist nun wirklich nicht schnell getan. Aber denken Sie mal an ein System, das aus vielen einzelnen Kameras besteht, die aus den vielen unterschiedlichen Positionen *zeitgleich* ein Foto schießen (siehe Abbildung 5.13). Das wäre natürlich ein enormer Geschwindigkeitsvorteil gegenüber den herkömmlichen 3D-Scannern, die das jeweilige Objekt oder den Menschen langsam von oben nach unten abtasten.

In dem Bildbeispiel habe sind jetzt allerdings nur Kameras in der gleichen Höhe positioniert. Ich persönlich arbeite zurzeit an einem solchen 3D-Scanner, der bei Fertigstellung bis zu 150 Kameras haben wird. Mit dieser Technologie ist es auch möglich, schwierige Situationen auf Knopfdruck einzufangen und davon ein 3D-Modell zu erstellen. Denken Sie beispielsweise an Hunde, die höchstwahrscheinlich keine 5–7 Minuten lang stillhalten könnten, bis ein herkömmlicher Scan mit dem Abtasten fertiggestellt wäre. Und was mir persönlich sehr am Herzen liegt: Das Einscannen von (Klein-)Kindern ist hiermit möglich.

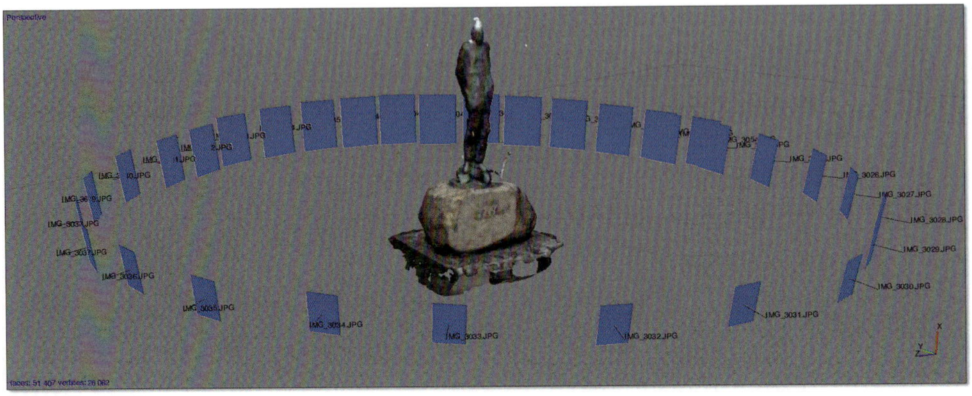

Abbildung 5.13 Anordnung der einzelnen Kameras in Photoscan (Quelle: Screenshot www.agisoft.ru)

Bei dem Versuch, mit einem Kinect-Sensor, also dem Abtastverfahren, meinen zweijährigen Sohn zu erfassen, bin ich kläglich gescheitert. Kleine Kinder halten normalerweise unter keinen Umständen 5 bis 7 Minuten lang still, um einen vernünftigen Scan zu erzielen. Mit der Fotogrammetrie-Technik in Verbindung mit zahlreichen Kameras ist ein kompletter 360°-Scan in unter 1 Sekunde möglich. Und somit lassen sich nun auch Tiere, Kinder auch bei außergewöhnlichen Situationen, wie zum Beispiel bei einem Sprung, erfassen.

Bisher lag jedoch der Nachteil bei der Finanzierung eines solchen Systems mit vielen Kameras. Bei dem bisherigen Verfahren wurden üblicherweise Spiegelreflexkameras verwendet, wobei die Fehleranfälligkeit eines solchen Systems doch recht hoch ist. Bei einem Preis von ca. 350–400 € für eine Kamera, können Sie sich ausrechnen, dass ein System mit bis zu 150 Kameras utopisch viel kosten würde. Genau hier liegt auch ein weiterer Vorteil meiner Entwicklung, die Kosten meines 3D-Scanners werden sich gravierend unter dem Preis eines DSLR-3D-Scanners bewegen. Den aktuellen Fortschritt der Entwicklung können Sie auf meinem Blog verfolgen (*www.3d-drucker-world.de*).

Wie Sie sehen, ist diese doch relativ alte Technik, um Höhen- und Tiefeninformationen zu bekommen, keineswegs ein aussterbendes Verfahren. Die Fotogrammetrie kann eher als künstlerische Arbeit angesehen werden, da der Scanvorgang nichts weiter als ein gutes Foto beziehungsweise eine gewisse Zahl an guten Fotos ist. Und speziell bei dem Scanvorgang von Menschen bedarf es wie bei einem Fotostudio auch eines guten Fotografen mit dem gewissen Blick für die perfekte Situation.

5.2.2 Die Streifenlichtprojektion

Ein gänzlich anderes Verfahren bekommen Sie mit der sogenannten Streifenlichtprojektion. Von einem 3D-Scanner zu sprechen, wäre, ähnlich wie bei der Fotogrammetrie-Vorgehensweise, vielleicht falsch. Der eigentliche Kernpunkt bei dem Verfahren mit der Streifenlichtprojektion beruht auf einer ausgeklügelten Software und nicht unbedingt auf einer teuren Hardware. Die Hardware steht hier schon fast mehr im Hintergrund, so könnten Sie sich im Prinzip auch alleine die Hardware zusammenstellen. Grob gesagt bräuchten Sie nicht mehr als einen kleinen Projektor (Beamer) und eine gute HD-Kamera. Mit diesen beiden Geräten arbeitet zum Beispiel auch der beliebte DAVID Structured Light Scanner SLS-2.

Bei der Streifenlichtprojektion wirft der Projektor für die Erfassung der Daten ein spezielles Muster, bestehend aus unterschiedlich großen dunklen und hellen Streifen, auf das zu scannende Objekt. Dieses Muster ändert sich während des Vorgangs laufend, um ein detailliertes und komplexes Muster zu erhalten. Die Kamera zeichnet währenddessen diese sich verändernden Muster auf und überträgt sie in die jeweilige Software, die aus diesen Informationen ein komplettes Mesh erstellt.

Das war jetzt aber wirklich eine überaus grobe Kurzfassung, in der ich Ihnen die Vorgehensweise eines Streifenlichtscanners erklärt habe. Ganz so einfach ist es natürlich nicht. Natürlich bedarf dieser Vorgang einer präzisen Kalibrierung der drei Komponenten. Die Kamera, der Beamer und das zu scannende Objekt müssen in einem ganz bestimmten Verhältnis aufeinander ausgerichtet werden. Es ist leider nicht damit getan, dass Sie einfach ein Muster auf ein Objekt projizieren und das alles mit einer Kamera aufzeichnen, das würde nicht klappen.

Die Kalibrierung wird im Beispiel des DAVID-Scanners mit Hilfe einer Kalibrierecke aus Glas vorgenommen (siehe Abbildung 5.14).

Je nach Größe des Objekts müssen Sie für den Scanvorgang ein geeignetes Kalibriermuster haben, für kleinere Objekte sollten Sie also ein feineres Kalibriermuster wählen und für größere Objekte ein entsprechend gröberes. Um ein wirklich gutes Ergebnis zu bekommen, ist es bei diesem Scanner äußerst wichtig, den recht komplexen Kalibrierungsvorgang penibel zu beachten und umzusetzen. Belohnt werden Sie hierfür aber mit wirklich eindrucksvollen Ergebnissen, die im Fall des DAVID SLS-2 bei 0,1 % der jeweiligen Objektgröße (bis 0,05 mm) liegt. In dieser Auflösung werden sogar die Rillen einer Fingerkuppe plastisch dargestellt.

Sollte Ihnen dieses Kalibrierungsverfahren doch zu kompliziert sein und Ihnen der gesamte Apparat mit Beamer und externer Kamera doch zu umständlich sein, müssen Sie aber nicht unbedingt auf dieses präzise Scanverfahren verzichten. Zu diesem

Beispiel möchte ich Ihnen gerne zwei eindrucksvolle Scanner vorstellen. Zum einen wäre der Eva von der Firma Artec zu erwähnen, zum anderen der Fuel3D, in der Vergangenheit ein sehr erfolgreiches Kickstarter-Projekt aus dem schönen England.

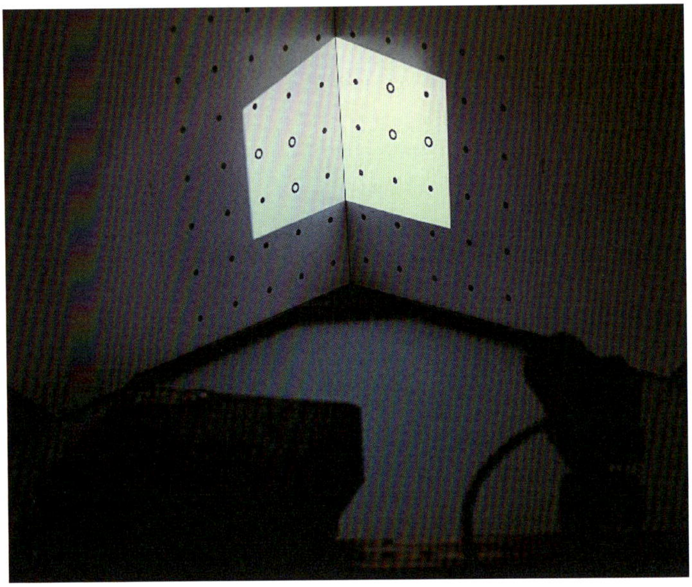

Abbildung 5.14 Die Kalibrierecke des DAVID-Laserscanners (Quelle: Anleitung DAVID SLS-1)

Kickstarter/Crowdfunding

Kickstarter ist wohl der Vorreiter für die Projektfinanzierung über Crowdfunding. Auf der Plattform vorgestellte Projekte versuchen, sich auf diese Art über die allgemeine Öffentlichkeit und auch von privater Hand zu finanzieren. Hierzu wird vom Projektgründer eine Finanzierungssumme vorgegeben, die in einem festgelegten Zeitraum erreicht werden muss. Wird das Ziel nicht erreicht, verfällt das Projekt und die Gelder werden nicht einbehalten. Mittlerweile haben sich neben Kickstarter auch andere Plattformen für Crowdfunding mehr oder weniger erfolgreich gebildet. In Deutschland ist diese Vorgehensweise allerdings eher ein Nischenbereich.

Der Artec Eva kommt eigentlich aus dem medizinischen Umfeld, wird aber dank der hochauflösenden Ergebnisse auch in anderen Bereichen gerne verwendet.

Anders als beim DAVID-Scanner bekommen Sie mit dem Artec Eva nur ein Gerät (siehe Abbildung 5.15), welches mit einem Datenkabel an den Rechner angeschlossen wird. Mit diesem handlichen Scanner erzielen Sie in kurzer Zeit ein sehr genaues Ergebnis des zu scannenden Objekts.

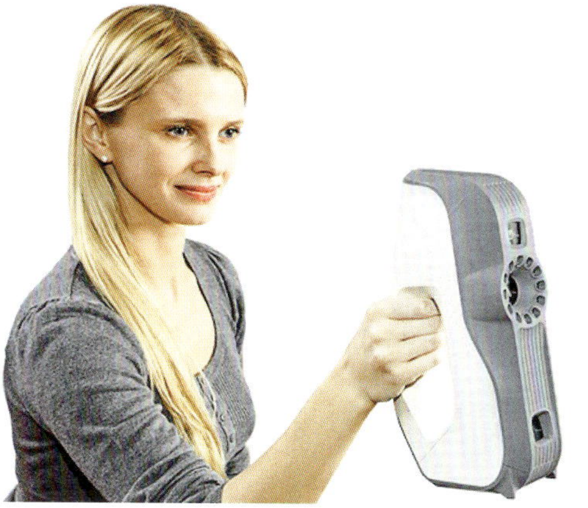

Abbildung 5.15 Der Artec Eva – einfache Bedienung und eine sehr hohe Auflösung zeichnen diesen 3D-Scanner aus. (Quelle: iGo3D.com)

Ein weiterer Vorteil ist die Mobilität, die zwar immer noch durch das Kabel zum Rechner eingeschränkt wird, aber wesentlich höher ist als bei einem fest installierten Scanner. So haben Sie auch die Möglichkeit, ganze Personen in einem Scanvorgang zu erfassen. Idealerweise dreht sich die Person auf einer Drehplattform, so dass Sie nicht herumgehen müssen (siehe Abbildung 5.16).

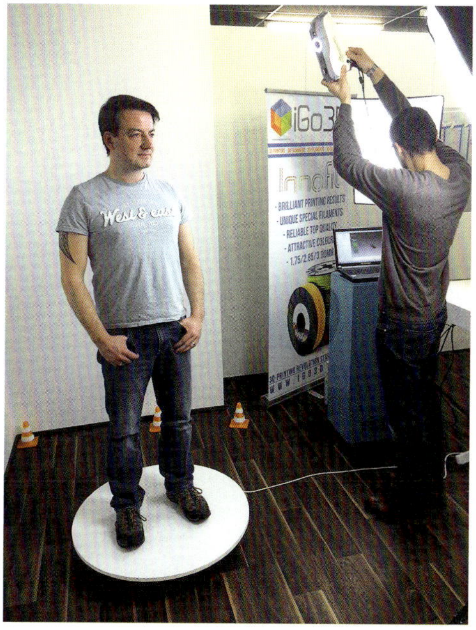

Abbildung 5.16 Scanvorgang eines Artec Eva bei iGo3D in Oldenburg

Für einen kompletten Personenscan benötigen Sie in der Regel mit dem Eva ca. 5–7 Minuten. Natürlich sollte die Person in der Zeit möglichst still stehen und sich nicht bewegen.

In Abbildung 5.17 können Sie den hohen Detailgrad sehr gut erkennen.

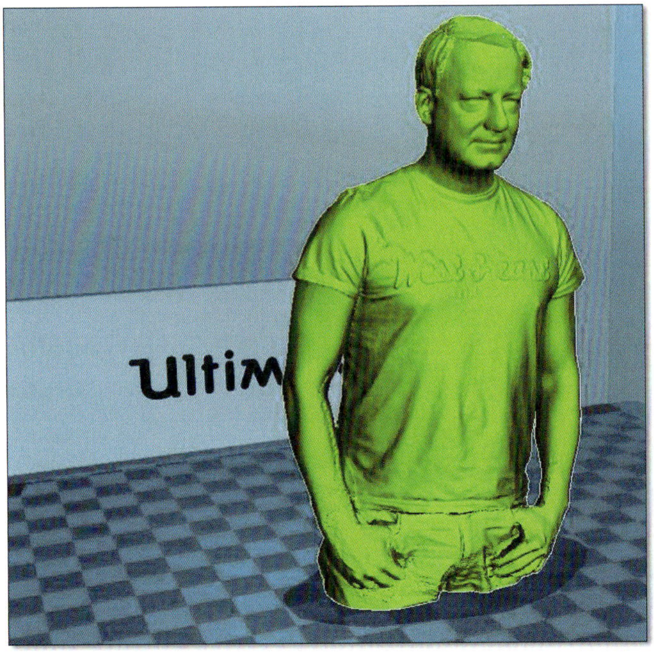

Abbildung 5.17 Der Scan – fertig zum Druck

Sie sehen, dass selbst die feine gestickte Schrift auf dem T-Shirt vom Scanner sehr gut erfasst und originalgetreu wiedergegeben wurde. Dass der Ursprung des Artec Scanners im medizinischen Bereich zu suchen ist, erklärt seine immens hohe Genauigkeit. Die Auflösung des Eva liegt bei bis zu 0,5 mm und die Präzision bei bis zu 0,1 mm.

Fairerweise sollte aber erwähnt werden, dass bei aller Liebe zum Detail diese extrem hohe Präzision nur von den wenigsten 3D-Druckern im späteren Druck wiedergegeben werden kann (siehe Abbildung 5.18). Insbesondere die Haare oder andere filigrane Details werden natürlich nicht so ausgedruckt, wie Sie es am 3D-Modell im Rechner sehen. Ich habe das Bild extra mit ein wenig mehr Kontrast und weniger Belichtung bearbeitet, um Ihnen die Details besser zeigen zu können. Vielleicht können Sie noch die gestickte Schrift erkennen. Solche Feinheiten sind aber eigentlich schon das Maximale, das Sie mit einem FDM-Drucker herausholen können. Wie ich finde, ist das aber gerade noch ausreichend, um eine anschauliche Statue oder Figur zu drucken.

Zusammengefasst sind Sie bestimmt wie ich begeistert vom Artec Eva, mit dem Sie natürlich nicht nur größere Objekte wie Menschen einscannen können, sondern auch kleinere. Der hohe Detailgrad geht hierbei nicht verloren.

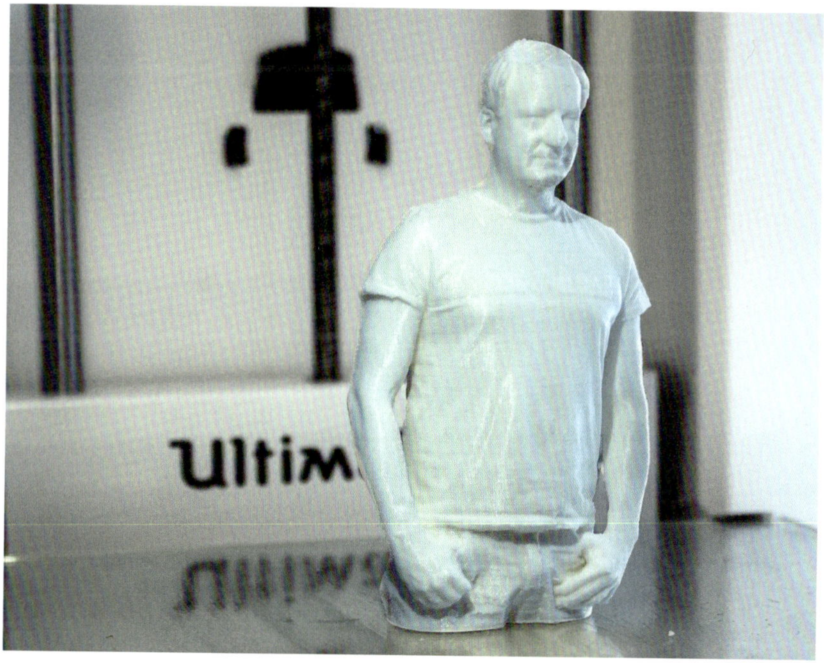

Abbildung 5.18 Das mit dem Ultimaker 2 gedruckte Objekt

Allerdings hat so ein 3D-Scanner auch seinen Preis, der sich leider auch noch nach der Option richtet, das Objekt in Farbe oder in Schwarzweiß zu erfassen. Wenn Sie Ihre Objekte farbig erfassen wollen, müssen Sie mit ca. 12.000–13.000 € netto (also ca. 15.000 € brutto/Endverbraucher) für den Artec Eva rechnen. In Schwarzweiß wird der Scanner ca. 4.000 € preiswerter.

So gesehen ist dieser Scanner wohl für den Hausgebrauch komplett uninteressant, denn ich glaube, die wenigsten unter uns würden so viel Geld für einen 3D-Scanner bezahlen, der nicht gewerblich genutzt wird. Warum gehe ich dann so auf diesen speziellen Scanner ein, könnten Sie sich jetzt zu Recht fragen. Ganz einfach, da ich Ihnen mit dem Fuel3D einen weiteren Scanner mit Streifenlichtprojektion vorstellen will, der sich meiner Meinung nach nicht unbedingt hinter dem Artec Eva verstecken muss und der eher für Privatpersonen konzipiert wurde (siehe Abbildung 5.19).

Der Fuel3D ist, wie ich schon schrieb, ein erfolgreiches Kickstarter-Projekt, das mittlerweile in der Endphase der Produktion angelangt ist. Nach jetzigem Stand werden wohl die ersten Fuel3D-Scanner im Herbst 2014 auf dem Markt sein. Ursprünglich stammt auch der Fuel3D, wie der Artec Eva, aus dem medizinischen Bereich und bietet dementsprechend eine ebenso hohe Auflösung und Präzision von 0,5 mm.

Abbildung 5.19 Der Fuel3D – futuristisches und sehr praktisches Design (Quelle: www.fuel-3d.com)

Das Verfahren, mit dem der Fuel3D arbeitet, ist im Prinzip auch eine Streifenlichtprojektion, die im Gegensatz zum DAVID-Scanner aber auch wieder komfortabler gestaltet ist. Ähnlich wie beim Eva bekommen Sie für den Scanvorgang zwar auch nur ein Gerät, müssen aber dennoch eine kleine Kalibrierung vornehmen.

Ganz so »einfach« wie beim Eva ist es also nicht. Aber keine Angst, die Kalibrierung läuft deutlich schneller und unkomplizierter ab als beim DAVID-Scanner. Statt einer Kalibrierecke aus Glas und einem verschieden aufgelösten Punktemuster, brauchen Sie bei dem Fuel3D nur eine kleine Scheibe, die neben dem Objekt platziert oder dort gehalten wird. Das sieht auf den ersten Blick vielleicht komisch aus, erfüllt aber zu 100 % seinen Zweck.

Sie sehen in Abbildung 5.20, dass diese Scheibe einfach auf die Korken gelegt wurde, um den Scanner zu justieren. Auf der Rückseite vom Fuel3D haben Sie verschiedene LEDs, die Ihnen durch rotes, gelbes oder grünes Leuchten zeigen, ob Ihr Objekt kalibriert ist. Danach drücken Sie einfach nur noch einen Knopf, und innerhalb von 2–3 Sekunden werden verschiedene Bilder erstellt, die später am Rechner das fertige 3D-Modell ergeben.

Abbildung 5.20 Die Kalibrierscheibe im Einsatz (Quelle: www.fuel-3d.com)

Im Vergleich zum Artec Eva können Sie also nicht das gewünschte Objekt von oben nach unten oder von links nach rechts »abfahren« und einscannen, sondern erstellen quasi eine Art Foto, aus dem das zugehörige Programm auf dem Rechner das Mesh erstellt. Der Nachteil liegt hierbei ganz klar auf der Hand: Sie müssen für ein größeres Objekt, wie zum Beispiel einen Menschen, mehrere Scans erstellen. Die maximale Größenerfassung liegt beim Fuel3D ungefähr bei einer DIN-A4-Seite. Dementsprechend können Sie sich vorstellen, wie viele Scans Sie für einen Menschen machen müssten. Für einen menschlichen Kopf bräuchten Sie ungefähr vier Scans, um jedes Detail in 360° zu erfassen. Ein Vorteil ist aber die außergewöhnlich gute Software zum Fuel3D. Dank eines ausgeklügelten Algorithmus werden die einzelnen Scans schon automatisch nahezu perfekt zusammengefasst, so dass Ihnen die meiste Arbeit dahingehend schon abgenommen wird.

Um Ihnen die Präzision des Fuel3D einmal besser darstellen zu können, habe ich den Scan der Korken mit der Software Meshlab geöffnet und einen Schattenwurf erstellt (siehe Abbildung 5.21).

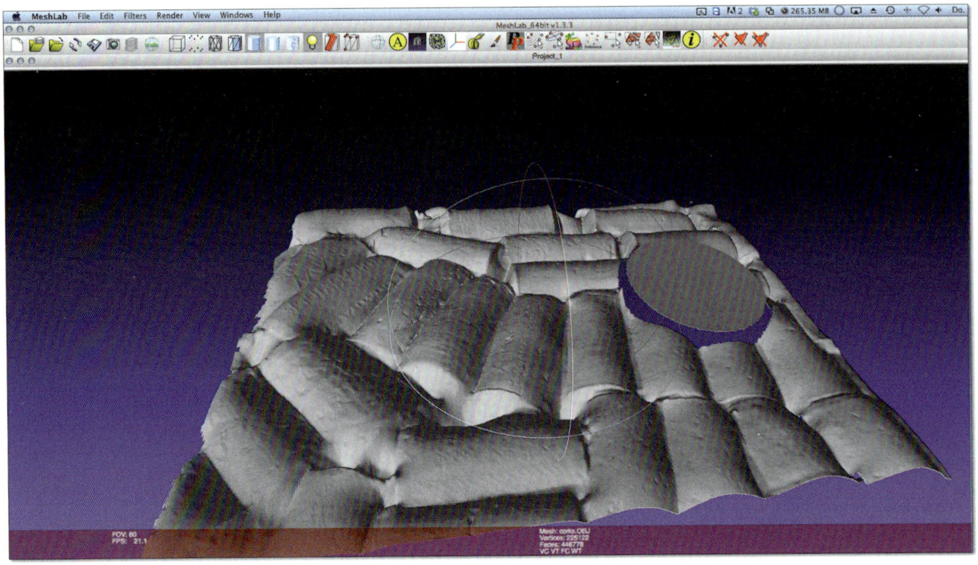

Abbildung 5.21 Oberflächenstruktur der gescannten Korken

Wie Sie hoffentlich auf dem Bild noch erkennen können, wird sogar die aufgetragene Tinte auf den Korken noch ein wenig plastisch dargestellt.

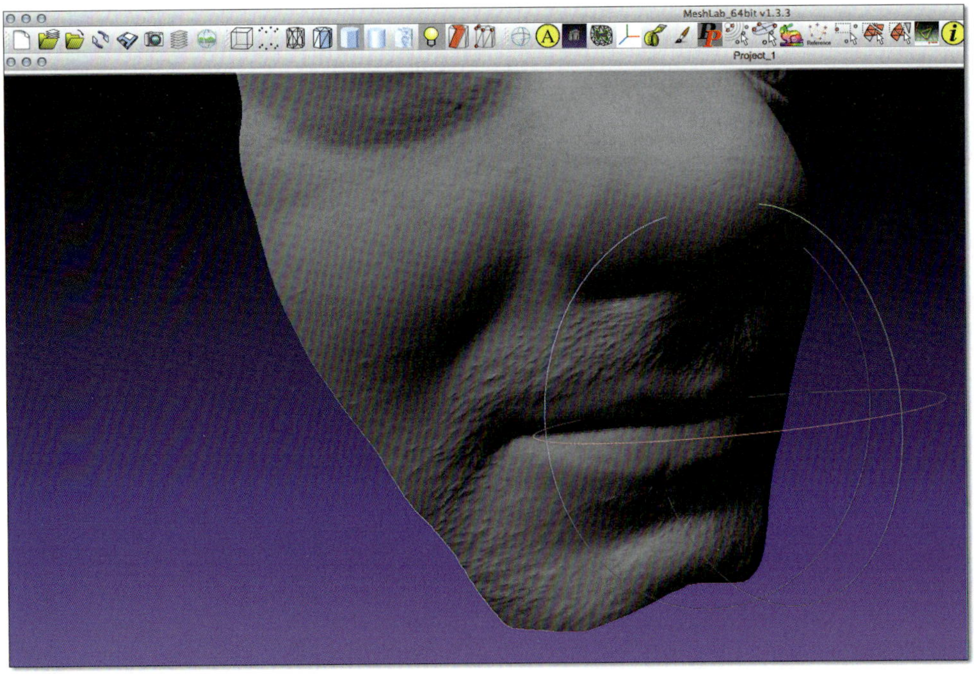

Abbildung 5.22 Zeit für eine Rasur?! Der Fuel3D erfasst selbst Bartstoppeln.

Ein anderes Beispiel sehen Sie in Abbildung 5.22. Selbst die Bartstoppeln meines Gesichts wurden erfasst und werden plastisch dargestellt. Von der Präzision her muss sich der Fuel3D also nicht unbedingt hinter dem Artec Eva verstecken.

Zusammengefasst bietet der Fuel3D also eine ähnlich hohe, wenn nicht sogar die gleiche Präzision wie ein Artec Eva, ist aber durch die notwendige Kalibrierung und die begrenzte Feldgröße des zu scannenden Objekts etwas eingeschränkter in der Bedienung. Allerdings wird der Fuel3D für den privaten Haushalt überaus interessant werden, da der Preis mit ca. 1.200 € veranschlagt ist – in Farbe, mit Software und ohne Einschränkungen. Leider kann ich Ihnen zum jetzigen Zeitpunkt keinen genauen Preis nennen, aber er dürfte sich mit ziemlicher Sicherheit bei der genannten Summe einpendeln.

Sie sehen also, dass das Streifenlichtverfahren ein sehr beliebtes und hochauflösendes Verfahren ist, um größere wie auch kleinere Objekte dreidimensional zu erfassen. Zumal es bei diesem Verfahren auch unterschiedliche Methoden gibt, um das gewünschte Ergebnis zu erzielen. Die Arbeitsweise mit einem DAVID-Scanner unterscheidet sich immens von einem Scanvorgang mit einem Artec-Eva- oder einem Fuel3D-Scanner. Wobei das Resultat das Gleiche ist und keine Methode Vorteile oder Nachteile bei der Präzision oder Genauigkeit aufweist.

5.2.3 Der Infrarotscan

Eine ganz andere Methode, um Objekte oder Personen dreidimensional zu erfassen, kommt mit den Infrarot-3D-Scannern, die viele von Ihnen eventuell sogar schon im Haushalt haben. Aber dazu erkläre ich Ihnen später Genaueres.

Im Gegensatz zu den bisherigen 3D-Scannern wird hier mit einem Infrarotsensor gearbeitet, der zusammen mit einem normalen Kameramodul die Tiefenmessung vornimmt. Im gleichen Zug werden neben den Tiefeninformationen auch gleichzeitig mit Hilfe der Farbkamera die Texturen ausgelesen und übertragen.

Abbildung 5.23 Der Kinect-Sensor von Microsoft – die Tiefensensoren befinden sich jeweils außen, in der Mitte befindet sich die Farbkamera.

Wie Sie in Abbildung 5.23 sehen können, ist dieser 3D-Scanner eigentlich kein Scanner im herkömmlichen Sinn, sondern die Kinect-Kamera von Microsofts Xbox 360. Allerdings besitzt diese Kinect-Kamera die notwendigen Eigenschaften, wie die Tiefensensoren und die Farbkamera, um sie als vollwertigen 3D-Scanner einzusetzen.

Durch das Infrarotverfahren lässt sich allerdings auch ein Nachteil erahnen. So wird es Ihnen zum Beispiel fast unmöglich sein, draußen in der Sonne ein Objekt zu scannen, da hier das Sonnenlicht (UV-Licht) die Infrarotsensoren stört und keine Abtastung zulässt. Und ähnlich wie bei dem Fotogrammetrie- und Streifenlichtprojektionsverfahren darf sich das Objekt während des Scanvorgangs nicht bewegen. Würde sich zum Beispiel bei dem 3D-Scan eines Menschen der Arm bewegen, würde es zu einem sogenannten Geometrieverlust kommen, und der Scan wäre unbrauchbar. Also auch hier gilt bei dem 3D-Scan eines Menschen: Luft anhalten und nicht bewegen.

Üblicherweise sind auch die Infrarot-3D-Scanner dauerhaft mit dem Rechner verbunden, da der Scanner an sich nur die notwendigen Informationen aufnimmt, die eine Software auf dem Rechner weiterverarbeiten muss. Somit ist diese Technik auch nur beschränkt mobil einsetzbar. Sie könnten zum Beispiel den 3D-Scanner mit einem Laptop betreiben, müssten dann jedoch den Laptop tragen und den Scanner bedienen.

Es gibt hier zwar Lösungen, wie einen Tragegurt für den Laptop, damit Sie wenigstens eine Hand frei haben, aber aus eigener Erfahrung kann ich Ihnen hierzu nur bedingt raten. Abhilfe schafft allerdings der erste mobile 3D-Scanner für Apples iPad oder iPhone, der ebenfalls mit der Infrarottechnik arbeitet.

Das US-Unternehmen Occipital hat (wie kann es anders sein) durch ein ebenfalls sehr erfolgreiches Kickstarter-Projekt den ersten mobilen 3D-Scanner entwickelt, der mit Hilfe eines iPad Air (oder Mini Retina) betrieben wird (siehe Abbildung 5.24). Zwar lässt sich der Structure Sensor auch ab einem iPhone 5 betreiben, er wurde jedoch für die iPad-Reihe konzipiert. Ich will Ihnen jedoch noch nicht zu viel über den Structure Sensor schreiben, da ich in dem Abschnitt 5.4 noch detaillierter auf ihn eingehen werde.

Nun habe ich Ihnen so ziemlich die wichtigsten Scanverfahren aufgezeigt, die für den privaten Gebrauch am interessantesten sind. Es gibt sicherlich noch weitere Verfahren, wie zum Beispiel den Laserscanner. Allerdings birgt dieses Verfahren auch schon die ein oder andere Gefahr für das Augenlicht (insbesondere bei Personenscans) und wird eigentlich bei einem 3D-Scanner für den »Hausgebrauch« nicht mehr so häufig eingesetzt. Hier geht die Entwicklung eher in Richtung Streifenlichtprojektion oder Infrarotscanner.

Die Fragestellung der Überschrift »Welcher Scanner ist für mich der richtige?« kann jetzt von Ihnen hoffentlich einigermaßen beantwortet werden. Meiner Meinung nach existiert bislang kein einzelner perfekter 3D-Scanner, da es einfach zu viele Anwendungsgebiete gibt.

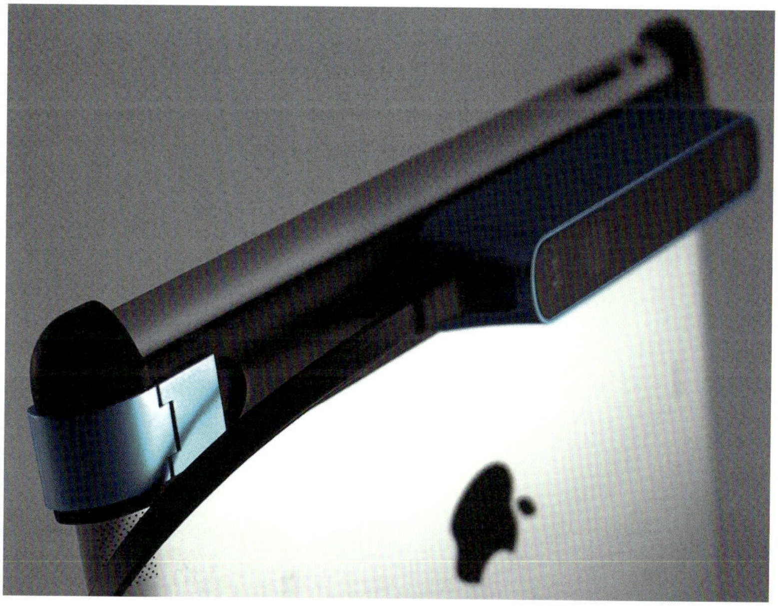

Abbildung 5.24 Der Structure Sensor (Quelle: Occipital.com)

Würden Sie gerne Ihr Kind, Ihren Enkel oder Ihr Haustier einscannen, so bedarf es eines 3D-Scanners, der am besten in 1 Sekunde den Scan umsetzt. Also wäre hierfür das Fotogrammetrie-Verfahren am geeignetsten. Wollen Sie jedoch auch noch kleine, filigrane Objekte einscannen oder ist Ihnen die Methode mit den ganzen Digitalkameras bei der Fotogrammetrie einfach zu komplex, dann ist Ihnen mit einem Streifenlichtscanner besser geholfen. Allerdings sind diese 3D-Scanner nicht gerade die preiswertesten.

Ein gesundes Mittelmaß gibt Ihnen jedoch der Infrarot-3D-Scanner, den Sie quasi selbst (wenigstens teilweise) zusammenstellen können und der mit Abstand der preiswerteste 3D-Scanner ist. Sehen wir jetzt mal von der Möglichkeit ab, mit dem eigenen Smartphone/Digitalkamera via Fotogrammetrie zu scannen. Und wie ich schon anfangs erwähnt habe, besitzen Sie vielleicht schon einen Infrarotscanner, sofern Sie die Xbox 360 Kinect von Microsoft in Ihrem Wohnzimmer stehen haben. Falls nicht, bekommen Sie diesen Sensor aber auch sehr preiswert (ca. 60 € bis 90 €) gebraucht in den einschlägigen Onlineportalen. Im folgenden Abschnitt zeige ich Ihnen, wie Sie aus Ihrer Kinect-Kamera und einer speziellen Software einen vollwertigen 3D-Scanner erstellen.

5.3 Mit dem Kinect-Sensor und Skanect einen eigenen 3D-Scanner bauen

Im Idealfall besitzen Sie also schon eine Xbox 360 mit dem jeweiligen Kinect-Sensor, wobei die Xbox 360 natürlich keine Voraussetzung ist. Sie benötigen einzig und allein den Kinect-Sensor. Falls Sie den Sensor nicht besitzen, rate ich Ihnen, wie schon anfänglich beschrieben, sich einen gebrauchten über die einschlägigen Onlineplattformen zuzulegen. Da diese Geräte über Jahre hinweg konstant ihren Dienst verrichten, können Sie beruhigt einen gebrauchten Sensor kaufen. Da es zwei unterschiedliche Modelle des Kinect-Sensors gibt, die preislich einen recht großen Unterschied ausmachen, kann ich Ihnen auch beruhigt zu der Xbox-Variante (Kinect for Xbox) raten. Der Unterschied zu der Windows-Variante (Kinect for Windows) ist bei unserem Vorhaben nicht relevant.

Neben dem Sensor benötigen Sie außerdem noch einen Rechner, wahlweise mit einem Windows-Betriebssystem oder einen Mac mit OS X. Die notwendige Software läuft auf beiden Systemen.

Kinect for Windows – nicht kompatibel mit einem Mac!

Sollten Sie sich für den Sensor Kinect for Windows entscheiden, beachten Sie, dass dieser Sensor auf einem Mac-System nicht von der Software Skanect unterstützt wird.

Neben einem Rechner und dem Sensor benötigen Sie natürlich außerdem noch eine Software, die aus den Informationen der Kamera ein komplexes 3D-Mesh »zaubert«. Mittlerweile gibt es einige Anbieter Kinect-kompatibler Software, wie zum Beispiel:

- Skanect (*http://skanect.occipital.com*)
- ReconstructMe (*http://reconstructme.net*)
- RecFusion (*http://www.recfusion.net*)
- Artec Studio (*http://www.artec3d.com/de/software/*)
- KScan3D (*http://www.kscan3d.com*)

Sie sehen, dass schon eine gute Anzahl Programme erhältlich ist, an denen sich entsprechend auch die Geister scheiden. Eine ganz spezielle Empfehlung kann ich eigentlich nicht aussprechen, hier sollten Sie sich einfach selbst ein Bild machen. Zum Glück sind für alle Programme entsprechende Trial- oder Demoversionen verfügbar, so dass Sie wirklich jede Software auf Herz und Nieren testen können. Die Einschränkungen der Testversionen beschränken sich meist nur auf die fehlende Exportmöglichkeit der Objekte.

In unserem Beispiel möchte ich gerne mit der Skanect Software von Occipital arbeiten (siehe Abbildung 5.25). Dieses Programm hat sich für mich als die beste Lösung für den

3D-Scan mit der Kinect-Kamera herausgestellt. Falls Sie sich jetzt fragen, ob Sie den Unternehmensnamen Occipital nicht schon einmal gehört haben, liegen Sie richtig. Dieses Unternehmen ist auch für den Structure Sensor verantwortlich, den ich Ihnen in Abschnitt 5.2.3, »Der Infrarotscan«, vorgestellt habe. Und noch ein kleiner Hinweis: Das Unternehmen besteht teilweise aus dem Team, das den Kinect-Sensor damals entwickelt hat. So ist es vielleicht nicht ganz verwunderlich, dass diese Software und der Structure Sensor so einen Erfolg genießen.

Abbildung 5.25 Skanect – die 3D-Scan Software von Occipital (Quelle: http://skanect.occipital.com)

So, jetzt habe ich Ihnen genug über das Unternehmen erzählt, Sie warten sicherlich schon auf die ersten Schritte und wollen endlich loslegen. Damit der Kinect-Sensor auch ordnungsgemäß von Ihrem Windows-System erkannt wird, müssen Sie noch das sogenannte *Kinect for Windows SDK* (Version 1.8 oder neuer) herunterladen und installieren. Den Link zu diesem Installationspaket finden Sie unter: *http://skanect.occipital.com/download/*

Betriebssystem

Beachten Sie bitte, dass Sie für den Kinect-Sensor und die Skanect-Software mindestens Windows 7 als Betriebssystem installiert haben müssen. Zwar gibt es durch ein paar Tricks und Kniffe auch die Möglichkeit, die Komponenten unter Win XP ans Laufen zu bringen, allerdings bedarf es hier einiger Programmierkenntnisse. Für unerfahrene Benutzer ist diese Methode nicht unbedingt zu empfehlen. In meinem Blog habe ich die Vorgehensweise beschrieben: *http://www.3d-drucker-world.de/kinect-unter-win-xp-installieren*

Etwas gelassener können die Mac-User sein, für OS X sind keine weiteren Installationen notwendig, und die Software kann gleich geladen und installiert werden.

Damit Ihr System so optimal wie möglich mit der Software läuft, empfehle ich Ihnen, noch die aktuellen Grafikkartentreiber zu installieren, sofern Sie diese Prozedur nicht ohnehin schon vollzogen haben. Weitere Tipps finden Sie auch auf der Downloadseite von Skanect (*http://skanect.occipital.com/download/*). Für Mac-Besitzer seien noch die aktuellen CUDA-Treiber zu empfehlen.

Haben Sie nun die erforderliche Software installiert, können wir eigentlich schon loslegen und den Kinect-Sensor mit dem Rechner verbinden. Sollten Sie an Ihrem Rechner einen USB 3.0-Anschluss besitzen, verwenden Sie diesen bitte für den Kinect-Sensor. Achten Sie darauf, dass der Sensor auch mit dem Netzteil verbunden ist und aktiv über die Steckdose Strom bezieht. Sonst leuchtet zwar die grüne LED, der Kinect-Sensor bekommt aber keine Verbindung zum Rechner (siehe Abbildung 5.26).

Abbildung 5.26 Stellen Sie sicher, dass der Kinect-Sensor mit dem Netzteil und einer Steckdose verbunden ist.

Starten Sie nun die Skanect-Software, und schon werden Sie mit dem Startbildschirm begrüßt (siehe Abbildung 5.27).

Abbildung 5.27 Der Startbildschirm von Skanect – ohne zusätzliche GPU

In der rechten, oberen Ecke finden Sie die Statusanzeige (siehe Abbildung 5.28). Hier wird Ihnen angezeigt, ob der Sensor verbunden ist, ob eine weitere GPU (also ein Grafikprozessor) verfügbar ist und zu guter Letzt noch, welche Version der Software Sie besitzen. In meinem Fall ist es also keine Demoversion mehr, sondern die Vollversion.

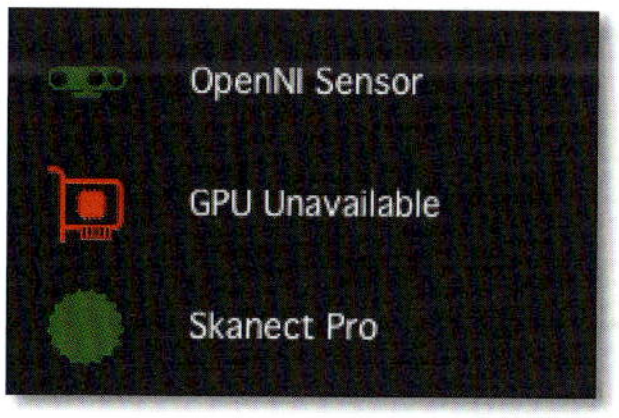

Abbildung 5.28 Die wichtige Statusanzeige von Skanect

In meinem Fall wurde also der Sensor richtig erkannt (grün), allerdings keine weitere GPU (rot). Das ist jetzt nicht sonderlich dramatisch und bedeutet lediglich, dass die komplette Rechen- und Renderleistung vom Hauptprozessor übernommen wird. Idealerweise können diese Aufgaben automatisch unter einer leistungsfähigen GPU und der CPU aufgeteilt werden.

Die GPU – Graphic Processing Unit

Externer Grafikprozessor, der den Hauptprozessor (CPU – Central Processing Unit) bei der Berechnung der Bildschirmausgabe unterstützt. Ausgelagerte Grafikprozessoren ermöglichen ein deutlich schnelleres und flüssigeres Arbeiten bei 2D- und 3D-Anwendungen.

Neben der Statusanzeige ist das linke Bedienfeld wohl das wichtigste überhaupt. In diesem Feld können Sie die Hauptfunktionen der Software bedienen und einstellen. So können Sie zum Beispiel unter NEW einen neuen Scan beginnen, mit LOAD ein gespeichertes Projekt laden oder in den SETTINGS weitere Einstellungen vornehmen (siehe Abbildung 5.29).

Unter dem Menüpunkt LICENSE können Sie Ihre aktuelle Lizenz der Software einsehen und gegebenenfalls von der Demoversion auf die Vollversion upgraden.

Bevor wir allerdings unseren ersten Scan beginnen, möchte ich mit Ihnen noch in den Menüpunkt SETTINGS gehen. Diese Einstellungen sollten Sie der Leistung Ihres Rechners anpassen, erfahrungsgemäß bedarf es hier einiger Versuche, bis Sie die optimale Einstellung gefunden haben.

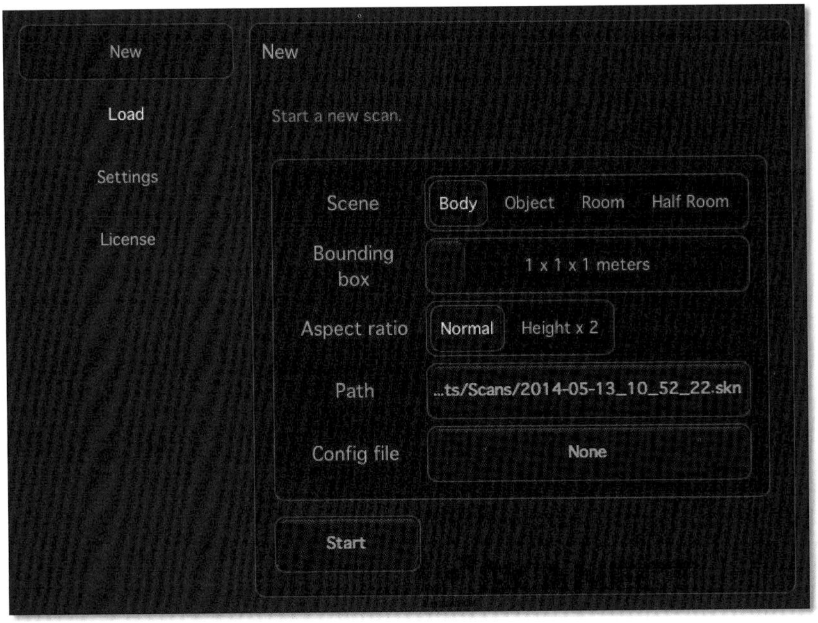

Abbildung 5.29 Das Hauptfenster mit den wichtigsten Funktionen

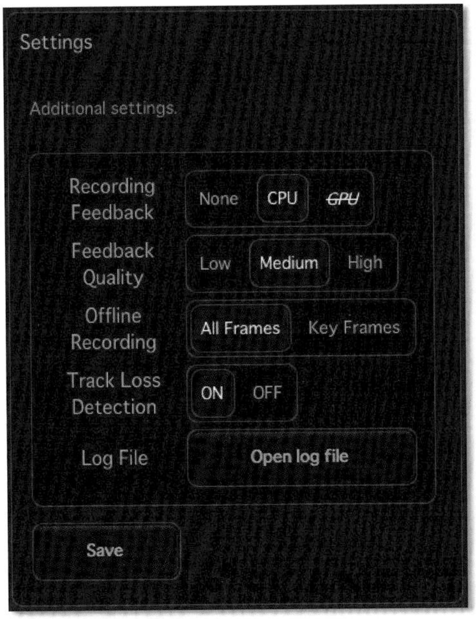

Abbildung 5.30 Die wichtigen Einstellungen für den Scan finden Sie unter »Settings«.

Da die Begriffe in dem Menü nicht unbedingt selbsterklärend sind, will ich mit Ihnen diese kurz durchgehen (siehe Abbildung 5.30):

- Das Recording Feedback, also der eigentliche 3D-Scanvorgang, kann entweder von der CPU oder von der GPU übernommen werden. In meinem Beispiel geht nur die CPU, da keine GPU vorliegt. Um die CPU zu unterstützen, sollten Sie hier nach Möglichkeit die GPU auswählen.
- Die Feedback Quality ist verantwortlich für die Qualität und Genauigkeit des 3D-Scans. Je nach Rechenleistung können Sie diese natürlich optimal auf High stellen. Sofern Sie keinen High-End-Rechner besitzen, reicht aber auch die Einstellung Medium völlig aus. Selbst bei meinem 2013er iMac stelle ich die Qualität nicht auf High, da es bei dieser Einstellung schon öfter zu Verbindungsproblemen kam. Die Qualität zwischen Medium und High ist meiner Meinung nach auch nicht unbedingt deutlich zu sehen. Probieren Sie diese Optionen einfach mit Ihrem System aus.
- Die Option Offline Recording können Sie auf All Frames stellen und zur Sicherheit noch die Track Loss Detection aktivieren.

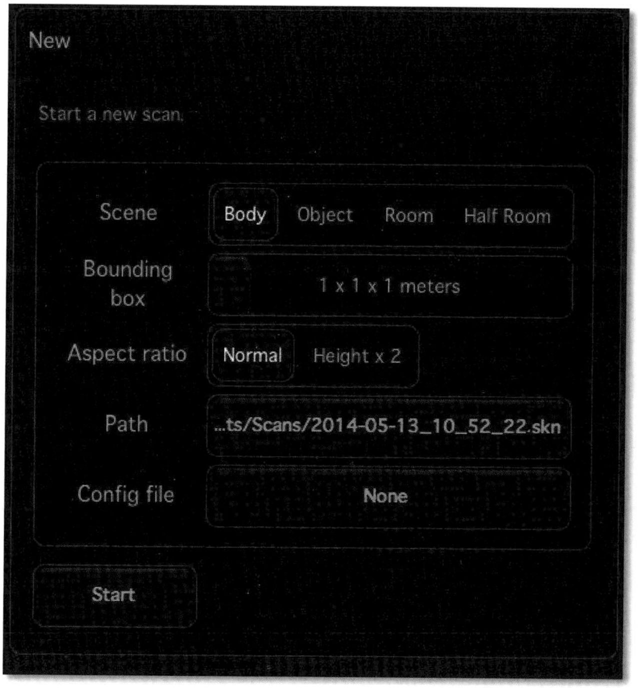

Abbildung 5.31 Hier stellen Sie ein, ob Sie zum Beispiel einen Körper oder sogar einen Raum einscannen wollen.

Das war es auch schon mit den gröbsten Einstellungen, und wie Sie sehen, ist das gar nicht mal so kompliziert.

Mit den gespeicherten Settings können wir nun den ersten Scan beginnen und starten den Vorgang mit dem Menüpunkt NEW. Nach dem Klick gelangen Sie in ein weiteres Menü, in dem Sie die Größe des zu scannenden Bereichs festlegen (siehe Abbildung 5.31).

Ich denke, die folgenden Felder erklären sich fast von selbst. Unter SCENE legen Sie fest, ob Sie zum Beispiel einen menschlichen Körper, ein Objekt, einen Raum oder nur einen halben Raum einscannen wollen. Dementsprechend wird der Tiefensensor des Kinect eingestellt.

Die BOUNDING BOX ist dann quasi Ihr verfügbarer Raum, in dem die Objekte erfasst werden können. Leider können Sie keinen individuellen Wert für Länge, Breite oder Höhe bei den Maßen angeben, sondern müssen sich an den vorgegebenen Vorlagen orientieren oder den Regler der Bounding Box manuell verschieben.

Wollen Sie zum Beispiel ein etwas höheres Objekt einscannen, können Sie noch mit ASPECT RATIO eine doppelte Höhe auswählen. Wurden die Maße von Ihnen bestimmt, kann es mit einem Klick auf START auch schon losgehen. Aber keine Angst, der Scanvorgang startet noch nicht automatisch und Sie haben noch Zeit, Ihre Position auszurichten.

Auf dem Screenshot in Abbildung 5.32 sehen Sie links oben einen roten Button, mit dem Sie den Scanvorgang dann endgültig starten können. Rechts daneben ist ein Delay Regler, der festlegt, nach wie vielen Sekunden der Scan gestartet wird, nachdem der Button gedrückt wurde. Leider gibt es allerdings keine Möglichkeit, den Scan nach einer bestimmten Zeit automatisch zu beenden.

Das Objekt, das Sie vor der virtuellen Kinect-Kamera sehen, befindet sich in der eingangs beschriebenen Bounding Box, die hier mit dünnen grauen Linien dargestellt wird. Alles, was sich in dieser Box befindet, kann eingescannt werden.

Beim Scannen sollten Sie möglichst auf die angegebenen FPS (*Frames Per Second*) achten, dieser Wert sollte nicht zu sehr einbrechen (nicht unter 10 fps), da sonst Geometrieverluste entstehen und der Scan möglicherweise unbrauchbar wird.

Wie Sie in Abbildung 5.33 sehen, wird der bereits erfasste und gescannte Bereich grün eingefärbt, wobei die roten Stellen auf nicht erfasste Bereiche hinweisen. Die roten Bereiche gilt es natürlich, zu vermeiden und zu beheben.

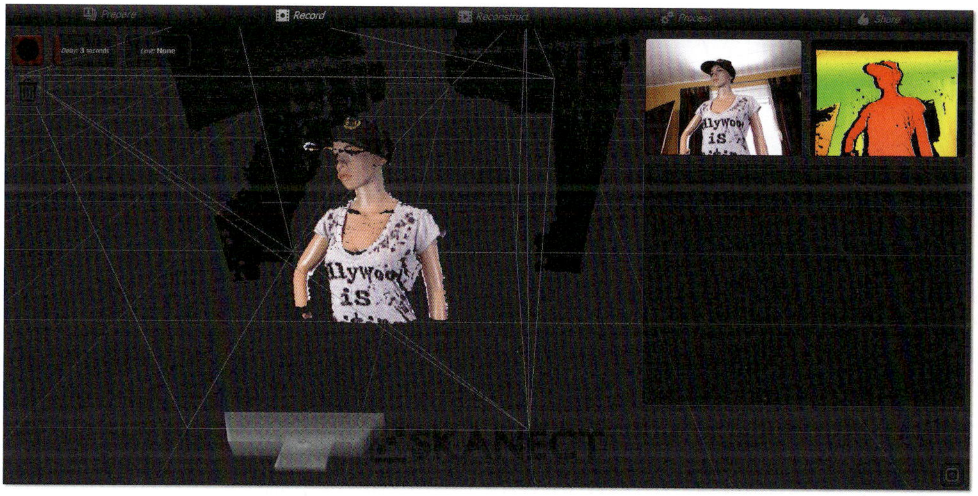

Abbildung 5.32 Der Scanvorgang kann hier endgültig gestartet werden.

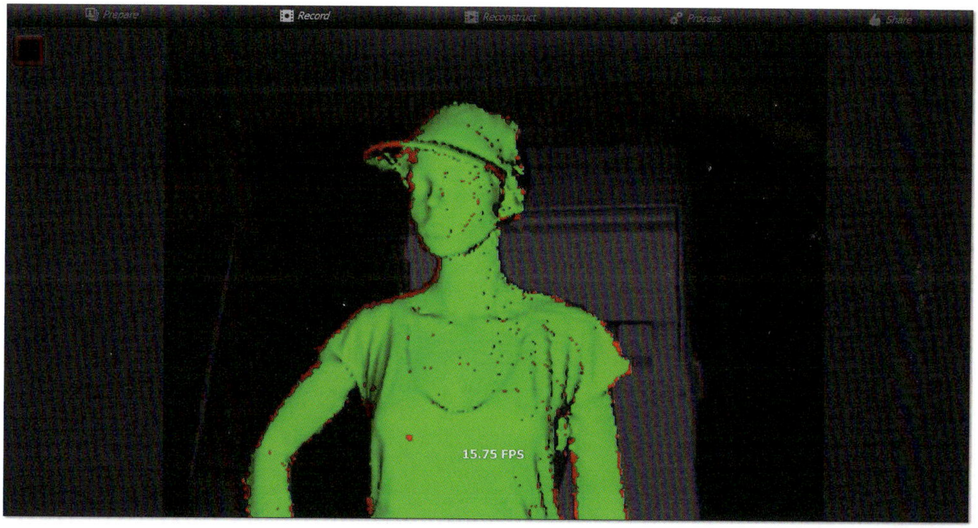

Abbildung 5.33 Die FPS-Anzahl ist abhängig von Ihrer Rechenhardware – je mehr Frames in der Sekunde erreicht werden, desto besser der Scan.

Ist Ihr Scan fertig und alle roten Bereiche sind so gut, wie es geht, den grünen gewichen, können Sie wieder auf den roten Button oben links klicken. Hiermit wird der aktuelle Scan beendet und die Software übernimmt jetzt die erste Berechnung des Meshes (siehe Abbildung 5.34). Dieser Vorgang kann je nach Größe des Objekts und Rechenleistung stark variieren.

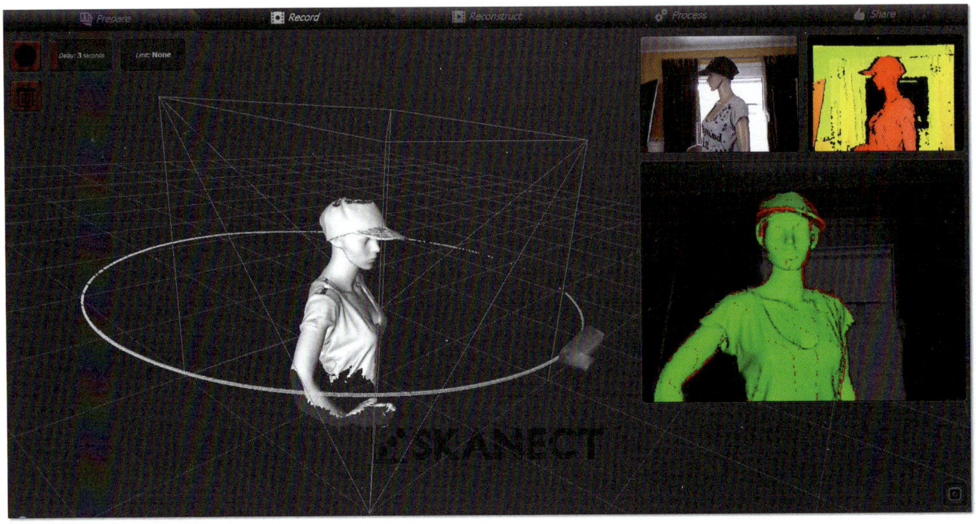

Abbildung 5.34 Der Kreis um das Objekt zeigt eine kontinuierliche und gleichmäßige Bewegung des Kinect-Sensors an.

Nachdem das vorläufige Mesh erzeugt wurde, haben Sie jetzt noch die Möglichkeit, entstandene Löcher automatisch mit Hilfe der Funktion WATERTIGHT zu schließen, das Objekt in der X-,Y- oder Z-Achse zu beschneiden und die gescannte Textur zuzuweisen (siehe Abbildung 5.35).

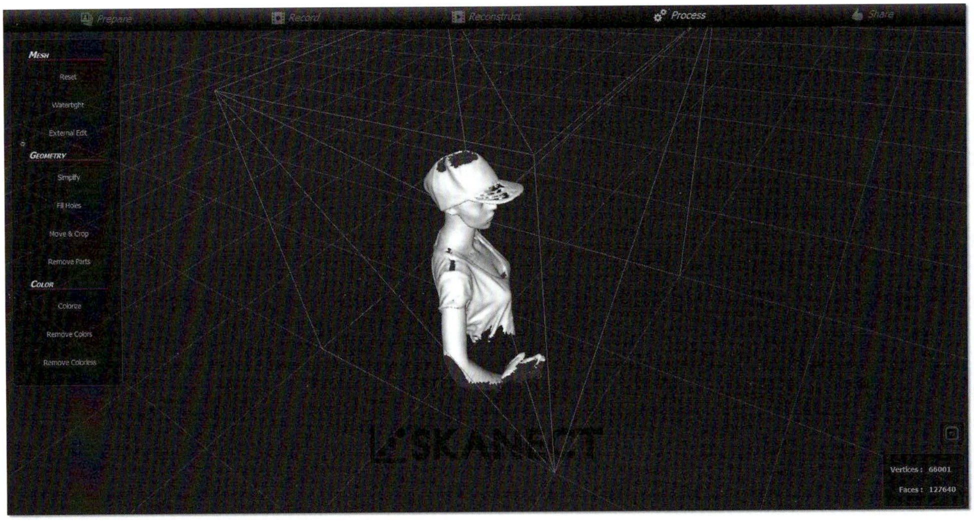

Abbildung 5.35 Diese Löcher können automatisch von der Software geschlossen werden.

Die Textur wird in der Regel im gleichen Arbeitsschritt mit der Option WATERTIGHT durchgeführt (siehe Abbildung 5.36). Bitte bedenken Sie, dass die Software die vorhandenen Löcher nur relativ grob ausfüllt und auch nicht unbedingt jedes Loch als solches erkannt wird. In meinem Beispiel wird zwar das Loch auf der Mütze geschlossen, nicht jedoch die Löcher auf dem Schirm. In der Regel sollten die geschlossenen Bereiche mit einer speziellen Software noch einmal von Ihnen nachbearbeitet werden.

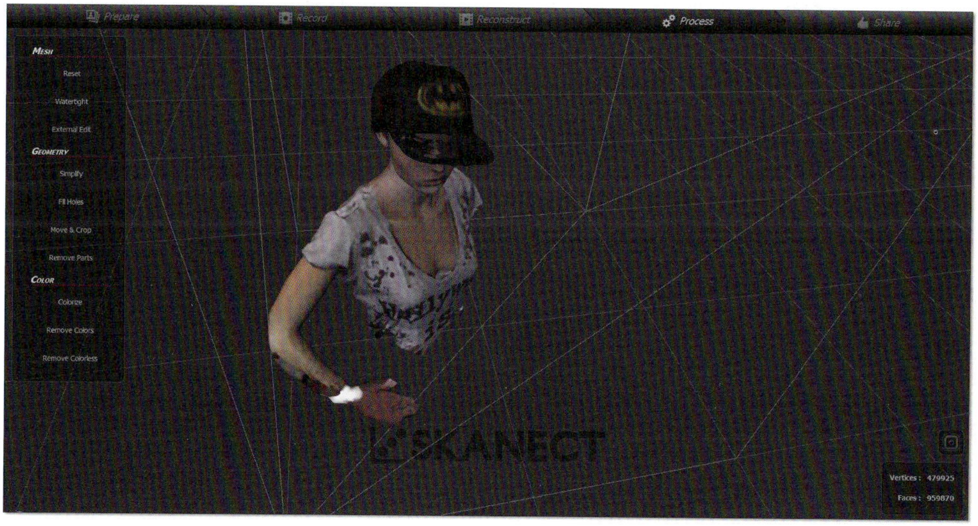

Abbildung 5.36 Die Watertight-Funktion hat viele Löcher geschlossen und gleichzeitig die Textur aufgetragen.

Eine ebenfalls sehr nützliche Funktion ist SIMPLIFY, die Sie unter dem Menüpunkt GEOMETRY finden. Mit SIMPLIFY können Sie die Anzahl der Polygone beziehungsweise Faces ändern. Das optimale 3D-Objekt oder Mesh besteht ja idealerweise aus wenigen Polygonen/Faces bei gleichzeitig hohem Detailgrad. Achten Sie aber bitte darauf, dass das Objekt nicht durch eine zu niedrige Anzahl an Faces die Details verliert. Durch die Reduzierung der Daten, schwinden nämlich auch die Details vom Objekt. Sie sollten einfach mal mit den Auswirkungen dieser Reduzierung experimentieren, um das für Sie ausgewogene Ergebnis zwischen Anzahl der Faces und Detailgrad des Objekts zu finden.

Wenn Sie mit der Bearbeitung fertig sind, können Sie Ihr Modell natürlich auch speichern. Skanect bietet Ihnen eine Vielzahl gängiger 3D-Formate zum Export an (siehe Abbildung 5.37).

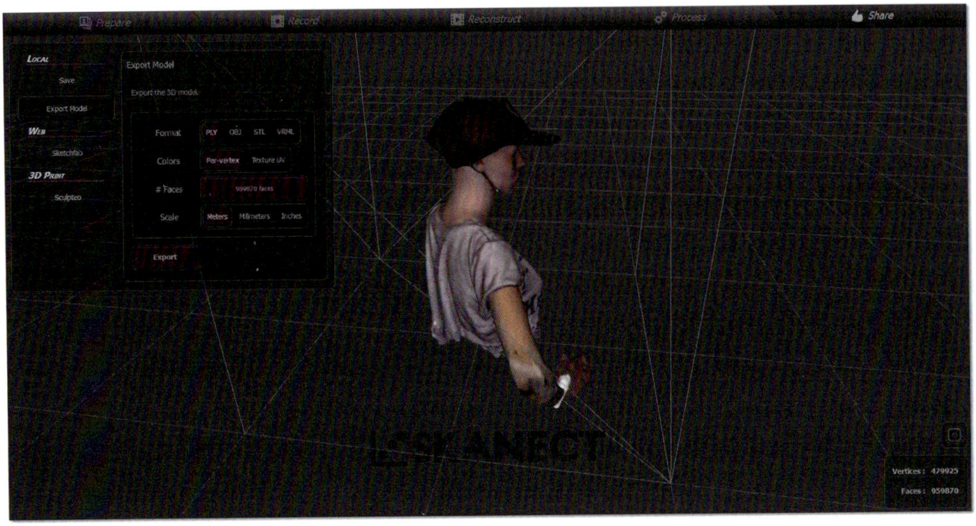

Abbildung 5.37 Die Export-Funktion finden Sie im oberen Menü unter »Share«.

Neben den verschiedenen Formaten haben Sie hier nochmal die Möglichkeit, das Objekt in der Polygonanzahl zu beschränken. In unserem Beispiel hat das Objekt immer noch fast 1 Million Faces beziehungsweise 479.925 Vertices (Punkte). Diese recht hohe Zahl kann vor dem Export durch den Schieberegler im Menü justiert werden. Diesen Vorgang kennen Sie ja bereits von der Funktion SIMPLIFY aus dem vorherigen Menü. Im Gegensatz zu der Simplify-Funktion, sehen Sie bei diesem Vorgang das Endergebnis erst beim fertigen Export. Eine Vorschaufunktion gibt es hier nicht, so dass Sie am besten nicht auf »gut Glück« versuchen sollten, die Faces zu reduzieren, ohne die Auswirkungen zu kennen. Das Ergebnis kann durchaus katastrophal sein.

Mit dem fertigen Export haben Sie es dann aber auch geschafft! Ihr Objekt oder die Person wurde erfolgreich mit dem Kinect-Sensor eingescannt, und Sie haben das Objekt mit Hilfe von Skanect schon ein wenig bearbeitet und für eine weitere Verarbeitung exportiert. Sollte Ihr Ergebnis schon so gut sein, dass Sie zu 100 % damit zufrieden sind, können Sie es sich ja auch gleich als STL-Datei exportieren und ausdrucken lassen. Sie sehen, dass es selbst mit einer so preiswerten Hardware wie dem Kinect-Sensor und einer Software möglich ist, einen durchaus akzeptablen 3D-Scan zu erstellen, der für den späteren 3D-Druck geeignet ist.

Was mich und höchstwahrscheinlich auch Sie bei der Benutzung stört, ist das Kabelgewirr, das immer mitgetragen werden muss und nicht selten im Weg ist oder sich sogar verknotet und verheddert. Zusammen mit einem Laptop, der vielleicht noch am Netzteil angeschlossen ist, kann das durchaus zu einem Problem werden, wenn Sie um das Objekt oder die Person herumlaufen müssen. Idealerweise wäre hier eine Drehplattform angebracht, die aber nicht sonderlich preiswert ist und auch nicht sonderlich mobil. Folglich wäre ein komplett kabelloser und mobiler 3D-Scanner von ungeheurem Vorteil.

Bereits in Abschnitt 5.1, »Die Welt in 3D abbilden – mit 3D-Scannern (fast) kein Problem«, habe ich Ihnen einen mobilen 3D-Scanner von Occipital gezeigt, den Structure Sensor. Diesen ersten vollständig mobilen und kabellosen 3D-Scanner möchte ich Ihnen im nächsten Abschnitt näher vorstellen.

5.4 Ihr 3D-Scanner für die Hosentasche – der Structure Sensor von Occipital

Eine ganz neue Dimension der Datenerfassung bekommen Sie mit einem vollkommen mobilen 3D-Scanner. Stellen Sie sich die folgende Situation in einem Museum vor, wo Sie ein Objekt nicht nur fotografieren, sondern auch plastisch erfassen und zu Hause nachdrucken können. Vorausgesetzt, das jeweilige Museum erlaubt diese Art von Datenerfassung und den Nachdruck für zu Hause.

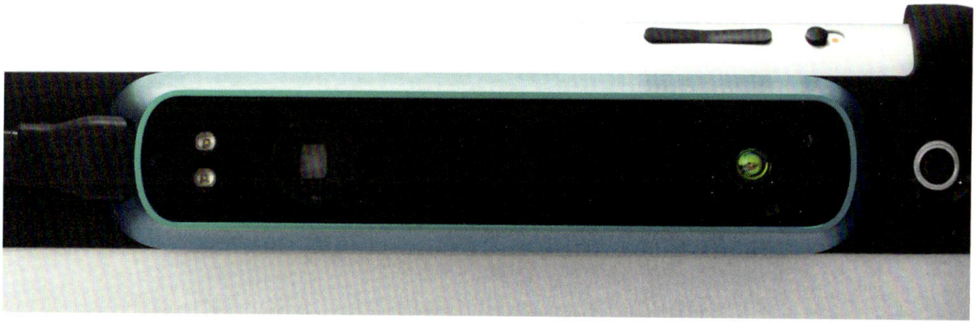

Abbildung 5.38 Der Structure Sensor von Occipital (Quelle: Occipital.com)

Diese Situation ist aber nur eine von unzähligen Beispielen, für die ein mobiler 3D-Scanner ideal ist. Mit einem tragbaren 3D-Scanner haben Sie also jederzeit die Möglichkeit, jedes x-beliebige Objekt einzuscannen und mit einem 3D-Drucker herzustellen. Und was liegt näher, als dass dieser 3D-Scanner mit Ihrem Smartphone oder Ihrem Tablet harmoniert?

Diese Technologie hat das Unternehmen Occipital mit ihrem *Structure Sensor* umgesetzt und einen vollwertigen Infrarotscanner für ein Tablet entwickelt (siehe Abbildung 5.38). Genauer gesagt wird der Sensor über den Lightning-Anschluss an ein iPad

Air (oder Mini Retina) angeschlossen. Zwar gibt es schon erste Tests mit einem iPhone 5 oder sogar Android-basierten Smartphones/Tablets, allerdings werden diese Geräte offiziell noch nicht unterstützt.

Einen logischen Schritt weiter geht hier Google mit dem sogenannten Project-Tango-Smartphone, das schon einen 3D-Scanner beinhaltet, also ohne weitere Hardware auskommt. Dieses Project Tango ist allerdings noch in einer frühen Testphase, zeigt aber eindeutig, wohin sich der Trend entwickeln wird. Ich persönlich denke, dass es vielleicht noch drei bis vier Smartphone-Generationen (also ca. drei bis vier Jahre) dauern wird, bis die kleinen Alleskönner auch ohne gesonderte Hardware unsere Umgebung dreidimensional erfassen und speichern können.

Project Tango – Googles 3D-Scanner in einem Smartphone

Das sogenannte Project Tango von Google bezeichnet einen sehr frühen Prototyp eines Smartphones, das mit Hilfe von insgesamt drei Kameras eine Tiefenberechnung durchführen kann. Sagenhafte 250.000 Messungen werden durch die Kameras pro Sekunde (!) durchgeführt und erstellen in Echtzeit ein 3D-Modell der erfassten Umgebung.

Wie gesagt, das Project Tango ist noch in einer sehr frühen Entwicklungsphase, und es bedarf wohl noch einiger Zeit, bis sich hier ein endgültiges Produkt herauskristallisiert. Aber Sie sehen schon anhand dieses Beispiels, wie die Weichen für die Zukunft gestellt sind.

Bis es aber soweit ist, steht uns schon jetzt der Structure Sensor (fast) zur Verfügung. Das Kickstarter-Projekt, immerhin auf dem 8. Platz der am besten unterstützten Projekte im Bereich Technik, wurde im November 2013 abgeschlossen und der Versand der ersten Geräte für Anfang des Jahres 2014 angepeilt. Allerdings ist es bei den sogenannten Crowdfunding schon fast Usus, dass die angepeilten Liefertermine der unterstützten Projekte nicht eingehalten werden können, so dass sich auch die Herstellung/Lieferung der ersten Structure Sensors um ein paar Monate verspätet hat. Mein Sensor sollte zum Beispiel schon im Februar in meinem Briefkasten liegen, tatsächlich musste ich bis Ende Mai auf ihn warten. Mit Erscheinen dieses Buches sollte der reguläre Verkauf im Einzelhandel beziehungsweise in Onlineshops allerdings schon gut angelaufen sein, so dass auch Sie jetzt die Möglichkeit haben, diesen 3D-Scanner »für die Hosentasche« zu erwerben.

Wundern Sie sich nicht über einen weiteren 3D-Scanner, der mit der gleichen Technik arbeitet, jedoch unter dem Namen iSense vertrieben wird. Das Unternehmen 3D Systems vertreibt in Zukunft den Structure Sensor von Occipital unter dem Namen iSense, so dass Sie mit diesem 3D-Scanner ein komplett gleiches Produkt bekommen, nur dass der Name verändert wurde. Die technischen Funktionen und die Handhabung sind komplett identisch.

Um den Structure Sensor als ersten vollwertig mobilen 3D-Scanner zu bezeichnen, bedarf es ja einiger Voraussetzungen. Der Sensor arbeitet natürlich nicht ganz eigenständig und muss, wie schon kurz erwähnt, mit einem iPad Air (oder Mini Retina) betrieben werden. Die notwendige Software wird durch eine kostenfreie App zur Verfügung gestellt, die aus den aufgenommenen Daten das Mesh zusammenstellt. Da der Structure Sensor die erfassten Tiefendaten der Infrarot-LEDs mit dem erfassten Bild der internen Kamera des iPads abgleicht, ist eine externe Kamera (wie die vom iPad oder anderen Geräten) eine Grundvoraussetzung für die Erfassung der Textur (siehe Abbildung 5.39). Aber auch ohne externe Kamera lässt sich der Structure Sensor verwenden, jedoch bekommen Sie dann »nur« die Tiefeninformationen, und das Mesh besitzt keine Textur.

Abbildung 5.39 Die interne Kamera vom iPad ist für die Software zwingend notwendig, um ein 3D-Modell zu erzeugen. (Quelle: Occipital.com)

Die heutige Technik schreitet immer weiter voran, und die 3D-Scanner werden in Zukunft eine immer höhere Bedeutung haben. Allerdings haben Sie einen grundlegenden Nachteil: Das Objekt muss als plastisches Objekt existieren, um es einscannen zu können. Was ist aber mit eigenen Kreationen oder ganz speziellen Formen von Objekten? Um wirklich individuelle Objekte zu erschaffen, bedarf es einer speziellen 3D-Software, mit der Sie Ihre ganz persönlichen und individuellen Objekte konstruieren können.

Anhand der in der Basisversion kostenfreien und relativ einfach zu bedienenden Software *SketchUp* möchte ich Ihnen nun zeigen, wie Sie relativ schnell das eigene und individuelle 3D-Objekt erstellen und für den Ausdruck vorbereiten können.

Kapitel 6

Einfache 3D-Objekte mit SketchUp erstellen

Mit der 3D-Konstruktionssoftware SketchUp haben Sie die Möglichkeit, vom einfachen 3D-Schriftzug bis hin zu einem komplexen 3D-Modell – zum Beispiel eines Autos – alles zu erstellen, was Ihnen so vorschwebt. Natürlich sind bei der kostenfreien Software auch Grenzen gesetzt, so dass die Erstellung von Menschen, Gesichtern, Tieren oder anderen Lebewesen nicht so in das Aufgabengebiet von SketchUp fällt.

Schon im Jahr 2000 wurde das Programm von der Softwareschmiede *@Last Software* veröffentlicht. Sechs Jahre später übernahm dann Google das Ruder von @Last Software und dementsprechend auch von SketchUp, um die 3D-Modelle in Google Earth einfacher und effizienter mit Hilfe dieser Software zu erstellen. Eine Hauptaufgabe von SketchUp lag damals also in der Erstellung der jeweiligen Gebäude in Google Earth.

Google veräußerte die Software im Jahr 2012 an das Unternehmen Trimble Navigation. Aber auch heute ist es für den Heimanwender spielend leicht, ein Modell seines Hauses in SketchUp zu erstellen und als sogenanntes KMZ-File in Google Earth einzupflegen. Sie können also Ihr eigenes Haus in SketchUp erstellen und sich dieses dann in Google Earth anschauen, vorausgesetzt ist hier natürlich eine vorhergehende Überprüfung durch Google.

Durch die recht einfache und durchdachte Bedienung von SketchUp und der patentierten Extrusionsfunktion ist es vor allem im 3D-Druckerbereich unter den Anwendern überaus beliebt.

Die Extrusion – ein Kernelement von SketchUp

Als Extrusion wird das Herausziehen und eine gleichzeitige Dimensionserhebung einer Fläche bezeichnet. Aus einem flachen Objekt können so komplexe 3D-Körper entstehen. Zum Beispiel können Sie aus einer ebenen Fläche einen Quader »herausziehen«.

Um Ihnen diese patentierte Extrusionsfunktion besser erklären zu können, möchte ich Ihnen diese anhand zweier Bilder verdeutlichen (siehe Abbildung 6.1 und Abbildung 6.2).

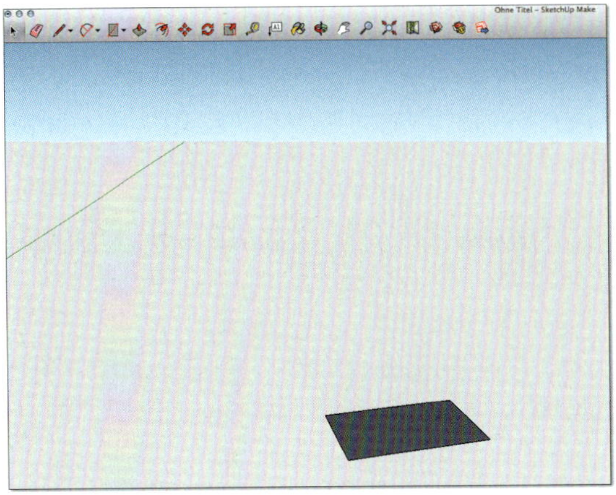

Abbildung 6.1 Ein noch flaches Objekt in SketchUp

Um aus diesem normalen und flachen Rechteck zum Beispiel einen Quader zu formen, bedarf es in SketchUp nur zweier Mausklicks.

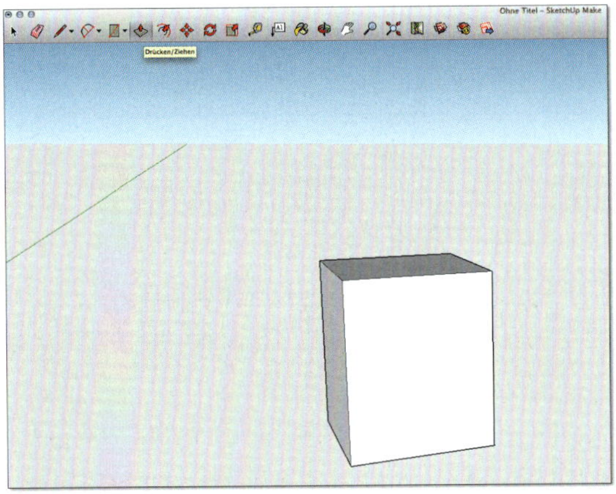

Abbildung 6.2 Nach der Extrusion wird aus der ehemals ebenen Fläche ein Quader.

Sofern Sie die Extrusionsfunktion ausgewählt haben, können Sie nun aus der Fläche einen beliebig hohen Quader erzeugen, indem Sie die Fläche einfach nach oben »ziehen«. Schon entsteht aus der Fläche ein richtiger 3D-Körper. Sie ahnen sicherlich schon, wie einfach und intuitiv die Arbeit mit SketchUp ist.

Um mit der Software allerdings optimal arbeiten zu können, bedarf es einiger kleinerer Installationen, die ich Ihnen hier neben der Grundinstallation von SketchUp beschreiben will.

6.1 Download von SketchUp und Installation der STL-Komponenten

Die Grundinstallation von SketchUp ist recht einfach zu bewerkstelligen. Gehen Sie auf die Webseite *http://www.sketchup.com/de/download*, und befolgen Sie die jeweiligen Schritte, um den Download zu starten (siehe Abbildung 6.3).

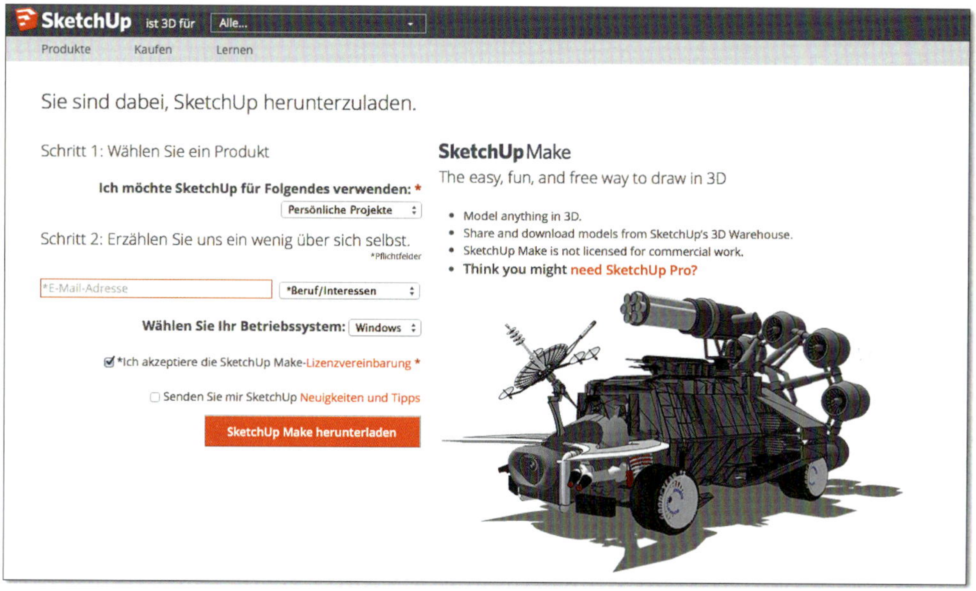

Abbildung 6.3 Einige Informationen sind für den Download notwendig.

Achten Sie darauf, dass *SketchUp Make* nur für persönliche Projekte frei verfügbar ist. Sollten Sie die Objekte zu gewerblichen Zwecken nutzen wollen, müssten Sie auf das kostenpflichtige SketchUp Pro ausweichen.

Nachdem Sie die notwendigen Eingaben wie den Verwendungszweck, die E-Mail-Adresse und das Betriebssystem ausgewählt haben, können Sie den Download mit einem Klick auf SKETCHUP MAKE HERUNTERLADEN starten. Nach dem Download rufen Sie das jeweilige Downloadverzeichnis auf, und die Installation von SketchUp kann beginnen. Wurde die Installation erfolgreich ausgeführt, können Sie das Programm starten und werden zugleich mit dem Startbildschirm begrüßt, der schon die erste wichtige Auswahlmöglichkeit bereithält (siehe Abbildung 6.4).

Mit den sogenannten Vorlagen können Sie schon im Vorfeld bestimmte Maßeinheiten festlegen, die für die spätere Arbeit von nicht unerheblicher Relevanz sind. Sollten Sie zum Beispiel ein komplettes Haus in 3D erstellen wollen, wäre die Vorlage INNEN- UND PRODUKTIONSDESIGN – MILLIMETER von Vorteil.

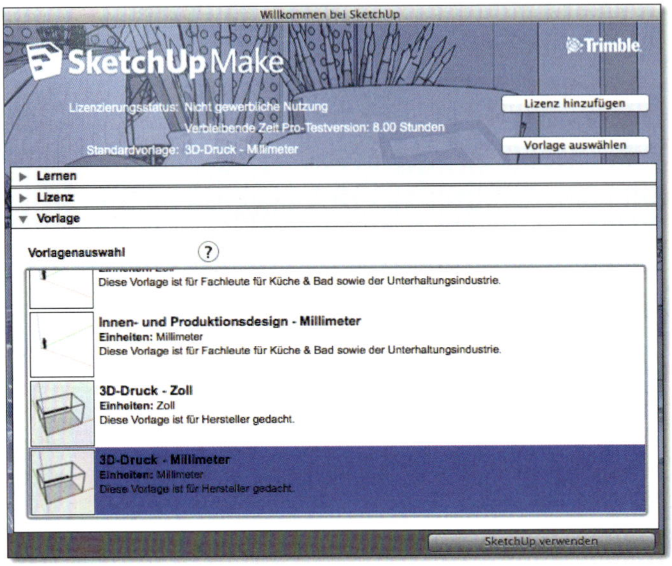

Abbildung 6.4 Die Vorlagen von SketchUp – für den 3D-Druck ist die letzte Option von Bedeutung.

Für unseren Verwendungszweck wählen Sie aber bitte 3D-Druck – Millimeter aus der Vorlagenliste aus. Mit einem Klick auf den unteren Button SketchUp verwenden starten Sie nun endgültig die Software und kommen in den regulären Arbeitsbereich (siehe Abbildung 6.5).

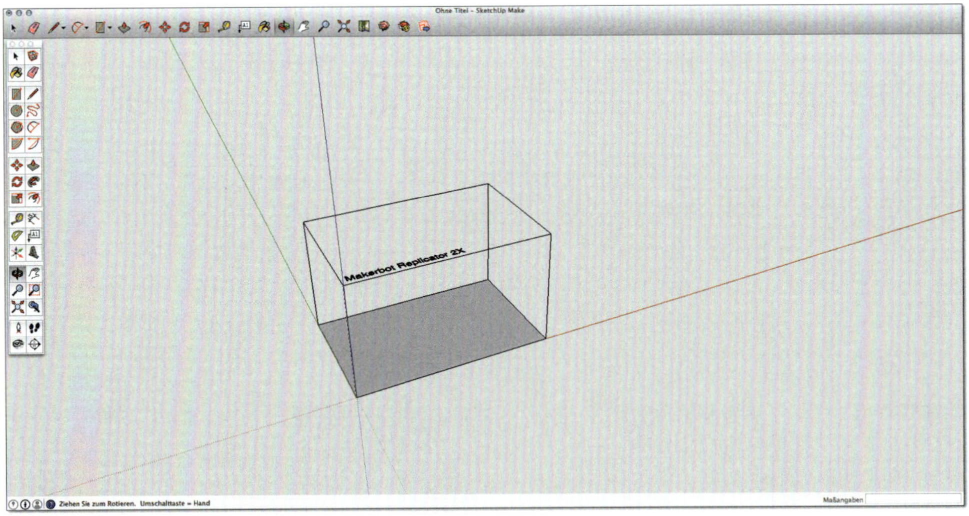

Abbildung 6.5 Die Arbeitsfläche von SketchUp mit dem großen Funktionssatz

Wundern Sie sich nicht, dass gleich zu Anfang der Bauraum eines MakerBot Replicator 2 abgebildet ist. Natürlich können Sie diesen virtuellen Bauraum auch komplett löschen oder nach Ihren eigenen Wünschen in der Größe justieren. Dieser Bauraum kann hilfreich sein, wenn Sie später wissen wollen, ob das erstellte Objekt auch vom Drucker in der Größe gedruckt werden kann. Für einen reibungslosen Ablauf bei der Erstellung eines Objekts stört dieser virtuelle Bauraum aber eigentlich nur und kann dementsprechend gelöscht werden. Sie können Ihr Objekt ohnehin zu jedem beliebigen Zeitpunkt in der Größe verändern. Selbst dann, wenn es fertig erstellt wurde, haben Sie die Möglichkeit, in Ihrer Software (Slicer) vom 3D-Drucker das Objekt anzupassen.

Die erste Aktion, die Sie jetzt also vornehmen, ist ein Klick auf eine Linie des virtuellen Bauraumes. Demnach sollte sich das gesamte Objekt blau einfärben. Das bedeutet, dass Sie es ausgewählt haben und bearbeiten können. Nun reicht ein Druck auf die Taste `Entf` auf Ihrer Tastatur, um es zu löschen.

Obwohl Sie die Vorlage 3D-Druck im Anfangsmenü ausgewählt haben, besitzt SketchUp leider nicht die Möglichkeit, das standardisierte STL-Format zu lesen beziehungsweise in dem Format zu speichern. Viele andere Formate, wie zum Beispiel das OBJ-Format, sind möglich, nur eben das STL-Format nicht, das für die meisten 3D-Drucker aber das verständlichste Format ist.

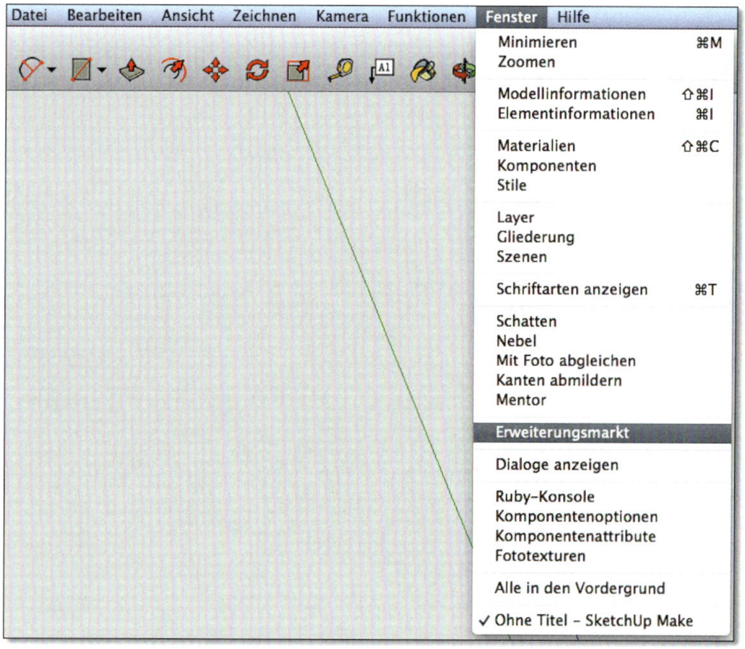

Abbildung 6.6 Im »Erweiterungsmarkt« finden Sie viele hilfreiche Plug-ins – unter anderem auch das STL-Plug-in.

Um in SketchUp auch mit STL-Daten arbeiten zu können, bedarf es der Installation eines kostenfreien STL-Plug-ins aus dem sogenannten ERWEITERUNGSMARKT. Diese Plattform der unterschiedlichsten und sehr oft hilfreichen Plug-ins finden Sie über die obere Menüleiste unter dem Menüpunkt FENSTER (siehe Abbildung 6.6).

Mit einem Klick auf den ERWEITERUNGSMARKT wird sich ein weiteres Fenster öffnen, in dem Sie die unterschiedlichsten Plug-ins auswählen können (siehe Abbildung 6.7). Sollten Sie das Fenster nicht sehen, überprüfen Sie die Sicherheitseinstellungen Ihres Rechners.

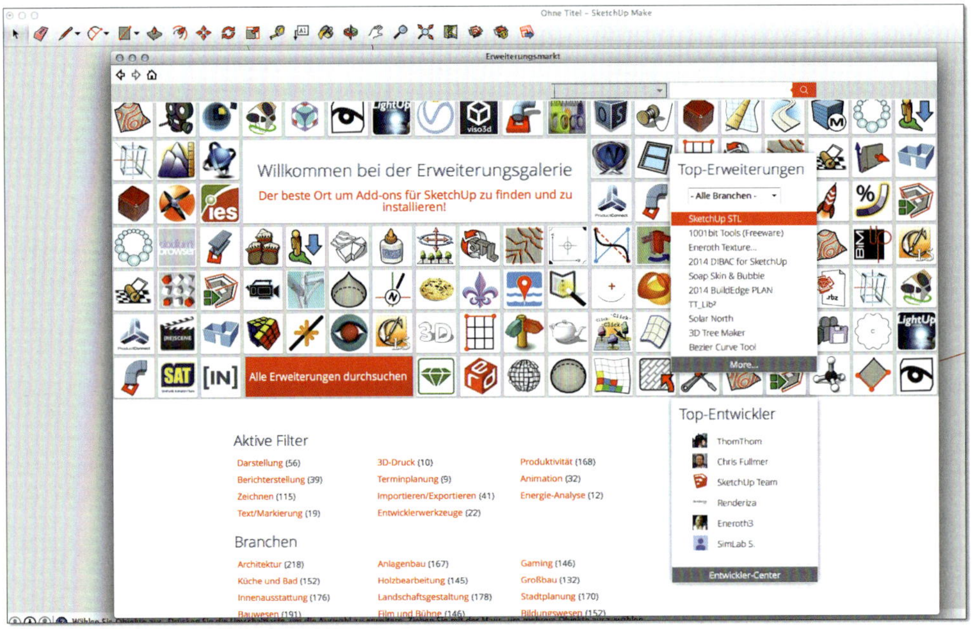

Abbildung 6.7 Das STL-Plug-in wird in meinem Fall gleich ganz oben angezeigt.

Wie Sie in Abbildung 6.7 sehen können, wird das wichtige STL-Plug-in in der Liste TOP-ERWEITERUNGEN gleich ganz oben angezeigt. Je nachdem, welches Plug-in denn von SketchUp gerade als Top-Erweiterung angesehen wird, kann das natürlich variieren. Selbst wenn es nicht in dieser Liste stehen sollte, können Sie das Plug-in problemlos über die Suchfunktion durch Eingabe des Suchbegriffs »STL« finden (siehe Abbildung 6.8).

Sollten Sie nach dem Plug-in suchen müssen, achten Sie bitte darauf, das oberste Plug-in von SketchUp Team zu installieren. Klicken Sie nun einfach auf den Namen des Plug-ins, um es auszuwählen und im nächsten Schritt zu installieren.

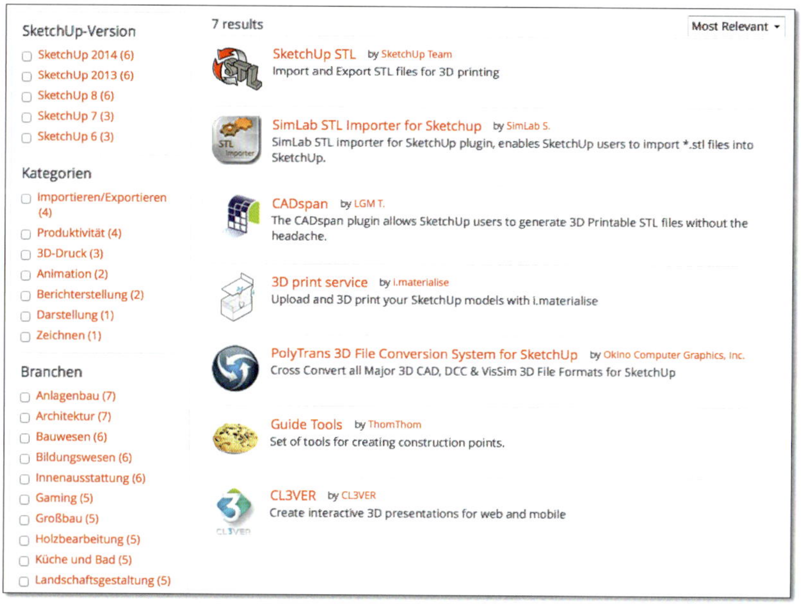

Abbildung 6.8 Das zu installierende Plug-in SketchUp STL

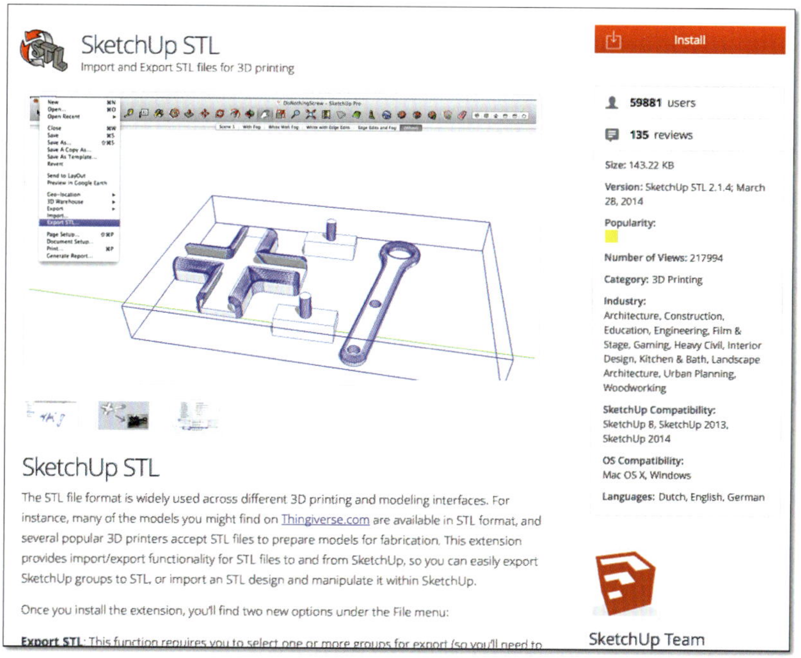

Abbildung 6.9 Das Installationsfenster des Plug-ins

In dem Infofenster des Plug-ins sehen Sie noch weitere Informationen über die bisherige Installationszahl, die Kompatibilität mit den Betriebssystemen und den vorherigen SketchUp-Versionen (siehe Abbildung 6.9). Ein Klick auf den Button INSTALL oben rechts installiert das Plug-in automatisch in Ihr SketchUp. Die nachfolgende Vertrauensfrage, ob das Plug-in wirklich installiert werden darf, können (und müssen) Sie ruhigen Gewissens mit Ja beantworten.

Ein weiteres Ereignisfenster öffnet sich nach der kurzen Installation mit dem Hinweis, dass das Plug-in erfolgreich installiert wurde und nun verwendet werden kann. Nach der Meldung können Sie das Fenster des Erweiterungsmarkts wieder schließen und ohne Neustart von SketchUp schon mit STL-Daten arbeiten. Zur Kontrolle gehen Sie einfach mal auf DATEI in der oberen Menüleiste (siehe Abbildung 6.10). Über dem Punkt PAPIERFORMAT sollte die Option EXPORTIERE STL nun sichtbar sein. In meinem Beispiel ist diese allerdings ausgegraut, da ich zu dem Zeitpunkt kein aktuelles Modell zum Exportieren hatte.

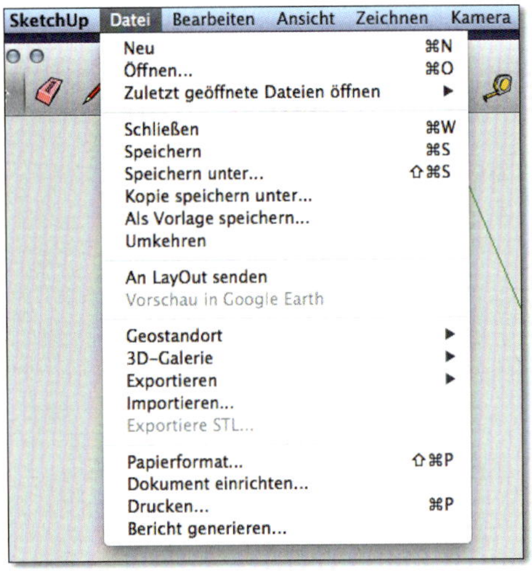

Abbildung 6.10 Die Option »Exportiere STL« wird hier nun verfügbar.

Und natürlich können Sie ab sofort auch die in der 3D-Druckbranche beliebten STL-Dateien importieren. Hierzu gehen Sie lediglich auf IMPORTIEREN und wählen in der nachfolgenden Formatliste das STL-Format (STEREO LITHOGRAPHY FILES) aus (siehe Abbildung 6.11). Danach können Sie Ihre STL-Datei in SketchUp importieren.

Für eine reibungslose und einfache Arbeit mit SketchUp bedarf es aber nicht nur der Installation dieses Plug-ins, sondern auch einiger Grundeinstellungen im Programm selbst. Sicherlich können Sie auch ohne diese Einstellungen arbeiten, aber warum sollten Sie es sich unnötig kompliziert machen? Die notwendigen Einstellungen sind recht schnell erledigt und müssen von Ihnen auch nur einmalig vorgenommen werden.

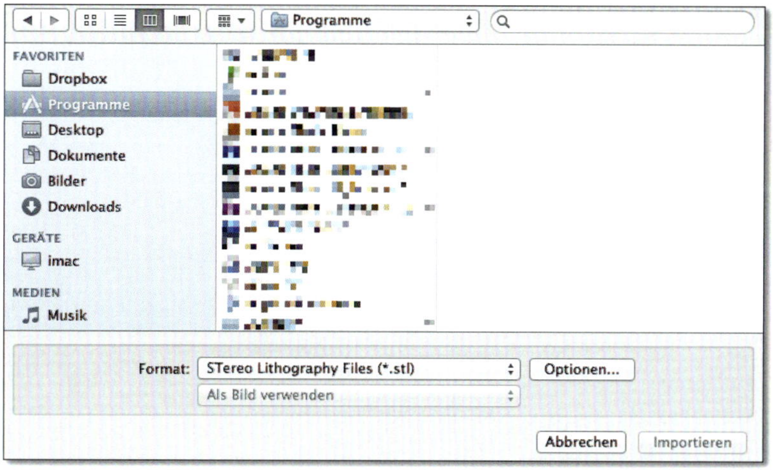

Abbildung 6.11 In der Auswahlliste des Import-Fensters müssen Sie für einen STL-Import auch das richtige STL-Format auswählen.

6.2 Das optimale Einrichten der Software und Erklärung der wichtigsten Symbole von SketchUp

Die Grundeinstellungen von SketchUp werden über den Menüpunkt VOREINSTELLUNGEN vorgenommen. Sie finden diesen Menüpunkt bei der Mac-Version von SketchUp unter SKETCHUP, in der Windows-Version erscheint er im Menü FENSTER (siehe Abbildung 6.12).

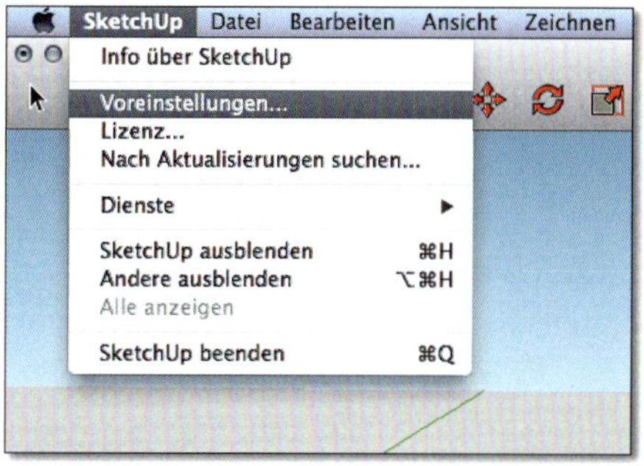

Abbildung 6.12 Die wichtigen Voreinstellungen erreichen Sie im Mac unter »SketchUp«.

Klicken Sie auf den Punkt VOREINSTELLUNGEN, um die grundlegenden Eigenschaften der Software festzulegen (siehe Abbildung 6.13).

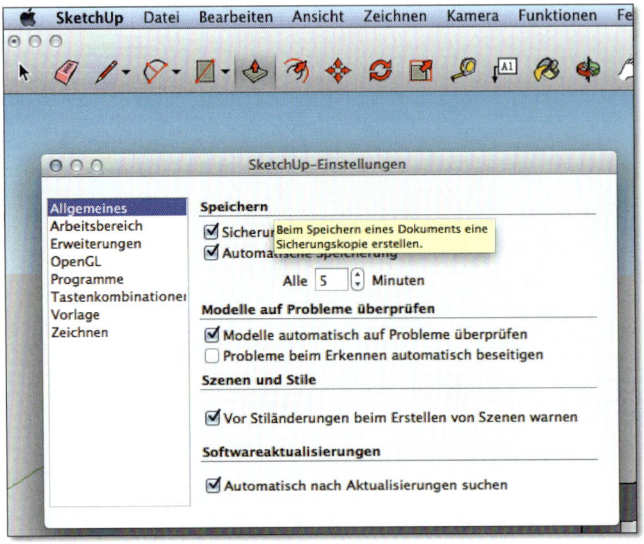

Abbildung 6.13 Viele hilfreiche Funktionen, wie das automatische Speichern der Datei, werden hier festgelegt.

Keine Angst, ich werde hier nun nicht jeden Menüpunkt mit Ihnen durchgehen, sondern lediglich die wichtigsten Funktionen besprechen.

6.2.1 Grundlegende Einstellungen

Eine immens wichtige Funktion ist etwa die AUTOMATISCHE SPEICHERUNG des Dokuments, die unter dem ersten Register ALLGEMEINES zu finden ist. Das Zeitintervall dieser Speicherung lässt sich individuell von Ihnen bestimmen. Diese Funktion ist überaus empfehlenswert, um bei einem Systemabsturz oder Ähnlichem das aktuelle Dokument nicht gänzlich verloren zu haben, sondern wenigstens auf die letzte automatisch gespeicherte Dokumentversion zurückgreifen zu können. Sie sollten auch das Häkchen bei der Funktion MODELLE AUTOMATISCH AUF PROBLEME ÜBERPRÜFEN setzen, um auf eventuelle Fehler hingewiesen zu werden. Folglich würde ich Ihnen raten, das Häkchen bei PROBLEME BEIM ERKENNEN AUTOMATISCH BESEITIGEN nicht zu setzen, da Sie Ihre Arbeit sonst ganz in die Hände der Software geben und einige Konstruktionen von der Software fälschlicherweise als Fehler angesehen werden und automatisch »verbessert« werden könnten. Wie ich finde, ist der Hinweis auf ein eventuelles Problem völlig ausreichend.

Der darunterliegende Register ARBEITSBEREICH gibt Ihnen eigentlich nur die Möglichkeit, den Arbeitsbereich optisch anzupassen, während das nächste Register ERWEITERUNGEN schon eine etwas höhere Bedeutung hat (siehe Abbildung 6.14).

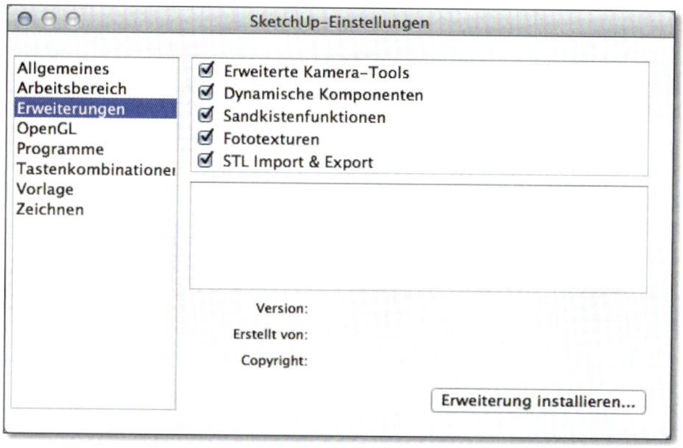

Abbildung 6.14 Unter den »Erweiterungen« finden Sie alle installierten Plug-ins und können weitere manuell hinzufügen.

Hier sehen Sie eine Auflistung der bereits installierten Plug-ins. Sie sollten jetzt eigentlich auch das Plug-in STL IMPORT & EXPORT sehen, das Sie im letzten Abschnitt installiert haben. Sollten Sie ein Plug-in deaktivieren wollen, kann es durch das Entfernen des Häkchens inaktiv gesetzt werden. Zusätzlich können Sie mit Hilfe der Option ERWEITERUNG INSTALLIEREN ... weitere Plug-ins (oder Erweiterungen) installieren, ohne extra in den ERWEITERUNGSMARKT wechseln zu müssen, da sich nicht jedes Plug-in in dieser Datenbank befindet.

Sollten Sie über eine leistungsfähige Grafikkarte in Ihrem Rechner verfügen, können Sie im Register OPENGL die HARDWAREBESCHLEUNIGUNG VERWENDEN (siehe Abbildung 6.15). Je nach OpenGL-Kompatibilität wird diese 3D-Unterstützung aktiviert und verwendet.

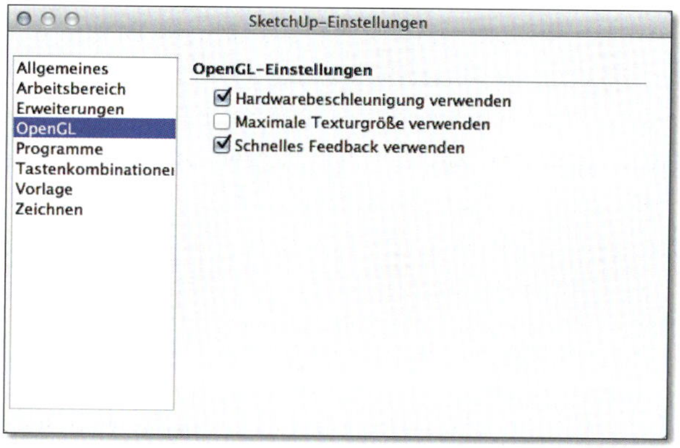

Abbildung 6.15 Eine aktivierte Hardwarebeschleunigung bringt einen deutlichen Geschwindigkeitsschub.

Eine Maximale Texturgrösse verwenden Sie in der Regel nur, wenn es aufgrund einiger Grafikkartentreiber zu Darstellungsproblemen bei der Auswahlfunktion kommt. Nur dann sollte die Option aktiviert werden. Das schnelle Feedback hingegen kann ruhig von Ihnen aktiviert werden, da SketchUp automatisch erkennt, ob dieser kleine Geschwindigkeitsboost erforderlich ist. Je nach Rechenleistung und Komplexität des Modells kann es durchaus zu Leistungseinbrüchen kommen. Das schnelle Feedback tritt dann automatisch in Kraft.

Unter OpenGL befindet sich das Register Programme, mit dem Sie Ihr ganz spezielles Programm für die Bildbearbeitung festlegen können. Zum Beispiel Photoshop oder eine ähnliche Bildbearbeitungssoftware.

Wir kommen jetzt wieder zu einem sehr hilfreichen Register, den Tastenkombinationen, die Ihnen das Arbeiten mit SketchUp gehörig vereinfachen können (siehe Abbildung 6.16).

Abbildung 6.16 Keyboard-Shortcuts erleichtern das Arbeiten ungemein.

Quasi für jeden Befehl in SketchUp kann eine beliebige Taste oder Tastenkombination zugewiesen werden. So müssen Sie später nicht mehr mit dem Mauszeiger auf das Extrusion-Tool (Drücken/Ziehen) klicken, sondern markieren die jeweilige Fläche mit einem Mausklick und drücken P auf Ihrer Tastatur, um die Fläche zu extrudieren. Gewisse *Hotkeys* sind schon von SketchUp vorgegeben, wie zum Beispiel P für die Extrusion. Allerdings haben Sie mit dem Menüpunkt Tastenkombinationen alle Freiräume der Welt, um sich Ihre ganz eigenen Shortcuts zu erstellen.

Ich möchte Ihnen an dieser Stelle auch ein wirklich hilfreiches PDF-Dokument zum Ausdrucken nahelegen. Der *Sketch-Shop.com* bietet eine Kurzübersicht der SketchUp- und SketchUp-Pro-Befehle zum freien Download und Ausdruck an. Sie finden diese Liste unter: *http://www.sketch-shop.com/dateien/Kurzuebersicht-2013.pdf*

Nebenbei bemerkt finden Sie in diesem Shop auch eins der wenigen (oder gar einzigen deutschen?) Grundlagenbücher über SketchUp: *Einfach SketchUp – Eine Gebrauchsanweisung*. Der Preis liegt bei 45 €. Sollten Sie sich weiter mit SketchUp beschäftigen wollen, kann ich Ihnen zu diesem Buch nur raten. Auch ich schaue bei kniffligen Formen und Konstruktionen immer wieder mal rein, um mir die jeweiligen Tipps zu holen.

Aber zurück zum eigentlichen Thema, den Voreinstellungen. Wir kommen auch schon zum vorletzten Register: VORLAGE. Wie schon am Anfang von Abschnitt 6.1 angesprochen, können Sie eine spezielle Vorlage vor dem Start eines neuen Projekts wählen, diese jedoch mit Hilfe der VOREINSTELLUNGEN dauerhaft einstellen.

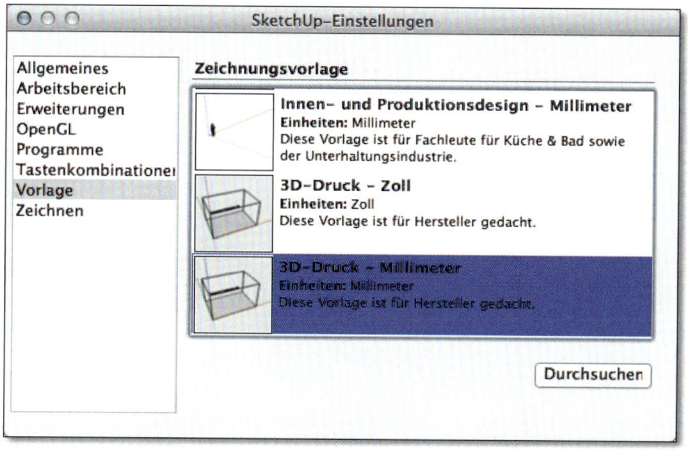

Abbildung 6.17 Eine dauerhafte Vorlage für die spätere Arbeit auswählen, in diesem Fall die »3D-Druck«-Vorlage

Wollen Sie also immer mit der Vorlage 3D-DRUCK – MILLIMETER arbeiten, wählen Sie diese in den VOREINSTELLUNGEN aus (siehe Abbildung 6.17).

Es geht noch individueller – die eigene Vorlage

Um nicht immer manuell den virtuellen Bauraum des Replicator 2 in der 3D-Druckvorlage (oder andere Eigenschaften einer anderen Vorlage) löschen zu müssen, können Sie sich auch ganz einfach eine individuelle Vorlage erstellen.

In dem Beispiel wählen Sie also die Vorlage 3D-DRUCK und löschen manuell den virtuellen Bauraum des 3D-Druckers. Danach gehen Sie im Hauptfenster oben auf DATEI und auf den Menüpunkt ALS VORLAGE SPEICHERN. Und schon können Sie Ihre eigene Vorlage abspeichern und sogar als Standard festlegen.

Mit einer der wichtigsten Punkte für einen flüssigen und einfachen Workflow in Sketch-Up sind die Einstellungen unter ZEICHNEN (siehe Abbildung 6.18).

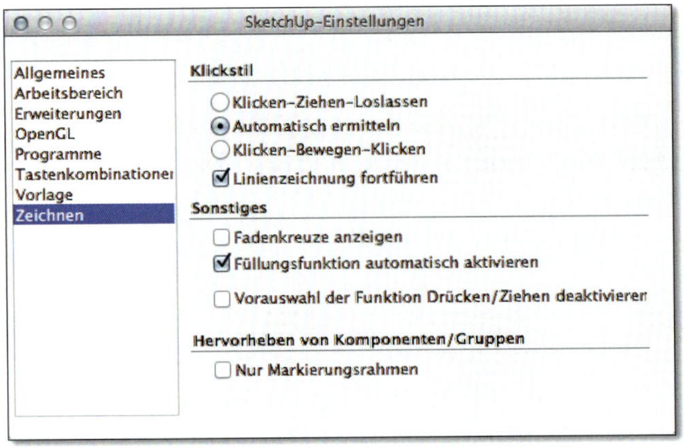

Abbildung 6.18 Das Register »Zeichnen« legt das allgemeine Handling fest.

Bei dem sogenannten KLICKSTIL legen Sie die Arbeitsweise Ihrer Maus fest. Sie können unter drei verschiedenen Stilen wählen, wobei aber AUTOMATISCH ERMITTELN der einfachste und gebräuchlichste ist. Aber probieren Sie ruhig die anderen beiden Stile aus, und entscheiden Sie dann selbst.

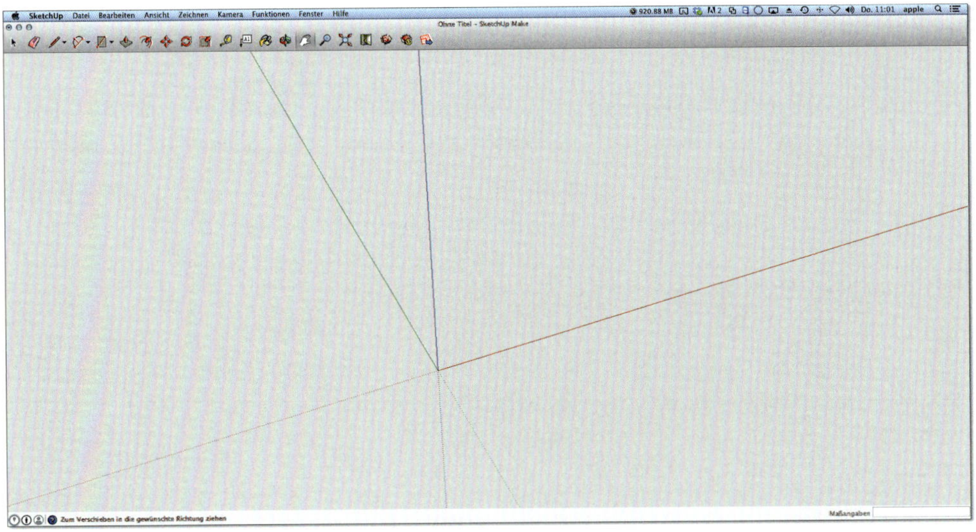

Abbildung 6.19 Das Hauptfenster von SketchUp – hier fehlt allerdings noch etwas sehr Hilfreiches.

Die übrigen Optionen sind auch wieder nach Ihrem individuellen Geschmack zu konfigurieren. Grundlegende Tipps oder Ratschläge brauche ich Ihnen hier nicht zu geben, da die weiteren Einstellungen nur aufgrund Ihrer persönlichen Arbeitsweise festgelegt werden. Hier hat jeder seine favorisierte Arbeitsweise, meine sehen Sie übrigens Abbildung 6.19.

Mit dem letzten Punkt haben Sie auch schon alle Voreinstellungen getroffen und können nun gut vorbereitet das Programm abermals starten. Sie ahnen es vielleicht schon, selbst im Programm können und sollten Sie noch ein paar weitere Einstellungen treffen.

6.2.2 Den Arbeitsbereich einrichten

Haben Sie eine Vorlage ausgewählt, startet das Programm mit einem eher nüchternen Arbeitsbereich, den Sie noch ein wenig tunen können. Um wirkliche alle Funktionen von SketchUp mit einem Mausklick zu bedienen, benötigen Sie noch den sogenannten *Großen Funktionssatz*.

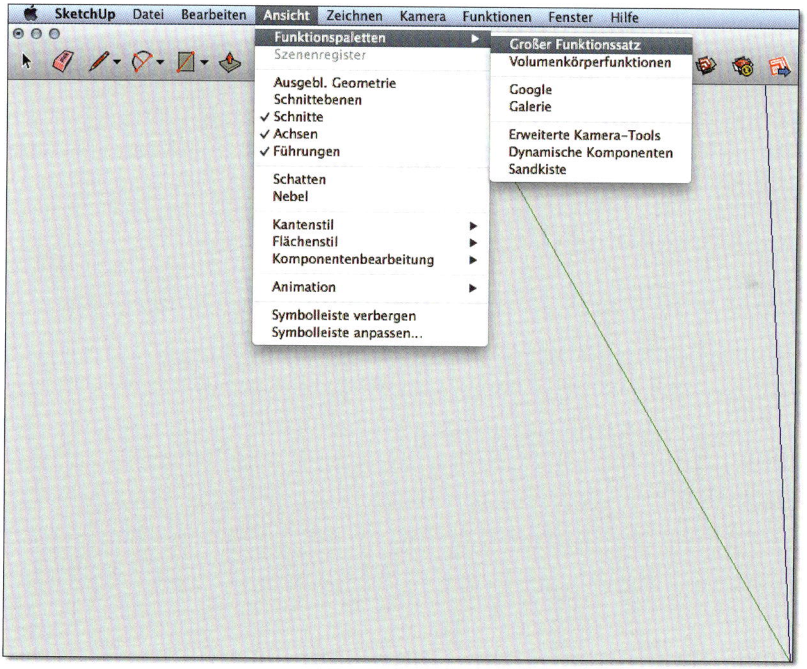

Abbildung 6.20 Den großen Funktionssatz unter »Ansicht« aktivieren

Um diesen vollständigen Funktionssatz als Fenster darzustellen, müssen Sie erst in das Menü ANSICHT wechseln und ihn unter den FUNKTIONSPALETTEN anklicken (siehe Abbildung 6.20).

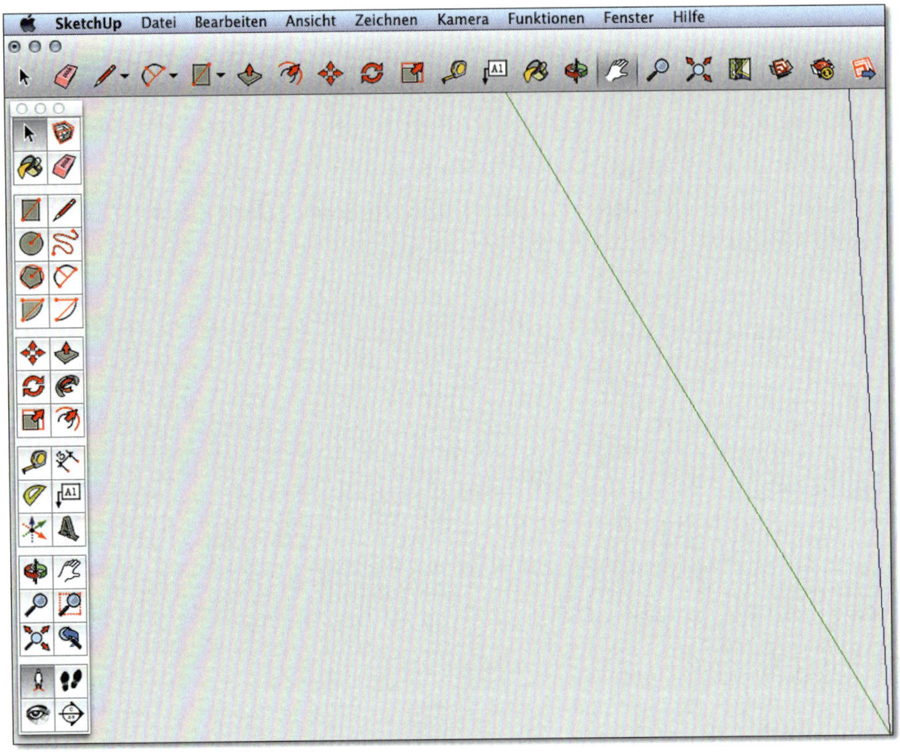

Abbildung 6.21 Der große Funktionssatz auf der rechten Seite als Andockfenster

Nach der Aktivierung des großen Funktionssatzes bekommen Sie das neue Menü als verschiebbares Fenster auf der linken Seite zu sehen (siehe Abbildung 6.21). Zwar sind hier einige Funktionen mit dem oberen Menü identisch, diese können aber bei Bedarf im oberen Menü angepasst beziehungsweise gelöscht werden. Um dieses Menü auch individuell anzupassen, bewegen Sie einfach den Mauszeiger in das obere Feld, und führen Sie einen Rechtsklick mit der Maus aus. In dem folgenden Kontextmenü können Sie jetzt die unterschiedlichsten Einstellungen vornehmen (siehe Abbildung 6.22).

Die einzelnen Funktionen können Sie mit Hilfe der Option SYMBOLLEISTE ANPASSEN... aufrufen.

In diesem weiteren Fenster ist es Ihnen möglich, nach Herzenslust die einzelnen Symbole (Funktionen) zu verschieben oder sogar zu löschen. Beachten Sie, dass dieses neu geöffnete Fenster lediglich einen Container der verfügbaren Symbole darstellt, die Symbole müssen Sie von dort in die obere Menüleiste ziehen oder aus ihr entfernen (siehe Abbildung 6.23). Der Vorgang wird zusätzlich mit einem grünen Plus gekennzeichnet.

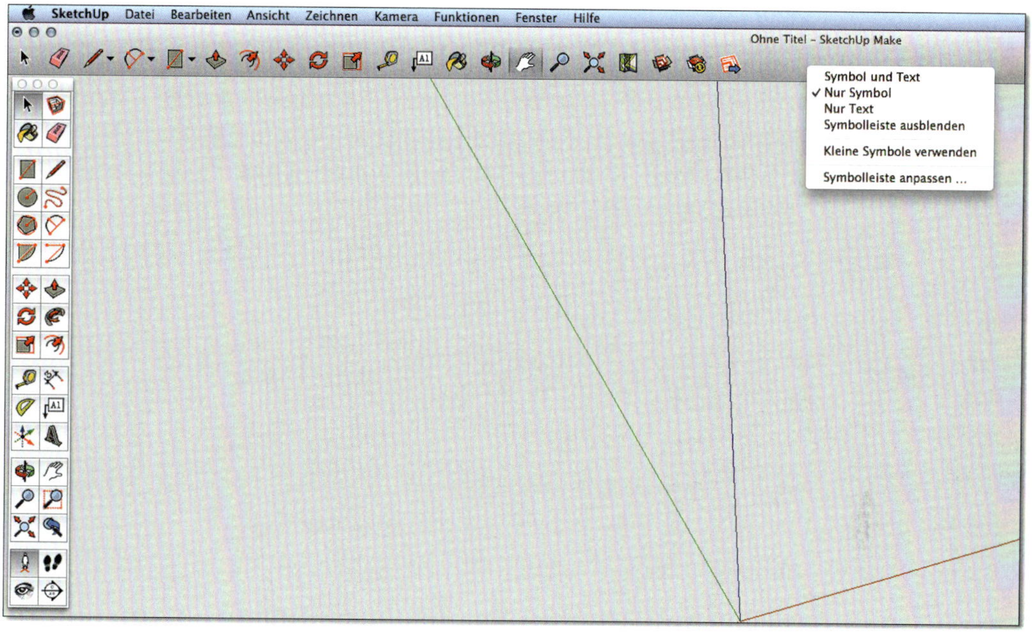

Abbildung 6.22 Eine individualisierte Menüleiste bringt mehr Übersicht.

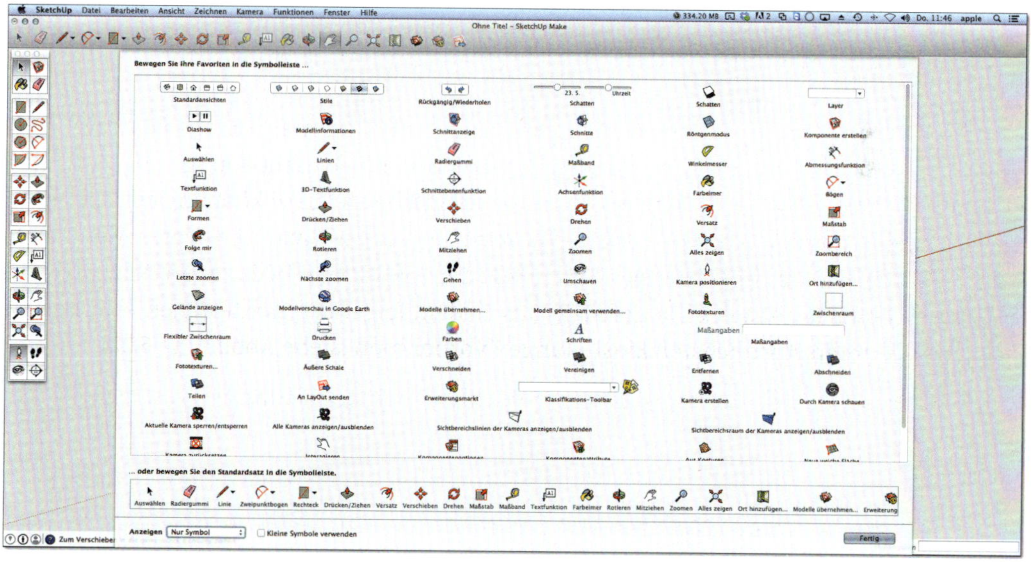

Abbildung 6.23 Alle möglichen Symbole (Funktionen) auf einen Blick. Hier kann nach Belieben verschoben und editiert werden.

Ein Mausklick auf den unteren Button FERTIG besiegelt Ihr ganz persönliches Design, und wir können nun endlich mit der ersten praktischen Übung loslegen.

Bevor ich mit Ihnen zusammen die ersten Objekte erstelle, möchte ich allerdings noch die grundlegenden Funktionen vorstellen und kurz erklären. SketchUp wartet zum Glück nicht mit einer unüberschaubaren Palette an Möglichkeiten auf, sondern ist auch hier eher benutzerfreundlich konstruiert.

6.3 Einfache Objekte in 3D erstellen – die Grundfunktionen kennenlernen

Die Gestaltungsmöglichkeiten mit SketchUp sind wirklich vielfältig. Sie können zum Beispiel ein komplettes Haus inklusive der einzelnen Möbelstücke nachkonstruieren und mit jeglichen Details versehen, die Ihnen vorschweben. Andererseits können Sie aber auch schnell mal einen individuellen Eierbecher entwerfen!

6.3.1 Basics: Farbeimer, Radiergummi und Co.

Sie fragen sich jetzt mit Sicherheit, was denn ein komplexes Haus inklusive der Einrichtung mit einem Eierbecher zu tun hat – außer dass jener vielleicht im Haushalt zu finden ist?!

Ganz einfach, alle Objekte, so komplex oder einfach sie auch sein mögen, werden lediglich mit Hilfe von vier geometrischen Grundformen erstellt, die dann je nach Bedarf weiterverarbeitet werden.

Der Anblick des großen Funktionssatzes kann schon ein wenig für Irritation sorgen (siehe Abbildung 6.24), aber keine Angst, für die Erstellung Ihres individuellen Objekts brauchen Sie wahrlich nicht alle Funktionen. Ihnen in diesem Kapitel alle Funktionen detailliert zu erläutern, würde leider völlig den Rahmen sprengen, daher beschränke ich mich hier auf die wesentlichen Grundfunktionen, die wir für das Erstellen eines Objekts auch wirklich benötigen.

Wenn Sie genau hinschauen, ist das Menü in sechs Bereiche unterteilt. Im oberen Bereich finden Sie Funktionen wie das Auswahlwerkzeug, eine Komponente erstellen, den Farbeimer und die Radiergummifunktion (siehe Abbildung 6.25).

Das Auswahlwerkzeug, in Form eines Pfeils dargestellt, ist mitunter das Werkzeug, das Sie wohl mit am meisten benutzen werden. Sie können mit dem Pfeil entweder einzelne Flächen oder Linien auswählen, die nach erfolgreicher Auswahl farbig markiert werden. Sie können aber nicht nur einzelne Flächen markieren, sondern mit gedrückter

⇧-Taste (auf dem Mac) weitere Flächen oder Linien hinzufügen oder auch wieder abwählen. Um viele Elemente gleichzeitig auszuwählen, können Sie auch einen Rahmen ziehen, in dem dann alle Elemente markiert werden.

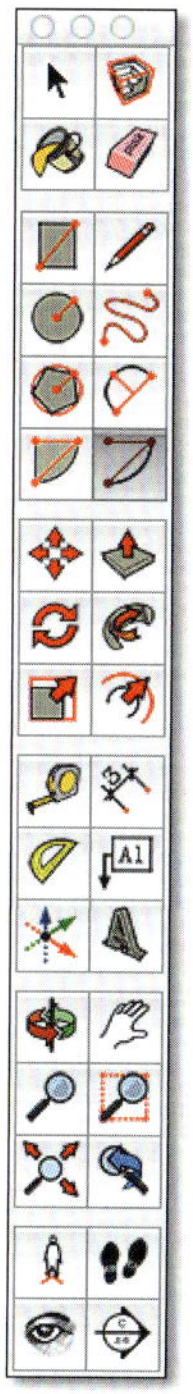

Abbildung 6.24 Die Kernelemente von SketchUp

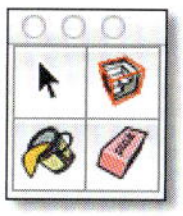

Abbildung 6.25 Die ersten Funktionen im großen Funktionssatz

Rechts neben dem Auswahlwerkzeug finden Sie die Funktion für die Erstellung einer Komponente, die Sie aber auch mit einem Rechtsklick auf dem jeweiligen Objekt aufrufen können. Eine Komponente besteht sozusagen aus einem oder mehreren Bereichen, die Sie zuvor mit dem Auswahlwerkzeug festgelegt haben. Wenn Sie diese Bereiche dann einer Komponente zuordnen, ist dieser Bereich quasi ein großes Element und kann nur noch als Ganzes bearbeitet werden. Sie können diese Funktion auch mit einer GRUPPIERUNG vergleichen, die Sie auch im Kontextmenü mit einem Rechtsklick finden. Allerdings können Sie einzelne Komponenten auch einzeln abspeichern. Erstellen

Sie zum Beispiel das Dach eines Hauses und erstellen aus dem Dach eine Komponente, können Sie dieses Dach als eigenständige Datei abspeichern. Für komplexere Objekte, wie zum Beispiel einem Haus, ist diese Funktion sehr empfehlenswert.

Unter der Komponentenfunktion finden Sie den Radierer, mit dem Sie einzelne Linien löschen, aber auch abmildern können. Der Radierer löscht alle Linien, die Sie zuvor mit gedrückter Maustaste markiert haben. Nach der erfolgreichen Auswahl der Linien lassen Sie die Maustaste einfach los und alle ausgewählten Linien sind gelöscht. Halten Sie bei der Auswahl der Linien allerdings die [⇧]-Taste gedrückt, werden die Linien nicht gelöscht, sondern abgemildert.

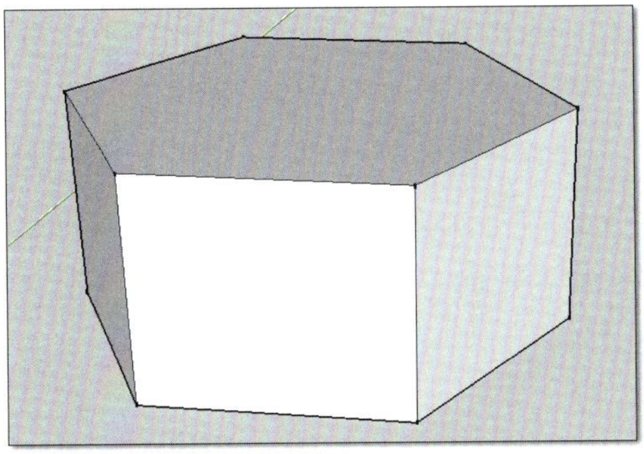

Abbildung 6.26 Ein Objekt vor Nutzung der Funktion »Abmildern«

Um Ihnen die Funktion ABMILDERN ein wenig besser darstellen zu können, habe ich in Abbildung 6.26 das ursprüngliche Objekt in Form eines Vielecks dargestellt und in Abbildung 6.27 das gleiche Objekt nach Anwendung der Abmilderungsfunktion.

Abbildung 6.27 Das gleiche Objekt, jedoch auf allen Seiten abgemildert

Wurde ein Objekt mit der Funktion abgemildert, bedenken Sie, dass Sie auch keinen Einfluss mehr auf die einzelnen Linien haben.

Die letzte Funktion des oberen Bereichs des Funktionssatzes ist der Farbeimer, mit dem Sie einzelne Flächen farblich gestalten können. Zusätzlich haben Sie in dem Farbauswahlmenü die Möglichkeit, bestimmte Flächen mit einer Textur zu versehen (siehe Abbildung 6.28).

Abbildung 6.28 Die Farbpalette von SketchUp bietet Ihnen auch die Möglichkeit, eine Textur zu erstellen.

So lassen sich individuelle Bereiche detailgetreu darstellen. Für den Druck mit ein- oder zweifarbigen FDM-Druckern ist diese Funktion jedoch eher uninteressant und dient nur der Optik vor dem eigentlichen Druck. Haben Sie allerdings vor, das erstellte Objekt mit einem Drucker auszudrucken, der vollfarbige Texturen übernehmen kann, bietet Ihnen SketchUp wirklich unzählige Möglichkeiten der Texturierung. Eigene Texturen können Sie natürlich auch einpflegen.

6.3.2 »Wir bauen ein Haus«: geometrische Grundformen

Der nächste Bereich im großen Funktionssatz ist meiner Meinung nach auch schon der wichtigste. Mit den folgenden geometrischen Grundformen können Sie schon Ihr individuelles 3D-Objekt erstellen (siehe Abbildung 6.29).

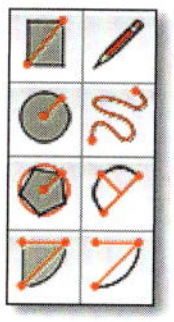

Abbildung 6.29 Auf der linken Seite sehen Sie die vier Grundformen von SketchUp – rechts daneben vier weitere Möglichkeiten für die Gestaltung.

Die erste Funktion ist das Rechteck links oben. Hiermit können Sie beliebig große Rechtecke, aber auch Quadrate erstellen. Klicken Sie einfach in Ihre Arbeitsfläche, und ziehen Sie Ihr Element auf. Ist die gewünschte Größe erreicht, genügt ein weiterer Mausklick, um das Element zu erstellen. Sie können übrigens die Funktionsweise vom Mausklick in den VOREINSTELLUNGEN unter dem Menüpunkt ZEICHNEN verändern (siehe Abschnitt 6.2, »Das optimale Einrichten der Software und Erklärung der wichtigsten Symbole von SketchUp«).

Um Ihnen weitere, wichtige Details zu erklären, würde ich mit Ihnen jetzt gerne eine kurze Übung machen: Erstellen Sie nun, wie in Abbildung 6.30 zu sehen, ein beliebig großes Rechteck oder Quadrat.

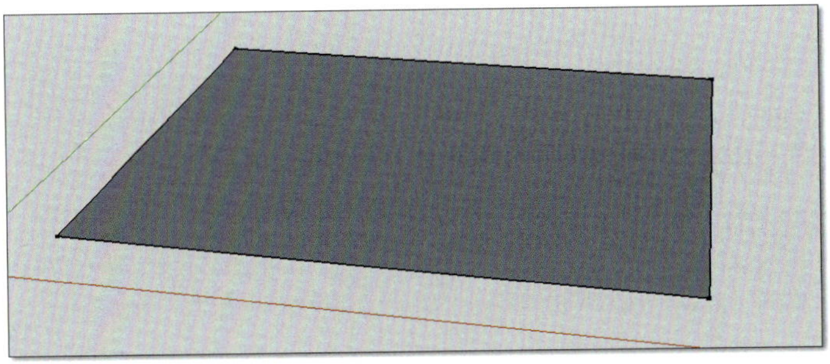

Abbildung 6.30 So sollte Ihr Rechteck für die Übung in etwa aussehen.

Haben Sie nun das Rechteck erstellt, ist es jetzt unser Ziel, an der hinteren Linie eine aufrechte Fläche zu erstellen, die genau in der Mitte angeordnet ist. Abbildung 6.31 zeigt, wie es idealerweise aussehen sollte.

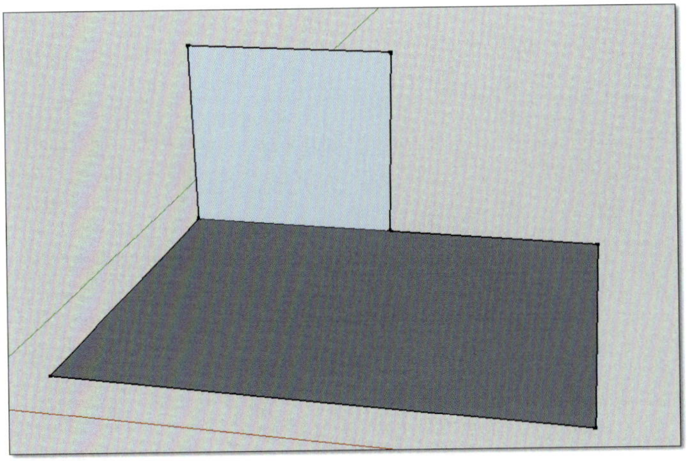

Abbildung 6.31 Die aufrecht erstellte Fläche, mittig zu unserem Rechteck

SketchUp bietet Ihnen für die Ermittlung der Mitte eine perfekte Hilfe an, so brauchen Sie nicht erst das Rechteck auszumessen, sondern fahren mit Ihrem Mauszeiger einfach an der jeweiligen Linie entlang, bis sich am Mauszeiger ein kleiner hellblauer Punkt befindet. Das ist der exakte Mittelpunkt Ihrer Linie (siehe Abbildung 6.32).

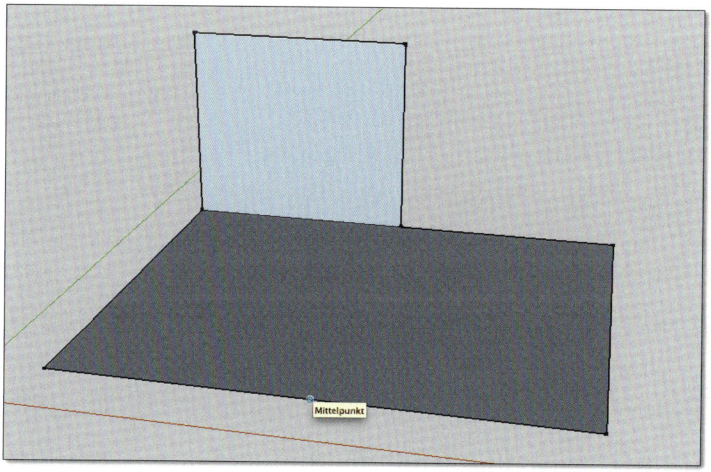

Abbildung 6.32 Der hellblaue Kreis erscheint automatisch am exakten Mittelpunkt der jeweiligen Linie.

Um jetzt die Fläche nach oben zu ziehen, klicken Sie lediglich einmal mit dem Mauszeiger in den angezeigten Mittelpunkt und wandern mit dem Mauszeiger zum anderen Ende der Linie, bis der Mauszeiger Ihnen den Endpunkt vorgibt (siehe Abbildung 6.33).

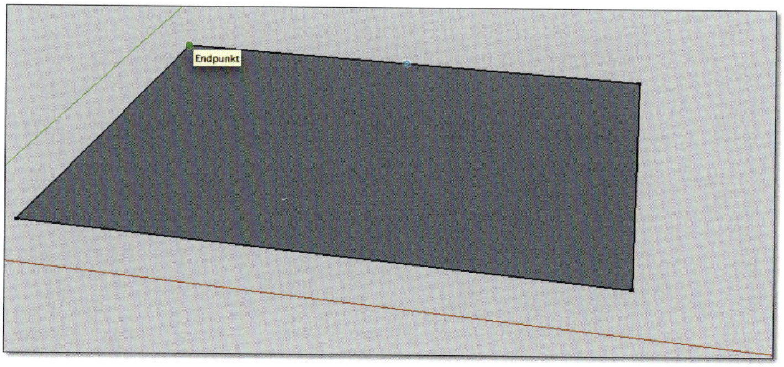

Abbildung 6.33 SketchUp ermittelt auch automatisch den Endpunkt Ihrer Linie.

Von dem Endpunkt aus wandern Sie jetzt mit dem Mauszeiger geradeaus nach oben und SketchUp wird Ihnen automatisch die Fläche erstellen (siehe Abbildung 6.34).

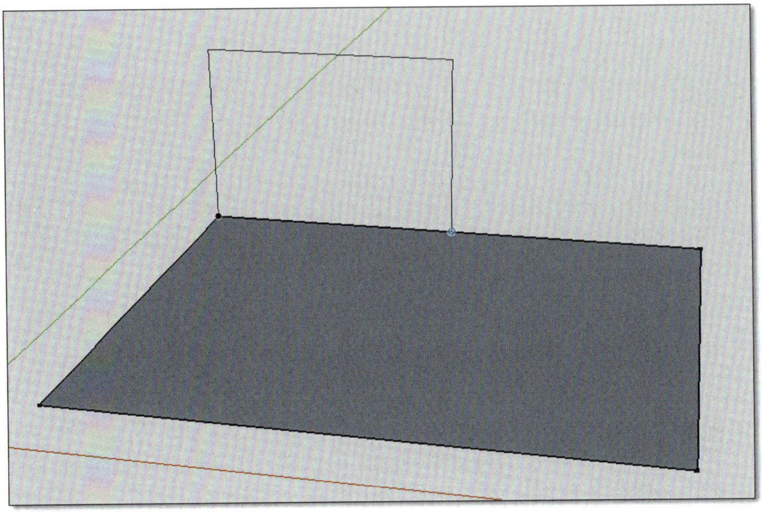

Abbildung 6.34 Die Fläche entsteht automatisch aus der Kombination vom Mittel- und Endpunkt.

Da SketchUp den Vorgang automatisch ausführt, kann es auch sein, dass nicht immer die jeweilige Achse getroffen wird. Das heißt, manchmal wird die Fläche nicht nach oben erstellt, sondern nach hinten. In dem Fall sollten Sie ein wenig Geduld mit SketchUp haben und mit dem Mauszeiger einfach mal nach ganz oben zum Bildschirmrand fahren, meistens erkennt die Software dann endlich, was Sie eigentlich vorhaben. Das bedarf teilweise ein wenig der Geduld und Fingerspitzengefühls. Haben Sie die richtige Achse getroffen und Ihre Fläche wurde nach oben gezogen, reicht ein weiterer Mausklick, um die Fläche endgültig zu erstellen. Diese wird dann farbig ausgefüllt angezeigt, wie Sie in Abbildung 6.32 sehen.

Die Funktion der automatischen Anzeige des Mittelpunktes oder die Erkennung der jeweiligen Achse ist anfangs für Sie vielleicht noch etwas umständlich, allerdings werden Sie diese Funktionen in der Zukunft sehr zu schätzen wissen. Die Software erkennt nicht nur die Mitte eines Rechtecks, sondern auch eines Kreises, ermittelt Ihnen automatisch einen *Goldenen Schnitt*, zeigt Ihnen die gebräuchlichsten Winkelmaße an oder automatisch Hilfslinien auf. Sie können anhand unserer kleinen Übung ja einmal andere Flächen oder Achsen ausprobieren. Sie werden sehen, dass SketchUp eigentlich fast immer den richtigen Vorschlag für Ihr Vorhaben hat. Um Ihnen weitere Beispiele der Funktionsweise von SketchUp zu zeigen, konstruieren Sie bitte noch ein weiteres Rechteck, das nahtlos an das bisherige anschließt und somit die gesamte Breite der Grundfläche abdeckt (siehe Abbildung 6.35).

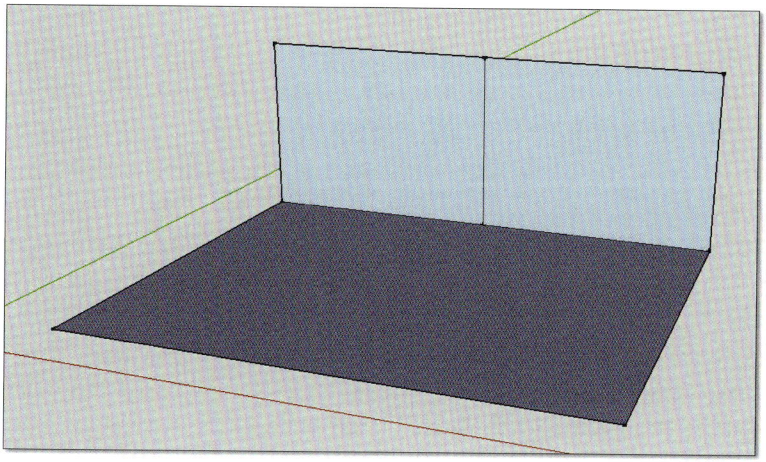

Abbildung 6.35 Die zweite Fläche schließt nahtlos an alle anderen Flächen an.

Um aus diesem Gebilde zum Beispiel den Sockel für ein Haus zu erstellen, bedarf es nur noch weniger Mausklicks. Sieht Ihr Objekt genauso aus wie in Abbildung 6.35, wählen Sie jetzt die mittlere Verbindungslinie aus, die Ihre beiden Rechtecke noch voneinander trennt. Die ausgewählte Linie wird nun standardmäßig dunkelblau und etwas dicker hervorgehoben, so dass sie sich von den andere Linien oder Flächen abhebt. Ist die Linie markiert, genügt ein Tastendruck auf `Entf`, um nur diese Linie zu löschen. Alternativ können Sie aber auch ein Kontextmenü mit der rechten Maustaste aufrufen und auf LÖSCHEN klicken oder die Radiergummifunktion nutzen, die Sie im obersten Feld des Funktionssatzes finden. Sie kommen aber mit jeder Funktion zu dem gleichen Ergebnis, weshalb Sie einfach für sich selbst herausfinden sollten, welche Arbeitsweise für Sie die beste und schnellste ist.

Haben Sie die Linie nun gelöscht, haben Sie fortan nur noch ein großes Rechteck, das quasi eine Außenmauer darstellen könnte. Nun wäre es doch etwas mühsam für jede verbleibende Seite eine weitere Mauer zu erstellen. Hier kommt die wohl wichtigste und signifikanteste Funktion von SketchUp ins Spiel, nämlich die der *Extrusion* oder – wie es in der deutschen Version heißt – DRÜCKEN/ZIEHEN. Mit dieser Funktion ist es Ihnen möglich, fast jede beliebige Fläche nach hinten zu drücken oder zu ziehen, um den gewünschte Körper zu erstellen. Diese Funktion habe ich Ihnen ja schon am Anfang von Abschnitt 2.2, »Nutzen und Vorteile eines eigenen 3D-Druckers«, etwas näher erläutert.

In unserem Fall wollen wir also aus der einzelnen Mauer gleich den kompletten Sockel eines Hauses erstellen. Dazu markieren Sie einfach die virtuelle Außenmauer und klicken im Funktionssatz auf das Extrusionssymbol ().

Sie brauchen jetzt nur noch mit der ausgewählten Funktion auf die erstellte Mauer zu klicken und Ihre Maus nach vorne zu bewegen. Jetzt wird Ihnen bestimmt auch klarer, was mit der Funktion DRÜCKEN/ZIEHEN gemeint ist. Sie verschieben aber nicht nur Ihre Mauer, sondern erstellen zudem aus einer 2D-Fläche einen richtigen 3D-Körper.

Da SketchUp jetzt auch schon wieder ahnt, was Sie höchstwahrscheinlich vorhaben, lässt es Sie den neu erstellten Körper exakt bis zum Ende der Grundfläche ziehen. Sie werden merken, dass Sie mit der Maus erstmal nicht über die Grundfläche hinaus ziehen können, so dass Sie ganz einfach einen exakten Körper erstellen können. Wahlweise können Sie auch mit dem Mauszeiger auf die untere Kante zeigen und der Software in schwierigen Fällen so zeigen, wo Ihr Objekt enden soll. Diese Hilfsfunktion wird mit dem Hinweis AUF KANTE dargestellt. Mit einem weiteren Mausklick wird dieser Arbeitsschritt abgeschlossen, und Sie haben den Sockel zum Beispiel für Ihr Haus erstellt (siehe Abbildung 6.36).

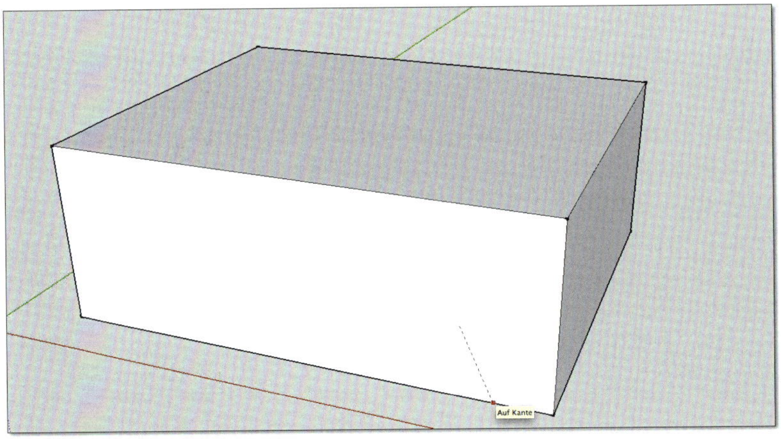

Abbildung 6.36 Der fertige Sockel, mit der Hilfsfunktion »Auf Kante« erstellt

6.3.3 »Das Hausdach«: Maßstabs-, Linien- und Skalierungsfunktion

Was wäre aber ein Haus ohne Dach? Bevor Sie jetzt ins Grübeln geraten, wie Sie denn zwei einzelne Flächen exakt so anordnen, dass Sie symmetrisch zueinanderlaufen und nicht krumm und schief werden, will ich Ihnen verraten, dass es auch hier ganz einfach zu bewerkstelligen ist. Wiederum mit der Extrusionsfunktion schneiden wir uns aus dem Körper einfach ein Dach heraus.

Für diese Aufgabe kommt ein weiteres Werkzeug mit ins Spiel, nämlich die *Linienfunktion*, die Sie im oberen Menü des großen Funktionssatzes finden (). Die Linienfunktion ist für viele geometrische Objekte immens wichtig.

Wählen Sie jetzt also das Linienwerkzeug aus der Funktionspalette aus, und wandern Sie mit dem Mauszeiger zur Mitte der oberen Kante des virtuellen Haussockels (siehe Abbildung 6.37). Sie müssen jetzt nicht die exakte Mitte ausmessen, sondern einfach nur per Augenmaß die Mitte anvisieren und den Rest wieder SketchUp überlassen. Sie werden beim Überfahren der Linie sehr schnell wieder einen hellblauen Kreis bemerken, der Ihnen den Mittelpunkt darstellt. Nun klicken Sie auf den Mittelpunkt und ziehen Ihre Linie zur abfallenden Linie auf der linken Seite in die Mitte.

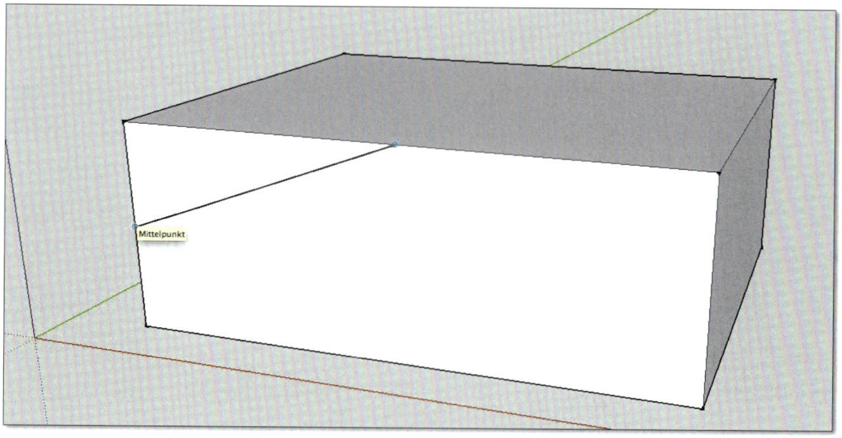

Abbildung 6.37 So sollte Ihre Linie aussehen, von der oberen, bis zur seitlichen Mitte.

Haben Sie Ihre Linie wie auf der Abbildung erstellt, wiederholen Sie diesen Vorgang exakt so mit der rechten Seite des Objekts. Sie ahnen sicherlich schon wie wir uns langsam unserem Dach nähern, wenn Ihr Objekt dann wie in Abbildung 6.38 aussieht.

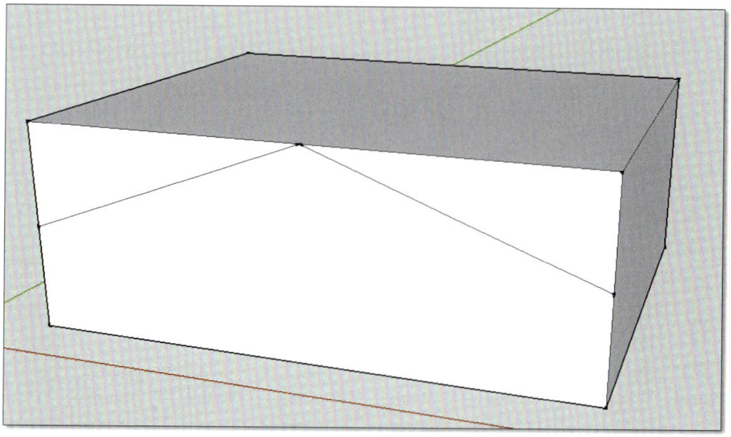

Abbildung 6.38 Unser Dach, kurz vor der Fertigstellung

Für den nächsten Arbeitsschritt brauchen wir wieder unsere Extrusionsfunktion, um die beiden Dachschrägen einfach wegzudrücken. Also wählen Sie die Extrusion aus und fahren mit dem Mauszeiger über das Objekt. Alle Flächen, die Sie mit dem Werkzeug bearbeiten können, werden Ihnen durch ein gepunktetes Muster dargestellt, so dass Sie nur noch auf die virtuelle Dachschräge zu klicken brauchen, um das ausgewählte Objekt nach hinten zu drücken. Und wieder hilft uns hier die Software, indem sie Ihnen anzeigt, wo das genaue Ende unserer Grundfläche ist. An dieser virtuellen Grenze klicken Sie wiederholt die Maustaste, und eine Seite unserer Dachschräge ist erstellt. Den gleichen Vorgang wiederholen Sie jetzt bitte noch mit der anderen Seite, und schon haben Sie Ihr erstes (einfaches) Haus erstellt (siehe Abbildung 6.39).

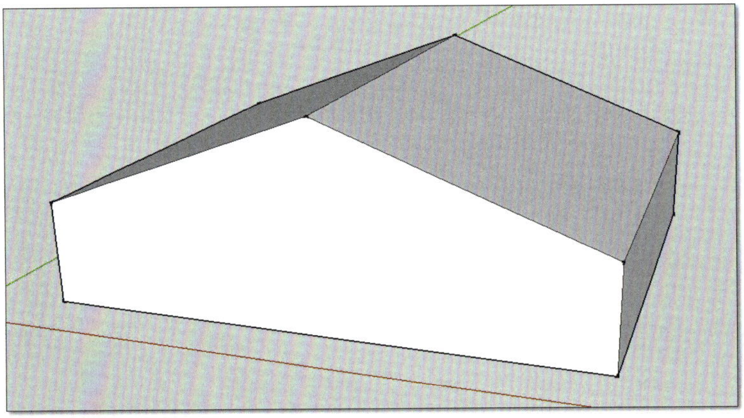

Abbildung 6.39 Die Grundform Ihres Hauses ist nun erstellt.

Nun schaut das Haus eher wie ein Lagerhaus als wie ein schönes Einfamilienhaus oder Ähnliches aus. Das heißt, die Skalierung des Hauses passt irgendwie nicht. Mit SketchUp ist das allerdings mit zwei bis drei Mausklicks auch behoben, und zwar mit der Funktion MASSSTAB (). Die Maßstab-Funktion, auch Skalierungsfunktion genannt, ermöglicht Ihnen eine exakte Größenänderung.

Um unser Haus jetzt ein wenig in der Länge und Breite anzupassen, könnten wir mit dieser Funktion also gleich loslegen, allerdings müsste Sie dann jede einzelne Fläche auswählen und im Verbund skalieren. Das wäre zu umständlich. Einfacher geht es, wenn Sie das Haus komplett markieren. Hierzu klicken Sie einfach außerhalb des Objekts in den freien Raum und ziehen mit gedrückter Maustaste das erscheinende Auswahlfeld komplett über das Haus. Somit haben Sie alle Flächen erfasst und können das Haus gruppieren, das heißt zu einem Objekt zusammenfassen. Die Funktion GRUPPIEREN wird über das Kontextmenü nach einem Rechtsklick auf das ausgewählte Objekt aufgerufen (siehe Abbildung 6.40).

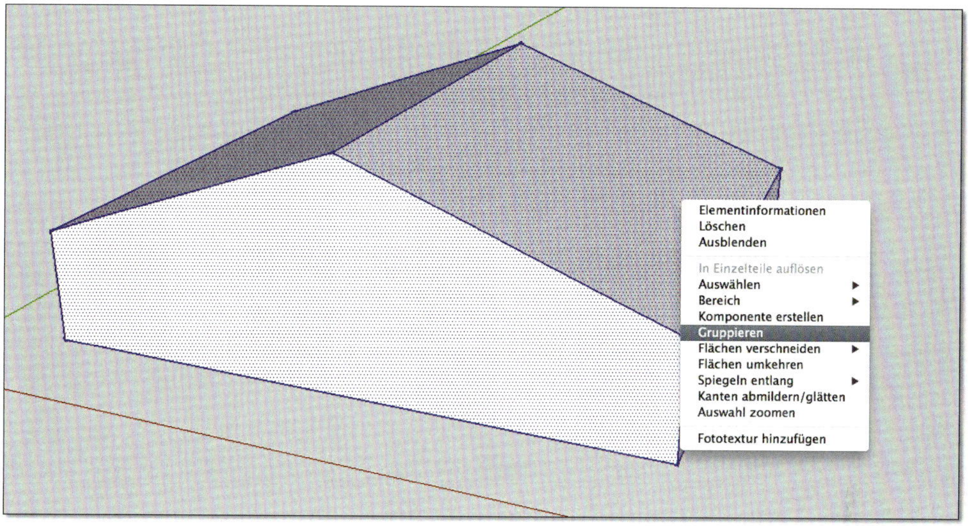

Abbildung 6.40 Alle Flächen werden mit Hilfe der Gruppieren-Funktion zu einem Objekt zusammengefasst.

Wurden alle Flächen erfasst und dann gruppiert, sollte Ihr Objekt wie in Abbildung 6.41 aussehen.

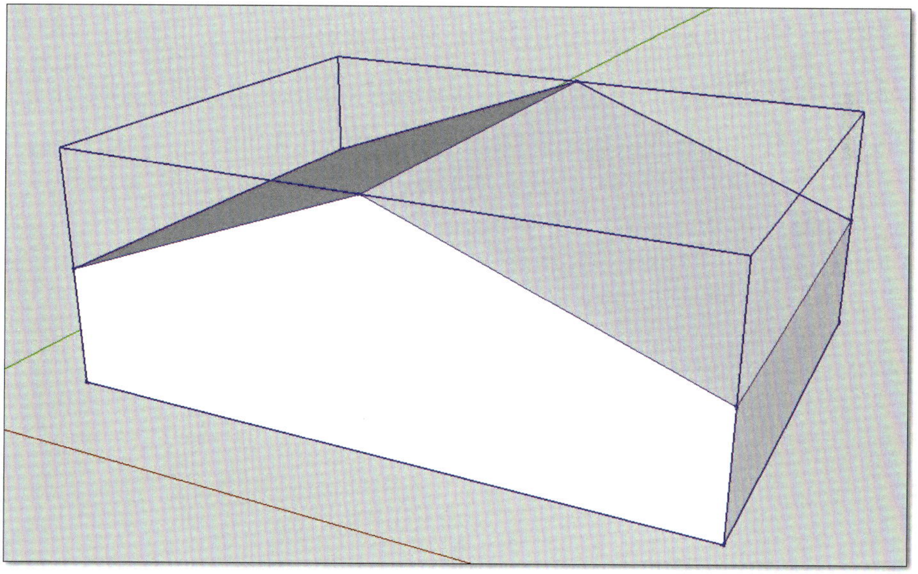

Abbildung 6.41 Alle Flächen wurden gruppiert und ein gesamtes Objekt erstellt.

Sie sehen jetzt, wie sich aus allen Flächen ein komplettes Objekt gebildet hat, das jetzt im Ganzen bearbeitet werden kann. Nun können Sie mit Hilfe der Maßstabsfunktion Ihr Haus nach Ihren Vorstellungen anpassen.

Mit Klick auf die Funktion MASSSTAB werden Ihnen die jeweiligen Achsen und die entsprechenden Punkte dargestellt, mit denen Sie die Achsen in ihrer Größe beeinflussen können (siehe Abbildung 6.42).

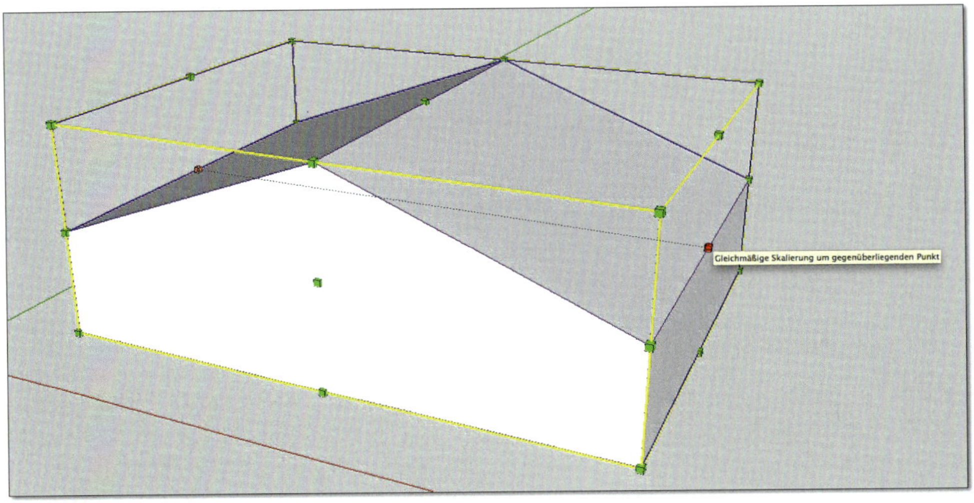

Abbildung 6.42 Die Maßstabsfunktion im Detail

Probieren Sie doch einfach mal alle möglichen Kombinationen der Skalierung aus. Sie werden recht schnell merken, wie einfach es ist, auf einen gewünschten Maßstab zu kommen.

Haben Sie nun die gewünschte Größe für das Haus gefunden, ist es an der Zeit für den Feinschliff, wie zum Beispiel ein überstehendes Dach, einen Schornstein oder auch Fenster und Türen. Um das gruppierte Objekt jedoch wieder im Einzelnen zu bearbeiten, muss zunächst die Gruppierung gelöst werden. Das erreichen Sie durch ein erneutes Aufrufen des Kontextmenüs mit der rechten Maustaste. In dem folgenden Menü klicken Sie auf IN EINZELTEILE AUFLÖSEN, und schon sind die einzelnen Flächen und Linien wieder verfügbar.

6.3.4 »Der Schornstein«: Kreisfunktion und Schnittebene

Weitere wichtige Funktionen der Software will ich Ihnen anhand der Erstellung eines einfachen Schornsteins zeigen. Hierzu brauchen wir die *Kreisfunktion*, die Sie im oberen Feld des Funktionssatzes finden ( ).

Erstellen Sie jetzt eine möglichst waagerechte Kreisfläche direkt neben Ihrem Haus. Hierzu klicken Sie auf das Kreissymbol und ein weiteres Mal auf den Arbeitsbereich, an dem er entstehen soll. Den Radius können Sie jetzt mit der Mausbewegung nach hinten/vorne justieren. Idealerweise sollte der Schornstein dem Größenverhältnis Ihres Hauses entsprechen, so wie in Abbildung 6.43 zu sehen.

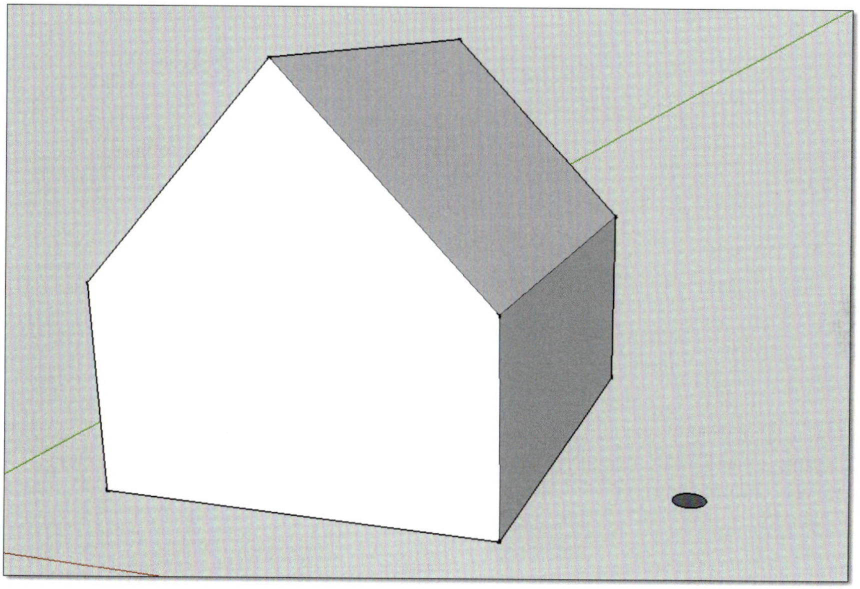

Abbildung 6.43 Der Schornstein entsteht – hier noch als einfache Kreisfläche neben dem Haus.

Der nächste Arbeitsschritt wäre? Genau, Sie ziehen sich den Schornstein mit der Extrusionsfunktion auf die gewünschte Höhe nach oben. Also die Funktion auswählen, auf den Kreis klicken und einfach die Maus nach oben bewegen, bis Sie die gewünschte Höhe erreicht haben.

Allerdings sollte der Schornstein schon wie üblich auf dem Dach sitzen, hierzu markieren Sie den gesamten Schornstein (Linksklick gedrückt halten und Auswahlfenster aufziehen) und bewegen Ihn mit der Funktion VERSCHIEBEN/KOPIEREN an die gewünschte Stelle. Klicken Sie hierzu auf das »Verschieben/Kopieren«-Symbol und dann auf den markierten Schornstein, so können Sie das Objekt frei im Raum auf jede mögliche Achse bewegen ().

Halten Sie zusätzlich Alt gedrückt, sehen Sie am Cursor ein kleines Pluszeichen, das es Ihnen ermöglicht, eine exakte Kopie des jeweiligen Objekts zu erstellen und zu bewegen. Das ursprüngliche Objekt bleibt dann am Ausgangsort.

Haben Sie Ihren Schornstein nun in Position gebracht, sollte er in etwa so aussehen wie in Abbildung 6.44.

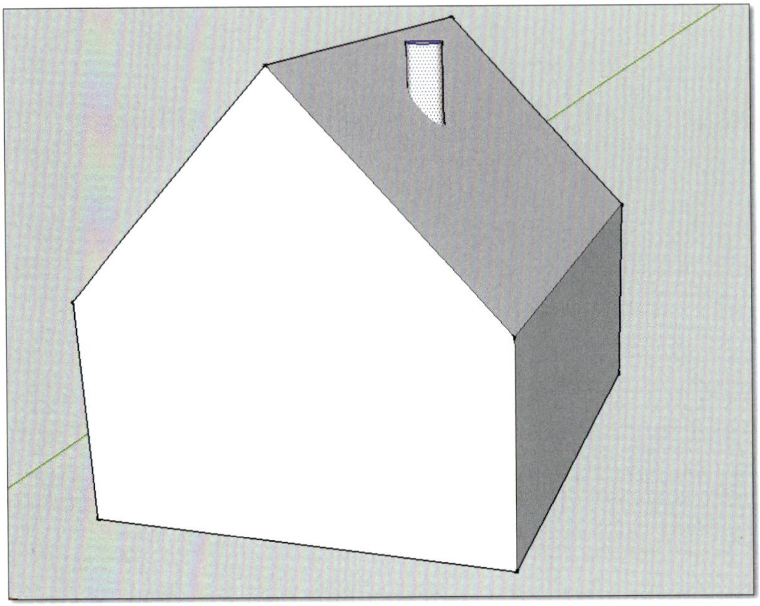

Abbildung 6.44 Der Schornstein findet seinen richtigen Platz.

Um den Schornstein jetzt ordnungsgemäß zu erstellen beziehungsweise auch für einen späteren 3D-Druck des Hauses vorzubereiten, bedarf es noch eines kleinen Feinschliffs. Da natürlich der untere Teil vom Schornstein jetzt einfach so in das Haus ragt, sollte er noch entsprechend abgeschnitten werden.

Ist bei einem geschlossenen Haus natürlich nicht so ganz einfach, aber auch hier hat SketchUp eine grandiose Funktion. Ich nenne es den Röntgenblick, heißt aber in Wirklichkeit SCHNITTEBENE (). Mit dieser Funktion schneiden Sie quasi Ihr Objekt an der jeweiligen Stelle auf und können so auch verborgene Linien oder Objekte einsehen und verändern.

Wählen Sie jetzt einmal diese Funktion mit einem Mausklick aus, und Sie sehen, dass sich Ihr Cursor in eine Art Fenster mit vier Pfeilen verwandelt hat (siehe Abbildung 6.45). Dieses Fenster mit den entsprechenden Pfeilrichtungen, deutet an, durch welche Ebene Sie nach einem weiteren Mausklick schauen könnten. Legen Sie dieses Fenster also schräg auf das Dach, würden Sie von oben schräg in das Haus schauen können.

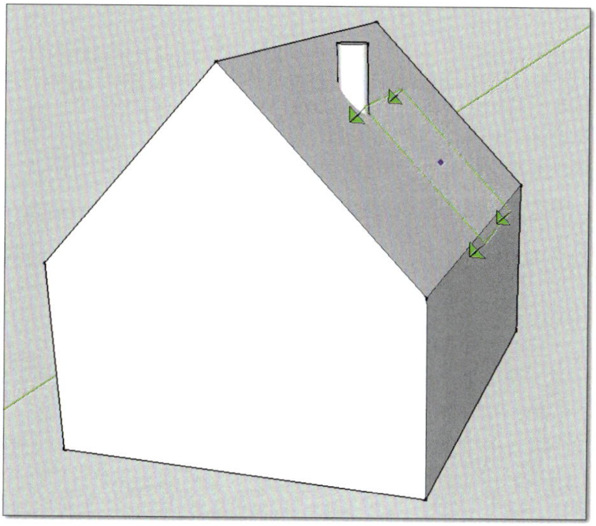

Abbildung 6.45 Die »Schnittebene zeigt Ihnen die mögliche Perspektive an.

In unserem Fall positionieren Sie dieses Fenster auf die Front des Hauses, um den unteren Teil vom Schornstein einzusehen. Die Funktion wird mit einem weiteren Mausklick bestätigt (siehe Abbildung 6.46).

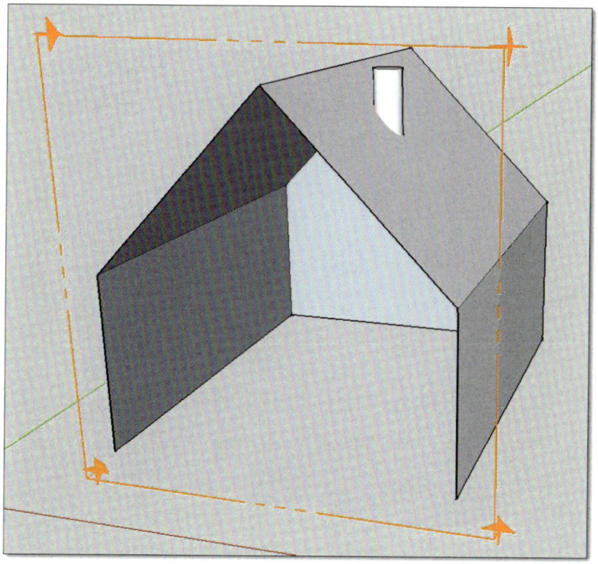

Abbildung 6.46 Das Haus wurde regelrecht aufgeschnitten und bietet so die Möglichkeit der Bearbeitung verborgener Elemente.

Sie können die Tiefe des Schnittes auch variieren, in dem Sie mit dem Mauszeiger auf den orangenen Rahmen fahren und ihn mit einem Mausklick auswählen. Nun können Sie die jeweilige Tiefe dieser Ebene mit der Mausbewegung variieren.

Um einen genauen Einblick in das Haus zu bekommen, können Sie den Betrachtungswinkel mit der Funktion ROTIEREN verändern ().

Sie können jetzt mit Hilfe dieser Funktion direkt in Ihr Haus schauen und sehen jetzt auch besser, wie der untere Teil vom Schornstein in das Haus ragt (siehe Abbildung 6.47).

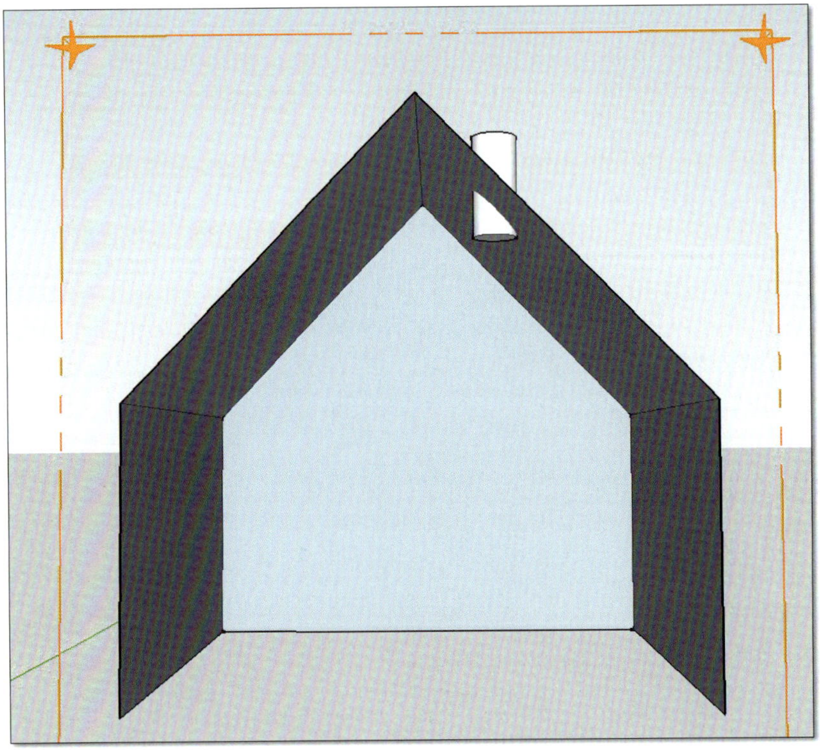

Abbildung 6.47 Der untere Teil vom Schornstein wird im nächsten Arbeitsschritt abgetrennt.

Nur wie kann dieser Schornstein jetzt sauber entlang des Daches abschließend getrennt werden? Hier hat SketchUp eine weitere klasse Funktion eingebaut, nämlich FLÄCHEN VERSCHNEIDEN. Diese Funktion macht im Prinzip nichts anderes, als dass sie aus den Elementen, die ineinander verschoben sind (siehe Abbildung 6.48), zwei eigenständige Objekte erstellt, indem an den jeweiligen Kontaktstellen neue Kanten erzeugt werden.

Die Funktion wird über einen Rechtsklick der Maus und das entsprechende Kontextmenü aufgerufen (siehe Abbildung 6.49).

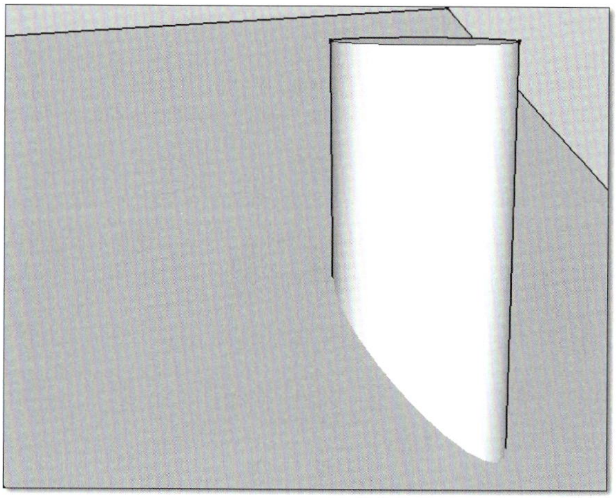

Abbildung 6.48 Der Schornstein ohne Verschnitt. Das Dach grenzt sich nicht ab.

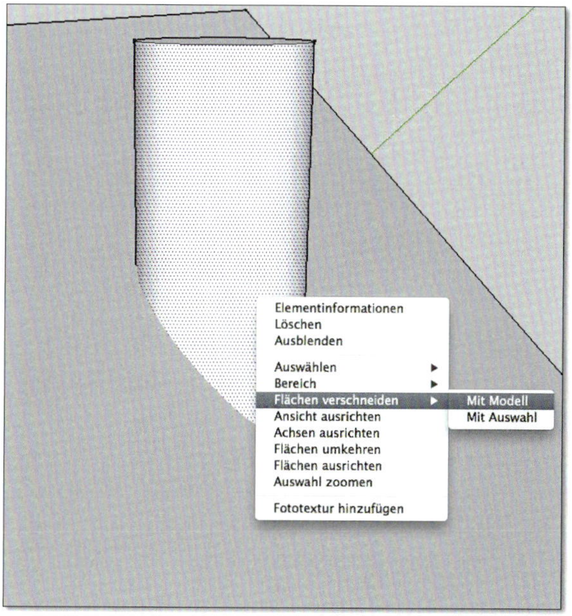

Abbildung 6.49 In dem Beispiel wird das Dach mit dem Schornstein verschnitten und kann so bearbeitet werden.

Ist der Verschnitt erfolgreich, werden Sie sehen, dass Sie jetzt eine klare Abgrenzung des Daches mit dem Schornstein haben, wodurch beide Objekte einzeln zu bearbeiten sind, sowohl der obere als auch der untere Teil (siehe Abbildung 6.50).

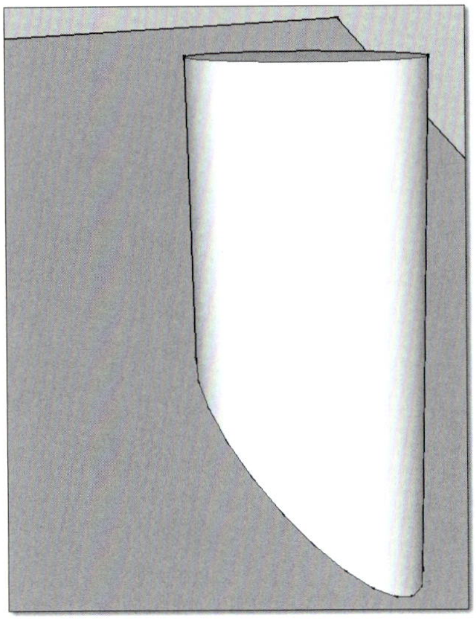

Abbildung 6.50 Der Schornstein wurde erfolgreich mit dem Dach verschnitten und ist jetzt klar abgetrennt.

Nun, da Ihr Schnitt hoffentlich erfolgreich war, kann das untere Ende vom Schornstein ganz einfach gelöscht werden, so dass es danach bei Ihnen wie in Abbildung 6.51 aussehen sollte.

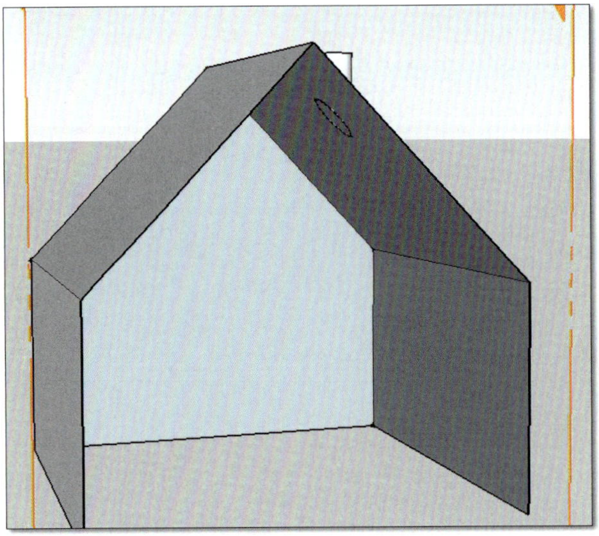

Abbildung 6.51 Der untere Teil vom Schornstein wurde erfolgreich mit der Funktion »Flächen verschneiden« entfernt.

Die verbleibende Schnittebene können Sie jetzt auch wieder löschen, indem Sie einen Rechtsklick auf das Schnittfenster machen und im Kontextmenü den Punkt LÖSCHEN auswählen. Keine Angst, hier ist wirklich nur die Schnittebene gemeint (sofern Sie diese auch wirklich ausgewählt haben).

6.3.5 »Der Überhang«: Abstände, Abmessungen und die Quadratur des Kreises

Als Nächstes könnte das Haus noch ein wenig Feintuning bekommen, zum Beispiel in Form eines überhängenden Daches. Dieser Arbeitsschritt wird wieder mit Hilfe der Funktion DRÜCKEN/ZIEHEN durchgeführt, wobei ich Ihnen hier auch gleich zeige, wie Sie den Überhang auf jeder Seite exakt gleich groß hinbekommen. Dafür drehen Sie Ihr Haus, so dass Sie auf die (von Ihnen aus) rechte Hausmauer schauen können, und wählen die Extrusionsfunktion aus. Wenn Sie jetzt wie gehabt auf die Fläche (Hausmauer) klicken und die Maus bewegen, können Sie diese Fläche zwar verschieben, aber nicht exakt nach einer Vorgabe ausrichten. Sollte Ihr Dachvorsprung nun zum Beispiel 200 mm betragen, wäre es höchst schwierig, dies per Hand einzustellen. Stattdessen können Sie in der unteren rechte Ecke des Bildschirms in dem Feld ABSTAND genau die Maße eintragen, die Sie für richtig halten. In meinem Fall habe ich jetzt 200 mm eingetragen, und die Hauswand wurde um 200 mm versetzt, so dass ich genau diesen Abstand zur Dachschräge bekommen habe (siehe Abbildung 6.52).

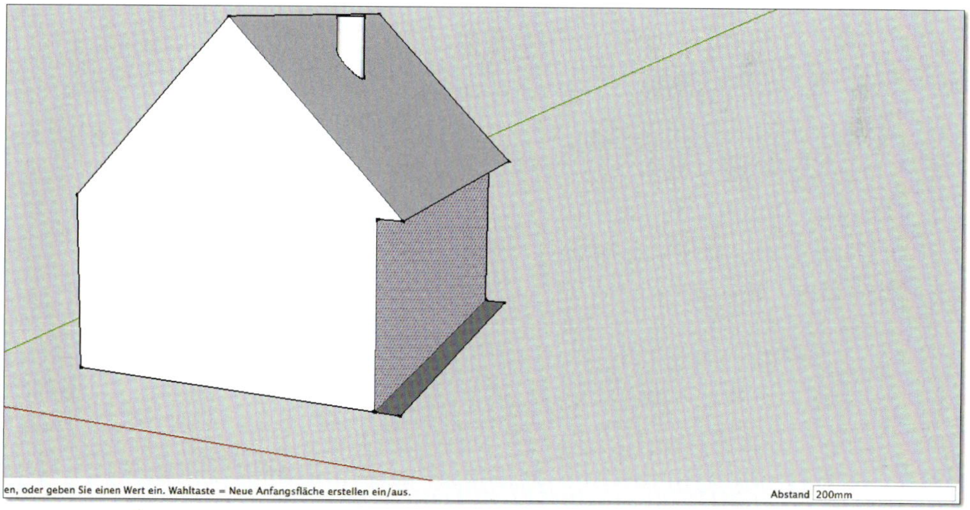

Abbildung 6.52 Die Eingabe der Maße erfolgt unten rechts im Eingabefeld und wird mit der Enter-Taste bestätigt.

Wichtige Information zum Eingabefeld der diversen Maße

SketchUp hat bei dem Eingabefeld so seine Tücken: Durch alleiniges Klicken auf die Fläche, Eingabe der Maße und Bestätigung durch die [↵]-Taste passiert teilweise gar nichts. In dem Fall müssen Sie nach der Auswahl der jeweiligen Fläche die Maus ein wenig in die gewünschte Richtung bewegen, so dass in dem Eingabefeld die Maße erscheinen. Geben Sie dann den gewünschten Wert ein, stellt SketchUp diesen dann exakt dar.

Dieses Eingabefeld kann für quasi jeden Arbeitsschritt verwendet werden. Wollen Sie einmal Ihr Haus anhand des Grundrisses wirklich maßstabsgetreu nachbauen, können Sie über das Eingabefeld auch die exakten Abmessungen der jeweiligen Elemente eingeben. Die Bezeichnung des Feldes ändert sich automatisch mit der jeweiligen Funktion. Wenn Sie zum Beispiel die Bodenplatte erstellen wollen, können Sie exakt die Länge und Breite eingeben (siehe Abbildung 6.53).

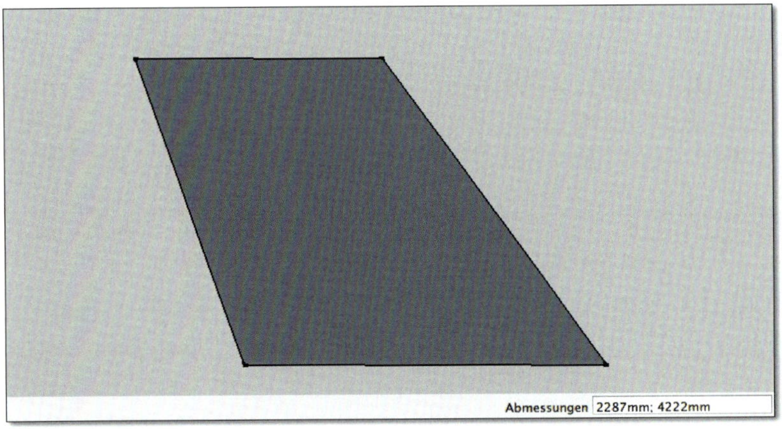

Abbildung 6.53 Die Fläche kann exakt mit den unteren Daten in der Länge und Breite festgelegt werden.

Genauso ändert sich das Feld in den Radius, wenn Sie zum Beispiel die Kreisfunktion gewählt haben. Durch den Radius können Sie dann die exakte Kreisgröße festlegen.

Einen wirklich runden Kreis erstellen

Sie werden wahrscheinlich auch schon festgestellt haben, dass der Kreis bei näherer Betrachtung standardmäßig etwas eckig aussieht (siehe Abbildung 6.54). Das liegt an den voreingestellten Seiten, die SketchUp einem Kreis zuweist. In der Regel nimmt SketchUp für einen Kreis 24 Seiten, die eigentlich zu wenig sind und den Kreis so recht eckig aussehen lassen. Besser wären hier 48 Seiten oder mehr (siehe Abbildung 6.55). Die Seitenzahl wird gleich nach der Auswahl der Kreisfunktion eingegeben, noch vor dem eigentlichen Radius.

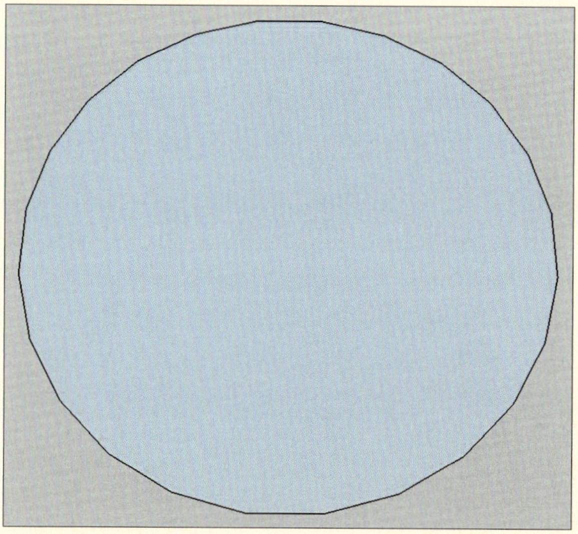

Abbildung 6.54 Der Kreis mit 24 Seiten – in der Vergrößerung eher eckig als rund

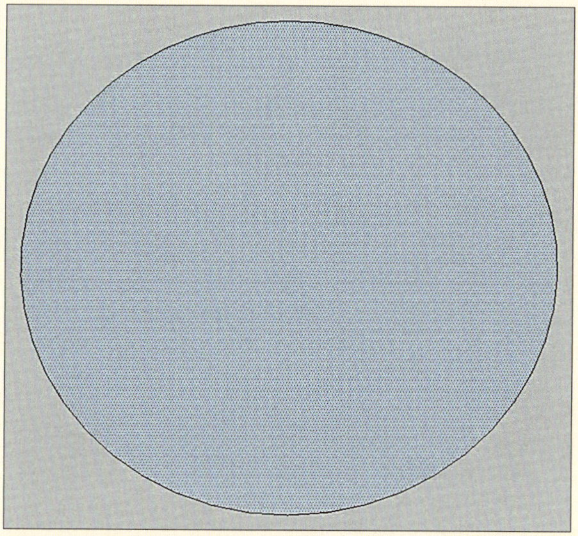

Abbildung 6.55 Der Kreis mit 48 Seiten – selbst bei der Vergrößerung fallen keine Kanten oder Ecken mehr auf.

Aber nun zurück zu unserem Haus. Haben Sie nun die eine Seite der Wand etwas zurückgestellt, kommt jetzt die gegenüberliegende Seite an die Reihe. Durch den festgelegten Wert können Sie diese nun um exakt diesen Wert auch zurückstellen. Jetzt noch die verbliebenen Flächen am Boden entfernen, und schon ist Ihr erstes in SketchUp selbst erstelltes Haus fertig (siehe Abbildung 6.56). Sicherlich fehlt an dem Haus noch das ein oder andere Fenster, und auch eine Tür wäre von Vorteil.

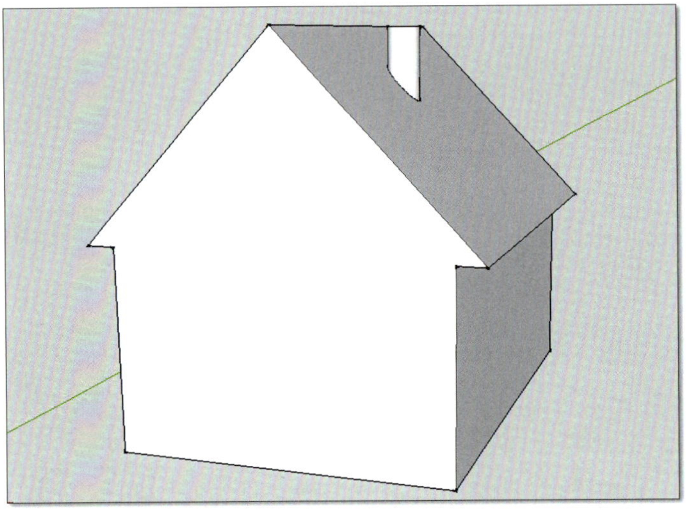

Abbildung 6.56 Unser Haus mit dem überstehenden Dach ist fertig und könnte so ausgedruckt werden.

Jedoch sollten Sie beachten, dass Sie dieses Haus auch ausdrucken wollen und Sie beim Druck der Tür- und Fensteröffnungen das ein oder andere Problem bekommen werden. Durch die Größe der Öffnungen müssten Sie mit Stützmaterial arbeiten, das heißt, in jede Öffnung würde ein kleines Gerüst zur Stütze hergestellt werden, um den oberen Teil der Öffnung einwandfrei drucken zu können, sonst müsste der Drucker ja in der Luft drucken. Dieses Stützmaterial aus solch filigranen Öffnungen wieder einwandfrei und ordentlich zu entfernen, kann eine recht mühselige Arbeit sein, und die jeweiligen Elemente müssten zudem noch sauber abgeschliffen werden. Das Problem mit den Stützkonstruktionen habe ich Ihnen bereits unter anderem in Abschnitt 3.3 beschrieben.

6.3.6 »Innenausbau«: Ein Ausblick

Die Erstellung eines kompletten Hauses, in dem Sie auch den Innenraum mitsamt den einzelnen Wänden, Türen und Treppen erstellen, ist nur mit dem sogenannten *Puppenhaussystem* möglich. Sie erstellen so einfach jede Etage Ihres Hauses, inklusive der

Innenarchitektur und drucken jede Etage einzeln aus. Zum Schluss haben Sie dann zum Beispiel drei Etagen (Keller-, Unter- und Obergeschoss), die Sie einzeln zusammensetzen können, so dass Sie auch einen Blick in das Innere bekommen.

Auf der FabCon 3.D, einer 3D-Druckermesse in Erfurt, habe ich Yvonne Manz (Diplomingenieurin von Blickwinkel-3d, *www.blickwinkel-3d.de*) getroffen, die sich gerade mit dieser Technik auseinandersetzt und auch schon erste Häuser, unter anderem mit dem Ultimaker 2, hergestellt hat.

Mit Abbildung 6.57 können Sie sich vielleicht ein besseres Bild meiner Beschreibung machen. Wie ich finde, ist dieses Haus recht eindrucksvoll entstanden, zumal es mit einem herkömmlichen 3D-Drucker hergestellt wurde. Selbst das Möbelinventar wurde selbst hergestellt.

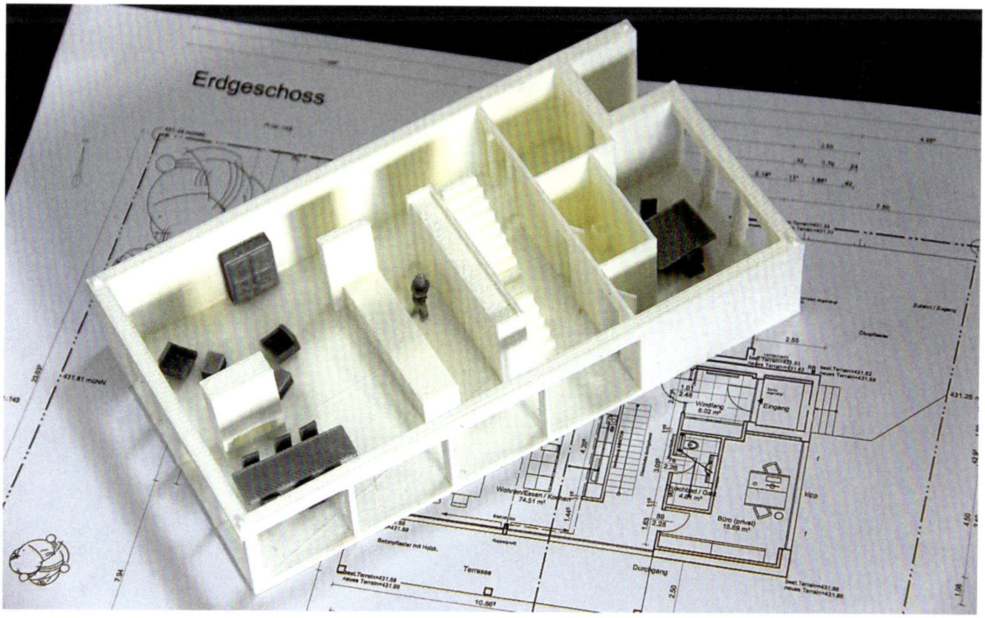

Abbildung 6.57 Das »Puppenhaus«-System, mit abnehmbaren Etagen (Quelle: www.blickwinkel-3d.de)

Haben Sie bitte Verständnis dafür, dass ich Ihnen solch eine Konstruktion in diesem Buch nicht erläutern kann, dafür ist so ein Objekt einfach viel zu komplex. Eine detaillierte Beschreibung, wie Sie solch ein komplettes Haus erstellen können, finden Sie in dem bereits erwähnten Buch *Einfach SketchUp*, das Sie unter anderem im Sketch-Shop (*www.sketch-shop.de*) bestellen können. Dieses Grundlagenbuch kann ich Ihnen nur wärmstens empfehlen, es hilft Ihnen bei auftretenden Fragen immens weiter.

Anhand des Beispiels mit dem Haus habe ich versucht, Ihnen (hoffentlich erfolgreich) die grundlegenden Werkzeuge und Eigenschaften von SketchUp zu erklären, so dass Sie jetzt bereit sind, erste kleinere 3D-Objekte zu erstellen.

Ich würde mit Ihnen jetzt gerne eine weitere Übung durchführen, mit der Sie Ihre eigene SD-Speicherkartenhalterung erstellen und für den 3D-Druck vorbereiten können. Das Problem mit den umherfliegenden Speicherkarten auf dem Schreibtisch werden Sie wahrscheinlich auch kennen, von daher ist diese kleine Übung durchaus auch sehr praxisbezogen. Natürlich können Sie nicht nur SD-Karten darin aufbewahren, sondern zum Beispiel auch die Speicherkarten der PlayStation Vita. So lagern Ihre Speicherkarten immer geordnet und geschützt auf Ihrem Schreibtisch.

6.4 Projekt: Eine selbst gemachte Speicherkartenhalterung

In dieser Übung arbeiten wir eigentlich nur mit dem Rechteck- und dem Linienwerkzeug, die wir zusätzlich mit der Extrusionsfunktion bearbeiten. Allein mit diesen simplen Werkzeugen können Sie schon diese praktische Halterung erstellen und für einen 3D-Druck vorbereiten (Abbildung 6.58).

Abbildung 6.58 Die fertige Speicherkartenhalterung, zusätzlich mattschwarz mit der Airbrush-Technik veredelt

Sollten Sie es nicht schon getan haben, starten Sie jetzt SketchUp und wählen die Vorlage 3D-DRUCK – MILLIMETER aus, den Körper des Replicator 2 können Sie getrost löschen.

6.4.1 Die Grundform erarbeiten

Da unsere Speicherkartenhalterung eine Gesamtlänge von exakt 50 mm hat und eine Breite von 35 mm, erstellen Sie nun mit der Rechteckfunktion ein dementsprechendes Rechteck mit den genannten Maßen, also wählen die Funktion aus und klicken in die Arbeitsfläche. Danach können Sie im Feld MASSANGABEN die exakten Größen in dem folgenden Format eingeben: »50mm;35mm«. Bestätigen Sie die Eingabe mit ↵. SketchUp sollte Ihnen jetzt die Grundfläche der Halterung mit den eingegebenen Daten erstellt haben (siehe Abbildung 6.59).

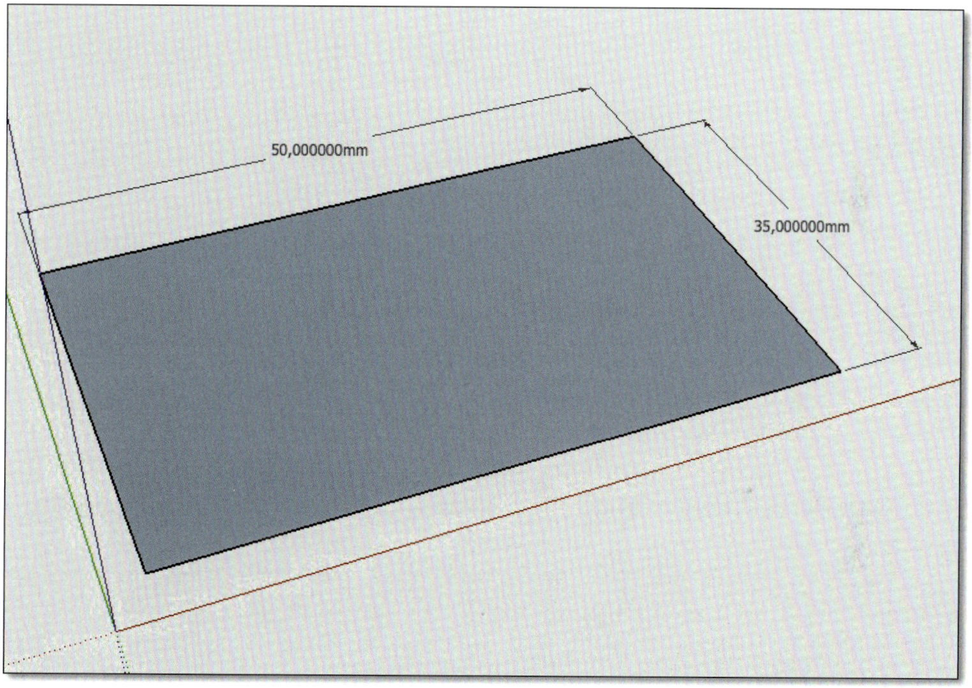

Abbildung 6.59 Die Grundfläche unserer Halterung mit den Maßen 50 mm und 35 mm

Haben Sie die Grundfläche mit den angegebenen Maßen erstellt, können wir schon mit der Extrusion anfangen beziehungsweise die Fläche nach oben »ziehen«, wie es in SketchUp korrekt benannt wird.

Wie Sie auch in Abbildung 6.58 sehen können, ist unsere Halterung allerdings nicht überall gleich hoch, sondern fällt nach hinten ein wenig ab, so dass Sie den Körper erst einmal mit der maximalen Höhe erstellen sollten, in dem Fall genau 25 mm.

Wählen Sie nun das Werkzeug DRÜCKEN/ZIEHEN (alternativ die Taste [P]), klicken Sie auf die Grundfläche, und geben Sie den Wert 25 mm ein, so dass der Körper exakt 25 mm nach oben »gezogen« wird (siehe Abbildung 6.60). Denken Sie daran, die Maus nach der Auswahl der Grundfläche auf der Z-Achse (blaue) nach oben zu bewegen, um danach die 25 mm in das Eingabefeld einzugeben (siehe Hinweis im Abschnitt 6.3).

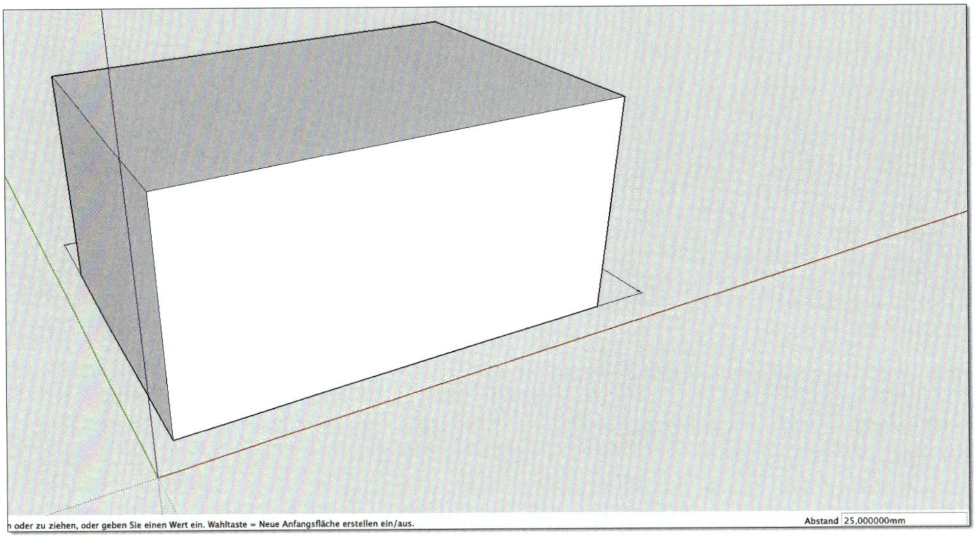

Abbildung 6.60 Unser extrudierter Körper mit einer Gesamthöhe von 25 mm

Da unser Körper aber nach hinten abfällt, müssen Sie nun noch die Rückseite etwas kürzen, um die Schräge zu erreichen. Die Rückseite ist in unserem Fall genau 20 mm hoch. Nur wie bekommen wir eine gleichmäßig abfallende Schräge hin, die am Ende genau 5 mm ausmacht? Hier hilft Ihnen die Funktion MASSBAND ungemein weiter.

Für den exakten Verlauf der Schräge verwenden Sie jetzt die Maßbandfunktion (, alternativ die Taste [T]) und fahren mit dem Mauszeiger auf die rechte, obere Ecke des Körpers. SketchUp markiert diesen Punkt für Sie als Endpunkt (siehe Abbildung 6.61).

Und wie bei allen anderen Funktionen auch klicken Sie nun auf den markierten Endpunkt und bewegen den Mauszeiger ein wenig auf der Z-Achse (blaue Linie) nach unten, so dass Sie im unteren Eingabefeld wieder die Abmessungen sehen. In unserem Fall wird jetzt automatisch die Länge ermittelt. Geben Sie jetzt einfach »5mm« ein, und bestätigen Sie mit [↵]. Das Maßband hat nun auf der Linie nach unten exakt 5 mm ausgemessen und einen sogenannten *Führungspunkt* für Sie erstellt. Dieser Führungspunkt ist allerdings etwas schwer zu erkennen und stellt sich nur als eine kleine Linie dar. Sie brauchen aber keine Sorge zu haben, denn dieser Führungspunkt wird automatisch bei der weiteren Bearbeitung vom Mauszeiger erkannt und dient als eine Art Anfasser.

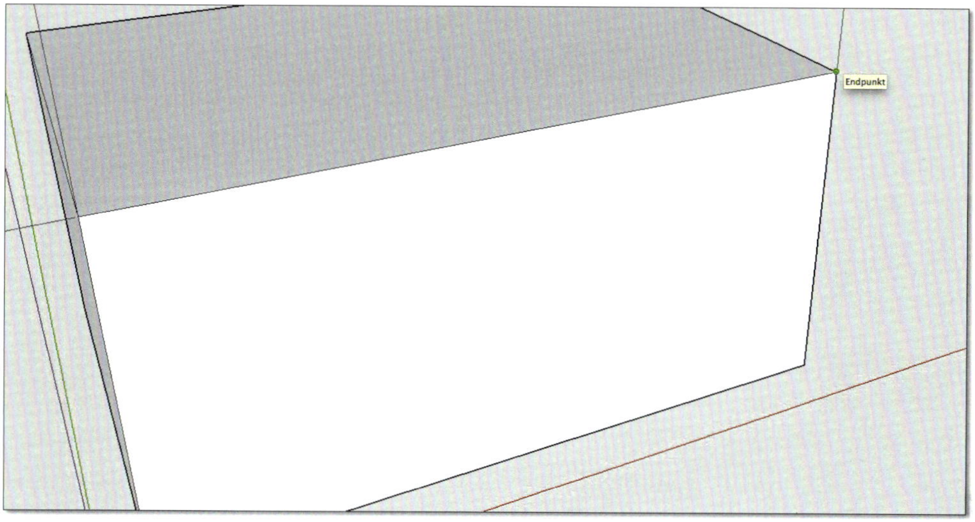

Abbildung 6.61 Am Endpunkt setzen Sie das Maßband an.

Um jetzt die Schräge zu vollenden, wählen Sie das Linienwerkzeug aus und fahren mit der Maus auf den zuvor erstellen Führungspunkt vom Maßband (siehe Abbildung 6.62).

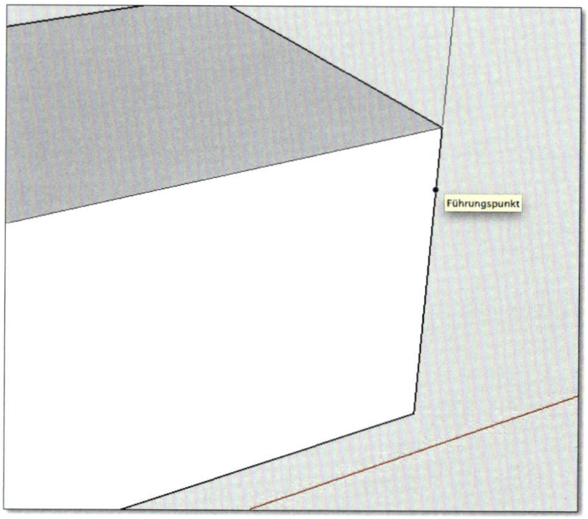

Abbildung 6.62 Der Mauszeiger klinkt sich automatisch auf den Führungspunkt ein und bietet so eine exakte Bearbeitung.

Klicken Sie nun auf den Führungspunkt, bewegen Sie den Mauszeiger mit der Linie auf die gegenüberliegende obere Ecke des Körpers und bestätigen den Endpunkt mit einem wiederholten Mausklick. Das Ergebnis sollte aussehen wie in Abbildung 6.63.

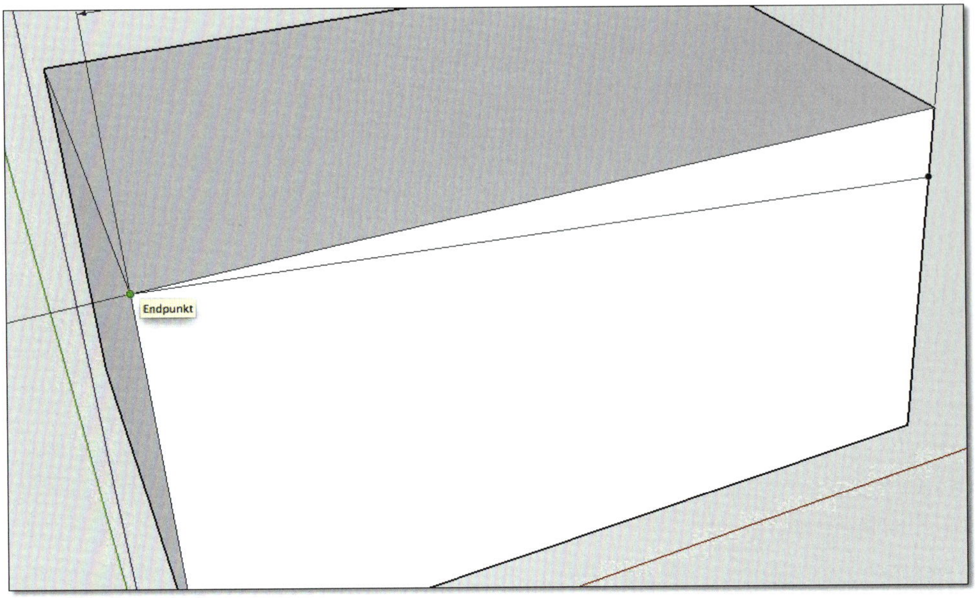

Abbildung 6.63 Die gegenüberliegende Ecke wird wieder als Endpunkt bezeichnet. Die von Ihnen erstellte Schräge wird nun langsam deutlicher.

Die von uns benötigte Schräge wird nun langsam deutlicher, und vielleicht können Sie schon erraten, wie der nächste Arbeitsschritt aussieht? Sollten Sie jetzt einfach die Schräge abschneiden oder löschen wollen, liegen Sie leider falsch. Bei dieser Aktion würden Sie nur das jeweilige Feld löschen, ohne den gesamten Körper zu beschneiden. Haben Sie allerdings jetzt schon die Taste [P] beziehungsweise das Werkzeug DRÜCKEN/ZIEHEN ausgewählt, haben Sie genau richtig gehandelt. Sie wählen jetzt also die von Ihnen erstellte Fläche aus, drücken diese Fläche einfach nach hinten und konstruieren so den gewünschten schrägen Körper unserer Speicherkartenhalterung (siehe Abbildung 6.64).

SketchUp hilft Ihnen auch hier bei der Einhaltung des richtigen Abstandes, indem der Hinweis AUF KANTE angezeigt wird und sich der Mauszeiger automatisch auf diese Kante einhakt oder festgehalten wird. Nachdem Sie den Mauszeiger auf die Kante bewegt haben, können Sie diesen Arbeitsschritt mit dem Mausklick abschließen und die restliche Fläche, die Sie auf dem Bild noch sehen können, verschwindet automatisch. Nun haben Sie den Körper der Speicherkartenhalterung mit den exakten Abmessungen und einer nach hinten (oder vorne, je nachdem) verlaufenden Schräge von 25 mm auf 20 mm erstellt.

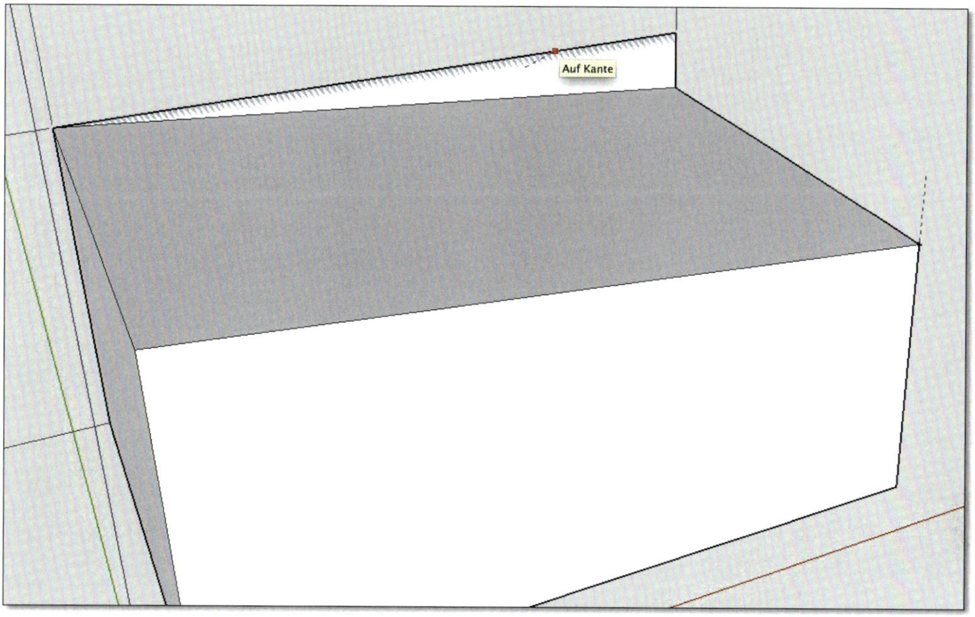

Abbildung 6.64 Mit dem Extrusionswerkzeug drücken Sie einfach die erstellte Schräge nach hinten.

6.4.2 Den optimalen Einschub für die Karten bestimmen

Fehlen »nur« noch die Einschübe für die jeweiligen SD-Karten (oder auch PS-Vita-Gamecards). Aufgrund der Größe der Halterung würde ich mit Ihnen zusammen sechs Einschübe konstruieren, die natürlich in jeweils gleichem Abstand angeordnet sind. Klingt für Sie vielleicht erst einmal kompliziert, aber wie kann es anders sein, hat SketchUp auch für diesen Zweck ein passendes Werkzeug parat. Dazu aber später mehr, jetzt will ich mit Ihnen erst einmal einen Einschub konstruieren.

Die ideale Länge für den Einschub einer SD-Karte beträgt genau 25 mm, die Sie sehr gut in der Halterung, die exakt 35 mm misst, anordnen können. Sie müssen also nur auf jeder Seite einen Abstand von 5 mm einhalten, um die optimale Mitte zu erhalten. Setzen Sie für diesen Arbeitsschritt die Funktion MASSBAND ein. Messen Sie nun also von jeder Seite auf der Kante genau 5 mm aus, und setzen Sie hier einen Führungspunkt. Das Ergebnis sollte dann wie in Abbildung 6.65 aussehen.

Sie können jetzt zur Kontrolle noch einmal den Abstand zwischen den jeweiligen Führungspunkten ausmessen, aufgrund der Gesamtbreite der Halterung von 35 mm und der zwei Führungspunkte im Abstand von 5 mm zur Kante sollten Sie also auf eine Länge von 25 mm kommen, genau die Länge, die wir für unseren Einschub benötigen.

Abbildung 6.65 Auf jeder Seite sehen Sie rechts und links die jeweiligen Führungspunkte, die einen exakten Abstand von 5 mm zur Kante haben.

Um Ihnen die weitere Bearbeitung zu erleichtern, ziehen Sie sich jetzt mit dem Linienwerkzeug (Taste [L]) zwei Hilfslinien, die jeweils die beiden gegenüberliegenden Führungspunkte miteinander verbinden (siehe Abbildung 6.66).

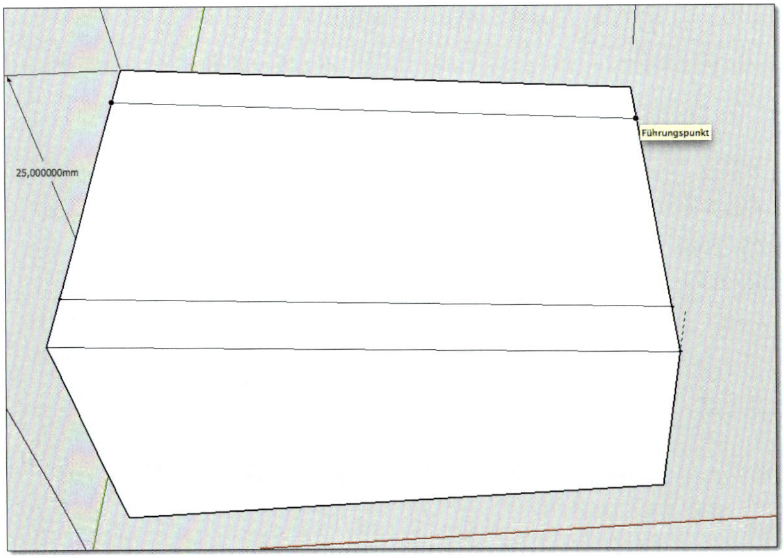

Abbildung 6.66 Die beiden gegenüberliegenden Führungspunkte wurden jeweils mit einer Hilfslinie verbunden.

Nun haben Sie schon die exakte Breite der jeweiligen Einschübe erstellt, jetzt fehlen nur noch die einzelnen Unterteilungen. Auch hier benötigen Sie zuerst wieder die Funktion MASSBAND, um von Ihrer Hilfslinie einen genauen Abstand von 5 mm zur jeweils äußeren Kante auszumessen. Sie benötigen diese Führungspunkte auf der rechten und linken Seite, allerdings nur auf der unteren Linie. Die obere Linie wird später automatisch berücksichtigt.

Haben Sie die Führungspunkte auf beiden Seiten gesetzt, können Sie mit dem Linienwerkzeug eine gerade Linie auf der grünen Achse zur oberen Hilfslinie ziehen (siehe Abbildung 6.67).

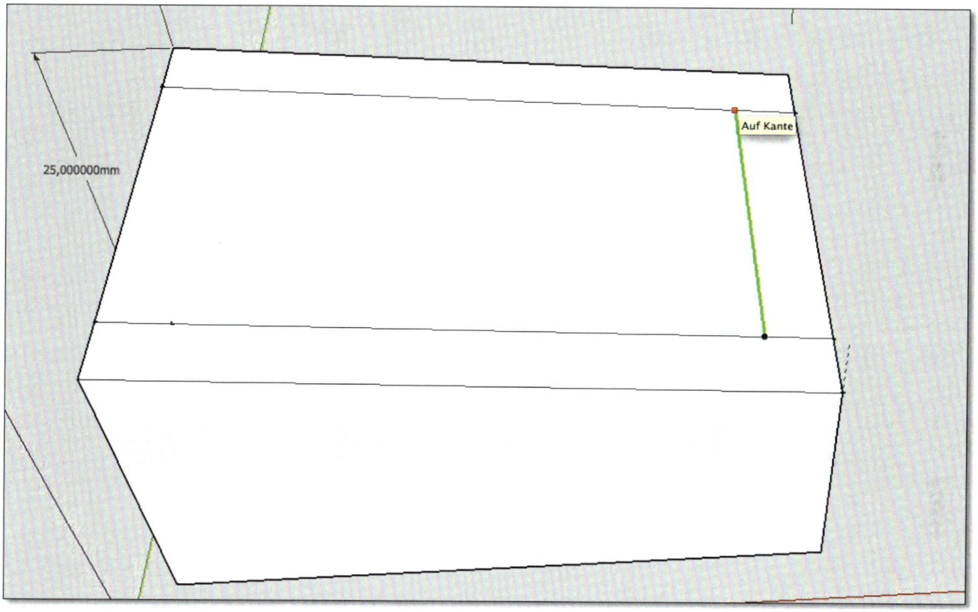

Abbildung 6.67 Die Linie wird auf der grünen Achse zur oberen Hilfslinie gezogen und hat so den gleichen Abstand von 5 mm zur Kante.

Beachten Sie, dass Sie sich auch genau auf der grünen Achse bewegen, nur so stellen Sie sicher, dass der Abstand auf der oberen Linie zur Kante auch genau 5 mm beträgt. Sie werden merken, wie sich Ihr Mauszeiger schon fast magnetisch auf den jeweiligen Achsen/Linien bewegt, hier merkt SketchUp automatisch, was Sie vorhaben, und unterstützt Sie bei der Durchführung. Wie ich finde, ist das eine immense Arbeitserleichterung und macht SketchUp so benutzer- und anfängerfreundlich.

Um jetzt den Einschub zu vollenden, benötigen Sie wiederum das bekannte Maßbandwerkzeug. Jetzt messen Sie vom unteren Endpunkt der Hilfslinie nach links einen

Abstand von genau 3 mm und setzen auch hier wieder einen Führungspunkt. Nun wählen Sie abermals das Linienwerkzeug aus und ziehen auf der grünen Achse eine Linie bis zur oberen Hilfslinie. Voilà, der erste Einschub für eine SD-Karte mit exakten Abmessungen und Abständen wurde just von Ihnen erstellt (siehe Abbildung 6.68).

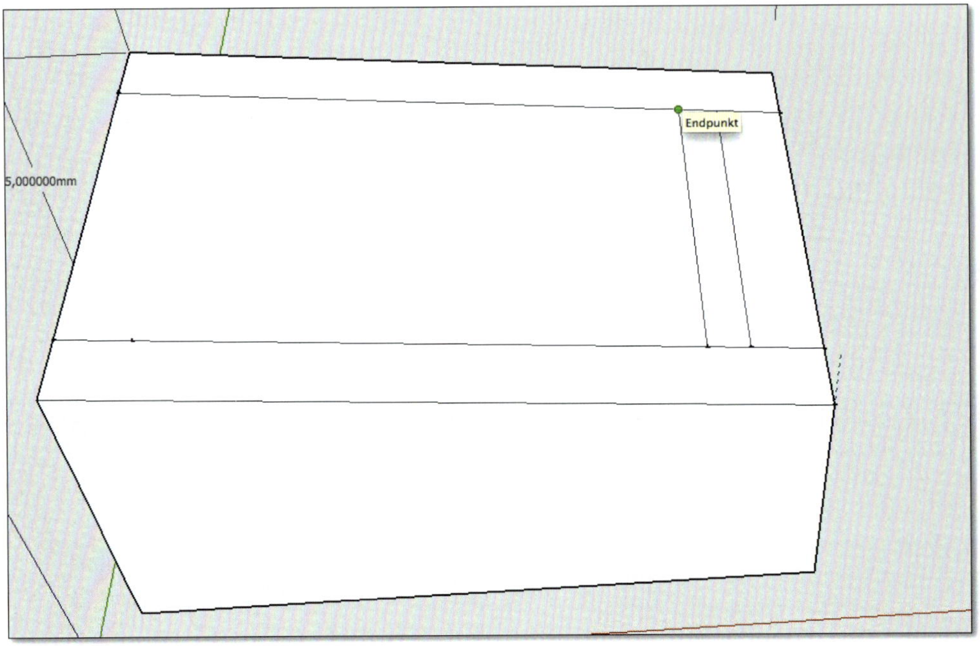

Abbildung 6.68 Der erste Einschub wurde erstellt. Jetzt gilt es, fünf weitere in gleichen Abständen zu konstruieren.

6.4.3 Die Einschübe schnell und einfach einfügen

Da wir aber eine Halterung mit insgesamt sechs Einschüben haben wollen, gilt es jetzt, fünf weitere Einschübe zu erstellen. Natürlich mit den exakt gleichen Abständen zueinander. Wie Sie sich schon vorstellen können, würde sich diese Arbeit mit Maßband und diversen Linien recht langwierig und langweilig gestalten. Aber SketchUp wäre nicht SketchUp, wenn es nicht auch hier eine ganz simple und durchdachte Lösung gäbe. Für diesen Vorgang kommt das Werkzeug VERSCHIEBEN/KOPIEREN zum Einsatz, das ich Ihnen schon in Abschnitt 6.3 vorgestellt habe. Voraussetzung für die weiteren Arbeitsschritte ist der von Ihnen hoffentlich erstellte Führungspunkt auf der linken Seite, mit dem Abstand von 5 mm zur Kante. Falls Sie diesen Punkt übersprungen haben, setzen Sie diesen Führungspunkt jetzt nachträglich auf die untere Linie (siehe Abbildung 6.67).

Wählen Sie jetzt das Werkzeug VERSCHIEBEN/KOPIEREN aus (Taste [M]), und fahren Sie mit der Maus auf die Fläche des erstellten Einschubs. Im Standardmodus dieser Funktion würden Sie jetzt die jeweilige Fläche einfach verschieben, Sie wollen sie allerdings kopieren und schalten auf die Funktion KOPIEREN um, indem Sie die [Strg]-Taste drücken beziehungsweise auf dem Mac die Taste [Alt]. Sie werden jetzt feststellen, dass rechts unter dem Mauszeiger ein kleines Pluszeichen erschienen ist, was bedeutet, dass die jeweilige Fläche kopiert statt verschoben wird.

Bewegen Sie jetzt mit der ausgewählten Kopierfunktion den Mauszeiger auf den unteren Endpunkt Ihres erstellten Einschubs, wie in Abbildung 6.69 ersichtlich, und bestätigen Sie die Eingabe mit der Maustaste.

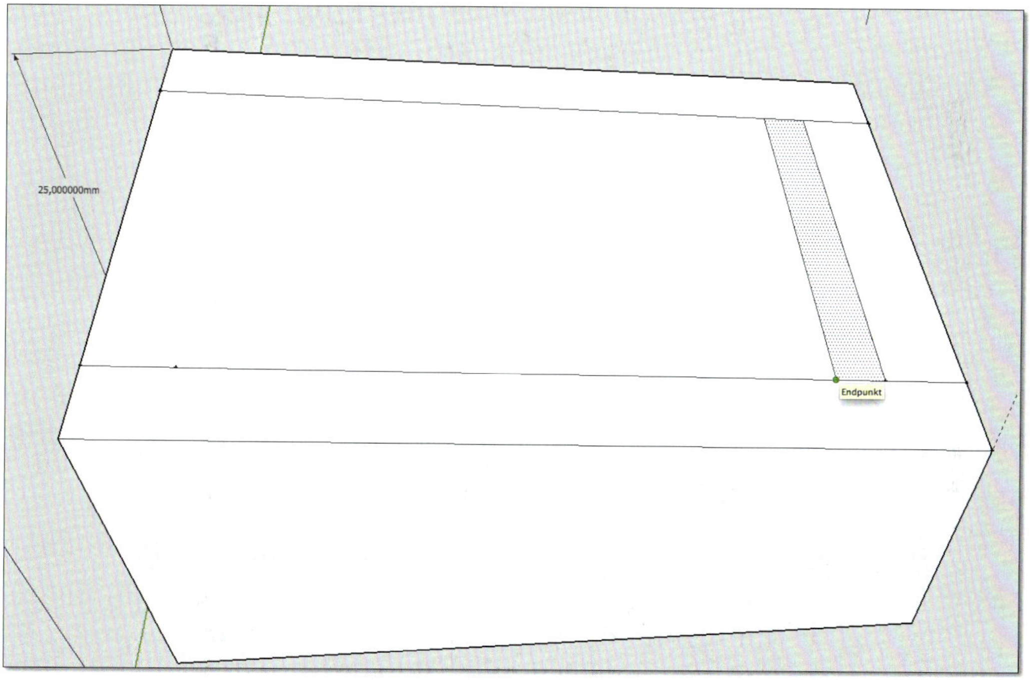

Abbildung 6.69 Der Endpunkt muss genau erfasst werden, um die gesamte Fläche 1:1 zu kopieren.

Nun bewegen Sie die erstellte Kopie Ihrer Fläche auf den gegenüberliegenden Führungspunkt. Um diese Fläche jetzt genau auszurichten, brauchen Sie lediglich die Fläche genau mit dem Mauszeiger auf den Führungspunkt zu bewegen und mit einem Mausklick die Aktion abzuschließen (siehe Abbildung 6.70).

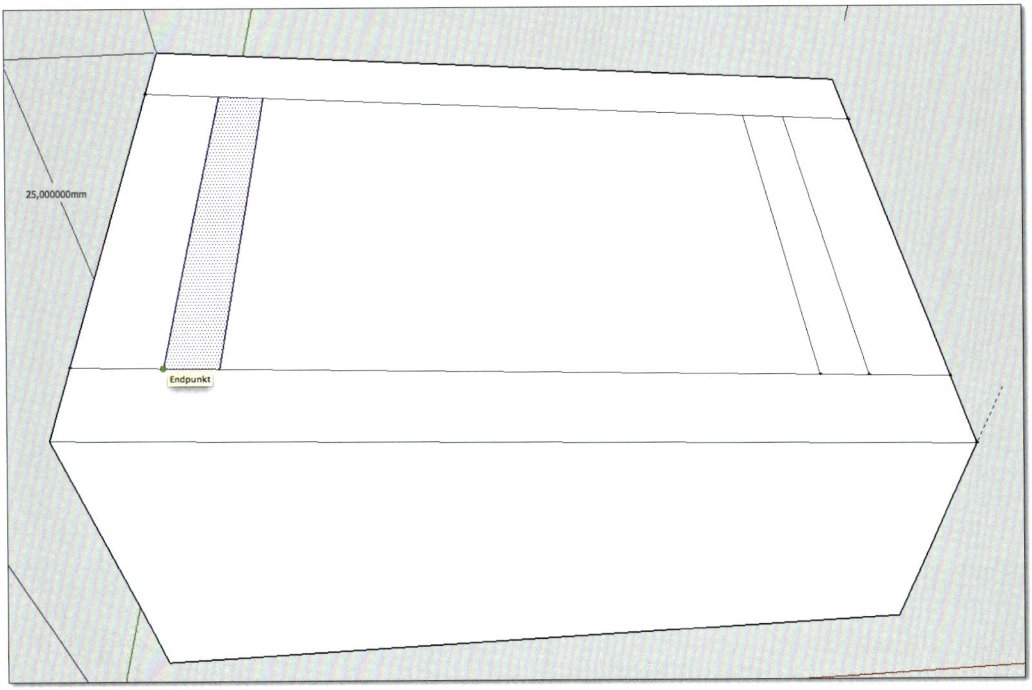

Abbildung 6.70 Die Fläche wurde mit der linken unteren Ecke genau auf dem Führungspunkt abgelegt. Der Abstand beträgt auch hier wieder exakt 5 mm zur Kante.

Nachdem Sie die Fläche mit dem Mausklick abgeschlossen haben, ist es immens wichtig, dass Sie gleich im Anschluss auf Ihrer Tastatur den folgenden Befehl eingeben: /5. Geben Sie diesen Befehl einfach so auf Ihrer Tastatur ein, SketchUp weiß auch in dem Fall, was Sie vorhaben, und überträgt diese Zeichenfolge in das bekannte Eingabefeld am unteren rechten Bildschirmrand (siehe Abbildung 6.71).

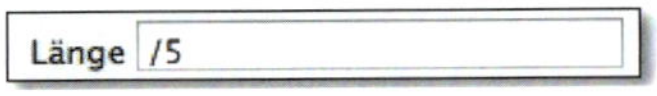

Abbildung 6.71 SketchUp überträgt die eingegebenen Daten automatisch in das Eingabefeld.

Bestätigen Sie diese Eingabe mit der [↵]-Taste, und Sie werden erstaunt sein, was SketchUp nun ausgeführt hat. Nun sollten Sie fünf weitere Einschübe hinzubekommen haben, die sich exakt im gleichen Abstand zum ersten Einschub befinden (siehe Abbildung 6.72).

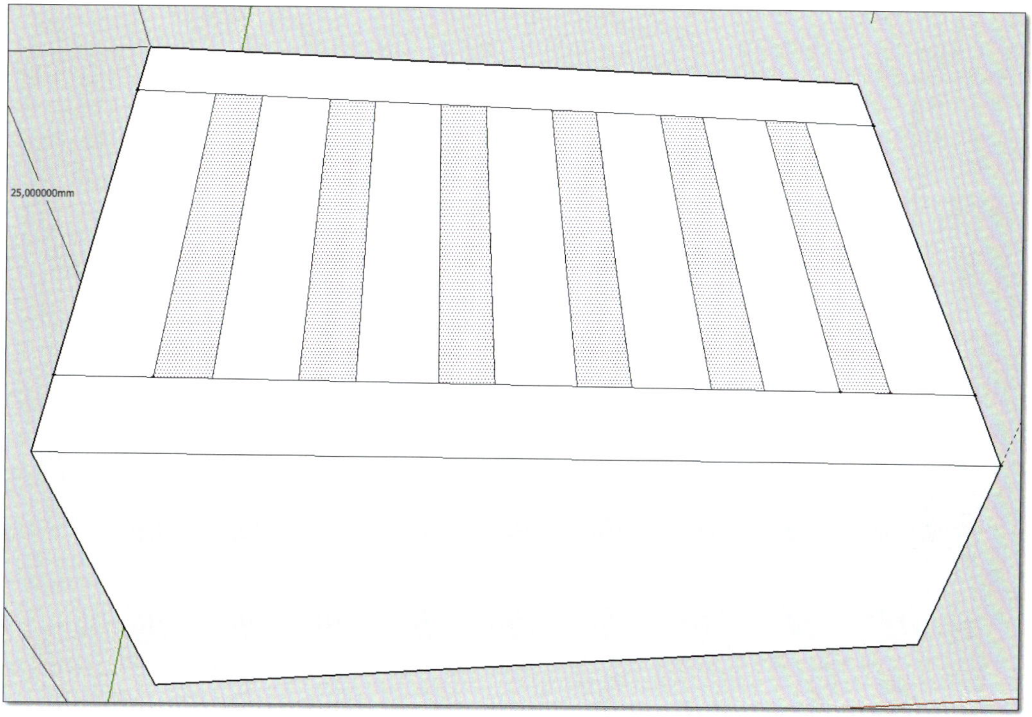

Abbildung 6.72 Ihre sechs Einschübe in einer exakten Anordnung mit jeweils gleichen Abständen

Sie könnten statt der »5« auch eine beliebige andere Ziffer eingeben, dementsprechend verringert SketchUp automatisch die Abstände der Einschübe zueinander. Probieren Sie es einfach einmal aus, und geben Sie eine »7« ein. Sollten Sie lieber mehr (oder weniger) Einschübe benötigen, steht es Ihnen hier frei, zu variieren. In meinem Beispiel bleibe ich allerdings bei den sechs Einschüben, um die Arbeit etwas übersichtlicher zu halten.

Der folgende Arbeitsschritt ist, glaube ich, recht einfach zu erraten, oder? Wir erstellen jetzt aus den sechs Flächen die richtigen Einschübe mit einer festgelegten Tiefe von genau 15 mm. Um Ihnen eine bessere Übersicht zu ermöglichen, würde ich Ihnen vorschlagen, eine Schnittebene zu erstellen (siehe Abschnitt 6.3). Richten Sie die Schnittebene am besten so aus, dass Sie frontal in das Objekt schauen können (siehe Abbildung 6.73).

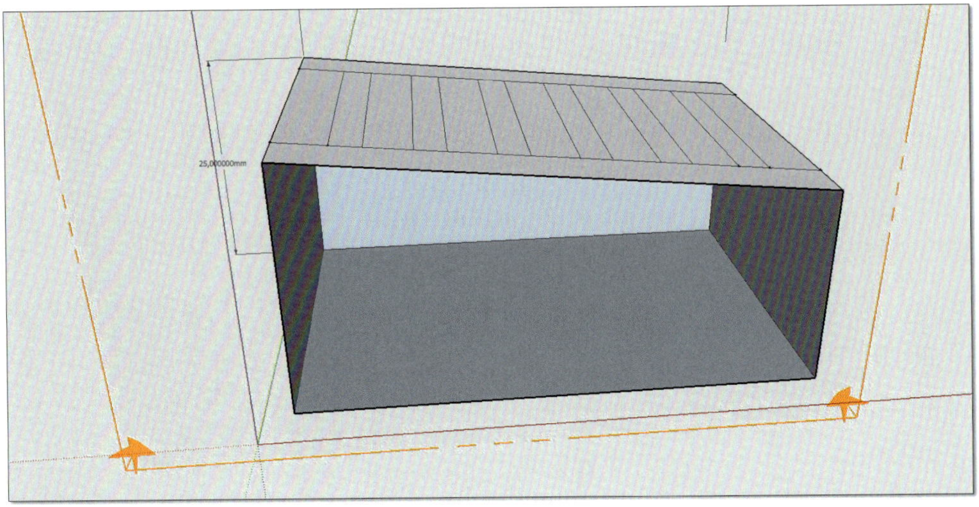

Abbildung 6.73 Die Schnittebene gibt den Blick in das Innere der Halterung frei und ermöglicht ein einfacheres Arbeiten.

Wählen Sie jetzt das Extrusionswerkzeug (Taste P) aus, klicken Sie auf eine Fläche des jeweiligen Einschubs und ein wenig nach unten, so dass Sie SketchUp die richtige Achse aufzeigen. Anschließend können Sie wieder per Tastatur den Wert »15mm« eingeben, und SketchUp zieht die Fläche genau 15 mm nach unten.

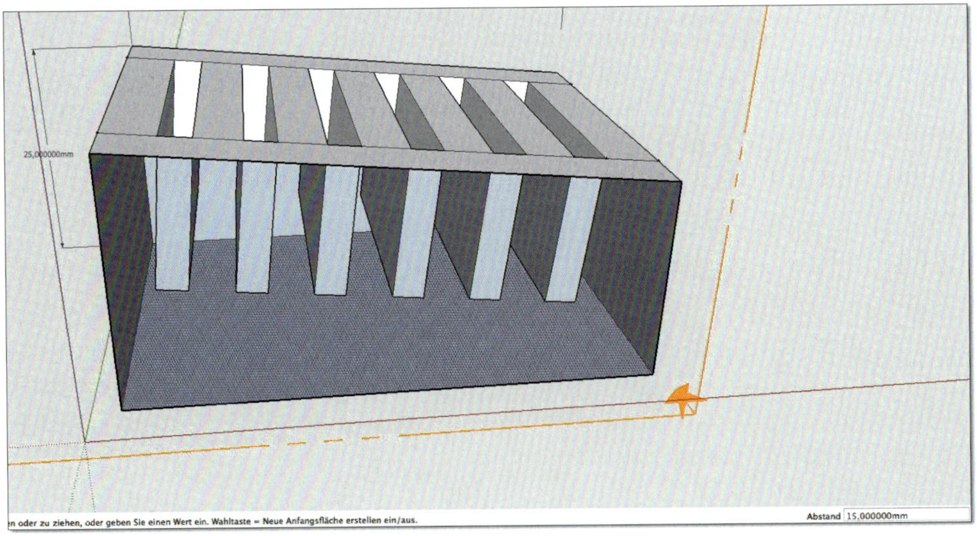

Abbildung 6.74 Die fertige Halterung im Detail: Alle Einschübe sind gleich ausgerichtet und jeweils 15 mm tief.

Diesen Vorgang müssen Sie noch mit den restlichen Einschüben wiederholen und schon haben Sie den letzten Arbeitsschritt Ihrer SD-Speicherkartenhalterung erledigt (siehe Abbildung 6.74).

Sollte Ihr Objekt genauso aussehen wie in Abbildung 6.74, können Sie beruhigt die Schnittebene löschen, um das Objekt im Ganzen anzuschauen.

Gratulation! Sie haben jetzt Ihr erstes, praktisches 3D-Objekt erstellt und können es für den 3D-Druck exportieren.

6.4.4 Der Export für den 3D-Druck

Da Ihr 3D-Drucker zu 99 % das STL-Format versteht, sollten Sie Ihr Objekt komplett markieren und im oberen Menü den Befehl DATEI • EXPORTIERE STL auswählen (siehe Abbildung 6.75).

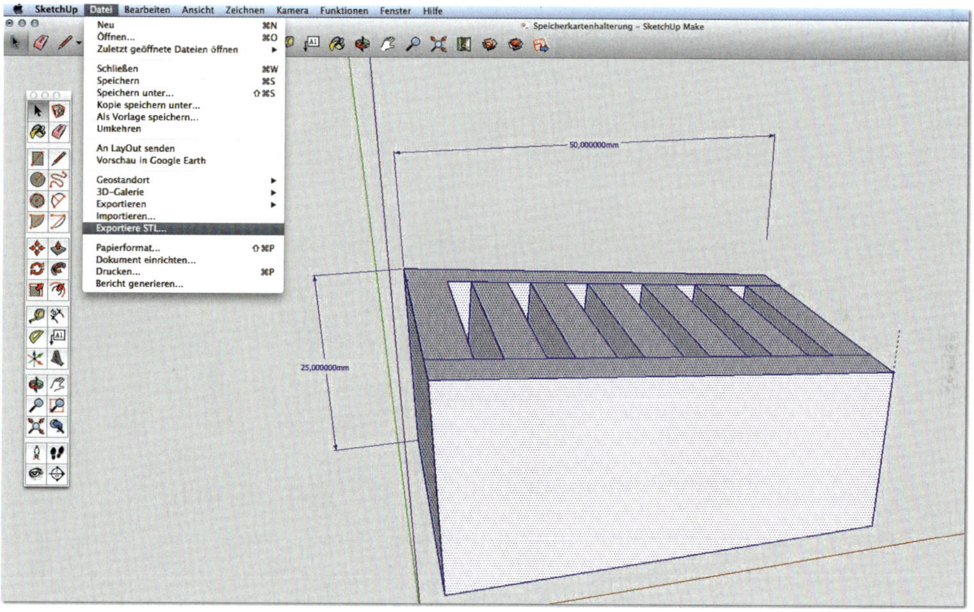

Abbildung 6.75 Die markierte Halterung und der Befehl »Exportiere STL«. Die Maßangaben können Sie beruhigt stehen lassen, diese werden beim Export nicht berücksichtigt.

Im folgenden Popup-Fenster der Exportfunktion wählen Sie in unserem Fall die Maßeinheit MILLIMETER aus, um die Größeninformationen 1:1 zu übernehmen. Das FILE FORMAT sollte immer ASCI sein. Nun müssen Sie nur noch einen geeigneten Speicherort finden und das Objekt abspeichern. Jetzt könnten Sie einen Slicer, wie zum Beispiel Cura, aufrufen und das Objekt in den Slicer laden (siehe Abbildung 6.76). Sollten Sie mit der Handhabung von Cura noch nicht ganz vertraut sein, lesen Sie doch einfach meine Beschreibung dieser Software in Abschnitt 3.3 nach.

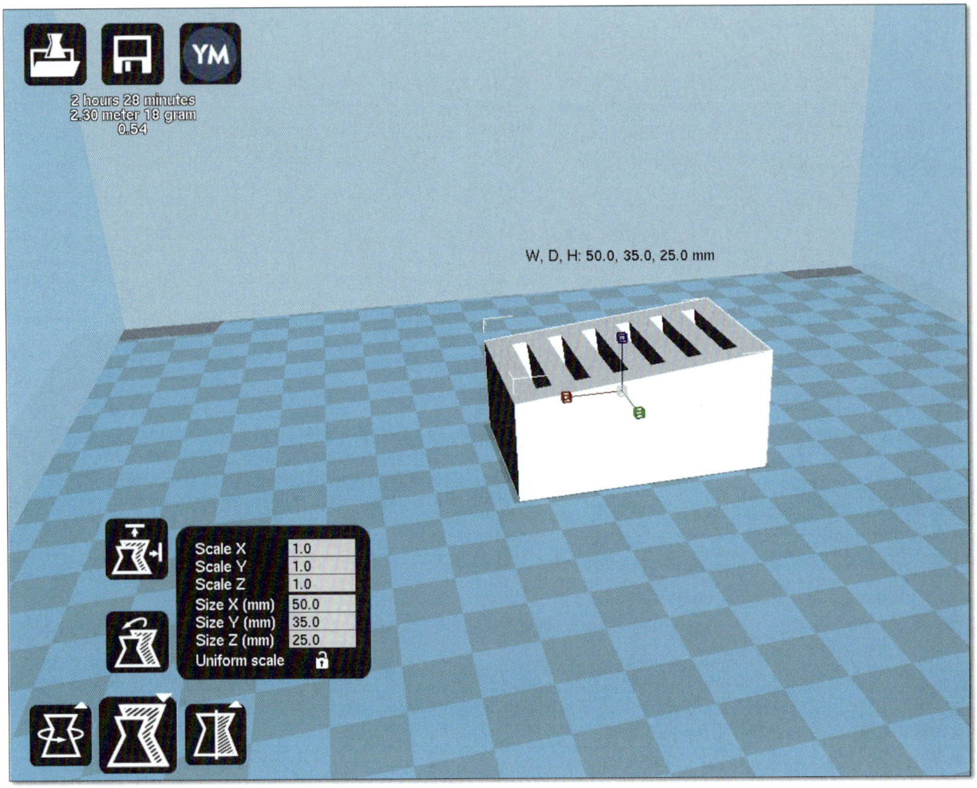

Abbildung 6.76 Unsere Halterung in dem Slicer Cura. Sie sehen anhand der Werte im Fenster »Scale«, dass die Größenverhältnisse 1:1 von SketchUp übernommen wurden.

In Abbildung 6.76 können Sie sehr gut sehen, dass die Größenverhältnisse exakt von SketchUp übernommen wurden, lediglich die Druckdauer könnte noch etwas Feintuning gebrauchen. In meinem Fall habe ich eine Auflösung von 0,1 mm und eine Druckgeschwindigkeit von 50 mm/s. Diese Werte können Sie aber individuell einstellen, je nach Bedarf und vorhandener Hardware.

Herzlichen Glückwunsch, somit ist die Speicherkartenhalterung komplett von Ihnen erstellt und für einen möglichen 3D-Druck vorbereitet. Ich habe das gleiche Objekt mit einer Auflösung von 0,1 mm mit dem Ultimaker 2 für Sie einmal ausgedruckt (siehe Abbildung 6.77) und es mit ein wenig Effektfarbe veredelt (siehe Abbildung 6.78). Mit diesen Vorher-nachher-Bildern möchte ich hier schließen und das nächste und leider auch schon letzte Kapitel beginnen.

Abbildung 6.77 So sollte Ihre gedruckte Speicherkartenhalterung im besten Fall aussehen.

Abbildung 6.78 Eindrucksvoller Unterschied – das gleiche Objekt mit Flip-Flop-Lack veredelt

Kapitel 7

Gedruckte Objekte weiterverarbeiten und veredeln

Dieses Kapitel birgt so viel Potenzial und bietet Ihnen wahnsinnig viele Möglichkeiten, Ihr gedrucktes Objekt imposant mit recht einfachen Mitteln zu veredeln, sowohl die Oberfläche als auch die Farbe. Sie haben dank des Kunststoffes, aus dem die meisten Produkte der heimischen 3D-Drucker bestehen, quasi unbegrenzte Möglichkeiten, Ihr Objekt zu »tunen«.

Neben den standardmäßigen Arbeitsschritten, wie dem Feilen oder Entgraten der Objekte, können Sie diese auch zum Beispiel mit der Airbrush-Technik veredeln, größere Objekte einfach mit einer herkömmlichen Spraydose farbig in Szene setzen oder ihnen mit Aceton einen sehr edlen und glänzenden Touch verleihen. Aufgrund der fortschreitenden Technik im Bereich der Sprühfarben haben Sie sogar die Möglichkeit, Ihre Objekte mit einer täuschend echten Granitfarbe zu besprühen. So sieht Ihr Objekt nicht nur aus wie ein Granitstein, sondern fühlt sich, wegen der gröberen Partikel in der Farbe, auch so an. Es ist schier unglaublich, was Sie aus Ihren Objekten mit solch einer Veredelung noch herausholen.

Ich möchte mit Ihnen allerdings zuerst die grundsätzlichen Arbeitsschritte durchgehen, die eigentlich bei fast jedem Objekt nach dem Ausdruck anfallen.

7.1 Entgraten und Schleifen von Objekten

Nur in ganz wenigen Fällen wird Ihr gedrucktes Objekt frei von den kleinen Filamentrückständen bleiben, die sich bei dem Druck bilden können. Gemeint sind jetzt nicht grobe Druckfehler, sondern kleinere Fäden oder winzige Überhänge, die durch das fast flüssige Plastik eigentlich immer entstehen. Sollten Sie mit der *Brim-Option* drucken, haben Sie ganz sicher auf der Unterseite Ihres Objekts einiges an Plastik, das abgeschliffen und entgratet werden muss.

Brim – eine nützliche Option zur Verhinderung von Warping

Diese überaus nützliche Option finden Sie in Cura unter den Support-Einstellungen im Untermenü PLATFORM ADHESION TYPE (natürlich nur, wenn Sie mit den EXPERT FULL SETTINGS in Cura arbeiten). Mit der Brim-Funktion, wird Ihr Objekt auf eine kleine Grundfläche gedruckt, so dass eine viel größere Bodenhaftung besteht und die Gefahr vom Warping, also dem Ablösen des Objekts von der Druckplatte, nahezu ausgeschlossen wird. Der Nachteil besteht darin, dass diese hauchdünne Grundfläche vom Objekt mit der Hand entfernt und gegebenenfalls noch mit einer Feile nachbearbeitet werden muss.

Natürlich sollten Sie auch in jedem Fall eine Feile verwenden, wenn Sie mit Support-Material (Stützmaterial) drucken. Zwar lassen sich diese Stützelemente recht leicht abtrennen, aber hier bleiben mit Sicherheit einige Plastikreste am Objekt, die ebenfalls nachbearbeitet werden müssen.

Sie sehen also, die Nachbearbeitung mit einer Feile oder auch einem scharfen Skalpell ist bei einem FDM-Drucker fast schon obligatorisch. Nun brauchen Sie aber keine Bedenken zu haben, dass Sie für ein Objekt enorm viel Zeit aufbringen müssten, um es richtig glatt zu bekommen. In den meisten Fällen sind nur ein paar Handgriffe mit der Feile nötig, um ein sauberes Objekt in den Händen zu halten. Lediglich bei richtig komplizierten Objekten kann es unter Umständen eine recht filigrane und aufwendige Arbeit sein (siehe Abbildung 7.1).

Abbildung 7.1 Eine hohe Zahl an Stützelementen erfordert auch eine entsprechende Nachbearbeitung.

Lassen Sie sich auf dem Bild bitte nicht von der wirren Konstruktion am oberen Flügel irritieren, hier lag leider ein Druckfehler vor, der zum Glück während des Drucks behoben werden konnte. Sie sehen hier aber sehr gut, wie viele Stützelemente gebraucht wurden, um dieses Objekt zu drucken. Bei den kleinen »Pfützen« unter den Stützelementen handelt es sich übrigens um die eingangs erwähnte Brim-Funktion, um den kleinen Stützelementen eine bessere Haftung zu gewähren.

Für die Nachbearbeitung eines solchen Objekts benötigen Sie idealerweise eine breite Palette an unterschiedlichen Feilen und ein scharfes Skalpell, um gröbere Plastikteile sauber abzutrennen. Ich kann Ihnen aus meiner eigenen Erfahrung ein Feilenset empfehlen, die es zum Beispiel bei eBay oder im heimischen Bastelladen gibt. In der Regel sind das mehrteilige Sets aus Diamantfeilen, die ab ca. 7 € zu haben sind. Hinzu kommt noch ein kleines Set Präzisionsmesser (Skalpelle), die Sie ebenfalls ab ca. 10 € bekommen. Mit diesen beiden Utensilien-Sätzen sind Sie bestens für die nachfolgenden Arbeiten ausgerüstet und können Ihr Druckobjekt entgraten und schleifen.

Abbildung 7.2 Der Drache nach dem Entgraten und Feilen

Trotz der vielen Stützelemente und der damit verbundenen »Plastiknasen« am Objekt, sieht der Drache nach einer groben Bearbeitung doch schon recht gut aus (siehe Abbildung 7.2).

Um dieses Objekt wirklich optimal zu glätten, bedarf es aber schon etwas mehr als nur verschiedener Feilen und eines Skalpells. Für den Feinschliff auch bei filigranen Details empfehle ich Ihnen einen Dremel. Dieser liegt in der Preisklasse zwar etwas höher als ein Diamantfeilen-Set, aber gibt Ihrem Objekt den wirklich allerletzen Schliff. Um hier etwas Kosten zu sparen, habe ich damals solch einen »Dremel« in der Non-Food-Abteilung eines Supermarktes gefunden, der nur einen Bruchteil eines »originalen« Dremels kostete und zugleich die verschiedensten Aufsätze mit sich brachte, die sonst recht teuer nachgekauft werden müssen. In diesem Komplettpaket befindet sich quasi alles, was das Herz begehrt, angefangen bei unterschiedlichen Schleifaufsätzen über Polierwolle bis hin zu kleinen Bohrern etc. (siehe Abbildung 7.3).

Abbildung 7.3 Der preiswerte Dremel kommt mit zahlreichem Zubehör.

Sie sehen schon, dass sich der Zubehörkoffer wirklich sehen lässt und das nur für einen Bruchteil vom Preis eines originalen. Selbst die kleinen Bohrer können Sie gut verwenden, falls Sie mal ein Objekt drucken wollen, das zum Beispiel an einer Kette oder einer Schnur aufgehängt werden soll, Sie aber beim Druck das dafür notwendige Loch vergessen haben. Mit dem passenden Werkzeug stellt so etwas (fast) kein Problem mehr dar.

Allerdings sollten Sie insbesondere beim Schleifvorgang darauf achten, dass Sie lieber behutsamer als zu kräftig/schnell schleifen. Gerade bei weißen Objekten kann es schnell passieren, dass durch einen zu heftigen Schleifvorgang das Plastik grau/schwarz wird, das ist dann mehr als ärgerlich. Darum schleifen Sie lieber langsam, aber stetig. Bei der Benutzung eines Dremels ist diese Gefahr natürlich noch größer, so dass ich empfehle, den Schleifvorgang lieber auf einer der untersten Stufen durchzuführen.

Insbesondere für sehr empfindliche Filamente, wie zum Beispiel das eindrucksvolle BronzeFill von Colorfabb, das zu 80 % aus Bronzepulver besteht und auch eine sehr bronzeähnliche Eigenschaften mit sich bringt, ist es ratsam, auf Schleifpapier auszuweichen.

BronzeFill – ein sehr eindrucksvolles Filament

Objekte aus BronzeFill besitzen, wenn sie richtig nachbehandelt werden, eine sehr glänzende Oberfläche die allerdings erst durch verschiedene Schleifvorgänge so richtig zur Geltung kommt. Das BronzeFill besteht zu 80 % aus Bronzepulver und ist viermal schwerer als herkömmliches Filament. Einen ausführlichen Testbericht inklusive Beispielbildern finden Sie auf meinem Blog: *www.3d-drucker-world.de*

Normalerweise werden die herkömmlich gedruckten Objekte nicht mit einem Schleifpapier behandelt, da es die Oberfläche eher unschön aussehen lässt. Sie wird zwar richtig glatt, aber dunkleres Filament wird dann eher gräulich bis weiß. Anders ist es beim BronzeFill, hier werden die gröberen Schichten mit Schleifpapier abgeschliffen, und durch die Verwendung von einer stetig feineren Körnung (zum Schluss eine 600er Körnung oder höher) werden die Bronzepartikel zum Vorschein gebracht. Das Objekt bekommt so seinen unnachahmlichen Glanz.

Schon ohne den Schleifvorgang sieht ein Objekt, das mit BronzeFill gedruckt wurde, recht eindrucksvoll aus (siehe Abbildung 7.4). Allerdings besteht hier noch eine Menge Platz nach oben.

Abbildung 7.4 Ein mit BronzeFill gedruckter Ring – vor dem Schleifvorgang

Abbildung 7.5 Der gleiche Ring nach der Bearbeitung mit Schleifpapier

Sie sehen, dass sich die Oberfläche vom Ringe nun total verändert hat (siehe Abbildung 7.5). Die feinen Partikel wurden glattgeschliffen und mit etwas Bronzepolitur zum Glänzen gebracht. Auf Abbildung 7.6 können Sie sich vielleicht noch ein besseres Bild machen, was mit diesem Filament und der jeweiligen Nachbearbeitung möglich ist.

Abbildung 7.6 Der Bronzeeffekt verleiht dem Ring einen unnachahmlichen Stil.

Allerdings stellt das BronzeFill, wie schon beschrieben, bei dieser Art von Nachbearbeitung ein Novum dar.

Trotz aller Arbeitsschritte vom Entgraten bis hin zum Feilen der Objekte werden Sie es nicht schaffen ein Objekt auf Hochglanz zu polieren. Ich meine, so richtig glatt und glänzend, wie zum Beispiel ein Lego-Baustein oder ein anderes glattes Kunststoffobjekt.

Sofern Sie mit ABS-Filamenten drucken, zeige ich Ihnen im folgenden Abschnitt, wie Sie aus Ihrem eher spröden Objekt ein sehr, sehr glattes und hochglänzendes Kunstwerk erstellen.

7.2 Veredelung von ABS-Objekten mit Hilfe von Aceton

In diesem Abschnitt werde ich Ihnen die Veredelung der ABS-Objekte mit der Chemikalie Aceton vorstellen. Allerdings tragen Sie zu jeder Zeit die volle Verantwortung beim Umgang mit dieser Chemikalie. Auch wenn Aceton in jedem Baumarkt zu finden ist und zum Beispiel auch in Nagellackentferner enthalten ist, so bleibt es dennoch eine Chemikalie, die mit Vorsicht zu genießen ist. Für eventuelle Schäden oder Verletzungen übernehme ich keine Haftung, die Benutzung geschieht auf Ihre eigene Verantwortung.

Hinweise zu Aceton

Aceton ist ein farbloses, leicht süßlich riechendes und stark entfettendes Lösungsmittel, das seinen Siedepunkt bei 56 °C hat. Durch die Verbindung mit Luft kann es sich zu einem explosiven Gemisch bilden.

Die Verwendung von Aceton sollte in einem gut durchlüfteten Raum geschehen, besser sogar im Freien. Die Dämpfe können unter Umständen Kopfschmerzen, Müdigkeit etc. hervorrufen. Bei Hautkontakt sollte die betroffene Stelle gut eingefettet werden, da Aceton die Haut stark austrocknet. Des Weiteren wird in jedem Fall empfohlen, die Hinweise auf der Dose/Verpackung zu lesen und zu befolgen.

Der erste Abschnitt mag für Sie jetzt vielleicht etwas abschreckend wirken, aber ich persönlich arbeite, insbesondere mit Chemikalien, lieber etwas zu vorsichtig, als dass nachher etwas passiert. Nun will ich Ihnen aber zu Anfang erstmal zwei Vorher-nachher-Bilder eines Objekts zeigen. Ich denke, der Effekt von Aceton auf ABS-Kunststoffe dürfte danach sehr klar sein. Als Beispiel nehme ich das Objekt, das es nach einigen Castings auf das Buch-Cover geschafft hat (siehe Abbildung 7.7).

Abbildung 7.7 Der Ultibot vor seiner Aceton-Behandlung

In Abbildung 7.8 sehen Sie den Ultibot nach der Behandlung mit Aceton.

Abbildung 7.8 Der Ultibot in neuem Glanz, dank Aceton

Ich denke, der Unterschied ist deutlich erkennbar. Fast alle groben Oberflächen und überschüssiges Filament sind quasi geschmolzen und haben eine glänzende Oberfläche gebildet, deutlich zu sehen an der rechten Seite unseres Roboters. Möglich ist das durch die chemische Reaktion von Aceton auf ABS-Kunststoff. Das Aceton greift die Oberfläche des Kunststoffes an und lässt sie quasi schmelzen. Aber Vorsicht: Behandeln Sie Ihr Objekt zu lange mit Aceton oder legen es gar in Aceton ein, würde es nach gewisser Zeit nur noch ein unförmiger Kunststoffbrei sein.

An der korrekten Veredelungsmethode der Oberflächen mit Aceton scheiden sich die Geister. Ich will Ihnen einige dieser Methoden kurz vorstellen. Fange ich am besten mit der einfachsten Methode an, dem Bestreichen der Oberfläche mit Aceton. Für diesen Zweck benutzen Sie einen herkömmlichen Pinsel, tunken diesen in Aceton ein und bestreichen das Objekt einige Male. Sie werden schon beim zweiten »Streichvorgang« merken, dass sich die Oberfläche ein wenig verändert und glatter wird. Allerdings ist diese Methode relativ grob, und viele Wiederholungen mit dem Pinselstrich zerstören die Oberfläche eher, als dass sie schöner wird. Bedenken Sie, dass mit diesem Verfahren das Aceton direkt auf die Oberfläche des Objekts gestrichen wird und so durch den direkten Kontakt der »Schmelzvorgang« relativ schnell herbeigeführt wird. Streichen Sie zu oft oder mit zu viel Druck über das Objekt, ziehen Sie irgendwann regelrechte Schlieren, und das Objekt ist eigentlich von der Oberfläche her zerstört. Die Methode mit dem Pinsel eignet sich eher für kleine Arbeiten, wo hier und da vielleicht noch etwas ausgebessert werden muss. Ganze Objekte damit richtig glatt und hochglänzend zu bekommen, ist eher der falsche Ansatz.

Bei der nächsten Variante werden Sie sich wahrscheinlich erstmal wundern, ob diese »Holzhammer«-Methode denn überhaupt erfolgreich sein kann, wenn schon der direkte Kontakt von Aceton über einen Pinsel nicht unbedingt die erste Wahl ist. Probieren Sie einfach, Ihr Objekt mit Aceton zu übergießen! Sie erreichen zwar auch hier kein 100%iges Ergebnis, aber diese Methode hat sich als recht einfach und entsprechend erfolgreich bewiesen.

Das Objekt (eine gedruckte Büste meinerseits) in Abbildung 7.9 habe ich lediglich dreimal mit Aceton übergossen. Dabei jeweils nur einen »guten Schluck« des Acetons verwendet, um das Objekt in seiner Struktur noch zu erhalten. Sie sollten keinesfalls die halbe Dose darübergießen, das Ergebnis ist nicht sonderlich sehenswert, besitzt dann aber auch seinen eigenen Kunst-Charakter.

Abbildung 7.9 Ein mit Aceton übergossenes Objekt, der Glanz ist deutlich zu sehen.

Wie Sie hoffentlich deutlich auf dem Bild sehen können, wurde dem Objekt schon ein gewisser Glanz verliehen, den es ohne so eine Nachbehandlung nicht geben würde. Zwar wurde das Objekt auch geglättet, aber nur ein wenig an der Oberfläche. Ich habe das Bild extra mit etwas mehr Kontrast versehen, so dass Sie die »Naht« in der Mitte des T-Shirts sehen können. Mit einer ausgefeilteren Methode würde diese Naht quasi mit dem Rest »verschmelzen« und nicht mehr sichtbar und fühlbar sein. Aber auch andere Details würden natürlich der Glättung zum Opfer fallen. Sie sollten bei jedem Objekt immer abwägen, was Ihnen wichtiger ist. Ein filigranes Objekt wie ein 3D-Scan vom Gesicht mit vielen Details und Strukturen würde viel von seiner eigentlichen Struktur verlieren, wobei zum Beispiel ein simpler Würfel oder eine kleine Spielfigur ideal für eine Behandlung mit Aceton wäre.

Die Königsdisziplin bei der Behandlung von ABS-Objekten mit Aceton ist ganz klar die Bedampfung. Bei dieser Methode wird das Objekt im besten Fall gleichmäßig dem Aceton-Dampf ausgesetzt und ein hervorragendes Ergebnis erzielt. Sie ahnen sicherlich schon, dass dieses Verfahren auch nicht gerade leicht umzusetzen ist, zumal hier verschiedene Faktoren wie die Temperatur, das passende Gefäß und natürlich auch die eigene Gesundheit zu bedenken sind. Aceton-Dampf ist um einiges tückischer als die eigentliche Flüssigkeit. Ich persönlich arbeite immer mit einer kleinen Schutzmaske aus dem Baumarkt, da die Dämpfe zum Beispiel schnell zu Kopfschmerzen führen, sollten Sie diese ungefiltert einatmen. Der Raum sollte möglichst sehr gut durchlüftet sein, am besten wäre hier ein Arbeitsplatz im Keller oder vielleicht sogar draußen auf der Terrasse etc. Keinesfalls sollten Sie so einen Arbeitsschritt im Wohnzimmer oder gar in der Küche durchführen.

Sie werden im Internet eine Vielzahl von möglichen Verfahren finden, wie Sie Ihr Objekt mit Aceton bedampfen können. Einige Verfahren gehen schneller, arbeiten aber mit höheren Temperaturen, andere wiederum nutzen zum Beispiel eine Herdplatte als Wärmequelle und sind aus diesem Grund auch nicht zu empfehlen. Ich zeige Ihnen hier mein eigenes Verfahren, das zwar etwas länger dauert, dafür aber recht sicher und einfach ist. Als Erstes brauchen Sie ein geeignetes Gefäß, in das Sie dann Ihr Objekt stellen können. Natürlich sollte es nicht aus Kunststoff sein, um nicht vom Aceton angegriffen zu werden. Am besten eignen sich Keramik, Glasgefäße oder ein einfacher Kochtopf dafür. Des Weiteren brauchen Sie noch eine kleine Plattform, auf die Sie das Objekt stellen, um den direkten Kontakt mit dem im Gefäß eingefüllten Aceton zu vermeiden. Für kleinere Objekte benutze ich hierfür zum Beispiel ein leeres Teelicht, das ich umgekehrt in das Aceton stelle.

Achten Sie bei der Plattform darauf, dass Sie auch groß genug ist und dass Ihr Objekt nicht übersteht. Da die Unterseite Ihres Druckwerkes als Erstes vom Aceton-Dampf behandelt wird, kann es sonst durchaus passieren, dass Ihr Objekt seitlich der Plattform zerfließt.

Abbildung 7.10 Eine zu kleine Plattform hat das Objekt am Rand zerfließen lassen.

An Abbildung 7.10 sehen Sie deutlich, was für einen Effekt der Aceton-Dampf auf überhängende Stellen hat. Im Prinzip ist die Büste zerstört, hier dient sie immerhin noch als Anschauungsobjekt.

Der Knackpunkt bei dem Verfahren ist aber eindeutig die Wärmequelle. Aceton verdampft optimal bei ca. 37–40 °C und erreicht den Siedepunkt schon bei 56 °C. Ich persönlich achte penibel darauf, dass maximal 42 oder 43 °C erreicht werden. Da Aceton mit der Luft ein explosives Gemisch ergeben kann, sollten Sie gerade beim Verdampfen besonders darauf achten und nicht den Siedepunkt erreichen.

Nun, was wäre also als Wärmequelle ideal? Ich habe wirklich die unterschiedlichsten Geräte und Methoden ausprobiert und bin immer wieder auf die einfachste Quelle zurückgekommen, nämlich das justierbare Heizbett des Ultimaker 2 (siehe Abbildung 7.11). Die Heizplatte lässt sich genau auf die gewünschte Temperatur einstellen und weicht nicht mehr davon ab.

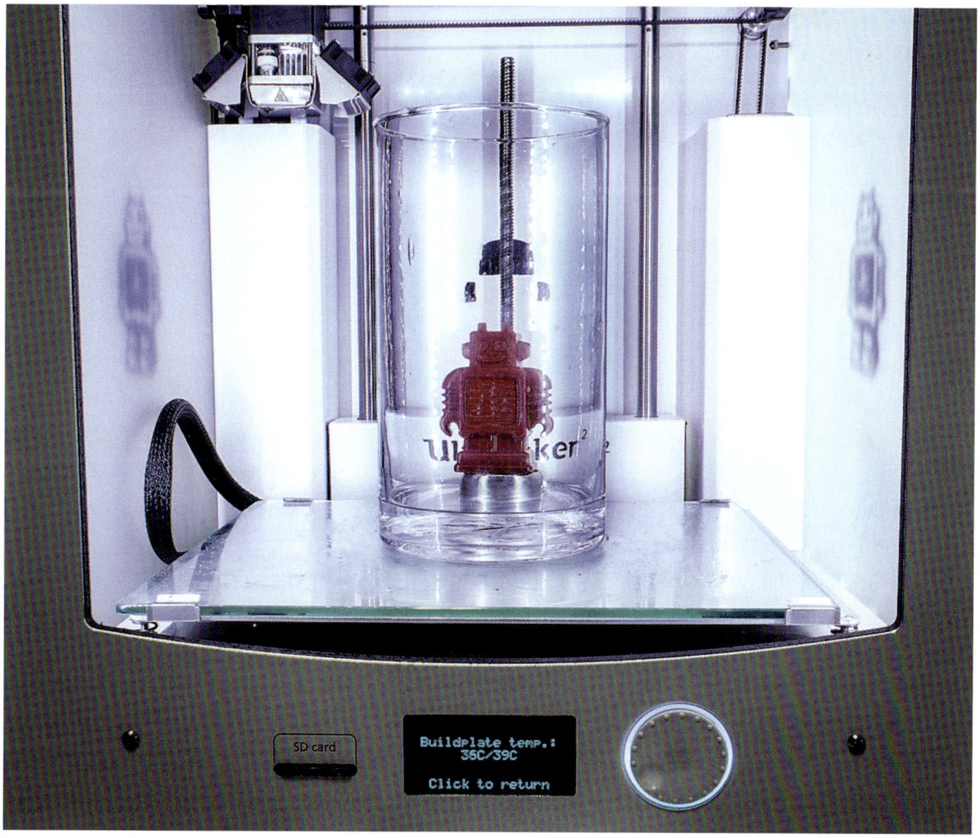

Abbildung 7.11 Macht nicht nur als 3D-Drucker eine gute Figur, sondern auch als exakt einstellbare Wärmequelle – der Ultimaker 2.

In den ADVANCED OPTIONS können Sie genau festlegen, auf wie viel Grad sich die Platte erwärmen soll, und haben so eine verlässliche Wärmequelle. Andere Methoden, wie zum Beispiel die Herdplatte, Gasbrenner, Wasserkocher etc., arbeiten leider völlig unzuverlässig. Selbst diverse Herdplatten konnte ich nicht auf eine ungefähre Temperatur von 40 °C einstellen, diese lag immer weit über 50 °C, womit wiederum beim Aceton der Siedepunkt erreicht ist.

Eine exakte Temperaturmessung ist bei der Methode sehr wichtig!
Sollten Sie selbst auf die Suche nach einer alternativen Wärmequelle gehen, empfehle ich Ihnen ein Infrarot-Thermometer. Mit einem solchen können Sie die Temperatur sehr exakt messen.

Die Füllmenge vom Aceton beträgt ca. 1 cm Höhe vom Gefäßboden, natürlich auch abhängig von der Größe des Objekts. Der Ultibot auf dem Bild wird zum Beispiel bei ca. 1 cm Füllmenge und 30 Minuten Behandlung perfekt glatt und glänzend.

Sind Ihre Utensilien aufgebaut, die Wärmequelle auf ca. 39 °C eingestellt und das Aceton eingefüllt, so brauchen Sie nur noch das Gefäß mit einem Deckel (Achtung, kein Plastikdeckel!) zu verschließen und abzuwarten. Mit meiner beschriebenen Methode dauert die Bedampfung vom Objekt in der Größe eines Ultibots aus dem Bild etwa 30 Minuten. Ich empfehle Ihnen, sich den Vorgang einmal anzuschauen, es ist irgendwie faszinierend, wie sich das Objekt mit zunehmender Zeit verändert und immer glatter wird.

Ist das gewünschte Ergebnis erzielt, sollten Sie das Objekt allerdings nicht einfach aus dem Behältnis nehmen, da Sie sonst Gefahr laufen, das noch weiche Objekt zu verformen. Ich rate Ihnen, den Deckel abzunehmen, die Wärmequelle auszuschalten und eventuell das Gefäß vorsichtig von der Wärmequelle zu entfernen, aber dabei könnte es durchaus passieren, dass Ihr Objekt von der kleinen Plattform kippt und im Aceton landet – dann wäre die ganze Arbeit umsonst. Wenn Sie sichergehen wollen, schalten Sie einfach die Wärmequelle ab, warten Sie ca. 15 Minuten, und prüfen Sie dann vorsichtig, wie fest das Objekt inzwischen geworden ist, um es dann behutsam aus dem Behälter zu nehmen.

Mit dieser Methode der Bedampfung von Aceton verleihen Sie Ihrem Objekt schon fast einen industriellen Touch und werten es optisch wie auch haptisch enorm auf. Sie sehen aber auch, dass es speziell bei der Bedampfung diverse Möglichkeiten gibt, das gewünschte Ergebnis zu erzielen. Mittlerweile gab es sogar schon ein Kickstarter-Projekt für ein Gerät, das diesen Bedampfungsvorgang perfektionieren soll. Das Projekt der *MagicBox* lief bereits am 01. Juni 2014 erfolgreich aus und bietet eine exakte Temperatursteuerung und natürlich ein geschlossenes Gehäuse.

Wundern Sie sich nicht, wenn Sie in der Beschreibung dieser MagicBox lesen, dass mit dieser Methode auch PLA-Objekte zu veredeln wären. Mich wundert es selbst, dass der Hersteller mit solch einem Feature wirbt, da Aceton auf PLA-Objekten eigentlich gar keine Wirkung erzielt. Als Beispiel habe ich ein PLA Objekt einige Minuten in Aceton eingelegt und es für Sie fotografiert, ich denke, Abbildung 7.12 spricht für sich. Ein ABS Objekt wäre nach einigen Minuten in einem Aceton Bad sehr deutlich verformt und angegriffen, während das PLA-Objekt lediglich etwas weiß angelaufen ist. Selbst die groben Schichten auf der Unterseite sind noch sehr deutlich erkennbar.

Diese Tatsache ist eigentlich recht schade, da Objekte aus PLA wesentlich einfacher zu drucken und umweltfreundlicher sind, zudem noch die unterschiedlichsten Materialen (WoodFill, selbstleuchtendes Material etc.) mit sich bringen. Aber auch bei PLA gibt es eine Möglichkeit, einen ähnlichen Effekt zu erzielen, wie es Aceton bei ABS schafft, die Rede ist von Tetrahydrofuran.

Abbildung 7.12 Außer der weißen Schicht hat das PLA-Objekt nicht auf das Aceton-Bad reagiert. Eine Glättung ist in keinster Weise zu erkennen.

7.3 Veredelung von PLA-Objekten mit Hilfe von THF

PLA-Objekte mit Tetrahydrofuran, im weiteren Verlauf kurz THF genannt, zu bearbeiten, ist jedoch etwas heikler als mit Aceton. Auch ist der gewünschte Glättungs- und Glanzeffekt bei THF nicht ganz so ausgeprägt, jedoch will ich Ihnen diese Möglichkeit nicht vorenthalten. Bevor ich Ihnen das Verfahren genauer beschreibe, folgen auch hier wieder einige Hinweise zur Chemikalie THF.

THF ist grob gesagt gesundheitsschädlicher als Aceton, darum sollten Sie auch die erforderlichen Schutzmaßnahmen ernst nehmen und befolgen. Der Siedepunkt von THF liegt ein wenig höher als der von Aceton, nämlich bei 66 °C, die entstehenden Dämpfe sollten aber auf keinen Fall eingeatmet werden. Empfehlenswert ist eine normale Atemschutzmaske, die ich Ihnen auch schon bei der Arbeit mit Aceton vorgeschlagen habe. Eine ausreichende Belüftung des Raumes ist natürlich ebenfalls notwendig. Zusätzlich sollten Sie noch spezielle Schutzhandschuhe tragen, die THF-resistent sind. Handschuhe aus PVC sind allerdings vollkommen ungeeignet, so dass die herkömmlichen

Handschuhe aus der Drogerie keine Verwendung finden. THF-resistent (jedenfalls bei kurzfristigem Kontakt) sind Neoprenhandschuhe, besser jedoch Schutzhandschuhe aus Viton (siehe Abbildung 7.13).

Abbildung 7.13 Lieber auf Nummer sicher gehen – beachten Sie die Warnhinweise von Tetrahydrofuran.

Sie merken schon, dass dieses THF etwas gesundheitsschädlicher ist als Aceton. THF werden Sie auch nicht in einem Baumarkt finden, sondern Sie bekommen diese Chemikalie nur unter Vorlage einer Erklärung bei speziellen Chemielieferanten.

Aufgrund der höheren Gesundheitsgefährdung weigere ich mich auch, die gleiche Bedampfungsprozedur wie beim Aceton-Verfahren anzuwenden, geschweige denn sie Ihnen zu empfehlen. Ich habe vor Chemikalien einen großen Respekt und agiere speziell bei Dämpfen, die man nicht sehen kann, lieber etwas vorsichtiger, als dass ich unter eventuellen Beeinträchtigungen zu leiden habe. Um aber dennoch die eigenen PLA-Objekte etwas zu glätten, empfehle ich Ihnen, ein Tuch mit etwas THF zu tränken und mit jenem gleichmäßig über das Objekt zu streichen, natürlich nur mit geeigneten

Handschuhen. Achten Sie darauf, dass Sie kein farbiges Tuch nehmen, da es sonst auf das Objekt abfärben kann.

Sofern Sie schon ABS-Objekte mit Aceton behandelt haben, werden Sie gleich feststellen, dass der Effekt bei THF und PLA bei Weitem nicht so extrem zum Vorschein kommt. Das ABS-Material reagiert auf Aceton viel empfindlicher und würde nach so einer Behandlung nicht mehr schön aussehen. Anders das PLA und THF, hier können und müssen Sie sogar etwas großzügiger sein und das Objekt quasi glänzend und glatt »polieren«.

Allerdings werden Sie mit der Methode keine Plastiknasen oder gröbere Stellen »wegschmelzen« können, so wie es durchaus mit ABS und Aceton möglich ist. Nach meiner Erfahrung wird nur die oberste Schicht des Objekts vom THF angegriffen und lässt das Objekt durchaus mehr glänzen als zuvor. Sie können jedoch die etwas gröberen Stellen jetzt ohne Probleme mit einem Schleifpapier oder dem Dremel bearbeiten und brauchen keine Sorgen bezüglich der weißen Stellen am Objekt haben, die durch die Reibung sehr leicht entstehen können. Mit Hilfe von THF bekommen Sie genau diese Unebenheiten relativ leicht weg. Als Beispiel möchte ich Ihnen gerne einen Ausdruck zeigen, den ich zur Hälfte mit THF behandelt habe.

Abbildung 7.14 Das Objekt vor der Behandlung mit THF

Sie sehen in Abbildung 7.14, dass trotz des sauberen Drucks noch der gewisse Glanz fehlt, des Weiteren ist noch die ein oder andere Unebenheit zu erkennen.

Wie ich Ihnen schon geschrieben habe, wurde für die Behandlung lediglich ein mit THF getränktes Tuch verwendet und das Objekt damit etwas poliert (siehe Abbildung 7.15).

Abbildung 7.15 Das Pferd nach dem Polieren mit THF. Die Unterschiede sind nicht gewaltig, aber vorhanden.

Ich hoffe, anhand dieser Beispielbilder kann ich Ihnen den Unterschied vor und nach der Behandlung mit THF etwas besser darstellen. Vergleichen Sie einmal die Bilder des mit Aceton behandelten Ultibots aus dem vorigen Abschnitt mit der Pferdefigur vor und nach der Veredelung. Sie werden feststellen, dass die Behandlung mit THF nicht solche gravierenden Auswirkungen hat wie die mit Aceton. Dennoch bekommen Sie so Ihre PLA-Objekte wenigstens noch ein wenig glänzender und glatter.

Sie können zwar bei der Behandlung mit THF auf dem Objekt nicht so viel falsch machen, allerdings habe ich eingangs schon erwähnt, dass Sie möglichst kein farbiges Tuch nehmen sollten. Was so ein farbiges Tuch anrichten kann, können Sie sehr gut am vorderen rechten Bein des Pferdes sehen (siehe Abbildung 7.15). Hier wurde die Farbe vom Tuch auf das Material übertragen und lässt sich nur sehr mühevoll wieder »wegpolieren«. Achten Sie deshalb darauf, dass Sie möglichst naturbelassene Tücher/Lappen verwenden.

Die Beispieldatei: 3D-Scan eines kompletten Pferdes

Meine Haflingerstute Sissi wurde mit Hilfe des Structure Sensors eingescannt, den ich Ihnen schon in Kapitel 5, »Objekte selbst einscannen – 3D-Scanner richtig einsetzen«, vorgestellt habe. Da sich die Veröffentlichung dieses mobilen 3D-Scanners mit der Fertigstellung des Buches leider etwas überschnitten hat, finden Sie auf meinem Blog (*http://www.3d-drucker-world.de*) viele weitere Infos und Videos zu diesem Scanner.

Feine Bereiche an einem Objekt, wie zum Beispiel der Pferdekopf in meinem Beispiel, können Sie selbstverständlich auch mit einem Pinsel bearbeiten, den Sie zuvor mit THF getränkt haben. Scheuen Sie sich trotz Schutzhandschuhen, das Objekt mit einem Tuch zu bearbeiten, ist die Verwendung eines Pinsels vielleicht auch eine ideale Alternative. So haben Sie keinen direkten Kontakt mit der Chemikalie und haben dennoch die Möglichkeit, Ihr Objekt zu veredeln.

Außer der Veredelung mit THF haben Sie natürlich noch weitere Möglichkeiten, die Oberfläche von PLA-Objekten etwas zu glätten und zu verfeinern. Eine interessante Alternative zur Chemikalienbehandlung ist die Variante mit einem Heißluftfön oder einem kleinen Gasbrenner, wie er zum Beispiel in der Küche für flambierte Gerichte benutzt wird. Sie sollten bei diesen beiden Varianten aber sehr drauf achten, dass Sie das Objekt nicht zu lange einer heißen Temperatur aussetzen, sonst passiert es Ihnen recht schnell, dass Ihr Objekt Blasen wirft oder gar komplett in sich zusammenfällt und schmilzt. Wie ich in zahlreichen Versuchen feststellen musste, ist diese Methode wirklich sehr schwierig. Sie müssen den optimalen Zeitpunkt finden, an dem sich die Oberfläche allmählich verändert und glatter wird. Warten Sie allerdings zu lange ab, bilden sich erste Blasen, weil der Kunststoff zu heiß wird. Solch ein Verfahren an einem Objekt zu verwenden, das vielleicht 10 Stunden oder gar mehr von Ihnen gedruckt wurde, könnte unter Umständen nach hinten losgehen und ist vor allem nicht mehr rückgängig zu machen.

In Abbildung 7.16 sehen Sie den Effekt eines missglückten Versuchs mit einem Heißluftfön. Zwar glänzt das Objekt an einigen Stellen und ist auch recht glatt geworden, dennoch war die Hitze insgesamt zu stark und hat das Objekt geschmolzen und somit verformt. Zu gebrauchen ist so ein Produkt leider nicht mehr.

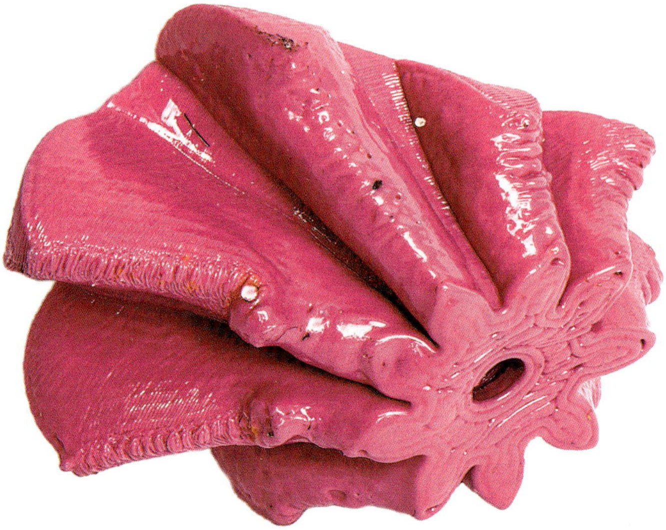

Abbildung 7.16 Ein PLA-Objekt, mit dem Heißluftfön bearbeitet. Es glänzt zwar, ist aber durch die extreme Hitze verformt.

Bei beiden Werkstoffen, ABS wie PLA, haben Sie also einige Möglichkeiten, die Oberfläche in ihrer Struktur zu verändern und sogar glänzend zu bekommen. Grob gesagt haben Sie es mit ABS-Filamenten und der Aceton-Behandlung einfacher, das Objekt entsprechend zu veredeln, allerdings ist ABS-Filament etwas schwieriger zu drucken als PLA, das nun wiederum bei der Oberflächenbehandlung schwerer zu bearbeiten ist. Ich hoffe, dass ich Ihnen mit den hier beschriebenen Methoden den ein oder anderen hilfreichen Tipp geben konnte, wie Sie Ihrem Objekt ein ganz spezielles Finish geben. Sollten Sie allerdings auch noch Wert auf eine gänzlich andere Farbe oder gar Struktur Ihres Objekts legen, habe ich in den letzten beiden Abschnitten die ultimativen Veredelungswerkzeuge für Sie, um Ihr Objekt wirklich vollkommen einzigartig zu gestalten.

7.4 3D-Objekten die richtige Farbe verpassen

Unterschiedliche Farbtöne und verschiedenartige Materialien bei den Filamenten sind zum Glück keine Seltenheit mehr. Fast monatlich werden aus den Laboren der Premiumhersteller wie Innofil3D oder ColorFabb neue Farben/Materialien vorgestellt und in den Handel gebracht. Allerdings sind bei all den Materialien und Farben auch Grenzen gesetzt, die die Arbeitsweise eines FDM-Druckers mit sich bringt. Ein glänzendes Gold oder Chrom werden Sie aus einem herkömmlichen FDM-Drucker nicht bekommen genauso wenig wie eine Granitoptik mit einer unterschiedlich erhabenen Struktur.

Um solch eine glänzende, ja fast schon spiegelnde Oberfläche wie zum Beispiel in Abbildung 7.17 zu erhalten, ist es sehr wichtig, dass die Oberfläche so glatt wie möglich ist und Sie am besten ein schwarzes Filament benutzen. Für die Oberflächenbehandlung ist es im Prinzip egal, welche Methode Sie verwenden. Sollten Sie das Objekt mit Schleifpapier bearbeiten, so brauchen Sie sich zum Glück keine Gedanken um das weißlich angelaufene Filament zu machen, da Sie es im nächsten Arbeitsschritt eh wieder übersprühen. Idealerweise empfehle ich Ihnen, gerade bei einer Chromfarbe, das Objekt in ABS zu drucken und mit Aceton zu behandeln, um eine perfekt glatte Oberfläche zu bekommen (siehe Abbildung 7.18).

Abbildung 7.17 Der Ultibot mit Chromlack besprüht – ein glänzendes Ergebnis

Eine ebene und glatte Oberfläche ist zwar Voraussetzung für eine optimal glänzende Farbe wie Chrom, Silber oder Gold, und sicherlich wäre so eine Oberfläche auch nicht verkehrt, wenn Sie mit anderen Farben arbeiten, aber eine zwingende Voraussetzung für die »normalen« Farben ist so eine extrem glatte Oberfläche nicht. Viele Objekte habe ich persönlich direkt nach dem Druckvorgang, also ohne Schleifvorgänge oder Ähnliches, mit den unterschiedlichsten Farben besprüht und bin von den Ergebnissen begeistert.

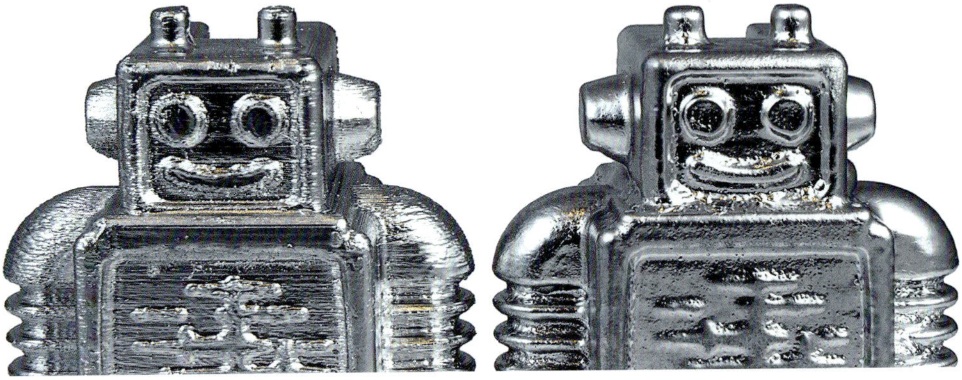

Abbildung 7.18 Links ein PLA-Objekt, rechts ein mit Aceton behandeltes ABS-Objekt: Der Chromeffekt kommt rechts viel besser zur Geltung.

Bedenken Sie auch, was Sie bei der Vielzahl an unterschiedlichen Sprühfarben an Filamenten sparen können. So brauchen Sie nicht unbedingt eine grüne Rolle Filament für ca. 25 € zu kaufen, wenn Sie eh noch weißes oder ein anderes helles Filament auf Vorrat haben. Eine große Dose Sprühfarbe von einem Premiumhersteller mit 400 ml kostet Sie ca. 10 €, mit der Sie ganze zwei Quadratmeter besprühen können. Und diese zwei Quadratmeter müssen Sie erstmal ausdrucken, daran sehen Sie schon, wie lange so eine Dose hält. Um also nicht jedes Mal für eine andere Farbe auch das jeweilige Filament kaufen zu müssen, testen Sie einfach die Option mit der Sprühdose. Ein weiterer Vorteil besteht darin, dass die Farbe aus der Dose zwar alle Details erhält, aber die feinen Schichten (Layer) vom Druck im besten Fall überdeckt (siehe Abbildung 7.19). So haben Sie quasi zwei Fliegen mit nur einer Klappe geschlagen!

Tipps für Objekte ab 0,2 mm Schichtstärke

Falls Sie ein wirklich grobes Objekt mit einer Schichtstärke von nur 0,2 mm oder gar noch höher gedruckt haben, könnten Sie auch mit mehreren Sprühschichten jene grobe Auflösung ein wenig glatter bekommen. Bedenken Sie aber, dass mit jeder Sprühschicht auch ein gewisser Detailgrad verloren geht. Probieren Sie diese Technik am besten an verschiedenen Testobjekten aus.

Einen Warnhinweis sollte ich Ihnen bei der ganzen Sprühtechnik und auch bei den folgenden Farbtechniken vielleicht noch geben: Ein besprühtes, oder bemaltes Objekt dürften sie keinesfalls im Anschluss mit Aceton oder THF behandeln. Da beide Chemikalien im eigentlichen Sinne Lösungsmittel sind und für Reinigungszwecke eingesetzt werden, schmilzt bei einer solchen Nachbehandlung nicht nur Ihr Objekt, sondern auch die Farbe. Im umgekehrten Sinn haben Sie mit diesen Chemikalien natürlich ideale Möglichkeiten einen missglückten Sprühvorgang wieder rückgängig zu machen.

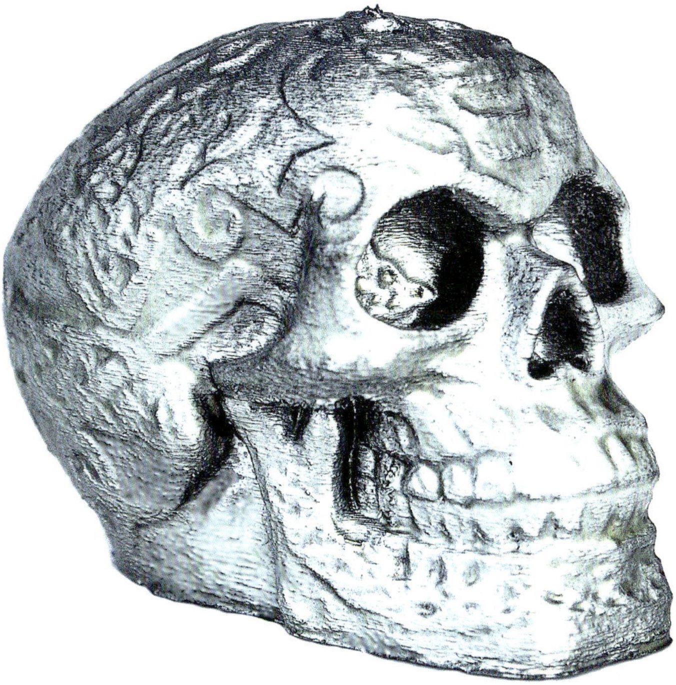

Abbildung 7.19 Der Celtic Skull – ein Großteil der Schichten wurde durch den Sprühlack überdeckt, und die Details sind erhalten geblieben. Die Objektgröße beträgt hier übrigens nur ca. 3 cm in der Höhe(!).

Weitere Highlights in der Welt der Sprühfarben sind ganz sicher die Effektfarben und Strukturfarben, mit denen Sie wirklich eindrucksvolle Ergebnisse erzielen können, die mit keinem 3D-Drucker der Welt so herzustellen wären.

Einer meiner persönlichen Favoriten ist der Flip-Flop Effektlack, der je nach Betrachtungswinkel unterschiedliche Farben durchschimmern lässt. In dem Beispiel in Abbildung 7.20 habe ich mein zuvor eingescanntes Gesicht mit dem Effektlack besprüht. Es ist natürlich schwierig, solch einen Effekt auf einem Foto festzuhalten, aber ich denke, Sie können den Effekt schon erahnen. Die rechte Gesichtshälfte schimmert demnach grünlich und geht dann langsam ins Violette über. Würden Sie das Objekt drehen, hätten Sie einen wirklich genialen Farbverlauf über das ganze Gesicht. Ich habe Ihnen ein Video dazu auf meinen YouTube-Kanal »3D Drucker World« hochgeladen, das Sie unter der gekürzten URL *http://goo.gl/i6vfA3* finden können. Zwar habe ich in diesem Video nicht mein gescanntes und gedrucktes Gesicht als Objekt genommen, sondern den schon berühmten *Celtic Skull* (siehe Abbildung 7.21), aber der Effekt ist dennoch sehr deutlich zu sehen.

Abbildung 7.20 Der Flip-Flop-Lack schimmert je nach Betrachtungswinkel in einer anderen Farbe.

Diesen Effektlack aus der Sprühdose gibt es natürlich nicht nur in einem grünlich/violetten Farbton, sondern auch in verschieden anderen Farbvarianten. Allerdings ist so eine Art Lack nicht gerade preiswert, da Sie im besten Fall drei verschiedene Sprühdosen kaufen sollten. Einmal brauchen Sie die Grundfarbe, in meinem Beispiel also Grün. Dann brauchen Sie den jeweiligen Effektlack, in der Farbe, mit der das Objekt dann später schimmern soll, und für das Finish brauchen Sie dann noch einen speziellen Klarlack, der den Effekt erst richtig hervorbringt. Diese verschiedenen Sprühdosen sollten Sie auch nur von einem Hersteller kaufen, die diese in dem Effektlack-Sortiment anbieten. Ein herkömmlicher Grundfarbton oder ein herkömmlicher Klarlack bringt leider nicht das gewünschte Ergebnis. Andererseits bekomme Sie aber durch diese Investition (ca. 25 €) auch ein Ergebnis, das sich wirklich sehen lassen kann.

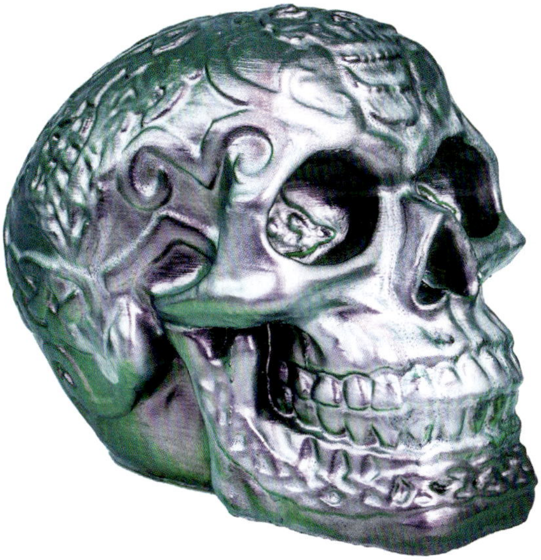

Abbildung 7.21 Ein Paradebeispiel für den Flip-Flop-Effektlack

Neben dem Flip-Flop-Effektlack gibt es aber auch noch die Möglichkeit, Ihr Objekt mit einer speziellen Struktur zu versehen, zum Beispiel mit einer Granitoberfläche inklusive der einzelnen feinen Steinpartikel, die sich vom Objekt abheben.

Abbildung 7.22 Ein »Granitsockel« für den selbst erstellten Fusionstaler

Dieser Granitsockel in Abbildung 7.22 für eine selbst erstellte Andenkenmünze zur Städtefusion zwischen Goslar und Vienenburg im Jahr 2014 war ursprünglich ein relativ langweiliger schwarzer Sockel.

Der Fusionstaler von Goslar

Besonderer Dank gilt der Stadt Goslar beziehungsweise der Goslar Marketing GmbH für die Erlaubnis der Verwendung des neuen Logos (das geschwungene G) in dieser Andenkenmünze. Die Idee und die Münze wurden eigens von mir entworfen und sind kein offizielles Produkt der Stadt Goslar oder der Goslar Marketing GmbH.

Zwar hob sich die goldfarbene Münze mit dem neuen Logo von Goslar sehr gut ab, erschien aber zu schlicht. Mit der Verwendung des Granit Effektsprays konnte aus diesem langweiligen, schwarzen Sockel ein doch ansehnliches Objekt »gezaubert« werden.

Abbildung 7.23 Feine Erhebungen lassen die Struktur noch plastischer wirken.

Wie Sie hoffentlich auf Abbildung 7.23 sehen können, kommt aus der Sprühdose nicht nur Farbe, sondern auch kleinste Partikel, die dem Objekt einen noch realistischeren Graniteffekt verleihen. Wenn Sie auf die rechte Kante des Sockels schauen, können sie diese kleinen Erhebungen ganz gut erkennen. Nicht dass Sie denken, es sei ein unsauberer Druck, dem ist natürlich nicht so.

Ein Nachteil bei filigranen Objekten mit kleinen Details ist die sehr grobe Struktur, die mit diesem Effektlack erzeugt wird. Sie können eigentlich nur Flächen oder auch Kugeln damit besprühen, eine Anwendung auf einer kleinen Figur oder gar einem Gesicht würde die Struktur vom Objekt nahezu kaputtmachen. Aber für Flächen ist diese Art von Veredelung sehr gut geeignet, so könnten Sie zum Beispiel auch Säulen oder Wände Ihres in 3D erstellten Hauses aus »richtigem« Granit anfertigen! Damit verleihen Sie Ihrem Objekt einen unnachahmlichen und vor allem realistischen Touch.

Den Granitlack bekommen Sie selbstverständlich auch noch in anderen Ausführungen/Farben, wie zum Beispiel Grau oder auch Orange/Grün. Je nach Bedarf stehen Ihnen hier noch weitere Varianten zur Auswahl. Bei den Sprühfarben, die eher die Struktur der Oberfläche betreffen, bekommen Sie im gutsortierten Handel auch noch andere Alternativen:

- Terracotta-Effekt
- Hammerschlag-Lack
- Kuper/Bronze-Spray
- Diamant-Effekt
- Neon-Lack
- Perl-Effekt

All die von mir beschriebenen Sprühdosen, mit oder ohne Effekte sollten Sie in jedem gut sortierten Baumarkt oder Farbenfachhandel bekommen. Und wenn ich Ihnen einen persönlichen Tipp geben darf, ohne Schleichwerbung zu machen, ich habe bislang mit den Farben von Belton die besten Erfahrungen gemacht. Diese Farben haben zwar ihren Preis, jedoch hat mich die Qualität sehr überzeugt, und ich kann Ihnen diese mit reinem Gewissen empfehlen.

Sprühdosen sind aber eigentlich nur relevant und sinnvoll, wenn Sie damit ganze Objekte lackieren wollen, dabei ist es relativ egal, wie groß oder klein. Haben Sie jedoch Objekte, die farbig unterteilt werden und bei denen Sie einzelne Flächen am Objekt abkleben müssen, um mit anderen Farben arbeiten zu können, empfiehlt es sich nicht unbedingt, zur Sprühdose zu greifen. Sicherlich würde auch in dem Fall die Farbe aus der Dose ihren Zweck erfüllen, jedoch kommt bei jedem Sprühvorgang recht viel Farbe aus der Düse, so dass Sie erstens nicht sehr genau arbeiten können und zweitens Gefahr laufen, dass die Farbe unter die abgeklebte Fläche läuft und so die andere Fläche verfärbt. Speziell für solche Arbeiten ist eigentlich eine Methode am effektivsten, nämlich die der Airbrush-Technik.

7.5 Arbeiten mit der Airbrush-Technik

Als ich die ersten 3D-gedruckten Objekte im Internet gesehen habe, die mit Hilfe der Airbrush-Technik besprüht wurden, stand für mich sofort fest, diese Technik auch anwenden zu wollen. Die Airbrush-Technik ist allerdings recht komplex, und es ist leider nicht damit getan, in den nächsten Baumarkt zu gehen, um sich eine Airbrush-Pistole (siehe Abbildung 7.24) und etwas Farbe zu kaufen. Im Prinzip haben Sie die Auswahl aus zwei Möglichkeiten.

Abbildung 7.24 Eine einfache Single-Action-Pistole reicht für den Anfang vollkommen aus.

Entweder informieren Sie sich ausgiebig im Internet über diverse Techniken, Geräte, Pistolen, Kompressoren und studieren diverse Tutorials auf YouTube, oder Sie befolgen meine (recht einfachen) Ratschläge und erlangen so auch schon respektable Ergebnisse. Die Vorarbeit des Studierens der ganzen unterschiedlichen Techniken und Gerätschaften habe ich Ihnen dann somit schon abgenommen. Glauben Sie mir, ich habe wirklich einige Zeit damit verbracht, um wenigstens ein wenig in die Materie einzutauchen. Und was kam zum Schluss dabei heraus? Ich habe mir ein Komplettset von Revell gekauft und habe einfach losgelegt, eigentlich genau das Gegenteil vom dem, was ich ursprünglich machen wollte. Und genau dasselbe würde ich Ihnen auch empfehlen, sofern Sie nicht vorhaben, die Motorhaube Ihres Autos mit einem Kunstwerk zu verzieren, oder ein Gesicht fotorealistisch mit all seinen Schatten und Farbverläufen zu erstellen. Da unser Bestreben im Besprühen von kleineren bis mittleren Kunststoffobjekten liegt, reicht es zum Glück auch aus, wenn sich die Kenntnisse auf die grundlegenden beschränken. Mein Hauptaugenmerk liegt demnach auf der farbigen Gestaltung von einzelnen Flächen und einigen Details, die hervorgehoben werden können. Und nach diesem Abschnitt werden Sie dazu, mit den notwendigen Materialien, auch in der Lage sein.

Ich gehe jetzt einfach mal davon aus, dass Sie selbst noch kein Airbrush-System besitzen und möchte Ihnen einige Tipps und Ratschläge für den Kauf eines solchen geben. Oftmals werden ja bei der Suche nach einem bestimmten Produkt bei eBay oder Amazon ähnliche Produkte mit einbezogen, und als Ergebnis erhalten Sie eine wahre Flut an Airbrush-Sets (siehe Abbildung 7.25).

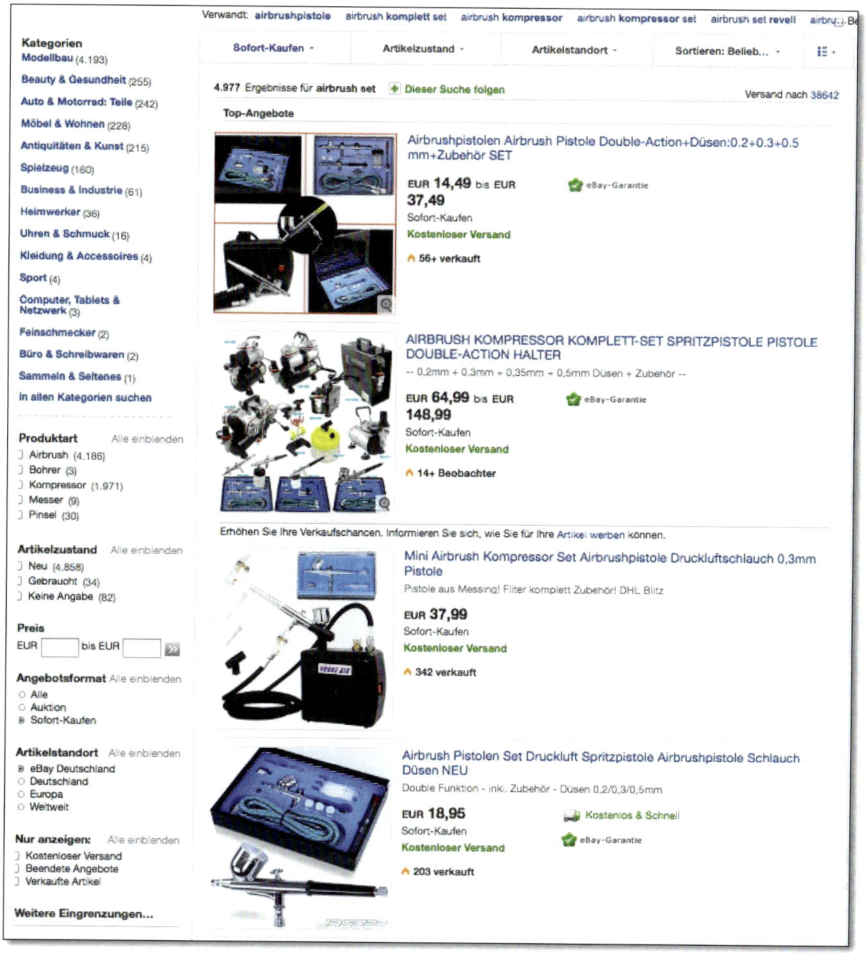

Abbildung 7.25 Die ersten Ergebnisse bei eBay sehen schon sehr verlockend aus – dennoch sollten Sie lieber zweimal hinschauen.

Natürlich habe auch ich erst einmal die Angebote verglichen. Jedoch bekommen Sie bei den einzelnen Angeboten eine weitere Flut an Optionen präsentiert, wo es dann wirklich ans Eingemachte geht. Welcher Kompressor, welche Airbrush-Pistole, Single- oder Double-Action? Um dann zwischen den ganzen Optionen die richtige auszuwählen, wenn man doch einfach nur sein eigenes, kleines 3D-Objekt besprühen will, wird zu einer kleinen Herkulesaufgabe. Kurz gesagt braucht es für den Anfang keine Double-Action Pistole oder einen Kolbenkompressor mit immens viel Fassungsvermögen für die Druckluft. Sie müssen bedenken, dass gerade diese Kompressoren recht laut und für das heimische Arbeitszimmer etwas überdimensioniert sind.

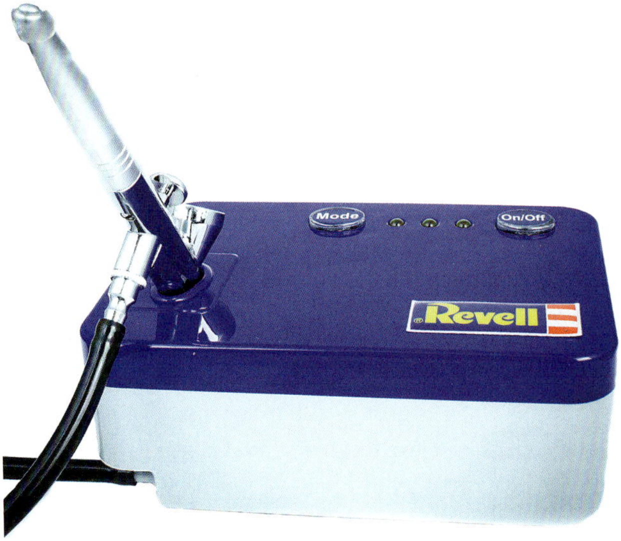

Abbildung 7.26 Ein einfacher Kompressor von Revell, der statt eines Kolbens eine Membrane besitzt.

In Abbildung 7.26 sehen Sie einen Kompressor, der statt eines Kolbens eine Membrane besitzt und dementsprechend recht klein ist und bequem auf dem Tisch seinen Platz finden kann. Zusätzlich bietet er eine Halterung für die Airbrush-Pistole.

Bezüglich der Airbrush-Pistole werden Sie sich wahrscheinlich schon gefragt haben, was es denn überhaupt mit einer sogenannten Single- oder Double-Action auf sich hat. Einfach erklärt steuern Sie bei der Single-Action-Pistole mit einem Hebel nur die jeweilige Luftmenge, die aus der Düse austritt. Dementsprechend viel oder wenig Farbe wird dann dem Luftstrom automatisch zugeführt. Die Farbmenge ist dabei immer gleich, so dass Sie sich eigentlich nur auf die gleichmäßige Bewegung der Pistole konzentrieren müssen. Diese Methode wird eigentlich immer für den Anfang empfohlen, das bedeutet aber nicht, dass Sie nicht auch mit einer Single-Action-Pistole kleine Kunstwerke vollbringen können. Suchen Sie einmal bei YouTube nach »Airbrush« und »Single-Action«, Sie werden erstaunt sein, was mit dieser »Anfängerpistole« alles möglich ist.

Die Double-Action Pistole hat hingegen zwei unterschiedliche Funktionen, die in dem Hebel an der Pistole untergebracht sind. Zum einen wird mit dem Herunterdrücken des Hebels die Stärke des Farb- und Luftgemisches reguliert, und zum anderen verändert sich durch gleichzeitiges Zurückziehen des Hebels die Breite des Sprühstrahls. Das klingt schon recht kompliziert und ist in der Praxis leider nicht weniger schwierig. Ich persönlich hab bislang nur mit der herkömmlichen Single-Action gearbeitet, so dass ich leider über die Arbeit mit der Double-Action-Pistole keine eigenen Erfahrungsberichte schreiben kann. Jedoch ist unbestritten, dass die Arbeitsweise mit der dualen Regulierung der Druckluftstärke und Breite des Sprühstrahls wesentlich komplizierter ist. Für den Anfang empfehle ich von daher eine Single-Action-Pistole.

Allein mit diesen beiden Optionen werden Sie bei den eingangs erwähnten Angeboten von eBay und Co. schon Ihre »Bewältigungsprobleme« haben. Leider glänzen die Angebote nur so vor Double-Action, Kolbenkompressoren und einer Menge Zubehör, die zwar preislich durchaus interessant sein mögen und auch qualitativ höchstwahrscheinlich in Ordnung gehen. Jedoch wird der »Anfänger« von solch überdimensionierten Angeboten etwas geblendet, so dass die spätere Benutzung des Airbrush-Sets in Frust und Ärger ausarten können. Mit der Double-Action würden Sie vielleicht erst nach ausgiebiger Übungsphase umgehen können, und der große Kolbenkompressor würde lautstark am Boden seine Dienste verrichten und für einigen Erklärungsbedarf bei den Nachbarn oder der Familie sorgen.

Meiner Meinung nach ist das alles nicht unbedingt notwendig, und so habe ich damals kurzerhand beschlossen, ein Starter-Set von Revell zu kaufen. Dieses Airbrush-Set beinhaltet eigentlich alles, was Sie für den Anfang benötigen, und hat auch in den einschlägigen Foren durchaus gute bis sehr gute Bewertungen bekommen. Preislich liegt es bei ca. 79 € und ist somit auch noch im unteren Bereich für ein komplettes Airbrush-Set angesiedelt.

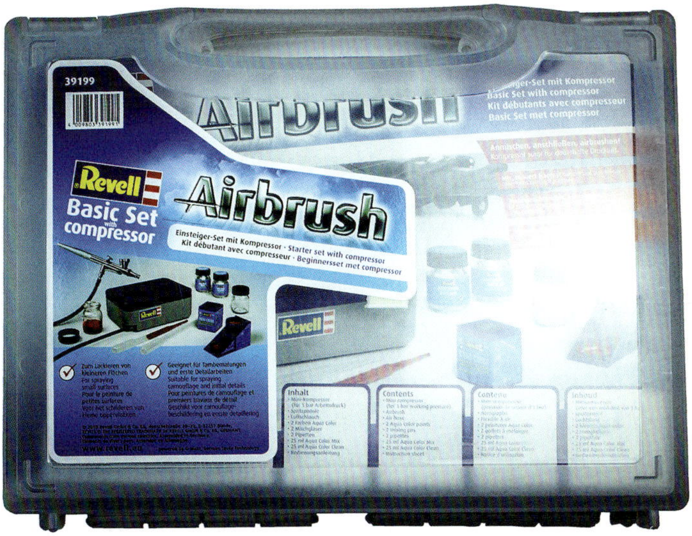

Abbildung 7.27 Das Einsteiger-Set für den Airbrush-Beginner, meiner Meinung nach ideal für kleine bis mittlere 3D-Objekte

Wie Sie vielleicht Abbildung 7.27 entnehmen können, bleiben bei diesem Einsteiger Set eigentlich keine Wünsche offen. Von der Single-Action Pistole, dem Kompressor inklusive Schlauch über zwei Farbmischgläser, zwei Pinzetten, eine kleine Flasche Aqua Color Mix (mit der die Farbe mit Wasser gemischt wird), eine kleine Flasche Aqua Color Clean (zum Reinigen der Pistole) bis hin zu zwei Aqua-Color-Farben, ist wirklich alles dabei, was Sie für den Anfang benötigen.

Abbildung 7.28 Der Tyrannosaurus Rex – mein erster Airbrush-Versuch

Schon der erste Versuch mit jenem Airbrush-Set hat meiner Meinung nach ganz gut geklappt. Als erstes Objekt habe ich mir den Ständer des Schädels vom Tyrannosaurus Rex ausgesucht, den ich mit der Farbe Eisen und Kupfer besprüht habe (siehe Abbildung 7.28). Regulär sind der Ständer und das Schild in der gleichen Farbe gewesen wie der Kopf selbst, also recht unspektakulär. Mit dem Airbrush sieht der Ständer doch gleich viel realistischer aus.

Bei solch unterschiedlichen Farben, wie hier im Beispiel die Eisenplatte und das Kupferschild, müssen Sie mit einem sogenannten Masking Tape arbeiten, mit dem Sie den jeweiligen Bereich zu kleben, der nicht besprüht werden soll. Sie können natürlich das recht teure Masking Tape aus einem Modellbaugeschäft verwenden, allerdings habe ich auch sehr gute Erfahrungen mit dem Blue Tape aus dem 3D-Druckbereich gemacht. Das Blue Tape ist zwar auch nicht gerade preiswert, ist aber deutlich größer und ergiebiger als eine kleine Rolle (siehe Abbildung 7.29).

Abbildung 7.29 Praxistipp: Nehmen Sie einfach das Blue Tape zum Maskieren der Flächen.

Bedenken bezüglich der Verarbeitung des Blue Tapes gegenüber dem »Profi«-Masking-Tape brauchen Sie auch nicht zu haben. Das reguläre Masking Tape lässt sich eigentlich nur besser dehnen, und somit lassen sich besser runde Flächen abdecken, wobei das Blue Tape eigentlich gar nicht flexibel ist und gleich reißt. Allerdings müssen Sie beide Tapes im Vorfeld mit der Schere zurechtschneiden und können so die gewünschte Form zuschneiden.

Da ich bereits Besitzer eines Blue Tapes war, verbinde ich bei meinen Arbeiten ganz einfach beide Varianten. Für die kleinen Flächen oder Umrandungen nehme ich das Masking Tape und für die etwas größeren Flächen einfach das Blue Tape, das funktioniert wunderbar (siehe Abbildung 7.30).

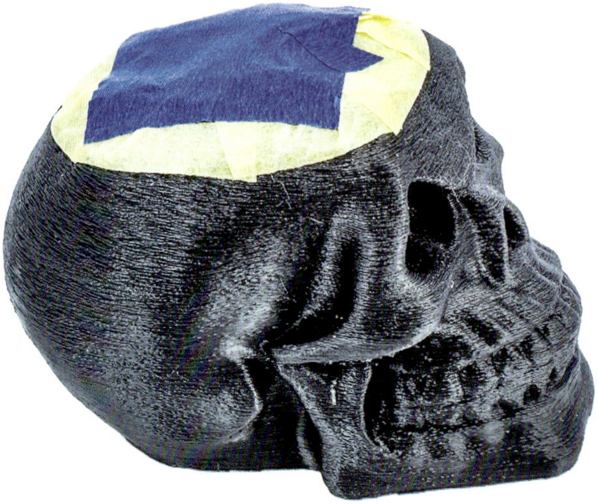

Abbildung 7.30 Um nicht für die größeren Flächen das teurere Masking Tape zu verschwenden, benutzen Sie einfach das Blue Tape.

Erfreulicherweise haften beide Masking Tapes sehr gut an jeweiligen 3D-Objekten, so dass Sie keine Angst zu haben brauchen, dass Ihre Farbe unter das Tape gelangt.

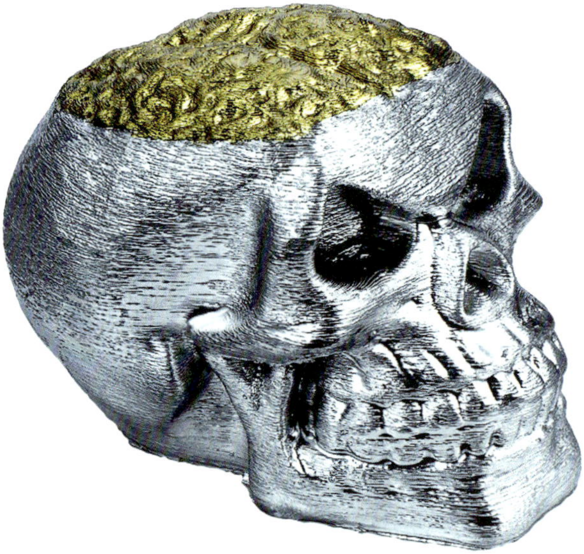

Abbildung 7.31 Perfektes Beispiel: Die Farbe wurde sauber abgegrenzt und ist nicht verlaufen.

Meinen Totenkopf konnte ich mit dieser Methode sehr sauber gestalten (siehe Abbildung 7.31). Sie sehen, was so »ein bisschen« Farbe schon ausmacht, kein Vergleich zum vorherigen Totenkopf.

Aber nicht nur für saubere Farbtrennungen ist ein Airbrush-System für Sie eine Anschaffung wert, Sie können Ihr Objekt mit einer Airbrush-Pistole auch mit perfekten Schattierungen oder Abstufungen aufpolieren, die sonst nicht möglich wären. Als Beispiel will ich Ihnen mal meine Version von Godzilla zeigen, die Echse habe ich im Zuge der Kino-Neuverfilmung erstellt und gedruckt. Lassen Sie sich bitte nicht vom nicht ganz fehlerfreien Druck und erst recht nicht von meiner bescheidenen Airbrush-»Kunst« ablenken. Anhand der Echse will ich Ihnen eigentlich nur den Effekt verschiedener Schattierungen zeigen.

Abbildung 7.32 Meine Version von Godzilla – die jeweiligen Schuppen können mit einer Airbush-Pistole sehr gut hervorgehoben werden.

Sie können aber nicht nur, wie in Abbildung 7.32 deutlich zu sehen, die Hautstruktur eindrucksvoller gestalten, sondern auch die einzelnen Gliedmaßen und Gelenke hervorheben. So kommen auf dem Bild mit der richtigen Bemalung die einzelnen Zehen vom Fuß sehr gut zur Geltung (siehe Abbildung 7.33).

Abbildung 7.33 Auch die jeweiligen Gliedmaßen können mit Hilfe von Schattierungen besser dargestellt werden.

Auch die Rückenpartie wurde optisch immens aufgewertet. Hierzu benötigen Sie zum Beispiel nur zwei unterschiedliche Farben (Grün und Schwarz), die Sie dann unterschiedlich dick auftragen. Schon haben Sie eine komplette Struktur, die von einem handelsüblichen FDM-3D-Drucker nicht gedruckt werden könnte. Wie entsteht jetzt aber so ein Objekt, beziehungsweise wie arbeiten Sie am besten mit einer Airbrush-Pistole? Hierzu möchte ich Ihnen auch noch etwas schreiben, jedoch kann ich Ihnen keinen Grundkurs in die Airbrush-Technik geben, da hier meine Fähigkeiten doch zu eingeschränkt sind.

Die Arbeitsweise mit einem Airbrush-System, jedenfalls mit dem, das ich Ihnen eingangs vorgestellt habe, ist relativ einfach und basiert eigentlich nur auf der richtigen Farbmischung und einer ruhigen Hand. Egal, ob Sie mit Aqua-Farben sprühen oder mit Emailfarben. Sie müssen die jeweiligen Farben immer mit einer speziellen Lösung vermischen, da die Farbe sonst für die feine Düse viel zu dickflüssig wäre (siehe Abbildung 7.34).

Abbildung 7.34 Die Düsenöffnung bei einer Airbrush-Pistole kann bis zu 0,15 mm klein sein.

In meinem Beispiel des Revell Komplett-Sets haben Sie schon ein kleines Gefäß mit Aqua Color Mix dabei und könnten mit den, ebenfalls im Lieferumfang enthaltenen, Aqua-Color-Farben somit gleich loslegen. Wollen Sie jedoch mit den Emailfarben arbeiten, benötigen Sie auch eine entsprechende Lösung zum Mischen der Emailfarbe. Einfach ausgedrückt: Aqua-Color Farben sind lösungsmittelfrei und können zur Not auch mit Wasser vermischt werden.

Emailfarben – kein Bezug zur elektronischen Post!

Emailfarben können auch Enamel-Farben genannt werden und basieren auf einem Kunstharz, der mit einem Lösungsmittel verdünnt werden muss. Emailfarben trocknen langsamer als Acrylfarben und besitzen einen etwas stärkeren Glanz. Insbesondere bei Effektfarben wie Hammerschlag, Kupfer, Neon oder Silber sind Emailfarben die bessere Wahl gegenüber Acrylfarben.

Die Emailfarben können Sie nur mit einem Lösungsmittel verdünnen, und sie sind umweltschädlicher als Acrylfarben. Schon allein der Mischvorgang mit dem Lösungsmittel kann unter Umständen in der Wohnung zu dem typischen Lösungsmittelgestank führen, wobei Sie mit den Acrylfarben eigentlich gar keine Geruchsbelästigung haben.

Abbildung 7.35 Die Qual der Wahl: wasserbasierende Acrylfarben oder glänzende Emailfarben?

Sie sehen hoffentlich schon den großen Unterschied zwischen diesen beiden Farben. Acrylfarben sind eher matt, dafür wasserbasierend, und Emailfarben glänzen durch ihre Farb- und Leuchtkraft (siehe Abbildung 7.35). Entscheiden Sie einfach je nach Modell oder Fläche, welche Farbe Sie wählen. Ich persönlich tendiere eher zu den Acrylfarben, allein schon weil ich diese Farbe nicht mit Lösungsmittel mischen muss. Allerdings setze ich bei ganz speziellen Flächen auch die Emailfarben ein, um so zum Beispiel eine realistische Eisenfarbe zu erreichen.

Die Verarbeitung, also das Sprühen mit den unterschiedlichen Farben ist fast gleich. Beim Sprühvorgang selbst werden Sie keine Unterschiede merken, jedoch trocknen die Acrylfarben viel schneller als die Emailfarben. Das hat zur Folge, dass Sie bei den Acrylfarben keine längeren Pausen beim Sprühvorgang einlegen sollten, damit die Düse nicht eintrocknet und somit verstopft. Das kann bei einem konzentrierten Arbeitsvorgang schon ärgerlich sein, wenn Sie dann erst wieder die Düse mit Wasser oder einem speziellen Aqua-Cleaner spülen müssen.

Der Arbeitsvorgang an sich ist aber immer der gleiche, egal, ob Sie Acryl- oder Emailfarben einsetzen. Das A und O ist ein optimales Mischungsverhältnis der jeweiligen Farbe und ein gleichmäßiger Sprühvorgang. Vermeiden Sie bei dem eigentlichen Sprühvorgang, zu lange auf einer Stelle zu sprühen, und ziehen Sie die Pistole »aus dem Handgelenk« stetig und gleichmäßig von links nach rechts.

Sollten Sie kleine Farbakzente setzen wollen, wie zum Beispiel kleine Punkte oder Ähnliches, dann sprühen Sie zum Test erst einmal auf eine Testunterlage, um sicherzugehen, dass die Düse auch nicht verstopft ist. Es passiert leider immer wieder, dass statt der Farbe nur Luft herausströmt und sich mit einmal die Farbe in der Pistole löst. Das Ergebnis ist ein dicker Farbklecks auf Ihrem Objekt statt eines feinen Punkts. Erst wenn der Farbstrahl gleichmäßig aus der Düse tritt, können Sie auch filigrane Details bearbeiten.

In Abbildung 7.36 sehen Sie hoffentlich sehr gut das Ergebnis eines nicht idealen Mischungsverhältnisses der Acrylfarbe. Die roten Augen sind am Rand doch recht zerlaufen und grenzen nicht sauber ab. Es wird eine Weile dauern, bis Sie das perfekte Verhältnis der jeweiligen Mischung finden, da heißt es eigentlich nur: probieren und probieren. Das perfekte Universalverhältnis gibt es leider nicht. Revell selbst empfiehlt für seine Acrylfarben ein Mischverhältnis von 4:1 bis 3:1, also vier Teile Farbe auf ein Teil Wasser/Mischung. Für Emailfarben wird ein Verhältnis von 3:2 empfohlen (drei Teile Farbe auf zwei Teile Wasser). Um bei der Mischung die jeweils richtige Menge zu erreichen, benutzen Sie am besten eine einfache Pipette. Im Falle des Komplett-Sets von Revell bekommen Sie hier schon zwei Pipetten mitgeliefert. Legen Sie sich am besten mehrere Pipetten zu, die Sie dann getrennt für Acryl- und Emailfarben verwenden. Optimal wären dann noch zwei weitere Pipetten für die Befüllung der Airbrush-Pistole, um die Mischungen nicht mit den verschiedenfarbigen Pipetten zu verunreinigen.

Abbildung 7.36 Die roten »LEDs« der Augen sind leider etwas verwaschen – die Folge von zu viel Aqua Mix in der Acrylfarbe.

Die Arbeit mit der Airbrush-Pistole kann sehr bald, neben dem 3D-Druck, zu Ihrem persönlichen Hobby werden. Sie werden (hoffentlich) schnell erste Erfolge erzielen und können so Ihre 3D-Objekte als ganz individuelle Kunstwerke aufpolieren. Sie können Farbakzente setzen, ganze Flächen besprühen und dabei die vielfältigsten Farben einsetzen, um Objekte aus »Eisen« oder anderen Materialien wie »Gold« oder »Kupfer« zu erschaffen.

Ich habe persönlich recht viel von den unzähligen Videos auf YouTube oder Vimeo gelernt und habe Ihnen auf meinem YouTube-Kanal »3D Drucker World« eine kleine Playlist (*https://www.youtube.com/3ddruckerworld/playlists*) an Videos zusammengestellt, mit denen Sie sich wertvolle Tipps und Methoden aneignen können. Mit dabei ist auch ein Video, das eindrucksvoll zeigt, dass Sie auch mit dem Anfänger-Komplett-Set von Revell Beachtliches erschaffen können.

Mit diesem finalen Tipp beende ich nun den Airbrush-Abschnitt und hoffe, dass ich Ihnen einen kleinen Einblick in diese faszinierende Technik geben konnte. Das Thema Airbrush auf 3D-gedruckten Objekten ist leider noch nicht so populär, wobei sie sich eigentlich perfekt ergänzen. Wagen Sie doch einfach den Spagat zwischen dem 3D-Objekt und der mit einer Airbrush-Pistole (oder der herkömmlichen Sprühdose) veredelten Oberfläche. Ich denke, anhand meiner Abbildungen ist deutlich geworden, wie viel Potenzial verschenkt wird, wenn man einige Objekte einfach in dem gedruckten Farbton belässt. Seien es nun Schattierungen wie bei der Godzilla-Figur oder ganze Flächen wie beim Kopf des Terminators. Etwas Farbe wertet Ihre Objekte immer auf und verleiht ihnen erst den individuellen Touch.

Seien Sie kreativ! Nicht nur bei der Veredelung der gedruckten Objekte, sondern auch bei der Erstellung Ihrer eigenen Objekte. Anhand der vorhandenen Datenbanken stehen Ihnen zwar schon fertige 3D-Modelle zum Druck bereit, aber so richtig Spaß wird Ihnen der 3D-Druck erst machen, wenn Sie mit Hilfe diverse CAD-Programme Ihre eigenen Objekte entwerfen und herstellen.

Sicher, es bedarf einiger Einarbeitungszeit, und Sie werden womöglich den ein oder anderen Rückschlag hinnehmen müssen, aber umso schöner wird das spätere Erfolgserlebnis sein. Dieser Moment, ein selbst konstruiertes Objekt und eigens ausgedruckt in den Händen zu halten ist schon richtig irre. Höchst interessant wird in Zukunft auch der Mix zwischen einem eingescannten Objekt und einem selbst erstellten sein. Hier stehen Ihnen mit den im Buch beschriebenen 3D-Scannern weitere, zahlreiche neue Welten offen!

Ich hoffe, dass ich bei Ihnen mit dem Buch eine gewisse Portion »Pioniergeist« geweckt habe, um Teil dieser neuen »Maker-Bewegung« oder gar der »neuen industriellen Revolution« zu werden. Egal, ob Sie vorhandene Objekte einfach ausdrucken oder die Erstellung selbst in die Hand nehmen. Handeln Sie ganz nach meinem Credo: »Just make it« – machen Sie es einfach!

Ich wünsche Ihnen bei Ihrer Reise in diese neue, aufregende 3D-Welt
ganz viel Spaß und Erfolg!

Ihr Stefan Nitz

Anhang A

FAQ – rechtliche Aspekte des 3D-Drucks

Nachdem Sie in den bisherigen Kapiteln eine Menge über die Möglichkeiten des 3D-Drucks erfahren haben, befasst sich dieser Anhang mit einem weiteren wichtigen Aspekt, nämlich den rechtlichen Fragestellungen rund um den 3D-Druck. Damit Sie nicht versehentlich in ein (möglicherweise teures) Fettnäpfchen tappen, erläutert Ihnen Rechtsanwalt Christian Solmecke alles, was Sie zu diesem Thema wissen sollten. Zunächst finden Sie schnelle Antworten auf die häufigsten Fragen. Falls Sie tiefer in die Materie einsteigen wollen, lohnt sich ein Blick in Anhang B, »Rechtliche Aspekte des 3D-Drucks«.

Christian Solmecke schreibt über 3D-Druck & Recht

Rechtsanwalt Christian Solmecke ist Partner der Kanzlei Wilde Beuger Solmecke (wbs-law.de) und hat dort in den vergangenen Jahren den Bereich IT-und E-Commerce stetig ausgebaut. So betreut er zahlreiche Medienschaffende und Web 2.0-Plattformen und App-Entwickler. Regelmäßig hält Christian Solmecke Vorträge zu den rechtlichen Problemen des 3D-Drucks, wie zuletzt auf der Herbstakademie der Deutschen Stiftung für Recht und Informatik (DSRI). Zusätzlich klärt er wöchentlich über seinen YouTube-Kanal (wbs-law.tv) über neueste Trends im Online-Recht auf. Neben seiner Kanzleitätigkeit ist Christian Solmecke auch Geschäftsführer des Deutschen Instituts für Kommunikation und Recht im Internet (DIKRI) an der Cologne Business School. Dort beschäftigt er sich insbesondere mit Rechtsfragen in sozialen Netzen. Vor seiner Tätigkeit als Anwalt arbeitete Christian Solmecke mehrere Jahre als Journalist für den Westdeutschen Rundfunk und andere Medien. Über solmecke@wbs-law.de ist der Autor per E-Mail zu erreichen.

1. Darf ich selbst eine Druckvorlage für urheberrechtlich geschützte Werke wie einen Lego-Stein erstellen?

Bei der Beantwortung dieser Frage ist zwischen dem Urheberrecht und dem Wettbewerbsrecht zu unterscheiden: Wenn es sich bei der Druckvorlage um eine von Ihnen selbst erstellte Vorlage beispielsweise für einen Lego-Stein oder eine Designervase handelt, erfährt diese den gleichen urheberrechtlichen Schutz wie der Lego-Stein oder die

Designervase selbst, da es Ihre eigene schöpferische Leistung darstellt. Urheberrechtlich ist ein solches Vorgehen damit zulässig. Anders ist dies jedoch wettbewerbsrechtlich zu beurteilen, wenn die Druckvorlage den privaten Bereich verlässt, und kann daher zu einer Abmahnung führen.

2. Darf ich Druckvorlagen im Internet anderen zur Verfügung stellen?

Handelt es sich um eine von Ihnen selbst erstellte Druckvorlage für beispielweise eine Handtasche, so haben Sie die Verwertungsrechte und können selbst über die Verwendung der Vorlage bestimmen. Damit sind Sie immer dann auf der sicheren Seite, wenn die Vorlage einen Gegenstand zur Grundlage hat, der als solcher entweder noch gar nicht auf dem Markt existiert oder an dem zumindest keine Schutzrechte bestehen. Andernfalls können Sie auch dann in rechtliche Konflikte geraten, wenn Sie die Vorlage selbst erstellt haben. Sollte es sich jedoch um die Druckvorlage eines Dritten handeln, ist die Verbreitung im Internet rechtswidrig, da dadurch unter anderem gegen das Recht der öffentlichen Zugänglichmachung verstoßen wird, das nur dem Urheber zusteht.

3. Wie kann ich einen eigenen Konstruktionsplan urheberrechtlich schützen?

Der urheberrechtliche Schutz des Konstruktionsplans beginnt automatisch mit dessen Schöpfung. Sobald Sie also Ihre eigene Druckvorlage von beispielsweise einer Kaffeetasse fertiggestellt haben, ist diese Vorlage bereits urheberrechtlich geschützt. Einer weiteren Registrierung oder dergleichen bedarf es nach deutschem Recht nicht. Ab diesem Zeitpunkt bestehen Ihre Rechte als Urheber, die Sie vor jedermann vertreten können. Da der Zeitpunkt der Schöpfung maßgeblich ist, bietet es sich bei wertvollen Konstruktionsplänen an, diese bei einem Notar zu hinterlegen, um so den Zeitpunkt der Schöpfung im Streitfall einfach nachweisen zu können.

4. Kann ich bedenkenlos Konstruktionspläne aus dem Internet herunterladen?

Für die Beurteilung der urheberrechtlichen Situation kommt es darauf an, in welcher Form der Urheber seinen Konstruktionsplan zu Verfügung stellt. Sieht dieser eine freie Nutzung des Konstruktionsplans vor, so können Sie diesen unproblematisch aus dem Internet herunterladen. Sollte jedoch ein Dritter den Konstruktionsplan widerrechtlich ins Internet gestellt haben und Sie laden diesen herunter, verletzen Sie ebenfalls die Nutzungsrechte des Urhebers, auch wenn Sie davon keine Kenntnis hatten. Da es in der Praxis relativ schwer ist, sich genau über die Rechteverhältnisse zu informieren, sollte man im Zweifelsfall von einem Download Abstand nehmen. Denn neben dem Urheberrecht können dadurch auch andere Schutzrechte wie das Marken- und Designrecht sowie das Patent- und Gebrauchsmusterrecht verletzt werden, wenn es sich um eine kommerzielle Verwendung handelt, da diese ausschließlich mit Zustimmung des Rechteinhabers zulässig ist.

Vermeiden Sie es also unbedingt, zum Beispiel über Torrents Druckvorlagen herunterzuladen. Hier ist schnell davon auszugehen, dass Urheber- und gegebenenfalls auch weitere Rechte verletzt werden.

5. Darf ich ausdrucken, so viel ich will?

Solange der Druck für den privaten Gebrauch erfolgt, ist die Anzahl der Ausdrucke nach dem Wettbewerbs-, Marken-, Design-, Patent- und Gebrauchsmusterrecht unerheblich und damit unbegrenzt möglich. Anders sieht dies hingegen im Urheberrecht aus, da dort auch zu privaten Zwecken eine Beschränkung erfolgt, die nach der derzeitigen Rechtsprechung bei einer Stückzahl von sieben Vervielfältigungen gezogen wird. Handelt es sich also beispielsweise um eine handelsübliche Kaffeetasse, so können Sie davon für private Zwecke so viele Reproduktionen anfertigen, wie Sie benötigen, da bei Gegenständen des alltäglichen Lebens von einem urheberrechtlichen Schutz nicht auszugehen ist.

6. Darf ich die Ausdrucke im Internet verkaufen?

Der Verkauf im Internet über Plattformen, wie zum Beispiel eBay, stellt zumeist eine gewerbliche Nutzung dar. Diese sollten Sie immer nur dann durchführen, wenn Sie die Rechte vom jeweiligen Rechteinhaber eingeholt haben. Andernfalls kann darin ein Verstoß gegen zahlreiche Schutzrechte gesehen werden und zur Haftung beispielsweise auf Schadensersatz führen. Die Reproduktion und der Verkauf von beispielsweise patentrechtlich geschützten Dübeln würde dann eine solche Haftung auslösen.

Auch bei freien Lizenzen wie den *Creative Commons*, die es beispielsweise bei Bildern häufig gibt, müssen Sie besonders darauf achten, dass in den Lizenzvereinbarungen auch die gewerbliche Nutzung gestattet wird. Dies ist in der Praxis nämlich meist nicht der Fall.

7. Ändert sich etwas an der Rechtslage, wenn ich die Ausdrucke beispielsweise als Werbematerial an meine Kunden verschenke?

Bei der Beurteilung, ob Sie gewerblich handeln, ist gerade nicht maßgeblich, ob Sie den Ausdruck nur gegen ein Entgelt an Dritte weitergeben und damit direkt daran verdienen. Auch wenn Sie etwas »nur« verschenken, ist hierbei sehr wohl von einer geschäftlichen Betätigung auszugehen, da die Schenkung an Kunden als Werbematerial letztlich im Rahmen Ihrer gewerblichen Tätigkeit erfolgt und damit auch einen gewerblichen

Zweck verfolgt. Wer also beispielsweise Kugelschreiber der Marke Montblanc nachfertigt und diese an seine Geschäftskunden verteilt, muss mit Konsequenzen rechnen. Anders wäre dies daher nur dann zu beurteilen, wenn es sich um eine Schenkung unter Freunden handelt, die rein privaten Zwecken dient.

8. Woher weiß ich, wer der Urheber ist?

Wenn es sich nicht gerade um ein Werk handelt, das der Urheber zum Beispiel durch eine Art Wasserzeichen mit seinem eigenen Namen und seinem Logo versehen hat, kann sich die Suche nach dem Urheber eines Werkes sehr kompliziert bis hin zu unmöglich gestalten. Eine Möglichkeit ist dabei eine Anfrage bei einer sogenannten Verwertungsgesellschaft, also einer Einrichtungen, die die Rechte für eine Vielzahl von Urhebern treuhänderisch wahrnimmt. Die wohl bekannteste Verwertungsgesellschaft ist die GEMA, die Gesellschaft für musikalische Aufführungs- und mechanische Vervielfältigungsrechte. Das Problem ist jedoch, dass kein Urheber gezwungen ist, sich durch eine solche Gesellschaft repräsentieren oder dort auch nur registrieren zu lassen.

Sollten Sie also beispielsweise den Designer als Urheber der Designervase, die Sie nachproduzieren möchten, nicht ermitteln können, sollten Sie jedenfalls im Rahmen des privat Zulässigen bleiben.

9. Wie kann ich mir Nutzungsrechte einräumen lassen?

Die nötigen Nutzungsrechte, auch Lizenzen genannt, erwirbt man in der Regel direkt beim Rechteinhaber. Dabei wird eine vertragliche Lizenzvereinbarung getroffen, die unter Umständen auch die Zahlung eines Entgelts als Gegenleistung für die Rechteeinräumung vorsieht. Im Gegenzug dazu erhalten Sie als Lizenznehmer entweder ein Exklusivrecht an der Nutzung oder »teilen« sich das Nutzungsrecht mit anderen Lizenznehmern.

10. Was passiert, wenn ich gegen ein Urheberrecht verstoßen habe, ohne es zu wissen?

In einem solchen Fall kann der Rechteinhaber seine Ansprüche aus der Rechtsverletzung gegen Sie geltend machen, außergerichtlich ebenso wie gerichtlich. Zu rechnen ist dabei meist mit Ansprüchen auf Beseitigung, Unterlassung oder Schadensersatz. Dass Sie die Rechtsverletzung nicht bewusst begangen haben, spielt für eine Inanspruchnahme auf Unterlassung oder Beseitigung keine Rolle, da die Durchsetzung dieser Ansprüche darauf abzielt, den rechtswidrigen Zustand zu beseitigen bzw. eine erneute Rechtsverletzung zu verhindern. Anders ist dies hingegen beim Schadensersatz, für den

Sie nur dann in Anspruch genommen werden können, wenn Sie mit Absicht gehandelt haben oder fahrlässig, also die im Verkehr erforderliche Sorgfalt außer Acht gelassen haben.

Wenn Sie also auf einer vertrauenswürdigen Plattform, auf der die Nutzungsrechte der Rechteinhaber grundsätzlich geprüft und beachtet werden, unwissentlich doch eine Druckvorlage herunterladen, die unter Verstoß auf das Urheberrecht hochgeladen wurde, kann der Urheber von Ihnen zwar Unterlassung verlangen, wohl jedoch keinen Schadensersatz.

11. Wer kommt überhaupt als Rechteinhaber alles infrage und kann damit im Falle von Rechtsverletzungen Ansprüche gegen mich geltend machen?

Rechteinhaber ist beispielsweise einerseits der Urheber, Markenrechtsinhaber oder Patentrechtsinhaber selbst, aber auch die Person, der er ein exklusives Nutzungsrecht eingeräumt hat. Beispielsweise kann das Urheberrecht einer Designervase beim Künstler selbst liegen, während er einer Firma die ausschließlichen Nutzungsrechte zur Werbung und Vermarktung eingeräumt hat. Beide könnten in dieser Konstellation gegen einen Urheberrechtsverstoß durch Sie vorgehen.

Darüber hinaus ist auch an die bereits angesprochenen Verwertungsgesellschaften zu denken, die ebenfalls im Falle von Rechtsverletzungen die Ansprüche geltend machen können.

12. Wann entsteht ein Markenschutz, und woher weiß ich, ob ein Name schon markenrechtlich geschützt ist oder wer der Markenrechtsinhaber ist?

Der Schutz einer Marke beginnt mit der Eintragung in das sogenannte Markenregister beim Deutschen Patent- und Markenamt (DPMA) und besteht zeitlich unbegrenzt fort. Auf der Homepage des DPMA können Sie dann über eine Recherche-Funktion nachsehen, ob beispielsweise ein Name schon markenrechtlich geschützt ist. Entscheidend ist dabei, in welcher Waren- oder Dienstleistungsgruppe die Registrierung erfolgt ist, da eine Überschneidung nur innerhalb derselben Kategorie unzulässig ist. Darüber hinaus erhalten Sie dort auch weitere Informationen wie die Daten des Markenrechtsinhabers oder beispielsweise Fotos von Produkten oder die Abbildung des Logos.

Der Firmen-Schriftzug von Samsung ist beispielsweise seit dem 25.02.1993 unter der Nr. 2064665 (als Wort-Bildmarke) beim DPMA eingetragen und noch bis mindestens zum 28.02.2023 geschützt. Bis dahin darf er also zu gewerblichen Zwecken nur von Samsung selbst verwendet werden.

13. Darf ich einfach Ersatzteile für eine bestimmte Marke herstellen und diese auch verkaufen?

Grundsätzlich müssen Sie immer damit rechnen, dass die Ersatzteile Schutzrechten unterliegen. Zu unterscheiden ist jedoch zwischen der privaten und der gewerblichen Nutzung. Während die private Nutzung nach dem Patent-, Gebrauchsmuster-, Marken- und Designrecht unproblematisch zulässig ist, sieht das bei einer gewerblichen Nutzung wiederum ganz anders aus. Dort ist die Einholung der Zustimmung des Rechteinhabers oft unerlässlich.

Zu denken ist weiterhin auch an das Wettbewerbsrecht: Denn die Reproduktion eines Ersatzteils kann auch in diesem Rechtsgebiet relevant sein, wenn das Ersatzteil beispielsweise Dritten zum Kauf angeboten wird und dieses eine Nachahmung des Originalprodukts darstellt. Darin könnte dann unter anderem eine Herkunftstäuschung oder auch eine Rufausbeutung gesehen werden. Wer also die Ersatzteile für einen Oldtimer gewerblich zum Verkauf anbietet, tappt in die Haftungsfalle.

14. Darf ich denn die Designervase, die ich mit meinem privaten 3D-Drucker zu Hause produziert habe, auch in meinem geschäftlichen Büro aufstellen?

Entscheidend zur Beantwortung dieser Frage ist die Prüfung, ob in der Verwendung der Designervase im Büro auch als ein Handeln im »geschäftlichen Verkehr« gesehen werden kann. Denn davon ist nicht nur dann auszugehen, wenn mit der Designervase eine Gewinnerzielungsabsicht verfolgt wird. Daher gilt, dass Werke, die Schutzrechten unterliegen, die eine kommerzielle Verwertung nur mit Zustimmung des Rechteinhabers gestatten, nicht in Verbindung mit geschäftlichen Bereichen wie einem Büro gebracht werden sollten, da die Abgrenzung im Zweifelsfall schwierig sein kann. Wer also eine Designervase in seinem Büro beispielsweise am Kundenempfang auf der Theke aufstellt, muss mit einer Inanspruchnahme des Rechteinhabers rechnen.

15. Was muss ich mir unter einem Designrecht vorstellen, und wie kann ich ein solches anmelden?

Geschützt werden soll durch das Designrecht die besondere Erscheinungsform eines Erzeugnisses. Diese muss jedoch neu sein und eine Eigenart aufweisen, die ein informierter Benutzer von anderen Designs unterscheiden kann. Geschützt werden könnte somit beispielsweise ein äußerlich besonders gestalteter Dosenöffner oder auch die Außenhülle einer Computermaus.

Ebenso wie bei Marken muss auch bei Designs die Anmeldung beim DPMA erfolgen. Nach der Eintragung dort beträgt die Schutzdauer dann zunächst nur fünf Jahre ab dem Tag der Anmeldung, wobei eine Verlängerung auf insgesamt 25 Jahre möglich ist.

16. Kann ich auch bei privater Nutzung das Patentrecht oder das Gebrauchsmusterrecht verletzen?

Auch wenn die private Nutzung zu nicht gewerblichen Zwecken nicht vom Schutzbereich des Patent- und des Gebrauchsmusterrechts umfasst ist, ergibt sich hierbei ein Gefahrenpotenzial. Insbesondere kann das Zugänglichmachen zum Beispiel der Konstruktionspläne eines geschützten Werkes über das Internet eine Rechtsverletzung darstellen. Der Rechteinhaber könnte dann unmittelbar gegen Sie Ansprüche geltend machen.

17. Kann ich den patentrechtlichen Schutz umgehen, indem ich das Aussehen des Gegenstandes stark verändere?

Nein. Die Besonderheit im Patentrecht liegt darin, dass nicht das exakte Aussehen eines Werkes, sondern die dahinterstehende, neuartige Idee bzw. Konstruktion geschützt wird. Wenn Sie also beispielsweise versuchen sollten, eine Pistole mit einem 3D-Drucker nachzubauen, die einen bestimmten Abzugsmechanismus besitzt, der patentrechtlich geschützt ist, ist die genaue Optik unerheblich. Geschützt wäre der Mechanismus an sich, so dass Ihre Konstruktion dennoch eine Rechtsverletzung darstellen würde.

18. Gilt das unter Frage 17 Erläuterte auch für das Gebrauchsmusterrecht, oder kann dort die Veränderung der Optik auch zu einer Veränderung der Rechtslage führen?

Auch beim Gebrauchsmusterrecht gilt: Geschützt wird nicht die konkrete Werksform, sondern die Kernidee. So sind beispielsweise verschiedene Schutzhüllen, wie zum Beispiel für Laptops, gebrauchsmusterrechtlich geschützt. Diese weisen Besonderheiten auf, die sie von anderen Hüllen unterscheidbar machen, beispielsweise extra Taschen, besondere Verschlüsse oder Halterungen usw. Sofern diese Kernelemente also bei der Nachproduktion aufgegriffen und übernommen werden, ist auch hier eine Verletzung des Gebrauchsmusters möglich.

19. Gilt der patent- oder gebrauchsmusterrechtliche Schutz zeitlich unbegrenzt, oder kann ich irgendwann auch so geschützte Gegenstände problemlos nachdrucken?

Sowohl das Patent- als auch das Gebrauchsmusterrecht haben eine maximale Schutzdauer. Patentrechte erlöschen automatisch 20 Jahre nach dem Tag der Anmeldung des Patents. Ein Patent, das also am 20.10.2010 angemeldet wurde, endet somit am 21.10.2030. Gebrauchsmusterrechte erlöschen spätestens 10 Jahre nach Ablauf des Monats, in dem das Gebrauchsmuster eingetragen wurde. Wenn beispielsweise am

3.8.2010 ein Gebrauchsmuster angemeldet wurde, endet dieses spätestens mit Ablauf des 31.08.2020.

Ob dies bei den von Ihnen favorisierten Gegenständen der Fall ist, können Sie mit einer Recherche beim DPMA schnell und kostenlos herausfinden.

20. Wann hafte ich als Betreiber einer Plattform, die Druckvorlagen bereitstellt?

Als Betreiber einer Plattform, auf der Dritte Druckvorlagen hochladen, können Sie möglicherweise als sogenannter »Störer« für Rechtsverletzungen ihrer Mitglieder bzw. Nutzer vom Rechteinhaber in Anspruch genommen werden. Das gilt jedoch nur, wenn Sie von einer Rechtsverletzung wissen oder hätten wissen müssen. Es ist nachvollziehbar, dass Sie nicht alle eingestellten Druckvorlagen einzeln überprüfen und überwachen können. Wenn eine Rechtsverletzung jedoch offensichtlich für jeden erkennbar ist oder wenn Sie nachträglich eine Meldung erhalten, die Sie auf eine mögliche Rechtsverletzung aufmerksam macht, müssen Sie unverzüglich tätig werden, indem Sie dem nachgehen und den Vorwurf prüfen. Erweist sich die Meldung als wahr, müssen Sie die Vorlage von der Plattform entfernen, um eine eigene Inanspruchnahme zu verhindern.

Hilfreich können dabei Filter sein, die Sie zum Beispiel bei Wortkombinationen wie »Original-Ersatzteil von Marke X« benachrichtigen. Auch sollten Sie alle Nutzer in möglichst leicht verständlicher Form über die Gefahren einer, auch unbeabsichtigten, Schutzrechtsverletzung informieren.

Anhang B

Rechtliche Aspekte des 3D-Drucks

B.1 Einleitung

Seitdem 3D-Drucker nicht mehr nur ein Instrument der Industrie sind, sondern es mittlerweile auch in die privaten Arbeitszimmer geschafft haben, haben sich auch die rechtlichen Aspekte des 3D-Drucks verändert.[1] Denn die einfache Möglichkeit, Prototypen oder Werkstücke in geringer Stückzahl von zu Hause aus zu produzieren, lässt gerade bei den Entwicklern der nachgefertigten Produkte die Alarmglocken läuten: Urheberrechte, Marken- und Designrechte sowie Patent- und Gebrauchsmusterrechte sind dabei die immateriellen Schutzrechte der Rechteinhaber, die nun mehr denn je in Gefahr sind. Kostenintensive Abmahnungen, einstweilige Verfügen und Klageverfahren können ihnen jedoch dabei helfen, effektiv gegen Rechtsverletzer vorzugehen und Letzteren das Leben erschweren.

So geschah es auch schon im Jahr 2011, als der Science-Fiction-Film »Super 8« seinen Kinostart feierte. In der Folge stellte der Ingenieur Todd Blatt den Bauplan für den außerirdischen 3D-Würfel aus dem Film auf die 3D-Print-Plattform *shapeways.com* ein, um so anderen Nutzern der Plattform die Möglichkeit der identischen Abbildung mittels des hauseigenen 3D-Druckers zu verschaffen. Als Konsequenz daraus erhielt er eine Abmahnung des Rechteinhabers Paramount Pictures wegen Verletzung diverser Rechte des geistigen Eigentums; schließlich bestand damals ein Lizenzvertrag zwischen dem Rechteinhaber und dem 3D-Druckhersteller Quantum Mechanix, welcher die Rechte an dem 3D-Würfel zum Gegenstand hatte.

Im Jahr 2013 kam es ebenfalls zu einer Abmahnung, als der Jura-Student Cody Wilson 3D-Waffenpläne ins Internet stellte. Mit dieser Anleitung war es möglich, 15 von 16 Teilen einer scharfen Pistole mit einem handelsüblichen 3D-Drucker aus Kunststoff herzustellen. Lediglich das eine Teil für den Schlagbolzen konnte nicht gedruckt werden, konnte aber durch einen einfachen Nagel aus dem Baumarkt ersetzt werden. Zwar waren die zu Hause produzierten Gegenstände als tatsächliche Waffe untauglich, dies änderte jedoch nichts daran, dass darin dennoch ein Verstoß gegen diverse Rechte des geistigen Eigentums, die Waffengesetze und das US-Waffenexport-Gesetz vorlag. Aus diesem Grund nahm sich sogar das US-Außenministerium, das für die Exportkontrolle von Rüstungsgütern zuständig ist, der Sache an und veranlasste Cody Wilson, die inzwi-

1 Ich danke meiner Wissenschaftlichen Mitarbeiterin Ass. iur. Sibel Kocatepe, LL.M. (Köln/Istanbul Bilgi) für ihre wertvolle Unterstützung bei der Verfassung dieses Kapitels.

schen über 100.000-mal heruntergeladenen Pläne von seiner Homepage zu nehmen. Obwohl er diesem Verlangen nachkam und die Pläne kurz darauf offiziell löschte, konnte deren weitere Verbreitung jedoch nicht mehr gestoppt werden, da die Pläne auf Torrent-Seiten immer noch frei verfügbar sind. Nach diesem Fall wurde Cody Wilson von der Zeitschrift »Wired« als einer der 15 gefährlichsten Menschen der Welt bezeichnet.[2]

Bereits an diesen zwei Beispielfällen ist erkennbar, dass der 3D-Drucker zwar technisch noch nicht völlig ausgereift ist, juristisch aber bereits zahlreiche Fragen aufwirft. Dieses Kapitel soll daher einen Überblick über die rechtlich relevanten Aspekte des 3D-Drucks geben und erläutern, in welcher Verbindung zueinander diese stehen. Aufgrund der bisher noch eher mangelnden Rechtsprechung und der fehlenden konkreten Gesetze zum 3D-Druck soll dieser Beitrag dazu dienen, auf Basis der aktuellen Rechtslage Rechteinhaber über ihre Rechte zu informieren sowie Nutzer von 3D-Druckern im Hinblick auf die Rechtslage zu sensibilisieren, um sie vor Haftungsfallen zu schützen. Dieses Kapitel erhebt jedoch aufgrund der Komplexität der Thematik keinen Anspruch auf Vollständigkeit. In besonderen Fällen empfiehlt sich daher die Zuziehung eines Rechtsbeistandes, der eine einzelfallgerechte Lösung bieten kann.

B.2 Das Recht des geistigen Eigentums

Der einfacheren Verständlichkeit der Thematik halber sollte zunächst geklärt werden, was überhaupt unter dem Recht des geistigen Eigentums zu verstehen ist. Dieser doch sehr juristisch klingende Begriff steht für *absolute Rechte an nichtmateriellen Gütern*, weshalb es auch als *Immaterialgüterrecht* bezeichnet wird. Absolute Rechte sichern dem Inhaber einerseits ausschließliche Nutzungsrechte und berechtigen ihn dazu, Dritte von der Ausübung dieser Rechte auszuschließen.

Der Begriff dient als Oberbegriff für das Patentrecht, Urheberrecht und Markenrecht und beinhaltet eine *Vergleichbarkeit mit dem Eigentum* als materiellem Recht. Damit soll ausgedrückt werden, was für den normalen Bürger oft gar nicht so klar ist: nämlich dass immaterielle Rechte genauso schützenswert sind wie materielle Rechte.

Was die einzelnen Rechte des geistigen Eigentums beinhalten und welche Konsequenzen sie für den 3D-Druck haben, soll in den folgenden Abschnitten näher erläutert werden.

---

2 *http://www.wired.com/2012/12/most-dangerous-people/?pid=1696#slideid-1696*, zuletzt aufgerufen am 24.06.2014.

B.2.1 Das Urheberrecht

Was schützt das Urheberrecht?

Das Urheberrecht schützt die ideellen und materiellen Interessen des Schöpfers eines Werkes, des sogenannten Urhebers. Geschützt ist nicht die bloße Idee, sondern das *Werk* in seiner konkreten Form. Erst durch die Art und Weise der Zusammenstellung, Strukturierung oder Präsentation der Idee wird ein urheberrechtlich geschütztes Werk geschaffen. Die dem Werk zugrunde liegende Idee selbst ist dabei zumindest im Sinne des Urheberrechtsgesetzes nicht schutzfähig.

Unter den Schutz des Urhebergesetzes (UrhG) fallen gem. § 2 Abs. 2 UrhG nur *persönliche geistige Schöpfungen*. Es muss sich also grundsätzlich um einen vom Menschen geschaffenen Inhalt handeln. Die Verwendung technischer Hilfsmittel steht der Schutzfähigkeit jedoch dann nicht entgegen, wenn eine hinreichende schöpferische Eigentümlichkeit und Individualität menschlicher Leistung gegeben ist. Rein computergenerierte Ausdrucksformen reichen hingegen nicht aus.[3]

Der vom Gesetzgeber verlangte Ausdruck an Individualität ist die sogenannte *Schöpfungshöhe*. Sie kann je nach Werk auf unterschiedliche Art vorliegen – einerseits durch die eigenschöpferische Gedankenformung und Gedankenführung, also beispielsweise Wortwahl und Argumentationsweise bei einem Text, aber auch durch eine besonders geistvolle Form oder Art der Sammlung sowie durch eine spezielle Einteilung oder Anordnung des Inhalts.[4] Handelt es sich bei dem Beitrag lediglich um Ideen, Anregungen oder um die Koordination und Produktion eines Werkes, so kann nicht von einem schöpferischen Beitrag ausgegangen werden. Es muss die konkrete Gestaltung des Werkes berührt werden.[5]

Als einfaches Beispiel für solch ein urheberrechtlich geschütztes Werk kann beispielsweise der Lego-Stein herangezogen werden. Dieser Baustein ist das Ergebnis einer persönlichen geistigen Schöpfung seines Entwicklers und weist durch seine eigene Form und Art auch die nach dem Gesetz erforderliche Schöpfungshöhe auf. Wer also Lego-Steine nicht mehr käuflich erwirbt, sondern sich diese zu Hause selbst an seinem 3D-Drucker ausdruckt, dem sollte bewusst sein, dass auch der einfache Lego-Stein urheberrechtlichen Schutz genießt. Gleiches gilt beispielsweise auch für Sammelfiguren aus Überraschungseiern oder Playmobil-Figuren. Da die Kosten für den 3D-Druck derzeit oft teurer sind, als der Kauf der Produkte selbst, wird der Druck beispielsweise dann besonders attraktiv, wenn es sich um seltene Sammelfiguren handelt, die auf dem Sammlermarkt zu hohen Preisen gehandelt werden. In diesen Fällen ist aufgrund des

3 Spindler/Schuster/Wiebe, UrhG, § 2 Rn. 4 ff.

4 Dreier/Schulze/Schulze, UrhG, § 1 Rn. 6; Heidrich/Forgó/Feldmann/Feldmann, Heise Online-Recht, B.II.3, 4.

5 Dreier/Schulze/Schulze, UrhG, § 7 Rn. 4 und 6.

hohen wirtschaftlichen Interesses mit der Geltendmachung von Urheberrechten durchaus zu rechnen.

Wer ist Urheber? | Nach dem im Urheberrecht maßgeblichen *Schöpferprinzip* ist derjenige Urheber, der das Werk geschaffen hat (§ 7 UrhG). Zwingende Voraussetzung ist dabei, dass es sich bei dem Werk um das Resultat einer persönlichen geistigen Leistung handelt.[6] Daher kann Urheber auch nur eine *natürliche Person*, also ein Mensch, sein, wobei das Alter jedoch keine Rolle spielt.[7]

Solange nur ein Einzelner an der Schaffung des Werkes beteiligt ist, ist er *Alleinurheber* und damit der alleinige Rechteinhaber (§ 7 UrhG). Sind mehrere Personen an der Entwicklung eines Werkes beteiligt, so sind sie als *Miturheber* zu qualifizieren, wenn der Schöpfung ein gemeinsamer Plan und ein gemeinsamer Wille zugrunde liegen (§ 8 UrhG).

Im Fall des Lego-Steins beispielsweise ist der Entwickler auch dessen Urheber, da es sich um seine persönliche geistige Schöpfung handelt. Daran ändert auch der wahrscheinliche Umstand, dass er die Entwicklung für das Unternehmen Lego als seinen Arbeitgeber vorgenommen hat, nichts, da dies nur Einfluss auf die Rechte an dem Werk hat und nichts an seiner Stellung als Urheber ändert. Die Urhebereigenschaft ist im deutschen Recht untrennbar mit der Person des Schöpfers verbunden und kann unter keinen Umständen übertragen, jedoch vererbt werden.

Aber auch der Nutzer des 3D-Druckers, der selbst ein Produkt kreiert und dieses zu Hause druckt, ist dessen Urheber und genießt den Schutz des Urheberrechts, sofern das Werk die bereits erläuterten erforderlichen Voraussetzungen erfüllt. Dann kann auch er als Schöpfer den Schutz seiner Entwicklung beispielsweise vor Nachahmung durch andere Verwender von 3D-Druckern beanspruchen.

Der Schutz des Urheberrechts erstreckt sich über die gesamte Lebenszeit des Urhebers und besteht weitere *70 Jahre* nach seinem Ableben (§ 64 UrhG) fort.

Welche Rechte hat der Urheber?

Mit Schaffung des Werkes entstehen zugleich diverse Rechte des Urhebers, die sowohl seinen ideellen, als auch seinen materiellen Interessen dienen.

Um das wirtschaftliche Interesse des Urhebers an der Nutzung seines Werkes zu sichern, stehen ihm *Rechte zur Verwertung* zu. Die Verwertungsrechte sind absolute Rechte, das heißt, sie wirken gegenüber jedermann und sind – mit engen Ausnahmen – nicht vollständig auf Dritte übertragbar.[8]

---

6 Wandtke/Bullinger/Thum, UrhG, § 7 Rn. 1.

7 Dreier/Schulze/Schulze, UrhG, § 7 Rn. 2 ff.

8 Dreier/Schulze/Schulze, UrhG, § 15 Rn. 1 f.

Die Verwertung kann dabei in *körperlicher* sowie in *unkörperlicher Form* erfolgen. Die Verwertung in körperlicher Form meint dabei, dass das Werk mittelbar oder unmittelbar für die menschliche Wahrnehmung zugänglich gemacht wird. Typisches Beispiel für die Verwertung in körperlicher Form ist die Vervielfältigung, Verbreitung sowie Ausstellung des Werkes, also beispielsweise die Zurschaustellung einer von einem Künstler kreierten Vase auf einer Ausstellung oder dessen Abbildung auf einer Postkarte. Die unkörperliche Form der Verwertung erfasst sodann jede öffentliche Wiedergabe des Werkes,[9] beispielsweise durch die bildliche Darstellung der benannten Vase auf einer Homepage. Welche Rechte die Verwertungsrechte unter anderem umfassen und was diese im Einzelnen beinhalten, soll im Folgenden kurz erläutert werden.

Veröffentlichungsrecht | Das Veröffentlichungsrecht gem. § 12 UrhG ist eines der wichtigsten Rechte des Urhebers, da dieses ihm erlaubt, selbst zu entscheiden, wann er mit seinem Werk in die Öffentlichkeit treten möchte und wann nicht. Dies betrifft jedoch nur die *Erstveröffentlichung* in jeglicher technischen Form und damit nicht mehr darauffolgende Veröffentlichungen. Vor der Erstveröffentlichung hat auch nur der Urheber das Recht, öffentliche Mitteilungen über den Inhalt seines Werkes zu machen.[10]

Gelangen beispielsweise noch nicht veröffentlichte Konstruktionspläne für eine urheberrechtlich geschützte Designervase in die Hände eines Dritten und stellt dieser die Pläne ohne Zustimmung des Rechteinhabers beispielsweise auf einer 3D-Drucker-Messe aus, so liegt darin ein Verstoß gegen § 12 UrhG.

Vervielfältigungsrecht | Das Recht zur Vervielfältigung eines Werkes gem. § 16 UrhG umfasst die körperliche Festlegung des Werkes, um dieses mittelbar oder unmittelbar den menschlichen Sinnen zugänglich zu machen. Dabei ist irrelevant, ob es sich um ein manuell oder technisch erstelltes Vervielfältigungswerk handelt.

Eine Vervielfältigung des Werkes liegt beispielsweise schon in der Erstellung einer Fotokopie des Konstruktionsplans der Designervase oder in ihrer Reproduktion mittels eines 3D-Druckers vor.

Verbreitungsrecht | Ein weiteres Verwertungsrecht stellt das in § 17 UrhG geregelte Verbreitungsrecht dar. Dieses vom Vervielfältigungsrecht zu trennende Recht des Urhebers umfasst das Recht, zu bestimmen, ob und wie sein Werk als Original oder Vervielfältigungsstück an die Öffentlichkeit gelangt. Es umfasst also einerseits das Recht, das Werk *öffentlich anzubieten* und andererseits es *in den Verkehr zu bringen*. Dieses Recht ermöglicht es dem Urheber damit auch, die Verbreitung rechtmäßig hergestellter Vervielfältigungsstücke zu verhindern.[11]

9 Wandtke/Bullinger/Heerma, UrhG, § 15 Rn. 8 f.
10 Spindler/Schuster/Wiebe, UrhG, § 12 Rn. 4f.
11 Wandtke/Bullinger/Heerma, UrhG, § 17 Rn. 4.

Druckt beispielsweise der Verwender eines 3D-Druckers einen Konstruktionsplan für eine Designervase aus dem Internet aus und gibt diesen auf der 3D-Drucker-Messe an Besucher weiter, so liegt darin eine dem Urheber vorbehaltene Verbreitung im Sinne des § 17 UrhG. Anders ist es hingegen zu werten, wenn er den Konstruktionsplan während der Messe nur im Rahmen einer Präsentation mit einem Beamer an eine Leinwand projiziert.

Recht der öffentlichen Zugänglichmachung | Im Gegensatz zum Verbreitungsrecht aus § 17 UrhG bezieht sich das Recht aus § 19a UrhG auf unkörperliche Werk- oder Vervielfältigungsstücke, was insbesondere die Werke in elektronischen Medien, also dem Internet, betrifft. Die Zugänglichmachung kann dabei entweder durch *drahtgebundene* oder *drahtlose* Übermittlung erfolgen.

Das Hochladen des Konstruktionsplans der Designervase auf seine eigene Homepage oder in eine Tauschbörse beispielsweise stellt eine solche öffentliche Zugänglichmachung dar und ist daher grundsätzlich nur mit Zustimmung des Urhebers zulässig.

Bearbeitungs- und Benutzungsrecht | Neben der Veröffentlichung des Originalwerkes hat der Urheber auch ein Interesse daran, dass sein Werk nicht bearbeitet oder umgestaltet und anschließend verwertet wird. Dieses Interesse wird von § 23 UrhG geschützt und ist als eigenständiges Verwertungsrecht anerkannt.[12]

Bei der *Bearbeitung* wird das Ausgangswerk zwar derart verändert, dass es beispielsweise in eine weitere Nutzungsart überführt wird, jedoch trägt sie den individuellen Geist des Urhebers weiterhin in sich. Es werden lediglich leichte Veränderungen vorgenommen, die eine neue schöpferische Leistung darstellen und damit ebenfalls urheberrechtlichen Schutz genießen.[13] So wird beispielsweise die Designervase mit weiteren Verzierungen versehen, bevor sie in 3D ausgedruckt wird. Dies hat zur Folge, dass das neu geschaffene Werk den individuellen Geist des Urhebers und auch des Bearbeiters in sich trägt. Daher darf das bearbeitete Werk auch nur mit Zustimmung des Urhebers des Ursprungswerkes veröffentlicht und verwertet werden.[14] Von dem Bearbeitungsrecht zu trennen ist das Recht zur freien Benutzung nach § 24 UrhG. Danach ist die Benutzung des urheberrechtlich geschützten Werkes ohne Zustimmung des Urhebers möglich, weil das neue Werk einen derart großen Abstand zum ursprünglichen Werk aufweist, dass die entlehnten eigenpersönlichen Züge des geschützten Werkes aufgrund der Individualität des neu geschaffenen Werkes daneben verblassen.[15] Dies ist im Fall des 3D-Drucks der Designervase beispielsweise dann der Fall, wenn zwar einige Formen der

12 Spindler/Schuster/Wiebe, UrhG, § 23 Rn. 2.
13 Wandtke/Bullinger/Bullinger, UrhG, § 23 Rn. 3.
14 Spindler/Schuster/Wiebe, UrhG, § 23 Rn. 6 f.
15 BGHZ 141, 280.

Vase beibehalten wurden, ihre auffälligen Verzierungen aber derart verändert werden, dass man sie nicht mehr auf Anhieb mit der ursprünglichen Vase in Verbindung bringt.

Anerkennung der Urheberschaft | Gem. § 13 UrhG hat der Urheber das Recht auf Anerkennung seiner Urheberschaft am Werk. Er kann bestimmen, ob das Werk mit einer Urheberbezeichnung zu versehen ist und welche Bezeichnung zu verwenden ist. Das Recht auf Anerkennung der Urheberschaft ist Teil des verfassungsrechtlich geschützten Urheberpersönlichkeitsrechts, das in erster Linie darauf abzielt, die ideellen Interessen des Urhebers und die enge Beziehung zwischen ihm und seinem Werk zu schützen.

So kann beispielsweise der Entwickler eines 3D-Konstruktionsplans verlangen, dass sein auf einer Messe ausgestellter Plan auch mit seinem Namen versehen wird. Gleiches gilt für den Urheber von Gegenständen, die mittels eines 3D-Druckers erstmals geschaffen wurden.

Gelten die Rechte des Urhebers schrankenlos?

Auch wenn das Urheberrecht in erster Linie den Schöpfer eines Werkes schützen soll, so hat der Gesetzgeber diverse Schranken des Urheberrechtsschutzes unter anderem in den §§ 44a bis 63 UrhG normiert. Diese sollen einen gerechten Ausgleich zwischen den Interessen des Urhebers und den Interessen der Allgemeinheit sicherstellen. Greift eine Schrankennorm ein, hat dies zur Folge, dass der Urheber entweder die Herabstufung seiner Rechte auf einen Vergütungsanspruch oder sogar eine unentgeltliche Nutzung des Werkes durch Dritte hinnehmen muss.

Von besonderer Bedeutung ist dabei die Schrankenregelung des § 53 UrhG, die sich auf die *Privatkopie* bezieht. Gem. § 53 Abs. 1 S. 1 UrhG sind einzelne Vervielfältigungen eines Werkes durch eine natürliche Person zum privaten Gebrauch auf beliebigen Trägern zulässig, sofern sie in keiner Weise Erwerbszwecken dienen und soweit zur Vervielfältigung nicht eine offensichtlich rechtswidrig hergestellte oder öffentlich zugänglich gemachte Vorlage verwendet wird. Von der Rechtsprechung anerkannt ist eine Obergrenze von *sieben* Vervielfältigungsstücken.[16] Damit kann beispielsweise eine Designervase mit dem 3D-Drucker zu privaten Zwecken bis zu siebenmal reproduziert werden, ohne gegen die Verwertungsrechte des Urhebers zu verstoßen.

Welche rechtliche Relevanz hat das Urheberrecht für den 3D-Druck?

Möchte man die rechtliche Relevanz des Urheberrechts für den 3D-Druck untersuchen, so ist zunächst zu klären, ob die im 3D-Druck relevanten Konstruktionspläne und auch das fertig ausgedruckte Werk überhaupt urheberrechtlichen Schutz genießen. Sofern

16 BGH, GRUR 1978, 474, 476 – Vervielfältigungsstücke.

sie persönliche geistige Schöpfung darstellen, können sie als *Werke der angewandten Kunst* gem. § 2 Abs. 1 Nr. 4 UrhG oder als *Darstellung wissenschaftlicher oder technischer Art* nach § 2 Abs. 1 Nr. 7 UrhG kategorisiert werden und sind damit urheberrechtlich geschützt. Während der bereits erwähnte 3D-Würfel aus dem Film »Super 8« eine gewisse Originalität hat und damit auf einer persönlichen geistigen Schöpfung beruht, gilt dies nicht für Alltagsgegenstände, wie zum Beispiel einen Stuhl, da diesen jeder ähnlich herstellen würde und der Gesetzgeber daher die Anforderungen höher setzt.

Darüber hinaus hat man für die Beurteilung der Rechtmäßigkeit einer Handlung neben der Unterscheidung zwischen Konstruktionsplänen und dem ausgedruckten Werk auch die Unterscheidung zwischen privater und gewerblicher Nutzung vorzunehmen, da dies zu deutlichen Unterschieden in den Grenzen der Rechtmäßigkeit der Handlung und den damit verbunden Rechtsfolgen führt. Wie diese konkret aussehen, soll im folgenden Abschnitt erläutert werden.

Konstruktionspläne | Bei der rechtlichen Bewertung von Konstruktionsplänen ist zunächst einmal zu unterscheiden, ob der Konstruktionsplan von dem Nutzer des 3D-Druckers selbst erstellt wurde oder ob ein Dritter diesen erstellt hat. Hat der Verwender des 3D-Druckers den Bauplan selbst erstellt, so ist auch er der Urheber des Konstruktionsplans und genießt den umfassenden Schutz des Urheberrechts. Das bedeutet, dass er mit diesen Plänen machen kann, was er möchte. Daran ändert sich auch dann nichts, wenn den Plänen ein urheberrechtlich geschützter Gegenstand zugrunde liegt, beispielsweise der Konstruktionsplan für einen Lego-Stein. Denn die Vervielfältigung eines Konstruktionsplans ist dann vom Urheberrecht des Verwenders des 3D-Druckers, der den Plan selbst erstellt hat, umfasst und stellt keine ihm verbotene Vervielfältigung des Lego-Steins dar. Die Vervielfältigung des Lego-Steins findet dann im nächsten Schritt im 3D-Drucker selbst statt.

Handelt es sich dagegen um einen Konstruktionsplan, der von einem Dritten erschaffen wurde, so kann dieser ähnlich einem Stadtplan urheberrechtlichen Schutz genießen, wenn es sich um persönliche geistige Schöpfungen handelt, da dieser dann eine schutzfähige Darstellung wissenschaftlicher oder technischer Art im Sinne des § 2 Abs. 1 Nr. 7 UrhG darstellt.[17] Dabei kann sich die schöpferische Eigentümlichkeit eines Bauplans bereits daraus ergeben, dass dieser nach seiner Konzeption von einer individuellen Darstellungsweise geprägt ist. Dies hat zur Folge, dass die Verwertungsrechte ausschließlich dem Urheber des Bauplans zustehen und in dem Moment verletzt werden, in dem der Verwender des 3D-Druckers diesen Konstruktionsplan beispielsweise auf seine Homepage online stellt. Hinsichtlich der Vervielfältigung von Konstruktionsplänen gilt die Schranke des Urheberrechts auch hier: Vervielfältigungen zum

17 Vgl. BGH ZUM 1987, 335 – Werbepläne; ZUM 1987, 634 – Topographische Landeskarten.

privaten Gebrauch sind grundsätzlich zulässig, § 53 Abs. 1 UrhG. Wie viele Vervielfältigungen davon umfasst sind, muss im Einzelfall anhand des tatsächlichen privaten Bedarfs entschieden werden, jedoch muss es sich insgesamt um vereinzelte Vervielfältigungen im einstelligen Bereich handeln. Zu beachten ist allerdings, dass auch die Zulässigkeit der Privatkopie an Voraussetzungen geknüpft ist. Dazu zählt beispielsweise, dass die Vorlage nicht aus einer offensichtlich rechtswidrigen Quelle stammt. Wer beispielsweise seine Vorlage über eine Tauschbörse erhält, der muss damit rechnen, dass der Anbieter nicht der Rechteinhaber ist.

Darüber hinaus darf die Privatkopie auch nicht außerhalb des Freundes- und Bekanntenkreises verbreitet wird, besonders nicht über Tauschbörsen im Internet, da dies dann gegen das Recht der öffentlichen Zugänglichmachung nach § 19a UrhG verstößt, da auch dieses Recht allein dem Urheber vorbehalten ist.

Eine gewerbliche Nutzung der 3D-Vorlage ist grundsätzlich nur mit Zustimmung des Urhebers zulässig und andernfalls rechtswidrig.

Reproduktion des Werkes | Die Reproduktion des Werkes ist ebenfalls nur dann urheberrechtlich relevant, wenn das ursprüngliche Werk eine gewisse Schöpfungshöhe besitzt und damit urheberrechtlichen Schutz genießt. Auch dann sind die Grenzen im Privatbereich deutlich weiter als im kommerziellen Bereich: Während eine Vervielfältigung zu rein privaten Zwecken zulässig ist, erfordert eine gewerbliche Nutzung auch bei den ausgedruckten Werken stets die Zustimmung des Urhebers. Zum gewerblichen Bereich zählt beispielsweise das mehrfache Angebot des Nachdrucks einer urheberrechtlich geschützten Sache auf der Verkaufsplattform ebay.

Nicht so eindeutig kann hingegen die Frage beantwortet werden, ob man in zulässiger Weise aus 2D-Vorbildern, die urheberrechtlichen Schutz genießen, ohne Weiteres 3D-Gegenstände schaffen darf. Der Dreh- und Angelpunkt für die Antwort auf diese Frage liegt dabei darin, ob es sich bei der Herstellung der 3D-Figur um eine unfreie Bearbeitung oder um eine freie Benutzung handelt. Für eine unfreie Bearbeitung des urheberrechtlich geschützten Werkes könnte die Tatsache sprechen, dass die 3D-Version derart auf der 2D-Vorlage beruht, dass nicht von einer eigenen schöpferischen Leistung ausgegangen werden kann, da die wesentlichen Züge des Werkes identisch bleiben. Hingegen könnte für eine freie Benutzung sprechen, dass die 2D-Vorlage lediglich eine Inspiration für die 3D-Vorlage war und letztlich ein hohes Maß an eigener Arbeits- und Vorstellungskraft nötig war, um die 3D-Version zu erschaffen. Dies könnte dann für das Vorliegen eines eigenständigen Werkes sprechen, das ausreichend individuell ist und daher keine Urheberrechtsverletzung darstellt. Welcher Ansicht man Recht zu geben vermag, werden in Zukunft wohl Gerichte klären müssen, denkbar ist zumindest beides.

Wie kann man Werke Dritter verwenden, ohne deren Rechte zu verletzen?

Wer bei der Nutzung des 3D-Druckers urheberrechtlich geschützte Werke, wie zum Beispiel Baupläne, verwenden möchte, der muss sich vom Urheber dafür *Nutzungsrechte* einräumen lassen. Nutzungsrechte sind im allgemeinen Sprachgebrauch als *Lizenzen* bekannt und stellen Rechte des geistigen Eigentums anderer dar. Diese Nutzungsrechte an urheberrechtlich geschützten Werken kann der Urheber als Rechteinhaber (Lizenzgeber) gemäß § 32 UrhG mit einem Lizenzvertrag auf den späteren Werknutzer (Lizenznehmer), für bestimmte Nutzungsarten übertragen und ihm so die wirtschaftliche Nutzung des Werkes gestatten.

Der *Lizenzvertrag* sollte den *Gegenstand* der Lizenz und die eingeräumten *Benutzungsbefugnisse* hinsichtlich ihres Gebiets und der Zeit bzw. der Menge genau beschreiben. Ebenso sollte festgelegt werden, ob der Lizenznehmer ein einfaches *Nutzungsrecht* hat, bei dem auch anderen Lizenznehmern durch den Lizenzgeber dieselben Rechte eingeräumt werden können, oder ob es sich um eine ausschließliche Lizenz handeln soll, die exklusiv nur dem einen Lizenznehmer eingeräumt wird. Auch Regelungen zur Höhe der *Lizenzgebühr*, zu Geheimhaltungspflichten und zu möglichen Ausübungspflichten sollten in den Vertrag aufgenommen werden.

Der Rechteinhaber eines Bauplans entscheidet also, wer den Bauplan wie und in welchem Umfang benutzen darf und wer nicht. Dies bedeutet letztlich, dass der Verwender des 3D-Druckers beim Urheber anfragen muss, ob er das gewünschte Werk nutzen darf, und sich dieses Recht dann gegebenenfalls vertraglich und unter Umständen entgeltlich einräumen lassen muss. Hier empfiehlt sich aus Gründen der Beweislast eine schriftliche Fixierung der Vereinbarung, um im Streitfall beweisen zu können, dass die Nutzung rechtmäßig erfolgt ist.

Ist die Zahlung eines Entgelts für die Nutzung von Werken Dritter nicht gewünscht, so kann auch auf kostenlose Alternativen zurückgegriffen werden. Zu denken ist dabei an die sogenannten *Creative-Commons-Inhalte* (CC = kostenfreie Lizenz).[18] Diese sogenannten »Jedermannlizenzen« richten sich als schöpferisches Gemeingut an alle Betrachter gleichermaßen und erlauben, dass jeder mit einem CC-lizenzierten Inhalt mehr machen darf als das Urheberrechtsgesetz ihm eigentlich gestattet.

Ganz bedenkenlos können jedoch auch diese Inhalte nicht genutzt werden. Denn um die Inhalte nutzen zu können, ist die Zustimmung zu den jeweiligen *Lizenzbedingungen* nötig.[19] Dies hat zur Folge, dass unter Umständen weitere Bedingungen, wie zum Bei-

18 Für eine detaillierte rechtliche Darstellung der CC-Lizenzen siehe Paul, in: Hoeren/Sieber/Holznagel, Multimedia-Recht, Teil 7.4 Rn. 121 ff.

19 Paul, in: Hoeren/Sieber/Holznagel, Multimedia-Recht, Teil 7.4 Rn. 127.

spiel die Namensnennung sowie das Verbot der Bearbeitung und kommerziellen Nutzung, beachtet werden müssen. Somit ist auch bei CC-Inhalten ein Blick in die Lizenzbedingungen auch bei der privaten Nutzung des 3D-Druckers unumgänglich, um sich nicht im Nachhinein mit Ansprüchen der Rechteinhaber auseinandersetzen zu müssen.

Welche Konsequenzen haben Urheberrechtsverletzungen?

Das Urheberrecht ist ein subjektives Recht, das heißt, es wirkt umfassend und absolut gegenüber jedermann.[20] Verwertet jemand ein Werk oder einen Konstruktionsplan eines Werkes im Rahmen der Nutzung seines 3D-Druckers, ohne dass ihm eine entsprechende Lizenz vom Urheber eingeräumt wurde, so begeht er eine Rechtsverletzung, wenn er sich nicht innerhalb der Schranken des Urheberrechts befindet. Dies hat zur Folge, dass der Urheber Ansprüche gegen den Verwender des 3D-Druckers als Verletzer geltend machen kann.

Der Urheber kann unmittelbar aufgrund der Ansprüche, die ihm das Urheberrechtsgesetz gewährt, gegen den unbefugten Nutzer seines Werkes vorgehen. Er kann sowohl einen *Anspruch auf Beseitigung, Unterlassung* oder *Schadensersatz* als auch auf *Vernichtung* oder *Auskunft* geltend machen (§§ 97 ff. UrhG). Nicht nur der Urheber, sondern auch der Inhaber eines ausschließlichen Nutzungsrechts kann sich auf diese Ansprüche nach den §§ 97 ff. UrhG berufen.[21]

Ist es bereits zu einer Rechtsverletzung gekommen und besteht die Gefahr, dass diese durch den Täter wiederholt wird, so steht dem Urheber ein *Unterlassungsanspruch* nach § 97 Abs. 1 Satz 1 UrhG zu. Der Schutz wird sogar dahingehend erweitert, dass im Fall einer konkret drohenden Erstbegehungsgefahr dem Urheber ein sogenannter *vorbeugender Unterlassungsanspruch* zusteht, § 97 Abs. 1 Satz 2 UrhG.

Soweit die Rechtsverletzung eine fortwährende Störung bewirkt, normiert § 97 Abs. 1 Satz 1 UrhG zusätzlich einen *Beseitigungsanspruch*. Der Verletzer ist also nicht nur verpflichtet, die Rechtsverletzung in Zukunft zu unterlassen, sondern er muss auch die bestehende Rechtsverletzung beseitigen, also die in seinem Eigentum oder Besitz befindlichen Vervielfältigungsstücke vernichten.

Wenn dem Urheber aufgrund der unbefugten Verwertung seines Werkes ein Schaden entstanden ist, kann er gegenüber dem Verletzer einen *Schadensersatzanspruch* geltend machen. Im Gegensatz zum Unterlassungs- und Beseitigungsanspruch ist der in § 97 Abs. 2 UrhG normierte Schadensersatzanspruch allerdings verschuldensabhängig,

20 Loewenheim/Götting, UrhR, § 3 B. Rn. 7.
21 Dreier/Schulze/Dreier, UrhG, § 97 Rn. 19.

das heißt, der Verletzer muss vorsätzlich oder fahrlässig gehandelt haben. Die Berechnung des immateriellen Schadens erfolgt in der Praxis in der Regel anhand der Lizenzgebühr, die bei rechtmäßiger Nutzung hätte gezahlt werden müssen, sogenannte *Lizenzanalogie*.

Um seine Rechte effektiv geltend machen zu können, kann dieser gegen den Verletzer auch einen *Auskunftsanspruch* gem. § 101 Abs. 1 UrhG geltend machen, der ihm dann unverzüglich Informationen über die Herkunft und den Vertriebsweg der rechtsverletzenden Vervielfältigungsstücke oder sonstigen Erzeugnisse geben muss.

Da die für die Berechnung der *Gerichts- und Rechtsanwaltskosten* maßgeblichen Streitwerte in der Regel zwischen 50.000 € und 100.000 € liegen, sind Rechtsverletzungen für den Inanspruchgenommenen in der Regel auch mit Kosten von mehreren tausend Euro verbunden. So kann beispielsweise allein eine außergerichtliche Abmahnung in durchschnittlichen Fällen bei einem Streitwert von 50.000 € nur für den gegnerischen Rechtsanwalt Kosten in Höhe von c13,a. 1.800 € und bei einem Streitwert von 100.000 € in Höhe von ca. 2.300 € erzeugen. Hinzu kommen dann noch die gegebenenfalls anfallenden Kosten für den eigenen Rechtsanwalt. Kommt es danach noch zu einem Gerichtsverfahren, fallen erneut Rechtsanwaltskosten und zusätzlich noch Gerichtsgebühren an, so dass die Kosten insgesamt durchaus im fünfstelligen Bereich liegen können. Diese müssen dann allesamt vom Rechtsverletzer getragen werden, unabhängig davon, ob dieser Kenntnis von der Rechtswidrigkeit seines Vorgehens hatte oder nicht, da die Haftung verschuldensunabhängig greift.

B.2.2 Markenrecht und Designrecht

Was schützen das Marken- und das Designrecht?

Grundsätzlich schützt das *Markenrecht* nach § 1 MarkenG unter anderem Marken, worunter »alle *Zeichen*, insbesondere Wörter einschließlich Personennamen, Abbildungen, Buchstaben, Zahlen, Hörzeichen, dreidimensionale Gestaltungen einschließlich der Form einer Ware oder ihrer Verpackung sowie sonstige Aufmachungen einschließlich Farben und Farbzusammenstellungen« verstanden werden, »die geeignet sind, Waren oder Dienstleistungen eines Unternehmens von denjenigen anderer Unternehmen zu unterscheiden«, § 3 Abs. 1 MarkenG. Zu den berühmten deutschen Marken zählen beispielsweise die Automobilhersteller Mercedes Benz, BMW, Audi, Opel oder Volkswagen. Wer also zum Beispiel Ersatzteile für ein Auto mit dem 3D-Drucker herstellen möchte, der befindet sich bereits im Schutzbereich des Markenrechts.

In der Regel entsteht dieser Markenschutz gemäß § 4 Nr. 1 MarkenG mit der Eintragung der Marke in das beim Patentamt geführte *Markenregister*. Dies hat zur Folge, dass zugunsten des Eintragenden ein absolutes Recht entsteht, wonach nur er die Marke im geschäftlichen Verkehr benutzen darf, Dritte hingegen dazu seiner Zustimmung bedürfen, § 14 MarkenG.

Daneben schützt das *Designrecht* (ehemals Geschmacksmusterrecht) gem. §§ 1 und 2 DesignG die *zwei- oder dreidimensionale Erscheinungsform eines Erzeugnisses* in Linien, Konturen, Farben, Gestalt, Oberflächenstruktur, Verzierung, die neu ist und eine Eigenart hat. Gem. § 2 Abs. 2 S. 1 DesignG gilt ein Design dann als neu, wenn vor dem Anmeldetag kein identisches Design offenbart worden ist. Das weitere Merkmal der Eigenart wird dann als gegeben angesehen, wenn sich der Gesamteindruck, den es beim informierten Benutzer hervorruft, von dem Gesamteindruck unterscheidet, den ein anderes Design bei diesem Benutzer hervorruft, das vor dem Anmeldetag offenbart worden ist, § 2 Abs. 3 S. 1 DesignG.

Geschützt wird bei einem Design also anders als bei einer Marke nicht ein Kennzeichen, sondern ein eingetragenes Design, worunter beispielsweise die besondere Form eines Automobils oder einzelner Automobilteile zählen können. Zu denken ist da an die besondere Form des Automobils VW Käfer.

Der Erwerb des Designrechts erfolgt grundsätzlich durch das reguläre *Anmeldeverfahren* beim Deutschen Patent- und Markenamt (DPMA) oder beim Europäischen Harmonisierungsamt für den Binnenmarkt (HABM) und gilt zunächst fünf Jahre, wobei die Schutzdauer viermal auf insgesamt 25 Jahre verlängerbar ist. Das Markenrecht hingegen schützt den Rechteinhaber zeitlich unbegrenzt.

Besteht Unsicherheit darüber, ob ein Kennzeichen oder ein Design geschützt ist, so können Informationen zu eingetragenen Marken und Designs im Register des DPMA oder HABM eingesehen werden.

Welche Rechte haben Marken- und Designrechtsinhaber?

Das Markenrecht gewährt dem Inhaber der Marke als subjektives Ausschließlichkeitsrecht ein *positives Benutzungsrecht* und ein *negatives Verbietungsrecht*.[22] Der Markenrechtsinhaber hat zahlreiche ausschließliche Rechte, die in § 14 MarkenG ausdrücklich geregelt sind. Dazu zählen unter anderem der *Identitätsschutz*, der *Verwechslungsschutz* und der *Bekanntheitsschutz*. Dies umfasst jegliche Benutzungsformen im geschäftlichen Verkehr, wonach es beispielsweise auch nicht gestattet ist, das Zeichen auf Waren, ihrer Aufmachung oder Verpackung anzubringen oder unter dem Zeichen Waren anzubieten, in den Verkehr zu bringen oder zu den genannten Zwecken zu besitzen, § 14 Abs. 3 Nr. 1 und 2 MarkenG.

Unter die gesetzlich verbotenen Handlungen fallen nach § 14 Abs. 4 MarkenG auch Vorbereitungshandlungen, die zwar selbst noch keine Markenverletzung darstellen, bei

22 Fezer, Markenrecht, § 14 Rn. 12.

denen aber die Gefahr besteht, dass die Zeichen zu Zwecken verwendet werden, die eine Markenverletzung darstellen.

Das Designrecht gewährt dem Rechteinhaber mit § 38 Abs. 1 S. 1 DesignG »das ausschließliche Recht, es zu benutzen und Dritten zu verbieten, es ohne seine Zustimmung zu benutzen«. Was genau von den Verboten umfasst sein soll, konkretisiert der Gesetzgeber, indem er unter anderem in § 38 Abs. 1 S. 2 DesignG normiert, dass eine Benutzung »insbesondere die Herstellung, das Anbieten, das Inverkehrbringen, die Einfuhr, die Ausfuhr, den Gebrauch eines Erzeugnisses, in das das eingetragene Design aufgenommen oder bei dem es verwendet wird, und den Besitz eines solchen Erzeugnisses zu den genannten Zwecken« einschließt. Somit gewährt auch das Designrecht dem Rechteinhaber ein positives Benutzungsrecht und ein negatives Verbietungsrecht.

Welche rechtliche Relevanz hat das Marken- und Designrecht für den 3D Druck?

Bei der Haftung für Marken- und Designrechtsverletzungen ist ebenfalls zwischen der privaten Nutzung und dem kommerziellen Gebrauch zu unterscheiden. Denn die *Nutzung* von Marken und Designs *durch Privatpersonen* zu nichtkommerziellen Zwecken ist unbegrenzt möglich.

Der Grund dafür liegt im Markenrecht darin, dass Voraussetzung für einen Verstoß gegen das Markenrecht ein *Handeln im geschäftlichen Verkehr* ist. Unter diesen weit auszulegenden Begriff fällt jedes Tun oder Unterlassen, das eine wirtschaftliche Tätigkeit auf dem Markt darstellt, die darauf abzielt, einen eigenen oder fremden Geschäftszweck zu fördern.[23] Dafür ist eine *Absicht der Gewinnerzielung nicht erforderlich*, da ein Handeln gegen Entgelt keine Voraussetzung für die Annahme eines geschäftlichen Verkehrs ist.[24] Hingegen ist jedoch unter anderem dann nicht von einem geschäftlichen Handeln auszugehen, wenn die Handlung rein privater Natur ist, also außerhalb des Bereichs von Erwerb und Berufsausübung vorgenommen wird[25] und auf einen aktuellen oder potenziellen Wettbewerb keine Außenwirkung entfaltet.[26] Ob bei einer Handlung im Internet ein geschäftlicher Verkehr vorliegt, bemisst sich nach den bereits dargelegten allgemeinen Grundsätzen.[27] Eine dem Urheberrecht ähnliche Beschränkung auf eine bestimmte Anzahl von Vervielfältigungsstücken besteht jedoch nicht.

---

23 Fezer, Markenrecht, § 14 Rn. 23.

24 BGH GRUR 1997, 438, 440 – Handtuchspender.

25 RGSt 66, 380 – Städtische Verkehrsbetriebe; BGHSt 2, 396, 403 – Sub-Post-Ingenieur.

26 BGHZ 19, 299, 302 – Bad Ems; BGH GRUR 1953, 293, 294 – Fleischbezug; 1960, 384, 386 – Mampe Halb und Halb; 1964, 208, 209 – Fernsehinterview; 1987, 438, 440 – Handtuchspender; RGZ 108, 272, 274 – Merx GroßhandelsAG; Fezer, Markenrecht, § 14 Rn. 32.

27 Fezer, Markenrecht, § 14 Rn. 43.

Darüber hinaus ist die Verwendung einer Marke im geschäftlichen Verkehr auch nur dann haftungsauslösend, wenn die *Verwendung der Marke markenmäßig* erfolgt ist.[28] Dieser weit zu fassende Begriff wird immer dort als einschlägig angesehen, wo eine Marke zur Unterscheidung und Identifizierung von Unternehmensleistungen verwendet wird.[29] Ob dies der Fall ist, bestimmt sich nach dem Verständnis der angesprochenen Verkehrskreise[30], also der Ansicht der angesprochenen durchschnittlich informierten, aufmerksamen und verständigen Durchschnittsabnehmer.[31] Dabei kann die konkrete Aufmachung, in der die angegriffene Bezeichnung dem Publikum entgegentritt, zur Beurteilung herangezogen werden.[32] Dies bedeutet für den 3D-Druck, dass die Bezeichnung beispielsweise eines ausgedruckten Lego-Steins mit der Marke Lego auch im geschäftlichen Verkehr nur dann gegen die Rechte des Markenrechtsinhabers verstößt, wenn die Bezeichnung nicht nur beschreibenden Charakter hat, sondern herkunftshinweisend benutzt wird und es so zu Verwechslungen mit der eingetragenen Marke des Unternehmens Lego kommen kann. Denn es kann davon ausgegangen werden, dass der Durchschnittsabnehmer zwischen bloß beschreibenden Angaben und solchen, die auf die Herkunft aus einem bestimmten Unternehmen hinweisen, unterscheiden kann.[33]

Seine Designrechte kann der Rechteinhaber nur dann geltend machen, wenn nicht eine der in § 40 DesignG aufgezählten *Beschränkungen* vorliegt. Von besonderer Bedeutung ist dabei die Schranke des § 40 Nr. 1 DesignG, wonach Ansprüche nicht geltend gemacht werden können, wenn es sich um Handlungen handelt, die im *privaten Bereich zu nichtgewerblichen Zwecken* vorgenommen werden. Damit nimmt das DesignG ebenso wie das MarkenG den Privatgebrauch aus dem Schutzbereich des Gesetzes heraus und schützt nur vor kommerzieller Nutzung des eingetragenen Designs.

Konstruktionspläne | Wie bereits erläutert, hat das Marken- und Designrecht generell nur dann eine rechtliche Relevanz für die Verwender von 3D-Druckern, wenn diese den privaten Bereich verlassen und zu kommerziellen Zwecken tätig werden. Anders ist dies jedoch auch im privaten Bereich zu sehen, wenn die privaten Nutzer die geschützten Konstruktionspläne im *Internet verbreiten*, da dies einen Verstoß gegen Marken- und Designrechte darstellen kann.

---

28 BGH NJW 2005, 2856-Lila Postkarte; NJW-RR 2006, 691.

29 BGH, GRUR 2004, 154, 155 – Farbmarkenverletzung II.

30 BGH GRUR 2002, 814, 815; 2004, 947, 948.

31 EuGH GRUR 2003, 604, 606,608; GRUR 2007, 318, 319; BGH GRUR 2002, 812, 813; GRUR 2002, 814, 815; BGHZ 171, 89, 98.

32 BGH GRUR 2012, 1040, 1042.

33 Vgl. auch BGH, GRUR 2003, 342 – Winnetou; OLG Hamburg, CR 2001, 298 – Conquest of the new world.

Im gewerblichen Bereich ist die Verwendung von Konstruktionszeichnungen bzw. Konstruktionsplänen immer nur mit *Zustimmung der Rechteinhaber* zulässig.

In dem besonders relevanten Bereich der Ersatzteilproduktion ist zu beachten, dass Baupläne, die mit dem Titel »Ersatzteil für Marke XY« versehen werden und so beispielsweise über eine Internetplattform in den Verkehr gebracht werden, eine Markenrechtsverletzung auch dann darstellen, wenn die Zurverfügungstellung unentgeltlich erfolgt.

Ausgedruckte Werke | Die Reproduktion beispielsweise eines Lego-Steins mitsamt des dort angebrachten Logos ist nur dann rechtlich relevant, wenn sie zu kommerziellen Zwecken erfolgt. Denn in einem solchen Fall stellt der Ausdruck des Werkes einschließlich des Kennzeichens eine nach § 14 Abs. 3 Nr. 1 MarkenG *verbotene Anbringung des Zeichens* auf Waren dar, die dann zur Haftung führen kann, wenn sie markenmäßig im Sinne des MarkenG erfolgt ist. Zwar stellt der Lego-Stein selbst keine Marke dar, jedoch ist das Original-Firmenlogo als Unternehmens- und Warenbezeichnung als Marke geschützt. Damit darf es zumindest im geschäftlichen Verkehr nicht ohne Zustimmung des Rechteinhabers beim 3D-Druck verwendet werden.

Zwar ist nur die *kommerzielle Verwertung* des Gegenstandes rechtlich ausschließlich mit Zustimmung des Rechteinhabers zulässig, jedoch ist nicht immer ganz klar, was denn kommerziell bedeutet. Denn wie bereits erläutert, bedeutet »geschäftlicher Verkehr« nicht unbedingt einen Weiterverkauf. Zu denken ist dabei beispielsweise an den Nutzer, der sich an seinem privaten 3D-Drucker ein marken- und designrechtlich geschütztes Automobil als Miniatur drucken lässt, sich dieses aber dann nicht in sein Wohnzimmer, sondern in seine Geschäftsräume stellt. In dem Umstand, dass das Auto den privaten Bereich verlässt und in das gewerblich genutzte Büro gestellt wird, könnte bereits ein Handeln im geschäftlichen Verkehr gesehen werden.

Keine Verletzung des Markenrechts stellen hingegen nach neuerer Rechtsprechung die Herstellung und der Vertrieb einer *Miniatur* eines markenrechtlich geschützten Gegenstandes, wie zum Beispiel eines Automobils, dar; selbst dann nicht, wenn die Miniatur ein Markenlogo unverändert enthält.[34] Grund dafür ist, dass die Herkunftsfunktion der Marke nicht verletzt werde, da es zur Abbildung der Wirklichkeit gehöre bei einem Modellauto auch die Marke, die das Auto an der entsprechenden Stelle trage, zu übernehmen. Der Verbraucher verstehe dies als detailgetreue Nachbildung des großen Fahrzeugs und bringe es nicht mit einer Marke für Spielzeugautos in Verbindung.[35]

34 BGH, GRUR 2010, 726 – Opel Blitz II.
35 BGH, GRUR 2010, 726 – Opel Blitz II.

Anders ist dies hingegen zu sehen, wenn die mit dem 3D-Drucker reproduzierten Gegenstände namhafter Marken, wie beispielsweise die mit dem Apfel versehene Handyhülle der Marke Apple, nach der hauseigenen Produktion über *Verkaufsplattformen im Internet* vertrieben werden. Denn dies stellt einen Verkauf von Markenfälschungen dar, da das Produkt den Namen oder das Logo einer Firma trägt, jedoch von dieser weder hergestellt wurde noch die Verwendung des Logos zugelassen wurde. Dies stellt eine Rechtsverletzung dar, wenn der Vertrieb den privaten Bereich verlässt und ein damit als geschäftliches Handeln gewertet werden kann. Wann dies der Fall ist, muss im Einzelfall geklärt werden. Das Landgericht Berlin hat beispielsweise entschieden, dass bei 39 Transaktionen während eines Zeitraums von fünf Monaten ein geschäftlicher Verkehr angenommen werden kann.[36]

Im Rahmen des designrechtlichen Schutzes besteht eine Schwierigkeit für Rechteinhaber darin, dass manche *Kombinationsgegenstände* nur in ihrer Gesamtheit Schutz genießen. Kommt der Verwender eines 3D-Druckers daher auf die Idee, er könne diesen Schutz unterlaufen, indem er den Kombinationsgegenstand, also zum Beispiel einen Kombinations-Elektroschalter, in Einzelteilen, die selbst nicht dem Schutz des DesignG unterfallen, an Kunden liefert, die diese dann an Ort und Stelle miteinander verbinden, der irrt: Dies stellt eine unmittelbare Rechtsverletzung dar[37] und kann dazu führen, dass sogar Verbreitungshandlungen vorbehaltlos verboten sind.[38]

Wie kann man eingetragene Marken und Designs Dritter verwenden, ohne deren Rechte zu verletzen?

Ähnlich wie im Urheberrecht ist auch hier der Schlüssel zu einem rechtskonformen Gebrauch von eingetragenen Marken und Designs der *Lizenzvertrag*.

Der *Markenlizenzvertrag* ist ein in § 30 MarkenG gesetzlich geregelter Lizenzvertrag, dessen Gegenstand die Nutzung einer Marke ist und der Art und Umfang der Rechteeinräumung regelt. Insbesondere können beliebige zeitliche, räumliche und inhaltliche Beschränkungen vereinbart oder Rechte exklusiv an eine Person eingeräumt werden. Gleiches gilt für die Einräumung von Rechten an einem eingetragenen Design in Form eines *Designlizenzvertrags* gem. § 31 DesignG.[39]

---

36 LG Berlin Urt. v. 09.11.2001, Az. 103 O 149/01.

37 BGH GRUR 74, 406, 410 – Elektroschalter.

38 LG Düsseldorf GRUR 92, 442.

39 Für vertiefte Hinweise zum Lizenzvertrag nach § 31 DesignG siehe auch Eichmann/von Falckenstein, Geschmacksmustergesetz, § 31 Rn. 4 ff.

Die Rechteeinräumung ist aber nicht zu verwechseln mit der Übertragung der Rechte an der Marke bzw. dem Design. Letztere erfolgt nämlich dauerhaft, wohingegen die Rechteeinräumung nur begrenzt erfolgt und der Rechteinhaber derselbe bleibt.

Welche Konsequenzen haben Marken- und Designrechtsverletzungen?

Liegt eine Rechtsverletzung vor, kann der Rechteinhaber zu verschiedenen Mitteln greifen, um seine Rechte zu verteidigen. Diese teilweise mit den Ansprüchen bei Urheberrechtsverletzungen identischen Ansprüche bestehen in dem *Unterlassungsanspruch* (§ 14 Abs. 5 MarkenG, § 42 Abs. 1 DesignG), dem *Schadensersatzanspruch* (§ 14 Abs. 6 MarkenG, § 42 Abs. 2 DesignG) und dem *Auskunftsanspruch* (§ 19 MarkenG, § 46 DesignG). Darüber hinaus bestehen auch *Vernichtungs- und Rückrufansprüche* (§ 18 MarkenG, § 43 DesignG), die beinhalten, dass die im Besitz oder Eigentum des Verletzers befindlichen rechtswidrig hergestellten, verbreiteten oder zur rechtswidrigen Verbreitung bestimmten Erzeugnisse aus dem 3D-Drucker vernichtet werden bzw. zurückgerufen werden. Anders als der Markenrechtsinhaber kann der Designrechtsinhaber statt der Vernichtung auch die *Überlassung der Erzeugnisse*, die im 3D-Drucker produziert wurden, gegen ein die Herstellungskosten nicht übersteigendes Entgelt vom Verletzer verlangen (§ 43 Abs. 3 DesignG). Ein ebenfalls nur im Designrecht verankerter Anspruch ist der *Beseitigungsanspruch* gem. § 42 Abs. 1 DesignG.

Da auch hier die zur Kostenberechnung zugrunde gelegten Streitwerte in der Regel sehr hoch sind, können Rechtsverletzungen zu kostenintensiven *Abmahnungen* oder gar *Klageverfahren* führen.

B.2.3 Patent- und Gebrauchsmusterrecht

Was schützen das Patentrecht und das Gebrauchsmusterrecht?

Grundsätzlich schützen Patente *technische Erfindungen* auf allen Gebieten der Technik, sofern sie neu sind, auf einer erfinderischen Tätigkeit beruhen und gewerblich anwendbar sind, § 1 Abs. 1 PatG. Ausdrücklich normiert der Gesetzgeber, dass Entdeckungen sowie wissenschaftliche Theorien und mathematische Methoden, ästhetische Formschöpfungen, Pläne, Regeln und Verfahren für gedankliche Tätigkeiten, für Spiele oder für geschäftliche Tätigkeiten sowie Programme für Datenverarbeitungsanlagen sowie die Wiedergabe von Informationen nicht als Erfindungen eingeordnet werden können und damit auch nicht patentfähig sind, § 1 Abs. 3 PatG. Liegt Patentfähigkeit vor und ist die Anmeldung ordnungsgemäß erfolgt, so dauert der Schutz 20 Jahre ab dem Tag nach der Anmeldung, § 16 PatG. Danach ist eine Verlängerung des patentrechtlichen Schutzes nicht möglich, was beispielsweise für das Unternehmen Lego besonders schmerzhaft war. Dieses verlor nämlich 1988 aufgrund des Ablaufs der Schutzfrist das Patent an ihren Bausteinen, was zur Folge hatte, dass Mitbewerber nun Bausteine herstellen können, die mit den Lego-Steinen kombiniert werden können.

Gebrauchsmuster hingegen schützen *Erfindungen*, die neu sind, auf einem erfinderischen Schritt beruhen und gewerblich anwendbar sind, § 1 Abs. 1 GebrMG. Darunter fallen in der Regel Alltagsgegenstände mit ästhetischem Wert. Dieser Schutz dauert zehn Jahre ab der Anmeldung, § 23 Abs. 1 GebrMG. Ein berühmtes Beispiel für ein Gebrauchsmuster ist beispielsweise der Kaffeefilter von Melitta Bentz.

Zu beachten ist jedoch, dass sowohl bei Patenten als auch bei Gebrauchsmustern immer nur die *Kernidee* des Musters geschützt ist, nicht hingegen die konkrete Ausgestaltung.

Informationen zu eingetragenen Patenten und Gebrauchsmustern können ebenfalls über das Register des DPMA abgerufen werden.

Welche rechtliche Relevanz haben das Patent- und Gebrauchsmusterrecht für den 3D-Druck?

Sowohl die Verwendung von Konstruktionsplänen als auch die Herstellung des ausgedruckten Werkes ist im *privaten Bereich* in der Regel patent- und gebrauchsmusterrechtlich unbedenklich. Dies ergibt sich aus § 11 Nr. 1 PatG bzw. § 12 Nr. 1 GebrMG, wonach sich die Wirkung des Patents sich nicht auf Handlungen erstreckt, die im privaten Bereich zu nichtgewerblichen Zwecken vorgenommen werden. Dies bedeutet schließlich, dass im Patent- bzw. Gebrauchsmusterrecht ebenso wie im Marken- und Designrecht der Gesetzgeber den Rechteinhaber primär vor der kommerziellen Verwendung des Patents bzw. Gebrauchsmusters schützen möchte. Dies bedeutet auch, dass es hinsichtlich der Anzahl der privaten Vervielfältigungen anders als im Urheberrecht keine zahlenmäßige Beschränkung gibt.

Wie Gerichte im Streitfall eine Patent- und Gebrauchsmusterrechtsverletzung durch 3D-Drucker bewerten werden, kann derzeit nicht sicher beurteilt werden, da es noch keine Rechtsprechung zu dieser Thematik gibt. Insgesamt sind Streitigkeiten wegen derartiger Rechtsverletzungen jedoch eher ferner in der Zukunft zu erwarten, da die für den Privatgebrauch entwickelten 3D-Drucker noch nicht über derart weitreichende Fähigkeiten verfügen, um die komplexen patent- und gebrauchsmusterrechtlich geschützten Werke zu vervielfältigen.

Dennoch sollte dieser rechtliche Aspekt nicht vernachlässigt werden, da Patente für Unternehmen sehr wertvoll sind und daher regelmäßig zu kriegsähnlichen Schlachten vor Gericht führen. Gerade in den USA ist der Markt für Patente und Lizenzen mit einem geschätzten Wert von 300 bis 500 Mrd. US$ besonders wertvoll.[40]

---

40 *http://www.handelsblatt.com/finanzen/boerse-maerkte/anlagestrategie/boerse-fuer-patente-und-lizenzen-der-preis-fuer-den-geist-seite-2/2940484-2.html*, zuletzt abgerufen am 16.06.2014.

Konstruktionspläne | Zwar ist grundsätzlich die *private Verwendung* von Konstruktionsplänen rechtlich unbedenklich, jedoch gilt dies nicht grenzenlos. So kann das Verbreiten von Bauplänen im Internet eine *mittelbare Patentrechtsverletzung* nach § 10 Abs. 1 PatG bzw. mittelbare Gebrauchsmusterrechtsverletzung nach § 11 Abs. 2 GebrMG darstellen. Danach ist es jedem Dritten verboten, ohne Zustimmung des Rechteinhabers ein bestimmtes Mittel, welches geeignet und dazu bestimmt ist, für die Benutzung der Erfindung verwendet zu werden, anzubieten oder zu liefern. Darunter fallen körperliche Gegenstände, mit denen eine Benutzungshandlung im Sinne des § 9 PatG verwirklicht werden kann.[41] Dazu gehören beispielsweise Beschreibungen, schriftliche Ausarbeitungen, Modelle, Zeichnungen[42] oder auch die für den 3D-Druck besonders relevanten Konstruktionspläne.

Das Onlinestellen solcher Konstruktionspläne stellt ein unzulässiges Anbieten dar. Bisher ungeklärt ist jedoch noch, ob es sich in jedem Fall um körperliche Vorlagen handeln muss.[43] Denn wäre dies der Fall, würden die Onlinevorlagen als digitale Mittel nicht den Tatbestand einer mittelbaren Verletzung erfüllen können. Wie die Rechtsprechung dies entscheiden wird, bleibt abzuwarten. Jedoch ist davon auszugehen, dass sie aus dem Gesichtspunkt des Schutzes der Rechteinhaber eine Gleichstellung körperlicher und unkörperlicher Mittel befürworten wird. Dies hätte dann zur Folge, dass der Rechteinhaber seine Ansprüche aus der Rechtsverletzung direkt gegen den richten kann, der die Konstruktionspläne online gestellt hat und nicht dessen Abnehmer ausfindig machen muss. Auch ist dabei völlig irrelevant, ob die Abnehmer die Pläne auch tatsächlich zum 3D-Druck genutzt haben oder nicht.[44]

Wird die *gewerbliche Nutzung* des Konstruktionsplans bezweckt, so ist dies nur nach vorheriger Einholung der entsprechenden Rechte zu empfehlen, um nicht in kostenintensive Haftungsfallen zu tappen. Denn die Herstellung solcher Pläne könnte als eine verbotene Handlung im Sinne des § 9 S. 2 Nr. 1 PatG bzw. § 11 Abs. 1 S. 2 GebrMG gewertet werden, sofern es sich nicht um eine rechtlich unbedenkliche bloße Vorbereitungshandlung handelt.

Ausgedruckte Werke | Die Schwierigkeit in der Beurteilung der rechtlichen Relevanz des Patentrechts liegt für den Laien darin, sich zu vergegenwärtigen, dass das Patentrecht primär Erfindungen schützt und nicht unmittelbar Objekte. Dies hat zur Folge, dass im Rahmen des gewerblichen Handelns eine Patentrechtsverletzung auch dann vorliegt, wenn beispielsweise ein ausgedruckter Gegenstand selbst äußerlich gar nicht

41 BGH GRUR 2001, 228, 231 – Luftheizgerät.

42 Mengden, MMR 2014, 79, 81.

43 So noch BGH GRUR 2001, 228, 231 – Luftheizgerät.

44 BGH GRUR 61, 627 – Metallspritzverfahren; LG München I GRUR 52, 228, 229.

mit geschützten Formen übereinstimmt. Denn darauf kommt es gerade nicht an. Eine Patentrechtsverletzung kann beispielsweise dann vorliegen, wenn der Verwender eines 3D-Druckers eine Pistole nachbaut, die einen bestimmten Schussmechanismus aufweist, der patentrechtlich geschützt ist, optisch aber ganz anders aussieht.

Möchte der Nutzer eines 3D-Druckers seine ausgedruckten Werke nicht nur zu Hause verwenden, sondern auch beispielsweise weiterverkaufen, so muss er die Schutzfristen des Patentrechts beachten, die regulär erst nach 20 Jahren nach dem Tag der Anmeldung enden. Keine Probleme hat damit der Nutzer, der beispielsweise Ersatzteile für seinen Oldtimer nachbaut. Auch kann der private Nutzer von 3D-Druckern so viele Ersatzteile wie nötig produzieren, da eine dem Urheberrecht ähnliche Beschränkung auf eine bestimmte Stückzahl im Patent- und Gebrauchsmusterrecht nicht existiert.

Wie kann ich patentierte Erfindungen und geschützte Gebrauchsmuster Dritter verwenden, ohne Rechte Dritter zu verletzen?

Wer patentierte Erfindungen und geschützte Gebrauchsmuster bei der Verwendung seines 3D-Druckers zu kommerziellen Zwecken nutzen möchte, der ist mit der Vereinbarung einer *Lizenz* auf der sicheren Seite. Gem. § 15 Abs. 2 PatG bzw. § 22 Abs. 2 GebrMG können Rechte aus dem Patent Gegenstand einer Lizenz sein, die ihrerseits ausschließlich oder auch nicht ausschließlich für den Lizenznehmer eingeräumt werden kann.[45] Vereinbaren die Parteien eine ausschließliche patentrechtliche Lizenz, so kann dies auf ihren Wunsch auch in das Register des Patentamtes eingetragen werden, § 23 Abs. 4 PatG.

Die Erteilung der Lizenz erfolgt ebenso wie in den anderen Teilbereichen des Rechts des geistigen Eigentums durch eine *vertragliche Vereinbarung* zwischen dem Lizenzgeber und dem Lizenznehmer über Art und Umfang der Rechteeinräumung.

Wer wissen möchte, ob der Inhaber eines Patents überhaupt bereit ist, Dritten Nutzungsrechte an seiner technischen Erfindung einzuräumen, kann dies beim Patentamt erfragen, da die Rechteinhaber gem. § 23 Abs. 1 PatG die Möglichkeit haben, ihre *Lizenzbereitschaft* gegenüber dem Patentamt zu erklären.

Welche Konsequenzen haben Patent- und Gebrauchsmusterrechtsverletzungen?

Auch Verstöße gegen Patent- und Gebrauchsmusterechte durch kommerzielle Handlungen bleiben nicht ohne Konsequenzen: Ähnlich wie bei den Verstößen gegen das Urheberrecht oder das Marken- und Designrecht können den Rechtsverletzer auch an dieser Stelle *Unterlassungsansprüche* (§ 24 Abs. 1 GebrMG, § 139 Abs. 1 PatG), *Schadens-*

45 Kraßer, Patentrecht, 6. Abschnitt, § 40, IV. Lizenzen, a) Zulässigkeit. Verhältnis zur beschränkten Übertragung.

ersatzansprüche (§ 24 Abs. 2 GebrMG, § 139 Abs. 2 PatG), *Vernichtungsansprüche* (§ 24 a GebrMG, § 140 a PatG) sowie *Auskunftsansprüche* (§ 24 b Abs. 1 GebrMG, § 140 b PatG) treffen, deren Durchsetzung in der Regel sehr kostenintensiv ist und zulasten der Rechtsverletzer geht.

B.2.4 Rechtslage für Auftragsdrucker und Betreiber von 3D-Vorlagen-Plattformen

Die Rechtslage für Auftragsdrucker

Nach der Erläuterung dieser komplexen rechtlichen Situation für die Verwender von 3D-Druckern stellt sich nunmehr die Frage, welche Verantwortung Auftragsdrucker, wie zum Beispiel Copyshops, trifft, wenn sie mit einem Druck beauftragt werden, der Rechte Dritter verletzt. Auch wenn es zu dieser Fragestellung im Hinblick auf 3D-Drucker noch keine Rechtsprechung gibt, so ist die Rechtslage dennoch nicht anders zu beurteilen, als sie bisher schon im Hinblick auf das kommerzielle Fotokopieren vom BGH in der Entscheidung »Kopierläden«[46] beantwortet wurde. In dem streitgegenständlichen Fall kopierte der Mitarbeiter eines Copyshops gegen Entgelt ein urheberrechtlich geschütztes Buch. Darin sah der Rechteinhaber des Buches eine Urheberrechtsverletzung und machte gegen den Betreiber des Copyshops einen Unterlassungsanspruch geltend. Damit begehrte er einerseits, dass der Betreiber und die Mitarbeiter des Copyshops selbst keine urheberrechtsverletzenden Ablichtungen vornehmen dürfen und andererseits es auch unterlassen müssen, Dritten Kopiergeräte zur Ablichtung urheberrechtlich geschützter Werke zur Verfügung zu stellen.

Der BGH kam zu dem Ergebnis, dass die Mitarbeiter des Copyshops immer dann, wenn sie selbst urheberrechtsverletzende Aufträge durchführen, ihre privilegierte Position verlassen und dafür genauso haften wie jeder andere. Davon ist beispielsweise bei Auftragskopierern auszugehen, die selbst ihren Kunden rechtswidrige Vorlagen oder Modelle zum Kauf anbieten oder zugänglich machen. Hinsichtlich der Zurverfügungstellung an Dritte urteilte der BGH, dass den Auftragskopierer nur dann eine Verantwortlichkeit trifft, wenn er Kenntnis von dem urheberrechtsverletzenden Vorhaben hatte und dieses zugelassen hat oder zwar keine Kenntnis davon hatte, den Verstoß aber bei der im Verkehr erforderlichen Sorgfalt hätte erkennen können. Danach haftet der Auftragskopierer also nur für *Vorsatz* und *grobe Fahrlässigkeit*. Wer beispielsweise den Auftrag für einen Druck von 1.000 Designer-Sonnenbrillen entgegennimmt, dem sollte auffallen, dass hier sehr wahrscheinlich Markenrechte verletzt werden.

Dies bedeutet in der Praxis, dass dem Auftragskopierer zwar Maßnahmen wie das Anbringen eines Schildes, welche das Kopieren urheberrechtlich geschützter Werke

46 BGH, Urt. v. 09.06.1983 – I ZR 70/81.

untersagt, zugemutet werden kann, nicht jedoch eine generelle *Kontrollpflicht* gegenüber seiner Kundschaft, die beispielsweise einen Einblick in die Unterlagen umfasst. Auf der sicheren Seite sind Auftragskopierer jedoch immer dann, wenn sie sich vorher eine *schriftliche Bestätigung* des Kunden zur Einhaltung der Rechtsordnung, insbesondere des Urheberrechts, geben lassen oder sich im Rahmen ihrer Allgemeinen Geschäftsbedingungen bestätigen lassen, dass die von den Kunden eingereichten Vorlagen frei von Rechten Dritter sind.

Hat der Auftragskopierer jedoch seine Prüfpflichten nicht eingehalten oder einen ersichtlich rechtswidrigen Druck nicht gestoppt, so könnte er gegebenenfalls im Wege der Störerhaftung in Anspruch genommen werden. Danach haftet der, der einen adäquat-kausalen Beitrag zur Rechtsverletzung geleistet hat. Hat beispielsweise der Auftragskopierer schon aus den Vorlagen nicht erkannt, dass es sich bei dem zu produzierenden Gegenstand um eine Waffe handelt, so muss er dies spätestens beim Druck merken und diesen stoppen, um nicht im Wege der Störerhaftung in Anspruch genommen zu werden. Diese Entscheidung kann uneingeschränkt auch auf 3D-Drucker übertragen werden und bedeutet letztlich, dass die Betreiber von Copyshops mit keiner neuen Rechtslage oder gar einem erhöhten Haftungsrisiko konfrontiert werden.

Beruhigt können Auftragskopierer auch im Hinblick auf eine *strafrechtliche Verantwortlichkeit* sein, wenn sie unbewusst im Auftrag Dritter Gegenstände ausgedruckt haben, die ihre Auftraggeber dann später für die Begehung von Straftaten verwendet haben, da es sich dabei um eine rein straflose Vorbereitungshandlung handelt. Zu denken ist dabei beispielsweise an einen Skimming-Aufsatz, der dazu dient, illegal die Daten des Magnetstreifens von Karten am Geldautomaten auszulesen und die dazugehörige Geheimzahl auszuspähen. Auch wenn dieser Aufsatz keine andere Verwendung haben kann, stellt die Herstellung für den Auftragskopierer keine strafbare Handlung dar, da ihm jeglicher Vorsatz für ein strafbares Handeln fehlt.

Rechtslage für 3D-Vorlagen-Plattformen

Um 3D-Modelle herzustellen, benötigt der Verwender von 3D-Druckern eine Vorlage für sein Modell. Wenn er diese nicht gerade selbst herstellt, kann er sie aus Onlineplattformen, wie zum Beispiel Google 3D-Warehouse oder Thingiverse, kostenlos oder auch gegen ein Entgelt herunterladen. Dort finden sich zahlreiche Vorlagen für Schmuck, Spielsachen, Figuren oder auch Dekoartikel.

Was für den Verwender von 3D-Druckern auf den ersten Blick wie ein Paradies der ungeahnten Möglichkeiten erscheint, birgt jedoch für den Betreiber der Plattformen möglicherweise rechtliche Risiken. Denn auf Vorlagenbörsen wie Google 3D-Warehouse ist für den Betreiber der Plattform nicht auf Anhieb erkennbar, ob die Nutzer, die die Vorlage online gestellt haben, dabei auch die Schutzrechte Dritter beachtet haben.

Dies könnte aber rechtliche Konsequenzen haben: So könnte das Bereitstellen der Vorlagen über die Plattform eine *unmittelbare Patent- und Gebrauchsmusterrechtsverletzung* im Sinne des § 9 S. 2 Nr. 2 PatG bzw. § 11 Abs. 1 GebrMG darstellen. Danach ist es jedem Dritten verboten, ohne die Zustimmung des Rechteinhabers das geschützte Erzeugnis herzustellen. Dass auch durchaus Plattformbetreiber in diesem Herstellungsprozess beteiligt sein können, zeigt ein Urteil des OLG Düsseldorf [47]. Dieses entschied in einem Rechtsstreit über Patent- und Gebrauchsmusterrechtsverletzungen aufgrund des Nachbaus eines Möbelstücks, dass der Begriff des Herstellens die gesamte Tätigkeit, durch die das Erzeugnis geschaffen wird, vom Beginn an umfasse und sich nicht »auf den letzten, die Vollendung des geschützten Erzeugnisses unmittelbar herbeiführenden Tätigkeitsakt« beschränke. Zwar führte das Gericht auch aus, dass darunter nicht bereits solche Handlungen fallen würden, die »bei natürlicher Betrachtung nicht schon als Beginn einer Herstellung gelten können, wie etwa die bloße Anfertigung von Entwürfen und Konstruktionszeichnungen [...], und zwar auch dann nicht, wenn es sich um Vorbereitungstätigkeiten handelt, die für eine spätere Herstellung unumgänglich sind«[48], stellte im nächsten Schritt jedoch auch fest, dass eine mit der Herstellung beginnende Handlung im Sinne von § 9 S. 2 Nr. 2 PatG auch schon dann vorliegt, wenn dem Handelnden bewusst ist, »dass wirklich ein Erzeugnis entsteht, das alle im Patentanspruch festgelegten erfindungsgemäßen Merkmale aufweist«[49]. Und genau dies ist bei Plattform-Betreibern der Fall: Sie wissen, dass die Konstruktionspläne dazu genutzt werden, genau das aus der Vorlage hervorgehende Erzeugnis mit all seinen Merkmalen herzustellen. Wenn sie zudem wissen, dass die Vorlage Patentrechte verletzt oder dies offensichtlich ist, können sie allein für das Onlinestellen der Vorlage vom Rechteinhaber in Anspruch genommen werden. Dabei ist völlig irrelevant, ob die Vorlage auch tatsächlich für einen Druck verwendet wurde.

Neben solch speziellen Rechtsverletzungen steht auch eine viel diskutierte *zusätzliche Haftung* der Plattformbetreiber im Raum, zu der es hinsichtlich des 3D-Drucks zwar noch keine Rechtsprechung gibt, jedoch können hier die in anderen Bereichen des Internets entwickelten Grundsätze der Haftung von Plattformbetreibern für die Rechtsverstöße ihrer Nutzer übertragen werden.

Dreh- und Angelpunkt einer Haftung der Plattformbetreiber ist die *konkrete Erkennbarkeit bzw. die Kenntniserlangung* von einem Rechtsverstoß. Denn grundsätzlich haftet

---

47 OLG Düsseldorf, Urt. v. 27.03.2007 – I-2 U 128/05, 2 U 128/05 – Loom-Möbel.
48 OLG Düsseldorf, Urt. v. 27.03.2007 – I-2 U 128/05, 2 U 128/05 – Loom-Möbel.
49 OLG Düsseldorf, Urt. v. 27.03.2007 – I-2 U 128/05, 2 U 128/05 – Loom-Möbel.

der Betreiber einer Internetseite gem. § 7 Abs. 1 TMG nur für seine eigenen Inhalte und für solche, die er sich zu eigen gemacht hat. Im Fall der klassischen Vorlagenbörse handelt es sich jedoch weder um einen eigenen Inhalt des Betreibers der Plattform noch um einen Inhalt, den er sich zu eigen macht.

Darüber hinaus kommt eine Haftung eines Plattformbetreibers für *fremde Inhalte*, die er für einen Nutzer gespeichert hat, nach § 10 S. 1 TMG als sogenannter Störer dann nicht in Betracht, wenn er keine Kenntnis von der rechtswidrigen Handlung oder der Information hat und ihm auch keine Tatsachen oder Umstände bekannt sind, aus denen die rechtswidrige Handlung oder die Information offensichtlich wird. Erlangt er jedoch Kenntnis von einem Rechtsverstoß, so muss er unverzüglich tätig werden, um die Informationen zu entfernen oder den Zugang zu ihnen zu sperren.

Grundsätzlich kann der Betreiber der 3D-Vorlagen-Plattform nicht auf Anhieb erkennen, ob die auf seiner Seite eingestellten Vorlagen Rechte Dritter verletzen. Auch kann ihm nicht zugemutet werden, dies stets zu überprüfen und zu überwachen, § 7 Abs. 2 TMG. Aus diesem Grund kommt eine Haftung erst ab Kenntniserlangung in Betracht.[50]

In diesem Zusammenhang hat sich das aus dem US-Recht stammende *Notice-and-take-down-Verfahren* bewährt. Danach wird der Betreiber der Seite zunächst beispielsweise durch den Rechteinhaber selbst über die Verletzung seiner Rechte informiert, damit dieser Zustand dann vom Betreiber der Seite unverzüglich durch Löschung der rechtswidrigen Inhalte bzw. Sperrung der entsprechenden Seite beseitigt werden kann. Kommt der Betreiber der Plattform trotz eines entsprechenden Hinweises der Aufforderung nicht nach, so muss er mit einer eigenen Inanspruchnahme rechnen.[51]

B.3 Das Wettbewerbsrecht

Was schützt das Wettbewerbsrecht?

Ursprünglich war das Lauterkeitsrecht als reiner Mitbewerberschutz konzipiert und entwickelte sich erst im Laufe der Zeit auch zu einem Gesetz zum Schutz der Interessen der Allgemeinheit vor unlauteren geschäftlichen Handlungen. So heißt es nun in § 1 UWG: »Dieses Gesetz dient dem Schutz der Mitbewerber, der Verbraucherinnen und Verbraucher sowie der sonstigen Marktteilnehmer vor unlauteren geschäftlichen Handlungen. Es schützt zugleich das Interesse der Allgemeinheit an einem unverfälschten Wettbewerb.«

---

50 LG Hamburg, Urt. v. 20. 4. 2012 – 310 O 461/10; LG Berlin, Urt. v. 5. 4. 2012 – 27 O 455/11.

51 Vgl. BGH, CR 2008, 579 – Internet-Versteigerung III; für vertiefende Erläuterungen siehe auch Solmecke, in: Hoeren/Sieber/Holznagel, Multimedia-Recht, Teil 21.1 Rn. 63 ff.

Grundvoraussetzung einer wettbewerbsrechtlichen Relevanz ist damit das Vorliegen einer *geschäftlichen Handlung*. Was unter einer geschäftlichen Handlung zu verstehen ist, definiert das Gesetz in § 2 Abs. 1 Nr. 1 UWG. Danach ist eine geschäftliche Handlung »jedes Verhalten einer Person zugunsten des eigenen oder eines fremden Unternehmens vor, bei oder nach einem Geschäftsabschluss, das mit der Förderung des Absatzes oder des Bezugs von Waren oder Dienstleistungen oder mit dem Abschluss oder der Durchführung eines Vertrags über Waren oder Dienstleistungen objektiv zusammenhängt; als Waren gelten auch Grundstücke, als Dienstleistungen auch Rechte und Verpflichtungen«. Damit werden Handlungen im privaten Bereich nicht vom Gesetz gegen den unlauteren Wettbewerb umfasst.

Weitere Voraussetzung für einen Wettbewerbsverstoß ist, dass die geschäftliche Handlung auch *unlauter* ist. Eine genaue Definition des Begriffs liefert das Gesetz nicht, es gibt aber in § 4 UWG einen Katalog an Beispielshandlungen, die als unlauter gewertet werden können. Dieser Katalog dient nur als Orientierungshilfe und ist damit nicht abschließend. Demnach ist beispielsweise eine geschäftliche Handlung unlauter, wenn jemand Waren anbietet, die eine *Nachahmung der Waren eines Mitbewerbers* sind, § 4 Nr. 9 UWG. Zu beachten ist jedoch, dass die Nachahmung im Wettbewerbsrecht grundsätzlich frei ist, da dieser Aspekt durch Sonderschutzrechte wie das MarkenG geschützt werden soll. Daher kommt dem Handeln nur dann eine wettbewerbsrechtliche Relevanz zu, wenn besondere Unlauterkeitsmerkmale wie vermeidbare Herkunftstäuschung, Rufausbeutung und Erschleichen von Kenntnissen hinzutreten. Zielrichtung des Gesetzes ist also nicht der Schutz der Originalware, sondern der Schutz des Herstellers der Originalware gegen Beeinträchtigungen bei dessen Vermarktung.

Darüber hinaus ist eine Handlung auch dann unlauter, wenn einer *gesetzlichen Vorschrift zuwidergehandelt* wird, die auch dazu bestimmt ist, im Interesse der Marktteilnehmer das Marktverhalten zu regeln, § 4 Nr. 11 UWG. Der Begriff der gesetzlichen Vorschrift ist dabei weit auszulegen und umfasst jede Rechtsnorm.[52] Die dabei in Betracht kommenden Rechte des geistigen Eigentums werden davon aber nicht umfasst, da diese Regelungen zwar durchaus Marktverhaltensregeln darstellen[53], jedoch diese Gesetze die Ansprüche aufgrund der Rechtsverletzungen umfassend und abschließend regeln.[54]

Welche rechtliche Relevanz hat das Wettbewerbsrecht für den 3D-Druck?

Ebenso wie im Patent-, Gebrauchsmuster-, Marken- und Designrecht spielt auch das Wettbewerbsrecht nur dort eine Rolle, wo der 3D-Druck den privaten Bereich verlässt.

52 Götting/Nordemann, UWG, § 4 Rn. 11.34.

53 Fezer/Götting § 4–11 Rn 77; Sack WRP 04, 1307, 1318.

54 Ohly/Sosnitza/Ohly, UWG, § 4 Rn. 11/10.

Konstruktionspläne | Konstruktionspläne können wettbewerbsrechtliche Relevanz erlangen, wenn die Nachahmung des Produkts eines Mitbewerbers mittels des 3D-Druckers auf Konstruktionsplänen beruht, die unredlich erschlichen wurden. Denn § 4 Nr. 9 lit. c) UWG normiert, dass die Verwertung unredlich erlangten Know-hows für Nachahmungen verboten ist und zielt damit auf die Verhinderung der »Fruchtziehung« des Rechtsverletzers aus dem Wettbewerbsverstoß ab.[55]

Voraussetzung ist nicht, dass die Konstruktionspläne geheim sind, sie dürfen aber auch nicht offenkundig sein, da offenkundige Informationen nicht »erschlichen« werden können.[56] Weiterhin müssen sie unredlich erschlichen worden sein, wovon auszugehen ist, wenn die Konstruktionspläne beispielsweise von Mitarbeitern des Originalherstellers unter Verstoß gegen das Verbot des Verrats von Betriebs- und Geschäftsgeheimnissen nach § 17 Abs. 1 UWG weitergegeben wurden oder auch durch Spionage, Diebstahl oder unerlaubte Datensicherung im Sinne des § 17 Abs. 2 Nr. 1 UWG erlangt wurden.[57] Auch wer Konstruktionspläne, die er im Rahmen eines Vertragsverhältnisses erhalten hat, zu außervertraglichen Zwecken verwendet, handelt unlauter.[58]

Überträgt also beispielsweise ein Mitarbeiter der Firma Apple Konstruktionspläne der Apple-Hülle für das iPhone XY heimlich von seinem Arbeits-PC auf seinen privaten USB-Stick und nutzt diese Pläne dann, um die Hülle zu Hause mit seinem 3D-Drucker mehrfach nachzubauen und bei ebay unter der Bezeichnung »Apple Hülle für i-Phone XY« zum Verkauf anzubieten, so stellt dies neben einem Verstoß gegen § 17 UWG auch eine unlautere Handlung im Sinne des § 4 Nr. 9 lit. c) UWG dar.

Ausgedruckte Werke | Im kommerziellen Bereich liegt insbesondere dann ein Wettbewerbsverstoß in der Fertigung eines 3D-Werkes vor, wenn der Ausdruck die *Nachahmung einer Ware eines Mitbewerbers* darstellt. Zwar ist die Nachahmung grundsätzlich nicht wettbewerbsrechtlich relevant, jedoch ändert sich dies, wenn durch die Nachahmung beispielsweise eine vermeidbare Herkunftstäuschung herbeigeführt wird oder die Wertschätzung der nachgeahmten Ware ausgenutzt oder beeinträchtigt wird. Davon ist zum Beispiel dann auszugehen, wenn der Verwender eines 3D-Druckers eine Smartphone-Hülle für ein iPhone mit dem Apfel-Logo auf der Rückseite in seinem 3D-Drucker dem Bauplan der Originalhülle entsprechend nachfertigt und diese Hüllen dann als »Apple-Hülle für i-Phone XY« über eine Internetplattform wie ebay zum Kauf anbietet. Dies stellt dann einen Verstoß gegen § 4 Nr. 9 UWG dar. Denn der exakte Nachbau stellt eine Nachahmung des Produkts dar, der deshalb wettbewerbsrechtliche Rele-

55 Köhler/Bornkamm/Köhler, UWG, § 4 Rn. 9.60.
56 BGH GRUR 64, 31, 32 – Petromax II.
57 Ohly/Sosnitza/Ohly, UWG, § 4 Rn. 9/73.
58 BGH GRUR 83, 377 – Brombeermuster; BGH GRUR 09, 416 Rn 18 – Küchentiefstpreis-Garantie.

vanz hat, weil durch die Bezeichnung »Apple-Hülle« über die Herkunft des Produkts getäuscht wird, da der Eindruck erweckt wird, es handele sich um eine von Apple produzierte Hülle. Dies ist gem. § 4 Nr. 9 lit. a) UWG unlauter. Darüber hinaus wird durch diese Bezeichnung die Wertschätzung der Bevölkerung für die nachgeahmte Ware ausgenutzt, da der Verkäufer aufgrund des Images und der Qualität, für die eine Marke steht, unberechtigterweise höhere Preise für seine Nachahmung erzielt.[59] Ist die mit dem 3D-Drucker nachproduzierte Smartphone-Hülle zudem in der Qualität minderwertig, so stellt dies auch eine Beeinträchtigung der Wertschätzung des nachgeahmten Produkts dar.[60] Dies erfüllt sodann den Tatbestand der Unlauterkeit nach § 4 Nr. 9 lit. b) UWG.

Welche Konsequenzen haben Verstöße gegen das Wettbewerbsrecht?

Liegt ein Fall einer unlauteren geschäftlichen Handlung vor, so können die Rechtsverletzer gem. § 8 UWG auf *Beseitigung* und bei Wiederholungsgefahr auch auf *Unterlassung* in Anspruch genommen werden. Darüber hinaus kann der Verletzte gem. § 9 UWG einen Ersatz des durch die Rechtsverletzung entstandenen Schadens verlangen (*Schadensersatz*). Eine Besonderheit im Wettbewerbsrecht ist der *Gewinnabschöpfungsanspruch* gem. § 10 UWG, bei dem bei besonders schwerwiegenden Wettbewerbsverstößen eine *Herausgabe des Gewinns* an den Bundeshaushalt erreicht werden kann. Dies ist immer dann sinnvoll, wenn eine Schädigung einer Vielzahl von Abnehmern vorliegt, die Schadenshöhe beim Einzelnen jedoch gering ist.

Anspruchsberechtigt sind gem. § 8 Abs. 3 UWG alle Mitbewerber, rechtsfähige Wirtschafts- und Berufsverbände, Verbraucherschutzverbände sowie Industrie- und Handelskammern. Somit ist nicht nur der anspruchsberechtigt, dessen Rechte beispielsweise durch die Nachahmung direkt betroffen sind, sondern auch die erläuterten anderen Marktteilnehmer mit Ausnahme der Verbraucher.

B.4 Tipps für die Praxis zur Verhinderung von Rechtsverletzungen

Um kostenintensive Rechtsverletzungen einfach zu vermeiden, können sich Verwender von 3D-Druckern an ein paar Grundsätzen orientieren.

Für den *privaten Gebrauch* von 3D-Druckern

- sollten nur Vorlagen aus nicht offensichtlich rechtswidrigen Quellen verwendet oder eigene Vorlagen unter Beachtung von Rechten Dritter erstellt werden,

59 BGH GRUR 1985, 876, 877 – Tchibo/Rolex I; BGH GRUR 1996, 210, 212 – Vakuumpumpen; BGH GRUR 2010, 1125 Rn41 – Femur-Teil; ÖOGH GRUR Int 2001, 880, 881f – Wärmedämmplatten.

60 BGH GRUR 1987, 903, 905 – Le-Corbusier – Möbel; BGH GRUR 2000, 521, 526f – Modulgerüst I; BGH WRP 2013, 1189 Rn 46 – Regalsystem.

- sollte im Zweifel grundsätzlich davon ausgegangen werden, dass bei Gegenständen, die nicht lediglich allgemeine Gebrauchsgegenstände sind, ein urheberrechtlicher Schutz vorhanden sein kann und
- sollten die Vervielfältigung und der Gebrauch auf den privaten Bereich beschränkt werden.

Bei der *gewerblichen Nutzung* des 3D-Druckers

- sollten geschützte Vorlagen nur nach vorheriger Rechteeinholung verwendet werden,
- sollten Werke nur nach vorheriger Rechteeinholung gefertigt und veräußert werden und
- sollte bei Creative-Commons-Lizenzen auf die Erlaubnis zur gewerblichen Nutzung geachtet werden.

Sollten Sie als Verwender von 3D-Druckern darüber hinaus unsicher sein, ob die geplante Verwendung des 3D-Druckers in Rechte Dritter eingreift, lohnt sich an dieser Stelle besonders im gewerblichen Bereich die Einholung von *Rechtsbeistand*.

B.5 Fazit und Ausblick

Der 3D-Druck bietet den Verwendern einerseits ungeahnte Möglichkeiten für neue Geschäftsfelder durch den Druck von bisher nicht möglichen Gegenständen wie Organen, Lebensmitteln wie Nudeln, Fleisch oder Süßigkeiten, individuellen selbst hergestellten Prothesen oder auch Sicherheitsschlüsseln.

Technischer Fortschritt ist rechtlich jedoch auch an dieser Stelle nicht ganz unbedenklich: Urheberrechte, Marken- und Designrechte sowie Patent- und Gebrauchsmusterrechte spielen beim künftigen Umgang mit den Geräten eine entscheidende Rolle. Dass die Rechteinhaber bereits auf der Hut sind, zeigt die in den USA begonnene Abmahnwelle.

Nach der aktuellen Rechtslage kann zumindest der Verwender eines 3D-Druckers, der das Gerät nur zu privaten Zwecken einsetzt, dieses entspannt verwenden, da dort mit Ausnahme des Urheberrechts keine Beschränkungen für die Verwendung greifen. Auch Auftragskopierer werden nicht vor neue rechtliche Probleme gestellt.

Vor welche rechtlichen Probleme der 3D-Druck die Rechtsprechung hinsichtlich der kommerziellen Verwendung noch stellen wird, bleibt abzuwarten. Möglicherweise wird sogar die Gesetzgebung mit der Schaffung neuer Gesetze aktiv werden müssen, um Regelungen für Umstände zu treffen, für die unser bisheriges Rechtssystem keine zufriedenstellende Lösung bietet. So ist beispielsweise noch völlig unklar, welche haftungsrechtlichen Konsequenzen fehlerhafte Druckerzeugnisse oder fehlerhaft erstellte Vorlagen haben könnten. Es bleibt dabei abzuwarten, wie die wirtschaftlichen Interessen der Verwender von 3D-Druckern mit den immateriellen Interessen der Rechteinhaber in einen gerechten Ausgleich gebracht werden können.

Index

A

B

E

F

G

H

I

J

K

L

M

N

O

P

Q

R

S

W

X

Y

Z

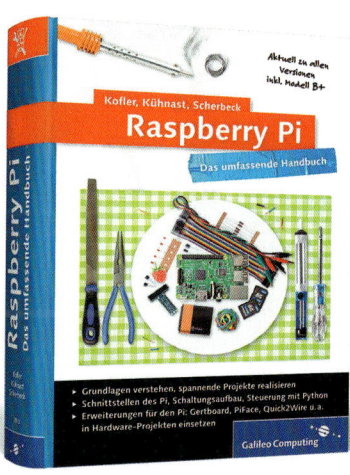

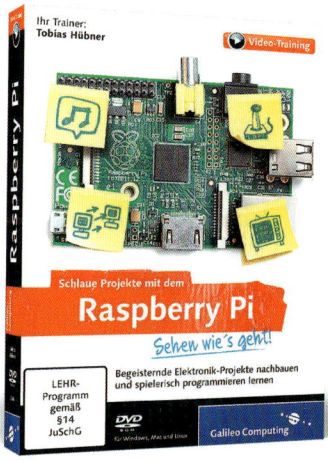

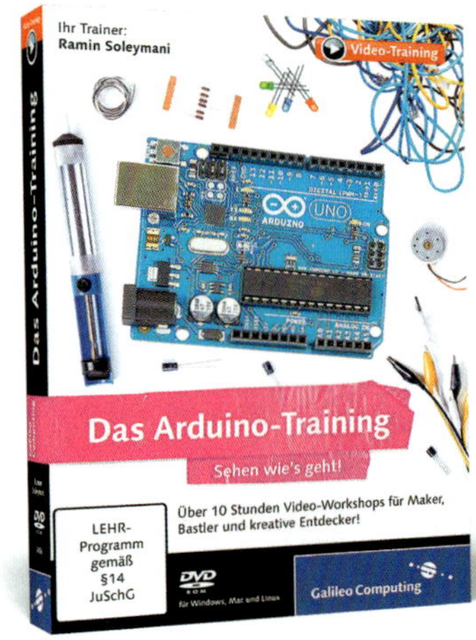

DVD, Windows, Mac und Linux
8 Stunden Spielzeit, 39,90 Euro
ISBN 978-3-8362-3456-6
erscheint November 2014
www.galileo-press.de/3742

Ramin Soleymani

Das Arduino-Training

Sehen wie's geht!

Dieses achtstündige Video-Training führt Sie Schritt für Schritt in die Welt des beliebten Mikrocontrollers Arduino ein. Sie lernen, wie Sie Leuchten, Sensoren und Motoren steuern, Musik erzeugen, einen Müdigkeitssensor sowie eine Lightshow und schließlich sogar eine komplexe Hausüberwachung auf Basis des Arduino aufbauen und programmieren.

345 Seiten, broschiert, in Farbe
19,90 Euro
ISBN 978-3-8362-2855-8
erschienen Mai 2014
www.galileo-press.de/3591

Daniel Kampert

Raspberry Pi

Der praktische Einstieg

Spaß am Basteln, einen Raspberry Pi und dieses Buch: Mehr benötigen Sie nicht, um das Potenzial des Mini-PCs kennen zu lernen. Ob Dateiserver, Media-Streaming oder Filmaufnahmen: Das Buch bietet Ihnen alles, was Sie für den erfolgreichen Start benötigen – natürlich mit zentralen Python- und Elektronikgrundlagen!

Alles für Entwickler: www.galileo-press.de

Markus Knapp
Roboter bauen mit Arduino
Die Anleitung für Einsteiger
Grundlagen einfach erklärt
Spannende Hardware-Experimente für Maker
Roboter bauen, programmieren und schrittweise um neue Fähigkeiten erweitern
Galileo Computing

Michael Kofler
»Aktuell zu Debian, CentOS, RHEL, Fedora, openSUSE und Ubuntu«
Linux
Das umfassende Handbuch
Der neue »Kofler«
Das Standardwerk für Einsteiger und fortgeschrittene Anwender
Für Desktops und Server: Installation, Konfiguration, Administration
Mit zahlreichen Praxistipps und Raspberry-Pi-Kapitel
Inklusive E-Book zum Download
Galileo Computing

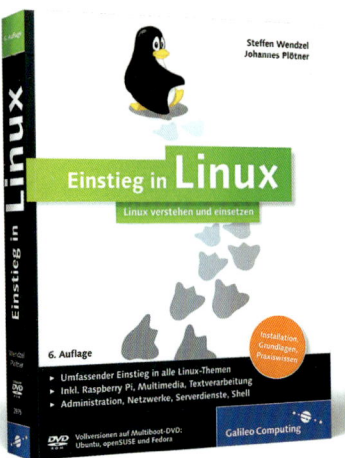

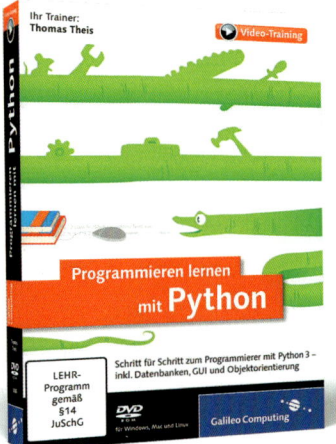